资助项目:国家自然科学基金(41365002)

强降雨熵原理和方法

林宗桂 林墨 著

气象出版社
China Meteorological Press

内容简介

本书基于热力学熵原理,建立 MCS 概念模型,阐述了 MCS 发生发展"负熵源→负熵汇→负熵流"机制,创建了 MCS 理论新体系。应用信息熵原理,发展出基于信息量的强降雨预测新方法。用大样本实例验证了 MCS 理论和强降雨预测方法的正确性和适用性。通过模拟试验探究了负熵汇和负熵流本质特征。

本书可供天气预报气象工作者参考,也可供热力学、信息论、数学建模、计算机技术、复杂系统等方面的研究人员和高等院校师生参考。

图书在版编目(CIP)数据

强降雨熵原理和方法 / 林宗桂,林墨著. — 北京 :
气象出版社,2018.11
ISBN 978-7-5029-6652-2

Ⅰ.①强… Ⅱ.①林… ②林… Ⅲ.①降雨-熵-研
究 Ⅳ.①P426.62

中国版本图书馆 CIP 数据核字(2018)第 238208 号

出版发行:气象出版社

地 址:	北京市海淀区中关村南大街 46 号	邮政编码:	100081
电 话:	010-68407112(总编室) 010-68408042(发行部)		
网 址:	http://www.qxcbs.com	**E-mail**:	qxcbs@cma.gov.cn
责任编辑:	黄海燕	终 审:	吴晓鹏
责任校对:	王丽梅	责任技编:	赵相宁
封面设计:	博雅思企划		
印 刷:	北京地大彩印有限公司		
开 本:	787 mm×1092 mm 1/16	印 张:	20
字 数:	512 千字		
版 次:	2018 年 11 月第 1 版	印 次:	2018 年 11 月第 1 次印刷
定 价:	120.00 元		

自　序

本书的观点和思路,笔者历经数十年的酝酿和思索,至今才初步理出些头绪。

1982—1983 年,我初到宜州市气象局工作期间,常被空虚和孤寂侵扰,为了排解,常常翻阅《广西降雨量资料集》,直觉发现强降雨的时空分布是介于有规律和无规律之间的,这些特征渐渐引起我的兴趣。其后,由于工作单位和工种的变动,这些兴趣和想法一度被搁置。大约20 世纪末,在基层台站也可接收到卫星云图资料,卫星云图的应用又引起我的兴趣,但限于本人的专业背景和一些其他原因,这些兴趣只能在业余条件下做些自娱罢了。直到一个偶然机会,在大学同班同学的支持下,我获得一个有关卫星云图在强降雨预报中应用研究项目,渐渐地熟悉和领会一些应用知识和方法。由于种种原因,这方面的工作未能持续进行下去。非常幸运,21 世纪初我结识了孙涵教授,在孙涵教授的赏识和关照下,我加入到他的研究团队。虽然孙涵教授团队的研究方向和本书的内容有所不同,但是孙涵教授却给我创造了一个得以继续开展研究的环境,这使后来我得以连续成功申请到两个国家自然科学基金(40965003,41365002),在这个背景条件下我才得以完成本书的编写。

在撰写初期,我曾设想先从暴雨预报应用基点出发,通过一定程度的应用过程检验和修正后,再建立和推出相对成熟的理论体系。虽经数次努力,这设想也没能实现,其中原因说不清道不明。不得已,把初期以应用为主的《广西暴雨中尺度 4D 概念模型原理和应用》书稿,修改为现版的《强降雨熵原理和方法》,偏重从理论基础深度上进行了挖掘和探索,试图建立基于热力学熵和信息熵基本原理交叉而成的强降雨熵原理,依据此原理发展出成体系的强降雨短时预测方法,并用大量实例进行了验证。这样自然增加了本书的深度和广度,所耗费的时间也大为延长。

2016 年 9 月,本人到了退休年龄,但此时所主持的国家自然科学基金项目尚未完成,多年的研究心得也未整理。退休后想要继续完成此任务,既无资源,更无时间,本应放下的事情,偏又放不下,只好在内心挣扎情况下艰难进行。本书大部分文字工作在我退休后才开始执笔行文,由于是在业余环境下撰写文稿,碎片式的时间和各种纷繁的干扰,增加了不少难度。读者不难发现,书中的各种模型主要以体现构思为主,严密性乏善可陈,还有许多基础性的科学和技术问题(如绪论末尾所提)有待进一步探究,遗憾的是笔者已无资源支持把研究工作继续向前推进。笔者撰写此书的目的:一是为完成国家自然科学基金项目任务,二是把多年的研究工作做一个归纳总结。至于读者的严肃或大度、见仁见智,笔者无不欢欣。成败得失,我心平常。

本人长期与林开平正研高工共事和合作，书中很多思路得到林开平的启发或修正，在实际工作中也得到很多帮助和支持；我也多年常与金龙教授交流讨论，得到许多有益的指导和帮助，在此表示衷心感谢！

"醉卧沙场君莫笑，古来征战几人回。"

林宗桂

2018 年 5 月

前　言

　　强降雨是指暴雨及以上量级降雨的统称。强降雨是我国气象灾害中最严重、最常发生的灾害之一,每年都因强降雨洪涝造成严重的生命财产和经济损失。多年来,气象学者不懈地对强降雨产生机理进行深入研究,目前已认识到天气尺度系统如锋面、气旋、高空槽等并不是直接造成强降雨的天气系统,中尺度天气系统才是造成强降雨的直接系统。但强降雨问题是一个复杂问题,一方面是由于观测资料的限制,另一方面是由于涉及多尺度的相互作用,描述强降雨过程的动力系统还有不少问题没有完全解决,对产生强降雨的中尺度系统各种重要物理过程缺乏完整的认识,不了解什么过程是预报模式中最基本、最关键的,如何在预报模式中有效地表示它们。这些因素严重制约了强降雨的预报能力,是目前强降雨预报准确率不高的主要原因。近年来,随着气象业务现代化建设快速发展,卫星云图、中尺度自动气象站、多普勒雷达等多种非常规观测资料的大量增加,为解决强降雨预报中信息不足的难题提供了资料条件。

　　与动力系统把强降雨预报作为初值问题求解不同,本书把产生强降雨的中尺度对流系统(Mesoscale Convective Systems,简称 MCS)发生发展作为一个热力学系统演变过程考虑,试图以新视界探索强降雨的产生机理,在此基础上构建 MCS 概念模型;在信息论原理基础上,把强降雨预测作为信息量的获取和利用问题,从而发展出相应的强降雨预测方法;基于这两个原理和方法,发展出强降雨熵原理和方法。目前已初步构建了 MCS 概念模型,发展出成体系的强降雨准客观定量的短时临近预测方法,并用大量的实例进行了检验,用模拟试验方法进行了抽象研究。实例检验和模拟试验证实,强降雨的熵原理是自洽的,预测方法实用性较强。这些研究成果大部归总于本书中,全书总分六章。

　　绪论主要讨论依据热力学熵和信息熵原理分析对流性强降雨问题的思路,发展强降雨预测方法的原则和方向,简述本书的研究进展和有待继续推进研究的问题。

　　第 1 章在热力学熵原理基础上讨论 MCS 发生发展过程和机理,构建了 MCS 发生发展概念模型,以及对流单体环境条件模型、对流触发模型、对流单体结构和发展模型、对流传播发展模型等系列辅助性模型。在这些模型基础上,提出了 MCS 发生发展的“负熵源→负熵汇→负熵流”机制原理,发展出成体系的模型原理。

　　第 2～3 章主要依据信息论基本原理方法,讨论气象信息模型的建立,提出了“相对基准信息量”和“预测信息量”概念,定义了“预测可靠性”和“协调因子系数”,设计了基于卫星、自动站和雷达等非常规资料的 MCS 信息提取模型,实现强降雨预测信息提取的算法设计。

　　第 4 章从总体上对 73 个低槽影响过程,进行中尺度变压场、雷达回波和降雨分布的对应分析。归纳出 MCS 的强雷达回波大都分布在中尺度负变压区内,中尺度负变压区的形成或加强一般超前于 MCS 的发生,中尺度负变压区对强雷达回波出现范围有很好的指示意义。

　　第 5 章采用模板化分析方法,对 12 个典型降雨过程进行规范化分析,发现并归纳出 MCS

发生发展过程中几个规律性和独特性问题：用实例验证了中尺度变压场概念模型，以及 MCS 概念模型"负熵源→负熵汇→负熵流"机制的合理性和普适性；通过规范化和流程化的分析方法，准客观定量地提取降雨落区、落时和强度的预测信息量，并估算了降雨预测的可靠性，证实了气象信息概念模型的合理性和有效性；验证了马尔可夫环模型的实用性和通用性。这些实例分析提供了应用示范案例。

第 6 章使用自主对流发展模式和对流单体发展传播模式进行模拟试验。试验结果表明：自主对流发展模拟表现出了负熵汇的本质特征；组成 MCS 的对流单体的发展密度和强度，实质上反映了负熵流的密度和强度，模拟试验结果表现了负熵流本质特征；如果要使直径 10 km 暖湿气柱，在抬升触发对流后形成自主对流可能性达 80％以上，暖湿空气堆积厚度要达 2600 m 以上。

本书的策划由林宗桂和林墨共同完成，书中大部分文字工作由林宗桂完成，林墨完成了全部的软件程序算法设计、数学建模、模拟试验、数据处理和实例验证，设计和初绘了逾 1000 幅插图，并负责出版事务工作。

本书在编写过程中得到了很多同事、朋友的支持和帮助，在此谨向他们表示感谢。同时，感谢气象出版社的大力支持，感谢黄海燕等编辑一直以来的关心和辛勤付出。

作者

2018 年 5 月

目　录

绪　论

　　普遍的事实是,在许多地方对流性强降雨都是小概率事件。小概率事件是一个弱因果律问题,动力学方法处理存在着难以克服的困难。热力学熵和信息熵都是基于概率而定义的,热力学定律的普适性和可靠性,信息论原理和方法应用的广泛性,自然提示我们,对于对流性强降雨小概率事件,应用基于概率定义的热力学熵和信息熵原理来分析处理是再自然不过了。本书就是从这个基点出发,用唯象观点对强降雨过程进行探索研究,旨在发展出一些实用的预测方法。

　　(1)热力学视角下的强降雨问题

　　热力学发展史上,1854 年,克劳修斯(Clausius)在热力学第二定律基础上,提出了熵的概念,把热力学第二定律用一个态函数表示。1877 年,玻耳兹曼(L. Boltzmann)建立了熵与热力学概率关系式,把宏观的热力学熵与微观的热力学概率联系起来,解释了熵的微观意义。经典热力学研究的是平衡态,处理的是孤立系统和自发过程。在热力学研究从平衡态向非平衡态研究发展过程中,普律高津(Ilya Prigogine)创立了耗散结构理论。耗散结构理论指出:一个远离平衡态的非线性的开放系统通过不断地与外界交换物质和能量,在系统内部某个参量的变化达到一定的阈值时,通过涨落,系统可能发生突变即非平衡相变,由原来的混沌无序状态转变为一种在时间上、空间上或功能上的有序状态。这种在远离平衡态的非线性区形成的新的稳定的宏观有序结构,由于需要不断与外界交换物质或能量才能维持,因此称之为"耗散结构"(dissipative structure)。

　　产生强降雨的对流系统是暖湿空气被抬升触发后,靠水汽潜热释放产生阿基米德浮力而形成自主对流。对流系统具有高度组织性,结构特征明显,不满足静力平衡条件,需要系统外水汽的不断流入,水汽凝结释放潜热向高层低温区流动,液态水脱离系统降落到地面,依靠系统内外物质和能量的交换才能维持和发展,这些都是耗散结构的明显特征,是远离平稳区的系统。远离平衡区热力学理论研究证明,在远离平衡区中,系统的演化并不遵循某种变分原理,因而不能像平衡态或接近平衡态那样,用某种势函数来确定变化趋势的终态。在平衡态附近,抑或近平衡区的定态附近,系统对于微小涨落是稳定的,热力学势的存在显然是一种保证,使得微小涨落不至于破坏稳定性。然而系统一旦进入远离平衡区,少量的涨落就足以使它进入完全不同的新状态。即引起系统突变,从而导致按照熵产生极小原理所确定的热力学关系变得不稳定,表现出复杂的时空行为,引起宏观结构的形成和宏观有序的增加。远离平衡的开放系统离开了普适和重复,走向特殊和唯一。这解释了每一个强降雨对流系统的独特性,同时也意味着应用热力学研究方法分析和处理对流系统的发展生消问题的独特优势。

　　热力学定律在气象中的应用形成了大气热力学。传统大气热力学中,热力学第一定律应用远较第二定律应用广泛和深入,热力学第二定律多用于分析水汽相变,熵的概念一般仅在考虑大气运动绝热过程中使用。富有科学革命意义的是热力学第二定律,它是热力学的精髓,是热力学定律中内涵最深刻、思想影响最广泛的定律,目前在气象学中仅得到表层应用,热力学熵原理在对流性强降雨系统的机理分析中,其优势远未发挥,留存有巨大的待探索空间。

热力学所采用的基本研究方法,是从大量现象中总结出规律,再将得来的普遍规律结合不同的特殊条件,推论出适应这些条件的特殊规律,这种方法尤其适合研究对流性强降雨过程这类小概率事件。因此,本书针对中尺度对流系统(MCS)强降雨机理等问题,应用热力学熵原理,探索强降雨发生过程的热力学机理,试图以新视界审视仍存在的 MCS 暴雨科学问题。

(2)基于信息论的强降雨预测方法

信息论起源于通信工程。1948 年,美国应用数学家香农(Shannon)发表了《通信的数学理论》著名论文,他从研究通信系统传输的实质出发,对信息做了科学定义,并进行了定性和定量描述,从而创立了信息论。根据香农的信息定义,信息是事物运动状态或存在方式的不确定性的描述。以通信过程为例,通信过程是一种消除不确定性过程。不确定性的消失,就获得了信息。原先的不确定性消除得越多,获得的信息就越多。如果原先的不确定性全部消除了,就获得了全部信息;若消除了部分不确定性,就获得了部分信息;若原先的不确定性没有任何消除,就没有获得任何信息。

强降雨预测的目的也就是为了消除强降雨是否发生的不确定性。当预测可靠性越高,则可获得更多的信息。反之,预测可靠性低,获得的信息就少。由此可见,强降雨预测可归结为信息的获取、加工和应用的过程。通过气象观测,从大气运动过程中测量当前状态的各种参数,所得的观测数据是信息源的组成部分。对气象观测数据进行分析处理,提取与强降雨发生有关的各种前期信息,然后输入到预测模式中,模式输出得到强降雨发生可能性的信息。这与香农的通信信息模型具有类似性,可以把气象观测得到的数据类似为信源,气象观测数据的分析处理类似为信道,分析处理过程中的误差和遗漏相当于信息传输过程中的干扰,预测模式类似于信宿,这样就可以把信息论原理和方法引申应用到强降雨预测中了。

应用信息熵原理,开发强降雨预测中的信息提取和信息应用技术,发展出基于信息量的对流性强降雨预测新方法,这是本书主要探索目的之一。

(3)热力学熵与信息熵的关联性

既然热力学熵和信息熵都是基于概率定义的,两者之间必然具有某种关系。一个物理系统的热力学熵是它无组织程度的度量,是系统无序状态的描述,是状态无序性的表现。在孤立系统的演化中,系统的总熵永远不会减少,这就是热力学熵的不减原理。信息熵也是紊乱程度的一种度量,在信息论中信息熵只会减少,不可能增加,这就是信息熵不增原理。信息熵的数学表达式和热力学熵表达式是一致的,两个熵可作为同一事物看待。信息熵是消除不定度所需信息的度量,而热力学熵是系统混乱程度的度量。要使混乱的系统有序化就需要有信息,而信息的丢失就表示系统混乱程度的增加。信息熵和热力学熵互为负值。一个系统有序程度增高,则热力学熵就减小,所需获取的信息越多;反之,一个系统无序程度增加,则热力学熵增大,所丢失的信息越多。所以信息熵是负熵,可见信息熵和热力学熵的数学表达式中只差一个负号,其他都是一致的。这表明,信息熵与热力学熵公式所代表的方向相反,它表示获取信息后,消除或部分消除了不确定性,信息熵只会减少。自然,产生强降雨的 MCS 是远离平衡态的热力学系统,可用热力学原理分析强降雨产生的机理和条件,而强降雨预测可用信息论方法进行。这样,对流性强降雨机理和预测归结为热力学熵和信息熵的交叉学科问题,可以充分利用热力学和信息论研究成果推进强降雨预测难题的解决。

（4）建模过程的基本考虑

在对流性强降雨系统的机理分析和强降雨预测方法中，本书广泛采用了模型的描述方法。这是因为模型能把一个复杂系统的几个主要因素一致地凸显出来，有利于寻找模型的某些不变和普遍的属性。模型的一个好处就是它们允许使用精确的数学方法。但在对流性强降雨机理和预测方法研究中，笔者知道，经验科学并不是纯数学，如果把它与纯数学混为一谈，那它很容易失去活力，容易演化为一种数学游戏。笔者接受这样的观点：模型只是问题在一定条件下的近似描述，是主观和客观的结合，它不是先验的、唯一的，结论也只是相对的。在数学建模过程中，应当允许使用"不严格"的数学。在无法进行严格的数学推理时，必须代之以对问题本身的分析、归纳、类比、猜测、尝试、事后检验等等。应当强调对问题数学本质的"理解"，以此取代形式严密，但掩盖了思想本质的证明（雷功炎，1999）。本书中的各种模型是基于以上原则而建立的。

（5）弱因果律下的规律性特征

所谓弱因果律下的规律性特征是：大致相同的原因会引起大致相同的结果。这是贯穿全书内容架构的一根主线。

第 1 章是贯穿这根主线的第一个结点。虽然产生强降雨的 MCS 形态结构和强度等千差万别，但高熵态的水汽要相变为低熵态的液态水必需吸收负熵，MCS 从发生前的无序形态发展到成熟期具有很强组织性的有序状态，以及产生强降雨等都需要吸收相当数量的负熵。这些负熵 MCS 内部不可能产生，只能从 MCS 外更大尺度的低熵值环境场汇聚而来。因此，第 1 章中所构建 MCS 发生发展概念模型，以及构建对流单体环境条件模型、对流触发模型、对流单体结构和发展模型、对流传播发展模型等系列辅助性模型，到形成用于解释 MCS 发生发展的"负熵源→负熵汇→负熵流"机制原理，抽象地归纳了"负熵"这一"因"，然后才形成 MCS 有序结构特征，以及产生强降雨的"果"。但这因、果是受概率条件约束的，是"弱"的因果关系，所以热力学熵原理的解释更具合理性，后文的许多实例分析也证实了强降雨热力学熵模型的正确性，由此奠定了强降雨的熵原理基础。

第 2～3 章是贯穿这根主线的另一结点。这两章主要依据弱因果律关系，认为强降雨预测具有不确定性，是一个概率事件，与通信工程信息模型具有类似性。通信工程信道容量和编码定理基本点是在给定条件下，寻求某种最大可能性；同样，强降雨预测对信息处理的基本要求，也是在某种条件下，寻求某种最大可能性。因此，借用通信系统模型基本原理建立气象信息模型。通信工程中的信息熵通常比较抽象，不考虑具体对象性质特征等。与通信工程系统不同，气象信息处理有其特殊性，对强降雨预测而言，存在几个特征：海量的信息源，不一定有足够的信息量；来自多元多尺度信息源的信息具有很强互补性，信息的合理利用至关重要；要求信息气象学意义具体和明确，有利提高信息应用的可靠性。

在气象信息模型基础上所提出的"相对基准信息量"和"预测信息量"概念，以及"预测可靠性"和"协调因子系数"定义，所构造的马尔可夫环模型等，这些数学模型都具有明确的气象学意义，又体现了在概率条件约束下的独特性，具有弱因果律特征。

第 4 章用 2010—2016 年共 73 个系列化的降雨过程实例，从总体上进行中尺度变压场、雷达回波和降雨分布的对应分析。虽然这些中尺度负变压区形态各异，对流雷达回波强弱和分布无一相同，但强雷达回波大部分出现在中尺度负变压区内，中尺度负变压区的形成或加强一般超前于 MCS 的发生,超前时间短的为 2～5 小时,长的达 8～12 小时。这些现象表现出明显的弱因果律的规律性特征。这是贯穿主线的另一个结点。

第 5 章采用模板分析方法,对 12 个降雨分布类型和降雨强度都具有典型性降雨过程的实例进行规范化分析,发现这些降雨过程都可以分析出规律性特征:适用于 MCS 概念模型"负熵源→负熵汇→负熵流"机制的解释;适用于相对基准信息量、预测信息量和预测可靠性等基于信息量预测模型;对 MCS 发展阶段和发展趋势是否适用于马尔可夫环模型进行分析判断。这些概念模型和预测模型都是基于概率而建立起来的,具有弱因果律规律性特征。这也是贯穿主线的一个结点。

第 6 章使用自主对流发展模式和对流单体发展传播模式进行模拟试验。试验结果表明:自主对流发展模拟试验表现出了负熵汇的本质特征;可以从概率事件试验出发,经过与实际的对流雨团对应分析后,得到可以反映负熵流密度和强度的结果,显示出线对流单体传播模拟试验结果具有负熵流本质特征。这构成贯穿主线的末个结点。

总的来说,本书的基本内容可以归纳出如下几点弱因果律的规律性特征。

① 基于热力学熵原理,建立起自洽的"负熵源→负熵汇→负熵流"机制原理,适用于解释大、中尺度天气系统的相互关系,以及 MCS 发生发展的环境条件关系。

② 在气象信息模型基础上,发展出相对基准信息量、预测信息量、预测可靠性、协调因子系数等概念和定义,构建了基于信息量的对流性强降雨预测方法,明晰了对流性强降雨预测的关键所在,指出了解决问题的途径,对提高预测可靠性具有指向作用。

③ 通过大样本实例规范化、程序化的"负熵源→负熵汇→负熵流"机制分析,进行了基于信息量的强降雨预测试验,验证了热力学熵模型和信息熵模型的合理性,证实广泛适用于对流性强降雨预测。

④ 模拟试验表明,抽象的试验结果也可以反映实际对流性降雨过程本质属性特征。

(6)有待继续推进研究的科学问题

本书的理论基础还比较薄弱,应用研究也仅是初步的,还有许多基础性的科学和技术问题有待深入研究。为了夯实基础和拓展应用范围,需要进一步探究如下以下几个方面的问题。

① 暖湿气层厚度对自主对流概率影响机制。

② 中尺度负变压区近平衡态的昂萨格倒易定理判别或解释。

③ 暖湿空气微团热力运动独立性假设,以及对流单体极大上升速度廓线的正态分布函数曲线特征的证明或解释。

④ 由对流单体的极大速度廓线正态分布函数曲线特征,推论一般非线性系统的基本特征:"一个自持的正反馈系统的正半程,必有某种属性服从于一定的概率分布。"对流单体作为正反馈系统的模拟研究结果,探及复杂系统的基本属性层面,这是一个复杂系统深层次问题,值得继续深入研究。

⑤ 4D 维度标准气压场分离算法设计和实现。

⑥ 中尺度变压场边缘弱化效应消除,以及多个中尺度变压场拼图协调方法。

第 1 章　强降雨热力学熵模型和原理

绪论中已指出,对流性强降雨是小概率事件,应用热力学熵原理分析和处理对流系统的发展生消问题具有独特优势。更进一步地,强降雨的产生,从热力学观点看,就是高熵状态的水汽吸收负熵后相变为低熵状态的液态水,其本质是大气的一个热运动过程。热力学第二定律指出,一个封闭的系统内部是不能自行产生负熵的,要使系统内高熵状态的水汽吸收到负熵,系统必须是一个开放的,并有使系统外的负熵向系统内输送,满足系统内水汽大量吸收负熵相变为低熵液态水的环境。在系统内水汽相变和熵变过程中,系统内外环境会伴随出现各种热力学过程特征。本章就是在这个思路下,主要应用热力学熵原理,建立强降雨热力学熵模型,从宏观和中尺度解释、推论对流性强降雨天气系统的形成发展过程及基本特征,为后续的强降雨信息熵方法提供基础。

1.1　强降雨熵变过程特征

对流性强降雨主要是 MCS 产生的,以下分析 MCS 产生强降雨的熵变过程特征。

1.1.1　水汽凝结熵变特征

水汽为高熵值状态,水为低熵值状态。水汽凝结为水是从高熵值状态变化到低熵值状态,也就是说,水汽凝结为水必须吸收负熵。由实验数据得知,水汽凝结潜热比水的冻结潜热大得多,0 ℃时单位质量水汽凝结与水的冻结需要吸收的负熵比值为

$$k = \frac{S_{wv}}{S_{iw}} = \frac{L_{wv}}{L_{iw}} = \frac{2500.6}{333.6} \approx 7.5 \tag{1-1}$$

式中,S_{wv} 为单位质量的水相变为水汽时所需吸收的熵值,其值为 2500.6(J・g^{-1}・K^{-1});S_{iw} 为单位质量的冰相变为水时所需吸收的熵值,其值为 333.6(J・g^{-1}・K^{-1});L_{wv} 为水的汽化潜热,其值为 2500.6(J・g^{-1});L_{iw} 为冰融解潜热,其值为 333.6(J・g^{-1})。式(1-1)表明,水汽凝结熵变值为冰融解熵变值的 7.5 倍,因此在强降雨过程中,水汽凝结熵变影响最为重要。

水汽凝结潜热与温度变化的线性关系为

$$L_{wv} = 2500.6 - 2.37t \tag{1-2}$$

式中,t 为温度(℃)。式(1-2)表明,随着温度升高,水汽凝结潜热呈线性减少,因而水汽相变的熵变绝对值也随着减小。单位质量水汽凝结熵变值计算式为

$$\Delta S = -\frac{Q}{T} = -\frac{L_{wv}}{T} \tag{1-3}$$

式中,Q 为热量(J);T 为绝对温度(K)。利用式(1-2)和(1-3)可以计算出不同温度条件下单位

质量水汽凝结熵变值(表1-1)。从表中水汽凝结熵变值随温度变化的数据可以解释,暖云中除水汽含量丰富外,水汽凝结所需吸收的负熵绝对值也比冷云小,所以,暖云更容易产生强降雨。

表 1-1　不同温度条件下单位质量水汽凝结熵变值列表

$T(℃)$	$T(K)$	$L_{uv}(J \cdot g^{-1})$	$\Delta S(J \cdot g^{-1} \cdot K^{-1})$
−10	263	2524.30	−9.598
−5	268	2512.45	−9.375
0	273	2498.23	−9.151
5	278	2488.75	−8.952
10	283	2476.90	−8.752
15	288	2465.05	−8.559
20	293	2453.20	−8.373
25	298	2441.35	−8.192
30	303	2429.50	−8.018

1.1.2　强降雨量级与熵变率

强降雨主要是指暴雨及以上量级降雨,按中国气象局标准分级如表1-2所示。

表 1-2　强降雨级别列表　　　　　　　　单位:mm

	1 小时	3 小时	6 小时	12 小时	24 小时
特大暴雨	＞50	＞80	＞100	＞140	＞250
大暴雨	30～50	40～80	60～100	70～140	100～250
暴雨	16～29	20～39	20～59	30～69	50～99

引自:2016,气象知识,科普活动增刊。

设单位质量水汽熵值为 S_v,单位质量水熵值为 S_w,因 $S_v > S_w$,令

$$\Delta S_{uv} = \left| S_w - S_v \right|$$

式中,ΔS_{uv} 为单位质量水汽与水的熵差绝对值($J \cdot g^{-1} \cdot K^{-1}$)。为讨论方便,假设降雨自离开云底直到降落地面都没有蒸发损失,地面测得降雨量与云底相同。取华南夏季常见凝结高度约 920 hPa,温度 T 约 297 K,水汽潜热 $J = 2443.72\ J \cdot g^{-1}$,降雨强度取表1-2各量级中值,计算式为

$$S = Q/T = MJ/T = M(2443.72/297)$$

式中,M 为水汽质量(g)。按上式计算,结果列于表1-3中。

表 1-3　降雨强度量级熵变率列表

降雨强度量级　　项目	22mm/1h	30mm/3h	40mm/6h	50mm/12h	75mm/24h
$M(g)$	2.2000	3.0000	4.0000	5.0000	7.5000
$S(J \cdot K^{-1})$	16.77	22.87	30.49	38.11	57.93
$S/h(J \cdot K^{-1} \cdot h^{-1})$	16.77	7.62	5.08	3.18	2.41

降雨强度量级熵变率级差大致可分为三级：1 h 达暴雨量级的降雨熵变率极大,必定是对流性强降雨;3～6 h 达暴雨量级的基本是以单位时间强度量为特征,熵变率较大,一般是对流性强降雨;12～24 h 达暴雨量级的熵变率明显偏小,既可能是以单位时间强度量为特征的较高强度对流性降雨,也可能是以时段累积量为特征的低强度连续性降雨(图 1-1)。由此可见,熵变率的大小隐含着降雨性质的不同。

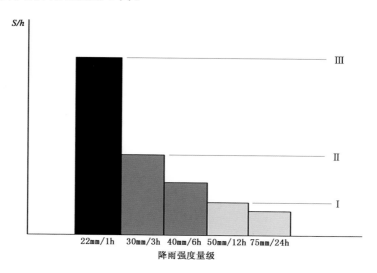

图 1-1　降雨强度量级熵变率分布图

1.1.3　MCS 底部垂直速度

水汽垂直通量反映了水汽垂直输送进入 MCS 的强度,与 MCS 的发展关系密切。水汽垂直通量的计算式为

$$m_v = \rho \omega W \tag{1-4}$$

式中,m_v 为水汽垂直通量(g·cm^{-2}·s^{-1});ρ 为湿空气密度(g·cm^{-3});ω 为混合比(g·g^{-1});W 为垂直速度(cm·s^{-1})。

依据华南夏季常见对流天气探空观测结果,设云底高度为 1000 m,从 MCS 底部进入的饱和水汽准同步凝结降落,取 W 为 MCS 底部垂直速度,湿空气密度 $\rho = 0.001176$ g·cm^3,饱和比湿 $\omega \approx q_s = 0.0188$ g·g^{-1},把式(1-4)改写为

$$W = \frac{m_v}{\rho q_s} = \frac{m_v}{2.21088 \times 10^{-5}}$$

依据表 1-2 降雨强度量级,利用上式计算得到空气垂直速度(表 1-4)。从表中 W 的范围可以看出,1～3 h 降雨量达暴雨以上强度的 MCS 是不满足准静力平衡条件的。

表 1-4　降雨量级对应空气垂直速度列表

降雨量级	22mm/1h	30mm/3h	40mm/6h	50mm/12h	75mm/24h
m_v(g·cm^{-2}·s^{-1})	6.1111×10^{-3}	2.7778×10^{-3}	1.8519×10^{-3}	1.1574×10^{-3}	8.6806×10^{-4}
W(cm·s^{-1})	277	126	84	52	39

1.2 MCS 熵变模型原理

为讨论方便,在准静力平衡环境场中,构造 MCS 熵变模型(图 1-2)。设 MCS 空气柱底部高度为 H_2,凝结高度为 H_3,凝结层顶部为 H_4。湿空气块 M 从 MCS 空气柱底部进入系统内,从 H_2 绝热无水汽凝结上升到 H_3,然后水汽凝结为液态水并降落,当气块 M 上升到 H_4 时全部凝结并降落离开 MCS。气块 M 从 A 点沿干绝热线上升到凝结点 K,然后沿湿绝热线上升,到 N 点时水汽全部凝结殆尽并降落。

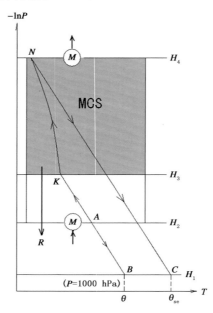

图 1-2 MCS 熵变模型

(阴影区为水汽饱和凝结区;$B-K$ 和 $C-N$ 为干绝热线;$K-N$ 为湿绝热线;
θ 为位温;θ_{se} 为假相当位温;R 为降雨)

根据大气热力学中熵与位温关系,单位质量干空气的比熵为

$$S_d = c_{pd}\ln\theta + C \tag{1-5}$$

式中,S_d 为单位质量干空气比熵($J \cdot g^{-1} \cdot K^{-1}$);$c_{pd}$ 为干空气比定压热容,其值为 1.005 $J \cdot g^{-1} \cdot K^{-1}$;$\theta$ 为位温,$\theta = T(1000/P)^{AR_d/c_{pd}}$,其中 R_d 为干空气气体常数;C 为常数。

在图 1-2 中,设气块 M 处于凝结高度为 H_3 的 K 点比熵为 s_1,且与 B 点相等;气块 M 处于凝结层顶部为 H_4 的 N 点比熵为 s_2,且与 C 点相等。则

$$s_1 = c_{pd}\ln\theta + C \tag{1-6}$$

$$s_2 = c_{pd}\ln\theta_{se} + C \tag{1-7}$$

式中,s_1 和 s_2 为比熵($J \cdot g^{-1} \cdot K^{-1}$);$\theta_{se}$ 为假相当位温,$\theta_{se} = T_N(1000/P_N)^{AR_d/c_{pd}}$,$T_N$、$P_N$ 分别为水汽全部凝结析出高度的温度和气压;C 为常数。

可以推导出

$$c_{pd}\ln\theta_{se} = c_{pd}\ln\theta + c_{pd}\ln(1 + 0.46\omega) + \frac{L\omega}{T_k} \tag{1-8}$$

式中，L 为水汽凝结潜热；T_k 为凝结高度的绝对温度。

把式(1-6)和(1-7)代入式(1-8)，可写成

$$s_2 = s_1 + \left[c_{pd} \ln(1 + 0.46\omega) + \frac{L\omega}{T_k} \right] \tag{1-9}$$

式中，右边第二项 $\left[c_{pd} \ln(1 + 0.46\omega) + \frac{L\omega}{T_k} \right] > 0$ ，因此有

$$s_2 > s_1$$

在图 1-2 所示的 MCS 系统中，从系统外部流入的熵会使系统总熵增加，所以令 s_1 为正熵；从系统向外部流出的熵会使系统总熵减少，所以令 s_2 为负熵。在对流过程中，如果流入、流出 MCS 水汽总质量为 M，则系统熵变值为

$$\Delta S = M(s_1 - s_2) < 0 \tag{1-10}$$

式中，ΔS 为熵变总量值（J·K^{-1}）。式(1-10)表明，水汽的上升凝结产生降雨过程对 MCS 系统是一个减熵效应，且水汽含量越丰富，向上输送的水汽质量越多，则减熵效果越明显，越有利于 MCS 的发生发展。

1.2.1　假绝热过程的变态方程

MCS 熵变模型中，假设湿空气块从 K 点上升到 N 点过程中凝结的水立即脱离系统，这是一个不可逆过程，过程的热力学第一定律表达式为

$$-L d\omega_s = c_{pd} dT - R_d T \frac{d(P - E)}{P - E} + C_s \omega_s dT \tag{1-11}$$

式中，P 为气压（hPa）；T 为温度（K）；L 为水汽凝结潜热；ω_s 为饱和混合比（g·g^{-1}）；R_d 为干空气气体常数，其值为 2.870×10^{-1} J·g^{-1}·K^{-1}；E 为饱和水汽压（hPa）；C_s 为水汽比热（J·g^{-1}·K^{-1}）。

因 C_s 为凝结水没有脱离系统而液汽两相平衡时的比热，假绝热过程不满足此条件，对上式精确积分不可能。为求解问题，参考杨大升等（1983）对这一过程的讨论，作如下近似：在假绝热过程中仍满足可逆过程条件（熵不变），得假绝热膨胀过程的近似积分公式，假设

$$C_s = T \frac{d}{dT} \left(\frac{L}{T} \right) \tag{1-12}$$

将式(1-12)代入式(1-11)，得

$$c_{pd} \frac{dT}{T} - R_d \frac{d(P - E)}{P - E} + d \left(\frac{L\omega_s}{T} \right) = 0 \tag{1-13}$$

积分式(1-13)，即得到图 1-2 中从 K 点到 N 点的假绝热膨胀过程的变态方程近似公式

$$\ln \frac{P_N - E_N}{P_K - E_K} = \frac{c_{pd}}{R_d} \ln \frac{T_N}{T_K} + \frac{1}{R_d} \left(\frac{L_K \omega_{sK}}{T_K} - \frac{L_N \omega_{sN}}{T_N} \right) \tag{1-14}$$

式中，下标 K、N 分别表示图 1-2 中 K 点和 N 点的变量值，其意义和单位与式(1-11)各对应变量相同。

根据假相当位温 θ_{se} 的定义，又设图 1-2 中 N 点水汽全部凝结时的气压和温度分别为 P_N 和 T_N，则可得

$$\ln \frac{\theta_{se}}{T_N} = \frac{R_d}{c_{pd}} \ln \frac{1000}{P_N} \tag{1-15}$$

在 $K-N$ 之间的变态过程中,当气块 M 到达 N 点时水汽全部凝结降落,因此 E_N、ω_N 为零,式(1-14)可写成

$$\ln\frac{T_N}{T_K} = \frac{R_d}{c_{pd}}\ln\frac{P_N}{P_K-E_K} + \frac{L\omega}{c_{pd}} = \frac{R_d}{c_{pd}}\ln\frac{P_N}{P_{dK}} + \frac{L\omega}{c_{pd}T_K} \tag{1-16}$$

式中,$P_K-E_K = P_{dK}$ 是 K 点干空气部分的气压。

A 点到 K 点为干绝热过程,其干空气部分的变态方程为

$$\ln\frac{T_K}{T} = \frac{R_d}{c_{pd}}\ln(\frac{P_{dK}}{P_d}) \tag{1-17}$$

把式(1-15)、(1-16)和(1-17)三式相加,得

$$\ln\frac{\theta_{se}}{T} = \frac{R_d}{c_{pd}}\ln\frac{1000}{P_K} + \frac{L\omega}{c_{pd}T_K} \tag{1-18}$$

令

$$\theta_d = T(\frac{1000}{P_d})^{\frac{R_d}{c_{pd}}}$$

θ_d 为 A 点干空气部分的位温,则

$$\theta_{se} = \theta e^{\frac{L\omega}{c_{pd}T_K}}$$

又

$$\theta_d = T(\frac{1000}{P-e})^{\frac{R_d}{c_{pd}}} = \theta(\frac{P}{P-e})^{\frac{R_d}{c_{pd}}} = \theta(1+\frac{e}{P-e})^{\frac{R_d}{c_{pd}}} \approx \theta(1+0.46\omega)$$

故

$$\theta_{se} = \theta(1+0.46\omega)e^{\frac{L\omega}{c_{pd}T_K}} \tag{1-19}$$

式中,θ 为 A 点空气的位温;e 为不饱和水汽压。把式(1-19)展开可得

$$c_{pd}\ln\theta_{se} = c_{pd}\ln\theta + c_{pd}\ln(1+0.46\omega) + \frac{L\omega}{T_K}$$

1.2.2 负熵值与上升速度及水汽含量的关系

在上述讨论中,式(1-10)仅表示了水汽上升凝结造成 MCS 熵变总量情况,为了分析 MCS 熵变强度,可用式(1-4)水汽通量 m_v 代替式(1-10)中的水汽质量 M,即把式(1-10)写成以下形式

$$\Delta S = m_v(s_1-s_2) \tag{1-20}$$

式中,ΔS 为熵变强度量($J \cdot K^{-1} \cdot cm^{-2} \cdot s^{-1}$)。把上式展开可得

$$\Delta S = -\rho\omega W[c_{pd}\ln(1+0.46\omega) + \frac{L\omega}{T_K}] \tag{1-21}$$

式中,右边只有 ω 和 W 两个主变量,且

$$|\Delta S| \propto \omega W \tag{1-22}$$

式(1-22)表明,熵变强度主要由水汽上升速度和水汽含量的乘积决定。天气分析经验得知,垂直速度 W 的变化范围和剧烈程度远比水汽混合比 ω 大得多,是影响对流发展强度的主变量。

从以上对图 1-2 的 MCS 熵变模型讨论中得知,当系统获得负熵后,高熵态的水汽吸收负熵相变为低熵态液态水,并随即下落离开系统形成降雨。由此可以推断,负熵流强度越强,对流性降雨强度也越强;反之,对流性降雨强度越强,表明进入系统的负熵流强度也越强。也就是说,负熵流强度与对流降雨强度是等价的。

图 1-2 的 MCS 熵变模型中,由于水汽在 MCS 中上升凝结成液态水降落,形成了 MCS 内

部的减熵过程,使 MCS 有序性增强。一般发展成熟的对流单体都是高度有序的,若干个有序的对流单体组成 MCS,使 MCS 形成规模更大的有组织的对流系统。一个发展成熟的对流单体——鬃积雨云的典型实例如图 1-3 所示。

图 1-3   鬃积雨云实例(中国气象局,1984)

鬃积雨云充分显示了自然界对流系统受热力学第二定律支配的典型特征:虽然一般情况下,对流系统周边环境场是准静力平衡的,但对流单体并不满足静力平衡条件,是远离平衡态的,对流单体是一个远离平衡态的系统;对流单体具有明显结构特征,尤其是发展成熟的积雨云下部辐合、中段柱状、顶部辐散这些结构特征分外明显,是明显有序的结构,这是低熵值系统的特征;湿空气从积雨云下宽广的范围辐合上升进入积雨云体内,在中部形成呈柱状的垂直主上升区,在顶部又向宽广范围辐散出去,完成了系统内外的物质和能量的交换。

积雨云靠系统内外强烈的物质和能量交换使对流得以发生、发展和维持,具有“耗散结构”的典型过程和特征。这个鬃积雨云实例佐证了图 1-2 的 MCS 熵变模型及其讨论过程是合理的。

1.3   负熵源

所谓负熵源是指一个大尺度的低熵值天气系统,如果能够向某一区域汇集输送负熵,使该区域形成低熵值中尺度天气系统,则这种大尺度天气系统称之为负熵源。

根据普律高津等人推广熵概念后发展的热力学第二定律

$$dS = d_iS + d_eS \qquad (1\text{-}23)$$

式中,d_iS 为系统内部不可逆过程产生的熵;d_eS 为系统与外界交换能量和物质时,引起的熵变换,称熵交换。

因为　　　　　　$d_iS \geqslant 0$

只有　　　　　　$d_eS < 0$,且 $|d_eS| > |d_iS|$

才有　　　　　　$dS < 0$

由此可知,一个系统内部的熵值是不能通过内部作用而降低的,只有外部有负熵流入,系统的熵值才有可能降低。也就是说,要使中尺度天气系统从高熵值状态变为低熵值状态,必须要有一个更大尺度的环境场负熵源,中尺度天气系统从环境场负熵源获得负熵后,才能发展成暴雨 MCS。

　　一个处于准平衡态的大尺度环境场通常都是高熵值状态,而高熵值大尺度环境场各种物理量梯度很小,物质流和能量流较弱,不易形成中尺度天气系统的负熵源。只有大尺度环境场偏离平衡态时才具有低熵值,各种物理量梯度较大,容易形成物质流和能量流,才能形成中尺度天气系统的负熵源。

1.3.1　大气物理量状态概率与熵

　　通常大气物理量的观测值 $A(\lambda, \varphi, p, t)$ 可以分解为对时间的平均值和距平值两部分之和,即

$$A = \bar{A} + A' \tag{1-24}$$

式中,$\bar{A} = \dfrac{1}{T}\displaystyle\int_0^T A \mathrm{d}t$,表示 A 的平均值;$A' = A - \bar{A}$,表示偏差,也可认为是大气物理量的瞬变扰动量。在大气环境中,取一个天气尺度的区域构成一个隔离系统,以气候尺度的时间 T 求式(1-24)中的 $\bar{A}$。

　　气候分析经验得知,连续性大气变量(如气压、温度等)A' 值概率分布通常呈准正态分布,如图 1-4 所示。

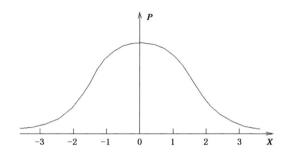

图 1-4　连续性大气变量距平值概率分布曲线图

　　根据波尔兹曼公式

$$S = k\ln P \tag{1-25}$$

式中,S 为熵值(J·K^{-1});k 为波尔兹曼常数(J·K^{-1});P 为状态热力学概率。把式(1-25)推广应用到大气环境场中,式(1-25)的 P 对应于式(1-24)中 A' 的概率。设大气环境场总熵值为 S,单格点的熵值为 S_i,则

$$S = \sum_{i=1}^{n} S_i \tag{1-26}$$

$$S_i = k\ln P_i \tag{1-27}$$

　　从图 1-4 与式(1-27)得,当 $A' = 0$,P_1 为极大值,S_1 为极大值;当 $A' < 0$,$P_2 < P_1$,$S_2 < S_1$;当 $A' > 0$,$P_3 < P_1$,$S_3 < S_1$。由此推得

$$S_2 - S_1 < 0, S_3 - S_1 < 0 \tag{1-28}$$

　　式(1-28)表明,$|A'| > 0$ 时,系统熵值 S 减小,呈低熵值状态,并呈现出结构特征。一般地,天气系统距平值越大,系统总熵值越低,结构特征越明显。

如图 1-5 所示,当系统处于准平衡状态时,因系统内各格点的 $A' = 0$,P_i 为极大值,根据式(1-26)和(1-27),系统熵值 S 也为极大值。模块 M 在系统内作任何平移变换,M 内测量值均为 0,无法区分系统几何结构特征。此状态下,由于不存在物理量梯度,无天气尺度量级的质量或能量流出现。图 1-5 中,$\overline{A_1}$、$\overline{A_2}$、$\overline{A_3}$ 可以相等或不相等。

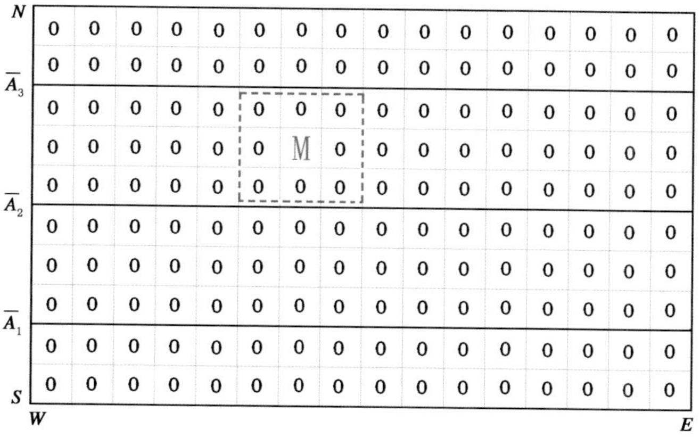

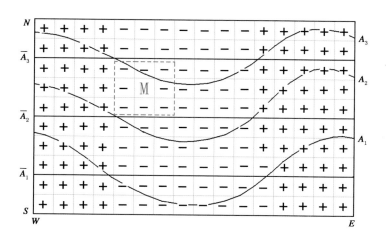

图 1-5　准平衡态系统示意图
（图中红虚线小系统 M 为平移变换分析模块）

如图 1-6 所示,当系统偏离平衡状态时,因系统内格点的 $A' \neq 0$,从图 1-4 概率分布可知,概率 P_i 小于极大值,由式(1-26)和(1-27)可推得,系统熵值 S 小于极大值,也就是说系统出现了减熵。此状态下,用模块 M 在系统内作平移变换时,M 内测量值会发生变化,也就是在 $A' \neq 0$ 的低熵状态下,系统会出现结构特征,且 $|A'|$ 值大,结构特征明显。偏离平衡态的低熵值系统存在物理量梯度,可有质量或能量流出现。图 1-6 中,$\overline{A_1}$、$\overline{A_2}$、$\overline{A_3}$ 可以相等或不相等,但 A_1、A_2、A_3 一般不相等。

图 1-6　非平衡态系统示意图
（图中红虚线小系统 M 为平移变换分析模块）

　　以上分析表明,系统内各格点状态概率 P_i 与 $|A'|$ 值成反比关系,距平值越大熵值 S 越小,系统物理量梯度越大,结构特征越明显,反之亦然。系统熵值 S 反映了大气系统物理量分布态势和结构特征。

1.3.2　强降雨天气系统的低熵值特征

　　夏季对流层平均状态下,25°～70°N 主要盛行西风,60°～150°E 的 500 hPa 等高线与纬线走向近似一致,这是北半球夏季出现概率最多的准平衡状态,这种状态的熵值为极大。

　　天气分析实践经验表明,平稳状态下一般以纬向气流为主,经向气流较弱。当大气处于失稳状态时,会导致经向气流加强发展,引发各种强烈的天气现象,常见的低槽、切变线和锋面天气就是这种失稳大气运动状态的典型特征。以下是对流性强降雨天气系统的低熵值特征的两个实例。

　　实例 1:大气运动从准平稳高熵值状态演变为失稳低熵值状态(图 1-7)。

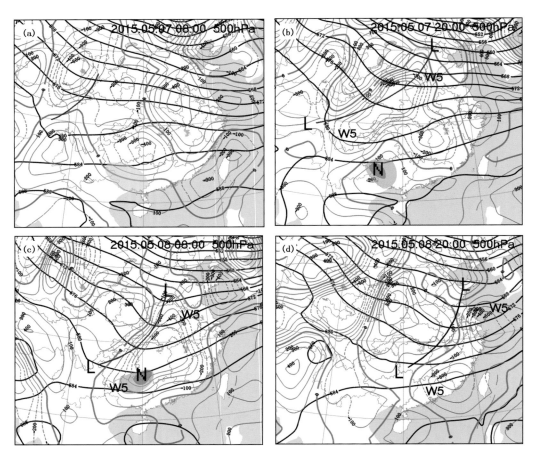

图 1-7　2015 年 5 月 7—8 日 500 hPa 天气形势演变图

(a:7 日 08 时;b:7 日 20 时;c:8 日 08 时;d:8 日 20 时。黑实线为等高线;红实线为正(下沉)
垂直速度等值线;红虚线为负(上升)垂直速度等值线;L—L 为槽轴)

2015 年 5 月 7—8 日,(100°～120°E,22°～30°N)范围,大气环流经历了一次从准平稳到失稳的演变过程。7 日 08 时(图 1-7a),500 hPa 等高线仍较为平直,处于高熵值准稳定态,此时低槽 L—L 已移出青藏高原正向东南移动;7 日 20 时(图 1-7b),低槽 L—L 槽底已移到(100°E,30°N),低槽明显加深,槽前有强盛上升气流区域 W5—W5;8 日 08 时(图 1-7c),低槽 L—L 西南段加深移入贵州省内,槽轴前后的南北气流明显加强,槽前上升气流区 W5—W5 也加强,低槽结构特征更明显,表明环境场熵值进一步降低;8 日 20 时(图 1-7d),低槽 L—L 东移北收,环流调整又渐趋平稳,强降雨过程结束。7 日 08 时到 8 日 20 时,(100°～120°E,22°～30°N)范围内经历了一次高熵值状态演变到低熵值状态过程,8 日 05—17 时在槽底附近的广西境内出现了对流性强降雨区。

类似实例 1,近些年有气象学者基于卫星、自动站等非常规资料,总结出了冷暖输出带概念模型,以及类似的强降雨 3D 概念模型(图 1-8)。

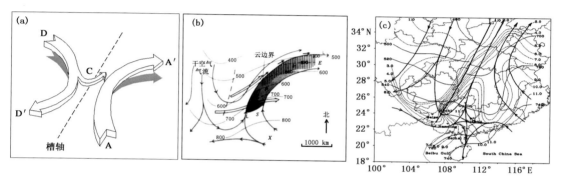

图 1-8　冷暖输送带和强降雨 3D 概念模式
(a:槽的相对等熵气流分布图;b:暖输送带(WCB)从 X 抬升到 E 时,相对风的等熵气流分析示意图,
引自巴德等(1998);c:2008 年 7 月 6 日 20 时 325 K 等熵面分析图,见附录 B)

典型的冷暖输送带结构系统,主要由冷、暖两条输送带组成(图 1-8a)。槽轴前暖湿气流 A—A′为暖输送带,沿等熵面(等位温面)向北、向上爬升。槽轴后干冷气流 D—D′为冷输送带,沿等熵面向南、向下沉,其中干冷空气分支 C 在下沉过程中越过槽轴折向槽前,形成暖输送带西边缘的"干舌"。图 1-8a 是基于中纬度建立的冷暖输送带概念模型,虽然华南属于低纬度,但适当变形后,仍可广泛适用于华南汛期西风带低值系统,可作为华南汛期西风带低值系统强降雨分析基础。

在用等熵面图表示的暖输送带(WCB)与槽/脊系统的透视图(图 1-8b)中,暖输送带起始于 X 处,然后以反气旋方式向北到东北方向垂直向上推进。暖湿气流上升到 S 处发生凝结,降雨最强位于 P 处,更高的 E 处的云层主要以冰晶结构为主。

图 1-8c 是华南强降雨输送带结构的一个实例。图 1-8c 中,槽轴西边干空气下沉区无水汽凝结现象,分析的是 θ 的 325 K 等熵面;槽轴东边是湿空气上升区有水汽凝结现象,分析的是 θ_w 的 325 K 等熵面。从图 1-8c 中可以看出,槽轴西边 26°N 以北有一片 $q \leqslant 1.0$ g·kg^{-1} 干区,干区中的相对流线在 31°N 有一分支向南流向桂西,然后在槽底转折向 ENE 方向汇入槽前偏南气流中,这表明槽后干空气近似沿着等熵面南下到达桂西后向东侵入到桂中等地,桂西和越南北部处于槽后干区延伸出来的干舌范围。中尺度负变压区形成在槽底前暖输送带湿舌中,强降雨出现在中尺度负变压区内。

图 1-8 中,从冷暖输送带的基本结构特征到局部细节进行了递次描述,主要特征:经向的冷暖输送带完全背离了以纬向气流为主的平均状态,干冷空气从对流层中上层下沉到低层,暖湿气流从低层上升到高层,改变了气层平稳状态时无明显垂直运动的状态,系统有较强的组织性,结构特征明显,显示出低熵值系统明显特征;中尺度负变压区在暖输送带起始部位形成,对流性强降雨又在中尺度负变压区中发生。

实例 2:2014 年 8 月 19 日强降雨过程暖输送带、中尺度负变压区和 MCS 关系(图 1-9)。

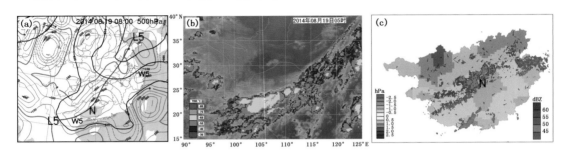

图 1-9　2014 年 8 月 19 日天气形势
(a:08 时 500 hPa 高空天气图;b:05 时卫星云图(IR1);c:08 时中尺度变压图)

2014 年 8 月 19 日 500 hPa 天气图(图 1-9a)上,L5—L5 为槽轴线,深槽底部抵达越南北部;W5—W5 为槽轴前上升气流区,最大上升速度中心位于桂东北,低槽系统向东移动;图 1-9b 中,C—C 为槽前暖输送带上形成的云带;云带西边有大片的晴空或少云区,这是槽后下沉气流控制区域;云带西边界较整齐,东边界参差不齐;云带西南段的广西境内有对流云团发展。图 1-9c 为槽底前的中尺度变压场,在桂中形成一个负变压中心 N,这是一个变压梯度明显且偏离平衡态的低熵值中尺度变压场,对流在负变压区内发生发展。

从图 1-9 中可以分析出三个关系:对流性强降雨过程发生在低熵值大尺度环境场背景下;大尺度环境场的负熵向槽底附近局部区域汇集,在地面形成中尺度负变压区;MCS 主要在负变压区中发生发展,而组成 MCS 的对流单体又是在负变压区中递次生消发展的,显示出负熵集中流动趋势。大样本降雨个例分析表明(见第 4～5 章),与图 1-9 类似特征的表现程度虽有强弱,但华南汛期西风带低值系统强降雨过程普遍具有这种演变特征。

综上所述得知,强降雨所必需的负熵来源于低熵值的大尺度环境场,也就是说低熵值大尺度环境场是强降雨的负熵源。

1.4　负熵汇

当大尺度低熵值天气系统向某一区域汇集输送负熵时,使该区域形成低熵值中尺度天气系统,则这种中尺度天气系统称之为负熵汇。

上述分析指出,低熵值大尺度环境场负熵向局部区域汇集形成中尺度负变压区,MCS 在负变压区中发生发展,这种现象表明,负熵汇与负变压区具有等同关系。

1.4.1　单站气压数学模型

热力学近平衡区非平衡态研究指出,系统中熵产生为极小值的状态是非平衡态的定态,这

是一种非平衡态,存在着速率不为零的耗散过程。系统熵产生与熵流相平衡时,因

$$dS = d_iS + d_eS$$

当　　　　$dS = 0$ 时,$d_iS > 0$

所以　　　$d_eS = -d_iS$

$$d_eS < 0 \tag{1-29}$$

式(1-29)表明,系统要维持非平衡态的定态必须存在负熵流,也就是系统必须向外界输出熵,系统与外界之间要有诸如能量、质量等各种广延量的"流",并将导致周围环境之熵值的不断增长。

在非平衡态中,由于如温度、压强、密度等强度量的不均匀性,产生与梯度相对应的广义作用"力",驱动如能量、熵、粒子数等广延量的"流"。定态和平衡态一样也是稳定的,即系统对于干扰的响应导致干扰的消减。在平衡态附近,抑或近平衡区的定态附近,系统对于微小涨落是恒定的,热力学势的存在显然是一种保证,使得微小涨落不至于破坏稳定性。

在华南汛期西风带低值系统对流性强降雨天气形势的演变中,常发现先是在槽底附近形成中尺度负变压区,或原存在的负变压区重新加强,然后 MCS 在负变压区中发生发展。这种中尺度变压场是在大尺度天气形势由稳态向非稳态演变过程中形成的,存在明显的气压、温度和湿度梯度,湿空气向负变压区辐合引起质量和能量流,中尺度变压场具有一定程度的稳定性。中尺度变压场表现出热力学近平衡区非平衡态的"梯度""流""定态"等各种特征,符合式(1-23)热力学第二定律描述。

设中尺度变压场可处于热力学近平衡区的任意状态,根据热力学第二定律,基于式(1-29)原理,利用中尺度自动气象站的气压观测资料,可以构造中尺度变压场,而组成中尺度变压场的单站气压数学模型为

$$p(t) = p_g(t) + p_L(t) + p_m(t) + p_d(t) \tag{1-30}$$

式中,$p(t)$ 为测站实时测量气压值;$p_g(t)$ 为测站地理气压项,主要与测站海拔高度有关;$p_L(t)$ 为大尺度天气系统气压项,主要受大尺度天气系统活动影响;$p_m(t)$ 为中尺度天气系统气压项,主要受中尺度天气系统活动影响;$p_d(t)$ 为气压日变化项;t 为时间变量。对长时间序列的气压数据作气候统计时,$p_L(t)$、$p_m(t)$ 近似服从正态分布,其数学期望值(平均值)近似为 0 或是较小的常数。$p_L(t)$、$p_m(t)$、$p_d(t)$ 等 3 项都是瞬时变压,$p_m(t)$ 与通常天气分析的 3 小时变压具有本质的不同,具体算法和比较详见第 3 章。

由 $p_m(t)$ 各站点值构成中尺度变压场,具有热力学近平衡区的状态特征,通过对中尺度变压场的熵值分析,可以确定中尺度变压场所处的状态为平衡或非平衡态,进而分析远离平衡态的 MCS 发生发展的中尺度环境条件。

1.4.2　低熵值环境暖输送带摩擦辐合效应模型

根据低熵值的低槽系统典型结构特征,可以构造出低熵值环境场暖输送带摩擦辐合效应模型,如图 1-10 所示。

根据天气学 ω 方程推得的涡度平流和温度平流引起的垂直运动中,下沉运动强盛区位于脊—槽中部(图 1-10,$\omega > 0$ 处),上升运动强盛区位于槽—脊中部(图 1-10,$\omega < 0$ 处),槽底前暖输送带起始段的上升气流较弱,而对流却容易在槽底前暖输送带起始段发生发展,ω 方程不能很好解释槽底前暖输送带起始段容易产生对流的观测事实。

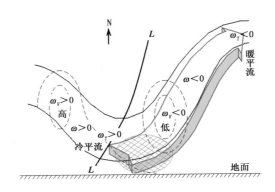

图 1-10　低熵值环境场暖输送带摩擦辐合效应模型

（细实线为 500 hPa 等高线；粗实线 L—L 为槽轴线；虚线为 1000 hPa 等高线；红色粗箭头为
暖输送带（WCB）；红色网格线区表示 WCB 与地面摩擦区域；ω_V 为涡度平流引起的垂直运
动；ω_T 为温度平流引起的垂直运动；ω 为涡度平流和温度平流复合引起的垂直运动）

　　与用 ω 方程分析不同，如果用低层大气与下垫面的摩擦辐合效应来分析，则容易解释槽底前暖输送带起始段对流容易发生发展的观测事实。由图 1-10 可见，暖输送带起始段通常是低层西南暖湿气流，因与地面直接接触而产生摩擦，其摩擦效应如图 1-11 所示。

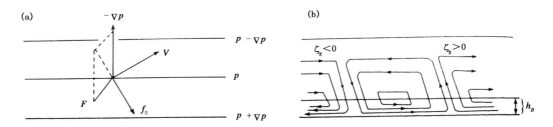

图 1-11　摩擦层中各力的平衡（a）与摩擦产生二级环流（b）示意图（卜玉康 等，2007）

（a：p，气压；$-\nabla p$，气压梯度力；f_0，科氏力；F，摩擦力；V，摩擦层中风速；b：ζ_g，地转涡度；h_B 边界层高度）

　　当摩擦力和气压梯度力的合力与科氏力平衡时（图 1-11a），摩擦层风有指向低压的分量。摩擦作用使气流向低压中心辐合，对地面低压起加强作用，在摩擦层顶产生向上的质量输送，形成叠加在暖输送带主气流之上并与主气流相垂直的二级环流（图 1-11b）。此环流引起的质量输送和摩擦层顶的垂直速度可由 Ekman 解和连续方程求得

$$\omega_E = \frac{1}{2} h_E \zeta_g \qquad\qquad (1-31)$$

式中，ω_E 为边界层顶垂直速度；h_E 为 Ekman 高度；ζ_g 为地转涡度。式（1-31）表明，由于摩擦作用，边界层内有质量辐合，在边界层顶产生上升运动，并在边界层与自由大气间产生非地转闭合的二级环流。由此可见，因摩擦辐合作用使暖湿空气在局地堆积，造成地面气压下降形成中尺度负变压区，例证如图 1-12 所示。

　　图 1-12 的中尺度负变压区位于辐合中心附近，925～700 hPa 等 3 个高度层的流线自下向上呈顺时旋转，表示有暖平流向负变压区辐合。在华南汛期对流性强降雨过程中，类似这种暖

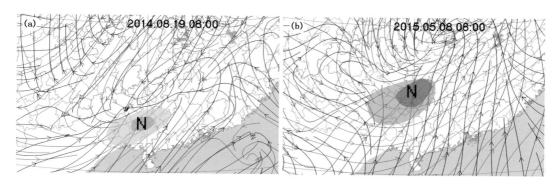

图 1-12　低层流线特征与地面中尺度负变压对应关系示例

（带箭头实线为流线：红色 700 hPa，蓝色 850 hPa，黑色 925 hPa；

浅红色区域为中尺度负变压区，N 为负变压中心）

湿气流向负变压中心辐合很常见（见第 4 章），其辐合效果用以下模型分析。

设有一从地面到大气层顶的空气柱，在某时段内空气柱 H 高度以下，低层暖湿气流速度 $V_1 > V_2$，有净的空气质量辐合形成暖湿空气柱部分，而 H 高度以上气柱没受扰动（图 1-13）。

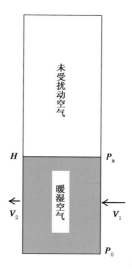

图 1-13　暖湿空气向中尺度负变压区辐合效果分析示意图

（V_1：流入空气柱气流速度；V_2：流出空气柱气流速度；H：空气柱高度；

P_h：空气柱顶部气压；P_0：空气柱底部气压）

为了分析暖湿空气辐合对地面气压变化的影响，采用等温大气压高公式

$$H = k(1 + \alpha T_m) \lg \frac{P_0}{P_h} \tag{1-32}$$

式中，H 为空气柱高度（m）；T_m 为空气柱平均温度（℃）；P_0、P_h 分别为空气柱底部和顶部气压（hPa）；$k = 18400$；$\alpha = 1/273$。

式（1-32）可变为

$$k(1 + \alpha T_m) = H \frac{\lg P_h}{\lg P_0} \tag{1-33}$$

由图 1-14 给定条件可知，H 和 $\lg P_h$ 为常量，由式(1-33)可知

$$T_m \propto \frac{1}{P_0} \tag{1-34}$$

式(1-34)表明，气柱的平均温度与地面气压是反比关系，当暖湿空气在气柱中辐合造成增温时，地面气压下降出现负变压，反之亦然。进一步还可以计算得到空气柱底部负变压区的时空尺度参数。

1.4.2.1　空间尺度

观测数据得知，丘陵地区地面负变压区空间尺度量级，L：1.0×10^5 m；3000 m 高度以上地转风近似较好，可视为自由大气，H_f：3.0×10^3 m；从地面到 1500 m 的风随高度变化呈现明显的埃克曼(Ekman)螺旋曲线特征，H_e：1.5×10^3 m；低层风速，V：1.0×10^1 m/s。

1.4.2.2　时间尺度

把图 1-13 暖湿空气部分简化为图 1-14。图 1-14 中，取各特征值量级为：$H = 3.0 \times 10^3$ m；$H_e = 1.5 \times 10^3$ m；$L = 1.0 \times 10^5$ m；$V = 1.0 \times 10^1$ m/s。

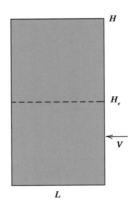

图 1-14　暖湿空气柱简化示意图

设时间变量为 t

则
$$t = \frac{H \cdot L}{H_e \cdot V} \tag{1-35}$$

把以上各值代入式(1-35)后计算可得 t 的量级为 10^4 s。

例 1：当 V 分别取不同值，根据式(1-35)计算结果如下

$V = 3$ m/s，$t = 18.6$ h；$V = 5$ m/s，$t = 11.1$ h；$V = 10$ m/s，$t = 5.5$ h

由此可知，在地面风速范围内，地面负变压区的形成一般要历经几个小时到十几个小时。

1.4.2.3　温度变化与变压强度

如图 1-14 所示，利用式(1-35)计算气柱气温变化引起地面气压变化

设 t_1 时刻，$H = 3000$ m，$P_h = 700.0$ hPa，$T_{m1} = 12.76$ ℃，则 $P_{01} = 1002.0$ hPa；

设 t_2 时刻，$H = 3000$ m，$P_h = 700.0$ hPa，$T_{m2} = 14.36$ ℃，则 $P_{02} = 1000.0$ hPa；

从 t_1 到 t_2 时刻，当气温升高 $\Delta T = T_{m2} - T_{m1} = 1.6$ ℃，则气压下降 $\Delta P = P_{02} - P_{01} =$

－2.0 hPa。

以上的观测数据和时空尺度参数计算表明,在暖输送带起始段所形成的负变压区的时空尺度是中尺度的。

1.4.2.4　垂直上升速度量级

设地面中尺度负变压区上空气柱如图 1-15 所示。

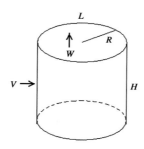

图 1-15　地面中尺度负变压区上空气柱

图 1-15 中取特征尺度为

$$R:10^5\,\mathrm{m};H:10^3\,\mathrm{m};V:10^0\,\mathrm{m/s}$$

因为

$$L \cdot H \cdot V = S \cdot w$$

$$2\pi R \cdot H \cdot V = \pi R^2 \cdot w$$

$$V \cdot H = W \cdot R/2$$

$$W = (2V \cdot H)/R \tag{1-36}$$

把特征尺度量级代入上式可解得 W。

所以

$$W:10^{-2} \sim 10^{-1}\,\mathrm{m/s}$$

例1:辐合与上升速度计算

把 $V=5\,\mathrm{m/s}$,$H=1500\,\mathrm{m}$,$R=10^5\,\mathrm{m}$,代入式(1-36)解得

$$W=0.15\,\mathrm{m/s},t\approx2.8\,\mathrm{h}$$

从空气柱底部的暖湿空气上升到顶部约需 2.8 h。

1.4.3　中尺度变压场概念模型

综上所述,归纳得中尺度变压场概念模型如图 1-16 所示。图 1-16 概念模型表示,在低熵值环境场中,暖输送带上的上升运动强盛处位于中段,起始段的上升运动相对较弱。但由于起始段直接与地面接触,摩擦作用使低层暖湿空气向摩擦区域中心辐合并产生上升运动,这上升运动叠加到暖输送带原有的上升运动之上,加强了辐合区的上升运动。辐合区内暖湿空气堆积使地面气压下降而产生负变压,辐合上升运动的次级环流效应使负变压周边形成正变压,从而形成了偏离平衡状态的低熵值中尺度变压场。中尺度变压场中科氏力仍起作用,接近静力平衡状态,但中尺度变压场的气压梯度引起空气质量流,等效为大尺度环境场的负熵流向负变压区汇集,使中尺度变压场具有近平衡区的非平衡态特征。

通常,中尺度变压场的形成和演变都有明显的过程特征,例证如图 1-17 所示。

2015 年 5 月 7—9 日中尺度变压场演变过程,显示了中尺度变压场从近平衡高熵值状态

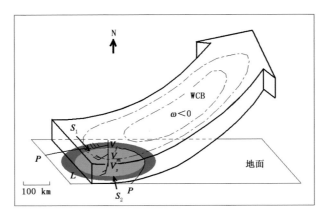

图 1-16　中尺度变压场概念模型

（粗箭头为暖输送带（WCB）；点划线为上升速度（$\omega<0$）等值线；红色椭圆区域为地面负变压区；
蓝色区域为正变压区；V_f 为自由大气层顶风；V_m 为边界层顶风；V_s 为地面风；蓝色箭头 S_1、S_2 为
负熵汇流；P 为地面气压等值线；L 为地面低气压区）

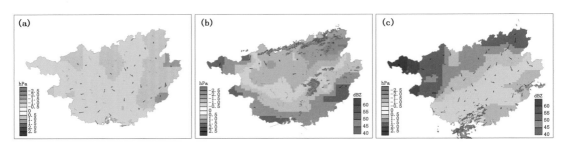

图 1-17　2015 年 5 月 7—9 日中尺度变压场演变过程

（a：7 日 08 时；b：8 日 08 时；c：9 日 08 时）

演变到非平衡低熵值状态。7 日 08 时，（90°～120°E，20°～30°N）范围 500 hPa 高空环流平直，850 hPa 低空盛行偏南气流，地面气压场较弱，广西地面中尺度变压场较弱，为高熵值状（图 1-17a），但此时青藏高原东缘有小槽东移。8 日 08 时，高原小槽加深东移，槽底到达贵州北部，广西处在槽前暖输送带起始段，上升气流明显，850 hPa 切变线移到桂北边界附近，广西地面处于低压槽内，地面中尺度变压场正、负变压加强，显示出非平衡态的低熵值结构状态，负变压区中心位于桂东北，负变压区内沿桂北边界有线状对流出现（图 1-17b），随后 MCS 在负变压区内发生发展，在桂东北和桂中产生了强降雨。9 日 08 时，随着高空槽的东移，低空切变线南移到沿海，地面气压场减弱，中尺度变压场向平衡高熵态转变（图 1-17c），降雨过程随之结束。

1.5　MCS 热力学熵模型

　　对流单体是 MCS 的基本组成单元，通常 MCS 由若干个处于不同生命期的对流单体（积云）组成，对流单体的时空尺度相对较为一致，但由于组成 MCS 的对流单体数量不等，致使 MCS 的生命期和空间范围差别很大，所以需要深入研究对流单体和 MCS 的发生发展机理与环境条件。

1.5.1　积云的观测事实和特征参数(巢纪平 等,1964)

(1)积云的时空尺度和垂直速度。空间尺度,L:$10^0 \sim 10^1$ km;H:$7 \sim 18$ km。时间尺度,t:约 1 h。湿空气上升速度,W:10^1 m/s,W_{max}:60 m/s;消散阶段云中下沉气流可达到与上升气流相近的强度。

(2)积云中的含水量。积云中当空气温度>0 ℃时为液态水,≤0 ℃时有固态的雪花和冰晶,或有过冷却水。积云中实际出现的含水量一般比该高度上空气绝热上升所凝结出来的水量(绝热含水量)来得小,这表明积云内外的混合过程是很剧烈的。

(3)积云中的温度。积云中温度的递减率要比湿绝热递减率大得多,它与云外空气递减率很接近,这说明云内外空气存在着很强的混合过程。

(4)云外下沉气流。当积云发展到一定强度后,在云的周围和云顶以上,都会建立起比较稳定的下沉气流。云外稳定区中下沉运动的出现,将使得上升运动区变窄,并使得对流发展所要求的临界温度梯度变高。

(5)夹卷过程的影响。观测表明,在 500 hPa 高度四周进入的空气量与从云底进入的相等。夹卷过程产生的物理原因,一方面是由于湍流混合的水平交换,另一方面是质量连续性所要求的必然结果,是动力夹卷。

(6)云底上升气流。云下气层中不断有空气进入云内,所以云底可以较稳定地维持在凝结高度。

(7)积云崩溃。很多情况下,特别是雷雨云,在崩溃时云中一般都出现了贯穿性的、系统的下沉气流。

积云是非静力平衡,积云具有"耗散结构"明显的特征:积云是一个开放系统;积云是触发产生的,具有突变机制特征;积云具有相对稳定结构,但这种结构靠系统外持续的水汽供应,水汽凝结释放潜热,并向系统外输出降水或热量而维持,即通过与系统交换物质和能量而维持。这些符合耗散结构所独特具有的条件和过程。

1.5.2　对流单体发生发展条件和模型

1.5.2.1　对流单体环境条件模型

经验和理论研究得知,降雨特征与天气系统尺度大小密切相关。尺度大小、上升速度和降雨量级等关系如表 1-5 所示。

表 1-5　天气系统尺度大小、上升速度和降雨量级等关系列表

尺度	上升速度(cm/s)	降雨量级	降雨特征
大	10^0	$10^0 \sim 10^1$ mm/24h	小到中雨
中	10^1	10^1 mm/h	暴雨
小	10^2	10^2 mm/h	大暴雨

不管对流单体中最大上升速度达到多大,其对流初始阶段上升速度也是很小的,容易因环境干扰而破坏对流的继续发展,所以对流发展过程中的关键阶段为对流云胞初生阶段,环境条件在对流云胞发展进程初始阶段起决定性作用。在影响对流单体发生发展的诸多条件中,最重要的是水汽和上升速度这两个条件。在假定湿度条件满足的情况下,依据表 1-5 中大、中、

小尺度上升速度量级范围,构造对流发展环境条件模型,如图1-18所示。

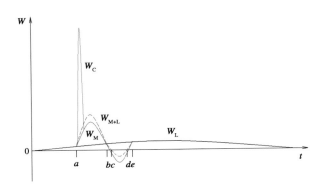

图 1-18　对流发展环境条件模型

(纵坐标 W 为上升速度;横坐标 t 为时间;黑实线 W_L 为大尺度天气系统上升速度曲线;蓝实线 W_M 为中尺度天气系统上升速度曲线;蓝虚线 W_{M+L} 为 W_M、W_L 复合速度曲线;红实线 W_C 为对流单体中最大上升速度曲线)

图 1-18 模型中,如在 ab 段,大尺度环境场(如暖输送带)的垂直上升运动提供了一种基础性的上升速度 W_L;因摩擦作用(如槽底前暖输送带起始段)又加强了局地的暖湿空气辐合,引起低层暖湿空气的辐合上升形成中尺度负变压区,负变压区中辐合上升速度 W_M 与大尺度环境场上升速度 W_L 同号相加形成有利于对流发展的环境场垂直上升速度 W_{M+L},同时负变压区的形成加大了气压梯度,有利弱冷空气入侵,当弱冷空气入侵到负变压区中时,在垂直上升速度为 W_{M+L} 有利条件下,则较为容易抬升暖湿空气而触发对流;而在 cd 段,因 W_M 与 W_L 异号相加 W_{M+L} 值变小,环境场为垂直下沉速度,会抑制对流发生。这解释了为什么对流容易在中尺度变压场的负变压区中发生发展,而在其他区域不容易发生的原因。

1.5.2.2　对流触发模型

前述的中尺度负变压区辐合上升速度计算指出,中尺度负变压区暖湿空气辐合上升速度量级为 $10^0 \sim 10^1$ cm/s,一般不易达到触发对流的上升速度量级要求。实例分析(见第 5 章)表明,中尺度负变压区中发生的对流大多是弱冷空气入侵抬升暖湿空气而触发的,其触发对流模型如图 1-19 所示。当弱冷空气入侵到地面中尺度负变压区内,冷弱空气抬升暖湿空气产生上升运动,抬升上升速度与暖湿空气辐合上升速度同号相加,上升速度幅值增大,更有利于触发对流运动(图 1-19)。弱冷空气抬升产生的垂直速度大小用图 1-20 估算。

依据图 1-20 估算,当 1 km 厚的冷空气以 5 m/s 速度前进时,可以辐合抬升产生垂直速度达 1 m/s,达到可产生大暴雨量级。由此可见,弱冷空气抬升触发之所以常见,是因其比其他方式更为直接有效触发对流。

冷空气抬升暖湿空气触发对流实例如图 1-21 所示。弱冷空气过境时,单站观测要素变化的典型特征是:气压快速上升,气温急降,风向转变,风速加大,随后 10 ～ 50 分钟强降雨开始。这种气象要素变化特征在锋面低槽类强降雨过程中是一种普遍现象。

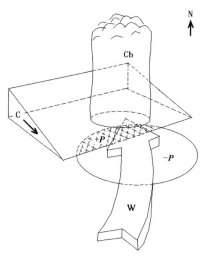

图 1-19 弱冷空气对流触发机制示意图

（粗箭头 W 表示暖空气；三角楔 C 表示冷空气；$-P$ 为地面中尺度变压场中的负变压区，
$+P$ 为正变压区；Cb 为积雨云）

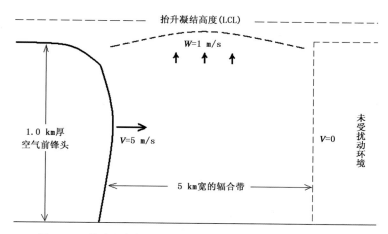

图 1-20 弱冷空气抬升垂直速度估算示意图（巴德 等，1998）

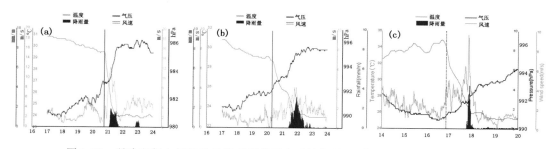

图 1-21 弱冷空气入侵抬升触发对流前后自动站气压、温度、风速和降雨量曲线图
（a：都安站，2010 年 6 月 8 日；b：鹿寨站，2010 年 6 月 8 日；c：隆安站，2011 年 6 月 7 日。红线为气温曲
线；黑线为气压曲线；蓝直方柱为降雨量；绿（青）线为风速曲线；竖线（虚线）为锋面过境时间标志线）

1.5.2.3 对流单体结构和发展模型

依据图 1-19 对流触发模型原理,当暖湿空气被抬升到自由对流高度触发自主对流运动后,在不稳定环境场和持续的水汽供应条件下,通过潜热释放对流运动进入自持正反馈过程,对流发展越来越强,直至对流单体发展进入成熟期。但前述的积云观测事实表明,在对流发展过程中,有许多的制约对流发展因素,尤其是夹卷混合效应使积云中温度的递减率要比湿绝热递减率大得多,它与云外空气递减率很接近,潜热释放减弱,浮力减小,上升速度降低。根据图 1-19 模型原理和观测事实,构造得对流单体结构模型如图 1-22 所示。

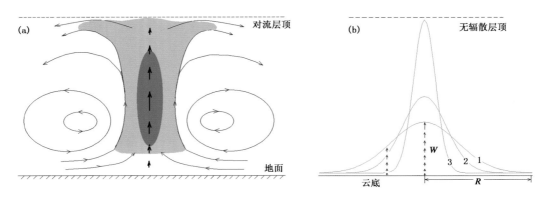

图 1-22　对流单体结构(a)和极大上升速度廓线(b)示意图

(a:深色阴影区为对流核(＞40 dBZ),浅色阴影区为云体,实矢线为流线;b:红实线为极大上升速度廓线,短箭头 W 为上升速度矢量,1 表示初生期,2 表示发展期,3 表示成熟期)

处于成熟期的对流单体(图 1-22a)有一个对流核,对流核是对流单体主上升区,从云底到云体中部(无辐散层高度)为辐合加速上升段,中部以上到对流层顶为扩散减速段。云底下的湿空气从宽广范围辐合进入云体内。由于云体内的强烈上升运动,在云体周围形成次级环流,质量补偿效应使环流圈外围产生下沉气流。

一个对流单体由许多相互独立的湿空气微团组成。在自主对流阶段,大量湿空气微团水汽潜热释放产生的阿基米德浮力是产生对流加速度的总因。根据概率论的中心极限定理,如果一个量是由大量相互独立的随机因素的影响所造成,而每一个别因素在总影响中所起的作用不是很大,则这种量通常都服从或近似服从正态分布。因此可以认为,在对流单体的初生、发展和成熟期都存在上升速度极大值廓线(图 1-22b),这些极大值廓线近似服从正态分布的密度函数

$$f(x) = \frac{1}{\sqrt{2\pi}\sigma} e^{-\frac{(x-\mu)^2}{2\sigma^2}} \qquad (1\text{-}37)$$

式中,μ 为数学期望值;σ 均方差。

对流单体是自然界中极具代表性的非线性系统,由对流单体的极大速度廓线分布可以推论一般非线性系统的基本特征:一个自持的正反馈系统的正半程,会有某种属性服从于一定的概率分布,即

如果　　　$dS < 0$

则有　　　$dS_e < - dS_i$,　　且 $\Phi(X) = \int f(x)dx \leqslant 1$ 　　　(1-38)

式(1-38)为系统属性概率分布密度函数。

对流单体是一个典型的正反馈系统,在对流运动正反馈正半程中,通过持续的水汽供应和潜热释放,使云柱主体内上升速度处于持续加速状态,也就是系统维持着减熵状态,熵值越来越小。要维持连续减熵,上升速度必须处于加速状态,也就是上升区的加速状态是一个必然的高概率事件,上升加速区必须位于图 1-22b 概率密度曲线下,所以对流单体极大上升速度属性服从于正反馈系统的一般规律。

从图 1-22b 曲线演变可以看出,随着对流的发展,上升速度极大值增大,峰值急速上升,两侧曲线越发变陡宽度收窄,这对应着图 1-22a 中的次级环流加强,云下暖湿气流上升通道变窄直至被切断,这使对流发展到极盛期后又迅速衰减,对流单体呈现出单峰振荡现象。这种特征可以解释观测事实中"当积云发展到一定强度后,在云的周围和云顶以上,都会建立起比较稳定的下沉气流。云外稳定区中下沉运动的出现,将使得上升运动区变窄"等现象。这也是对流单体耗散结构失去外界能量与物质持续供应后不能维持的原因。

使用式(1-37)模拟显示(见第 6 章),在水汽条件满足的情况下,对一个直径为 10 km 的湿气柱,要使气块抬升触发自主对流的概率大于 80%,湿空气柱的厚度要超过 2650 m。

根据图 1-22b 模型原理和观测事实,构造如图 1-23 所示的对流单体生命史阶段模型。对流单体发生期,湿空气在不稳定气层中上升,水汽凝结潜热释放,对流云胞出现,对流单体减熵过程开始;对流单体发展期(Cu),水汽凝结潜热释放形成正反馈作用,上升气流加速,对流单体快速发展,柱状结构特征渐趋明显,体积增大,发展期后阶段对流阵性降雨明显,云体处于持续减熵阶段;对流单体成熟期(Cb),垂直速度达最强,结构特征最为明显和完整,降雨最强,云体熵值趋向极小值阶段;此后,对流单体进入消散期(Sc),柱状云体坍塌扩散,垂直速度减弱,云顶高度渐降、面积扩展,降雨强度减弱,由降性降雨为主转为连续性层状云降雨为主,云体熵值不断增大。

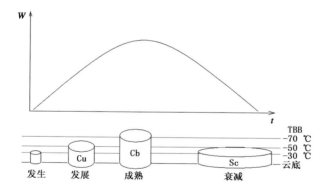

图 1-23　对流单体(积云)发生发展阶段示意图(W 为对流单体中最大垂直上升速度)

1.5.3　对流传播发展

MCS 通常是由若干个不同生命期对流单体组成,对流单体多是通过发展传播方式逐个生成并入 MCS,使得 MCS 得以持续发展维持。

1.5.3.1 对流传播发展模型

对流发生发展是一个概率事件,图1-22a中成熟对流单体周围次级环流下沉气流对紧邻新生对流有抑制作用,对流单体不能连贯发生,只能孤岛式发生,因此,构造对流传播发展模型如图1-24所示。

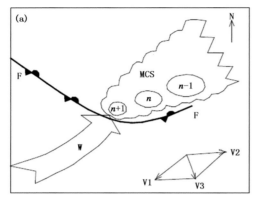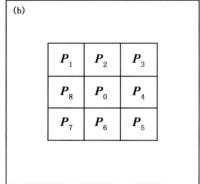

图 1-24　对流发展传播模型
（a:概念模型,$n+1$ 为新生对流单体,n 为成熟对流单体,$n-1$ 为衰减对流单体,
齿线 F—F 为准静止锋,W 为暖湿气流,V1 为对流单体传播方向,V2 为对流单体移动方向,
V3 为 MCS 移动方向;b:传播机理模型,P_i 为对流单体发生概率）

MCS 中对流单体组成形式多是线性排列,图1-24a 是较为常见的线对流后向传播发展概念模型(见附录 A)。图1-24a 中,MCS 随准静止锋向南移,在 MCS 西或西南端暖湿西南气流在准静止锋(弱冷空气)抬升作用下触发对流,对流单体在准静止锋与中尺度暖湿空气带相遇处发生,形成对流单体向西南方向传播,发展起来的对流单体随高空风平均方向向东移动,新对流单体以后向传播方式并入 MCS,形成线对流模式的 MCS。

图1-24b 是对流单体传播 2D 概率模型,模型的数学表达式为

$$P_C = P_0 \cdot \delta \tag{1-39}$$

$$\delta = \begin{cases} 1, P_m = 0 \\ 0, P_m \neq 0 \end{cases} \tag{1-40}$$

$$P_m = \sum_{i=1}^{8} P_i \tag{1-41}$$

式中,P_C、P_0 为对流单体发生概率,其中 P_0 主要由环境条件决定,P_i 为周边对流已发展概率(0 或 1);δ 为邻域影响因子,为周边对流单体对中心格点发生对流的影响程度,由式(1-40)和(1-41)决定。

式(1-39)表示,当图1-24b 的中心格点在环境条件满足以 P_0 概率发生对流时,中心格点的对流能否发生,还受邻域是否已存在对流单体影响。如果周边已存在有正在发展的对流单体,则由于如图1-22 模型中对流单体次级环流的抑制效应,中心格点的对流难以发展。

图1-24b 表示对流单体的面传播机理,可以解释或模拟弥散状或团簇状对流分布。当把图1-24b 的 2D 概率模型简化为 1D 概率模型时,则为线对流传播机制,可以解释或模拟线状对流(详见第 6 章)。

1.5.3.2　对流传播发展实例

以下两个强降雨过程示例了图 1-24 对流单体发展传播模型,在第 5 章中更多实例验证了图 1-24 模型的广泛适用性和可靠性。

例 1:线对流传播发展雷达回波分布实例(图 1-25)。

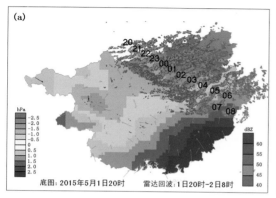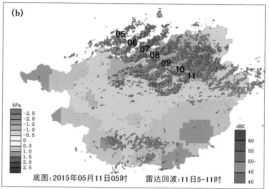

图 1-25　线对流传播发展概况实例

图 1-25 中,由于弱冷空气南移速度较快,间隔 1 小时的雷达回波线清晰显示了线对流传播发展和南移过程。其中,2015 年 5 月 1 日 20 时—2 日 08 时,线对流通过传播发展方式使 MCS 在桂东北维持了长达 13 小时之久;类似地,2015 年 5 月 11 日 05—11 时,MCS 在桂东北维持了 7 小时。这两次都是随着弱冷空气入侵,线对流在中尺度负变压区中发生发展,自西北向东南移,在桂东北产生了强降雨。

例 2:线对流传播发展整体过程实例(图 1-26)。

8 日 05—17 时的间隔 3 小时卫星云图(IR1,图 1-26a 至图 1-26e)中,低槽前带状云系 C—C 向东南方向移动,8 日 08 时槽底前云带 C—C 西南段移到广西北边界附近。图 1-26c 中,8 日 11 时在黑色箭头所指的槽底前云带中有对流云胞出现。其后,槽底前对流继续发展,对流单体向西传播发生(图 1-26d 至图 1-26e),发展起来的对流单体沿云带轴线向东偏北移动形成线对流,云带整体向东南方向移动。总的结果如图 1-26f 所示,线对流在桂北中尺度负变压区中活动长达 13 小时,并产生了强降雨。图 1-26g 中的对流雷达回波块 N1—N7,与图 1-26h 中的雨团 N1—N7 相对应,显示了对流单体线性排列细节特征。

1.5.4　基于负熵流的 MCS 概念模型

观测发现有组织的 MCS 通常是由若干个对流单体组成,而对流单体是明显有序的耗散结构体,可知 MCS 是规模更大的耗散结构体,MCS 发生发展和维持必须要有持续的高强度负熵流输入。

式(1-22)指出,空气柱获得的负熵强度值与上升速度 W 和混合比 ω 乘积具有正比关系。前面分析指出中尺度负变压区由暖湿空气辐合堆积形成,但中尺度负变压区中的辐合上升速度较低,一般不易直接触发对流运动。另一方面,中尺度负变压区的形成增大了气压梯度,有利于负变压区外的弱冷空气向负变压区流动。当弱冷空气入侵负变压区时,形成一种密度流强迫抬升机制,这密度流强迫所形成的上升运动很容易达到或超过触发对流所需的上升速

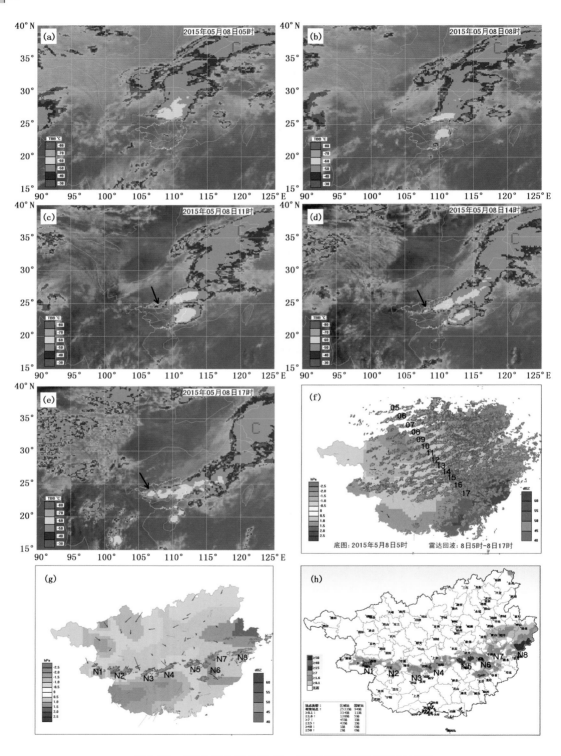

图 1-26　2015 年 5 月 8 日 05—17 时线对流传播发展过程

度,且负变压区堆积的暖湿空气正是负熵流组成部分。因此,弱冷空气入侵负变压区容易产生触发对流,满足 MCS 发生发展和维持所需的高强度负熵流。

综合图 1-19、图 1-20、图 1-22 和图 1-24 基本构造原理,得基于负熵流的 MCS 概念模型如图 1-27 所示。

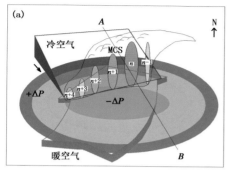 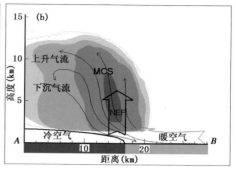

图 1-27　基于负熵流的 MCS 发生发展概念模型(a)和沿 AB 线剖面图(b)
(a:$-\Delta P$,负变压;$+\Delta P$,正变压;n,成熟期对流单体;$n+1$,$n+2$,发展期对流单体;$n+3$,$n+4$,初生对流云胞;b:深灰阴影区为对流核;粗箭头 NEF(Negative Entropy Flow)为负熵流;蓝阴影区为正变压区;红阴影区为负变压区)

MCS 概念模型(图 1-27)表示:① 大尺度低熵值环境场的低密度负熵向局地汇集后,形成更低熵值的负熵汇——中尺度负变压区;② 弱冷空气入侵密度流强迫抬升与大尺度系统上升及中尺度辐合上升运动叠加,形成较强的垂直上升速度;③ 强垂直上升速度与中尺度负变压区中丰沛水汽组成高速高密度负熵流(图 1-27b);④ 高强度负熵流触发对流并组织成 MCS。这就是所谓的"负熵源→负熵汇→负熵流"MCS 发生发展机制,这种机制已经过许多实例的验证(见第 5 章)。

另外,弱冷气前锋西南段更容易与暖湿空气相遇触发对流生成对流云胞,随后对流云胞发展成对流单体,并沿高空风平均方向向东北移动,这就是常见的对流后向传播机制。前后不同阶段发展起来的对流单体在弱冷空气推进前沿以线形排列方式组成 MCS,形成常见的线对流形式。

第 2 章　强降雨信息模型和信息量

　　一个系统的热力学熵值减少直接结果是系统的有序性增强,产生对流性强降雨的天气系统通常是结构特征明显有序性强的系统,无论其尺度大小都是低熵值系统,其有序的结构特征所蕴含的信息量是本章建立强降雨信息模型的主要依据。本书绪论已指出,对流性强降雨通常是小概率事件,是弱因果律关系问题,弱因果律关系遵循一个基本规则:大致相同的原因会引起大致相同的结果。本章就是在这个规则下,通过分析气象信息源特点和强降雨预测对信息量的需求,从兼顾合理、实用、可信度等多方面发展强降雨信息量提取技术,为后续强降雨预测的信息提取算法原理和设计建立基础。

2.1　气象信息模型

2.1.1　气象信息概念模型

　　强降雨预测,实质上是从气象观测资料的分析中,获取天气系统的状态信息后,依据天气系统演变规律(动力或经验规律),做出未来天气变化预测,最后使用降雨实况作预测效果检验。依据香农(Shannon)的信息理论,参照通信工程的信息模型,构造气象信息概念模型如图2-1所示。在气象信息概念模型中,天气系统是真实的物理信源,通过使用各种观测设备和方法获得气象观测数据,气象观测数据相当于信源的输出。利用各种分析系统对气象观测数据进行分析处理,输出各种分析数据或图表,在分析处理过程中难免会有误差和遗漏,相当于通信信道中的干扰或噪声。最后,把分析数据输入动力或统计模型得到预测结果,这部分相当于信宿。

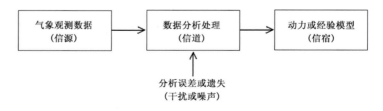

图 2-1　气象信息概念模型

2.1.2　气象观测数据的数学模型

　　一般来说,气象观测是对连续的大气演变过程采用抽样观测方法进行的,气象观测资料是

离散数据，可以采用香农离散数学模型描述，即

$$\begin{bmatrix} X \\ P(x) \end{bmatrix} = \begin{bmatrix} a_1, a_2, \cdots, a_q \\ P(a_1), P(a_2), \cdots, P(a_q) \end{bmatrix} \tag{2-1}$$

其中

$$\sum_{i=1}^{q} P(a_i) = 1$$

式中，X 为样本空间；a_i 为样本空间元素；$P(a_i)$ 为先验概率。

同样，信息论一般概念和定义也适用气象观测数据信源。

（1）自信息

自信息是指某一信源发出某一消息所含有的信息量

$$I(a_i) = \log_2 \frac{1}{P(a_i)} \tag{2-2}$$

式中，$I(a_i)$ 为自信息量（bit，比特）；$P(a_i)$ 为先验概率。$I(a_i)$ 代表两种含义：事件 a_i 发生以前，表示事件 a_i 发生的不确定性；事件 a_i 发生以后，表示事件 a_i 所含有（或所提供）的信息量。

（2）互信息

$$I(a_i, b_j) = \log_2 \frac{1}{P(a_i)} - \log_2 \frac{1}{P(a_i \mid b_j)} \tag{2-3}$$

式中，$I(a_i, b_j)$ 为互信息量（bit，比特）；$P(a_i)$ 为先验概率；$P(a_i|b_j)$ 为后验概率。式（2-3）表示，如果信息传输或加工过程中造成后验概率减小，相当于从信源所获得的信息量减少。

（3）信息熵

$$H(X) = -\sum_{i=1}^{q} P(a_i) \log_2 P(a_i) \tag{2-4}$$

式中，$H(X)$ 为信息熵（bit，比特）；$P(a_i)$ 为先验概率。信源的信息熵 H 是从整个信源的统计特征来考虑的，具有三种物理意义：信息熵 $H(X)$ 是表示信源输出后，每个信息所提供的平均信息量；信息熵 $H(X)$ 是表示信源输出前，信源的平均不确定性；信息熵 $H(X)$ 表征变量 X 的随机性。

2.2 气象观测数据信源特点

通信工程中的信息熵通常比较抽象，不考虑具体对象性质特征等。与通信工程系统不同，强降雨信息熵值和意义与降雨性质密切相关，不同性质强降雨信息熵可有相同表现，也可有明显区别。

2.2.1 两个强降雨过程信息熵比较

2014 年 8 月 18—19 日和 2015 年 11 月 12—13 日广西境内产生了两个强降雨过程，这两个强降雨过程，从产生强降雨的天气形势和降雨量分布都有很多异同性，用信息熵定量分析可以揭示较多深层次问题。

2.2.1.1 强降雨总体情况比较

两个强降雨过程的卫星云图特征、降雨强度及分布概况如图 2-2 所示。

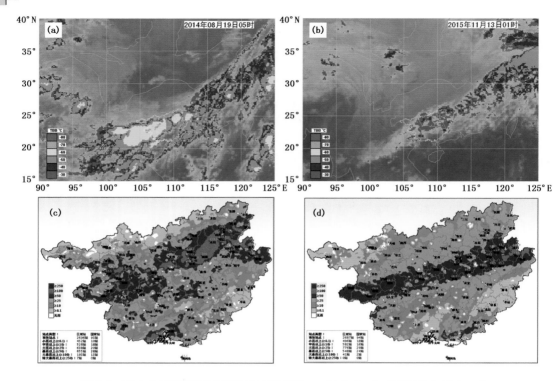

图 2-2　两个典型强降雨过程卫星云图(IR2,a～b)和 24 小时降雨分布图(c～d)

(a:2014 年 8 月 19 日 05 时;b:2015 年 11 月 13 日 01 时;c:2014 年 8 月 18 日 20 时—19 日 20 时;

d:2015 年 11 月 12 日 08 时—13 日 08 时)

从大尺度天气形势背景来看,这两个强降雨过程都是在高空低槽前暖输送带云系产生的。图 2-2a 显示,2014 年 8 月 18—19 日强降雨产生在近槽底前暖输送带起始段,广西境内对流云发展旺盛,以 MCS 对流性降雨为主;图 2-2b 显示,2015 年 11 月 12—13 日强降雨是产生在槽前暖输送带中段,为层状云连续性降雨。图 2-2c,d 中,强降雨带都是从桂西延伸到桂东北,但图 2-2c 的强降雨带强度变化较大,东西两个雨团特征明显;图 2-2d 雨带较窄,强度分布较为均匀。

为了定量比较两个强降雨过程的异同点,依据图 2-2c,d,使用式(2-4)计算两个强降雨过程整体信息熵(表 2-1)。从表中数据可以看出,两个强降雨过程的信息熵值很接近,差值小于 4%。两个大尺度天气系统所提供的平均信息量相近,从信息量角度反映了大尺度天气系统具有相似性。

表 2-1　强降雨过程整体信息熵表(区域自动站降雨实况资料统计)

日期		无雨	小雨	中雨	大雨	暴雨	大暴雨	$H(X)$
8 月 18—19 日	$P(a_i)$	0.21	0.23	0.15	0.19	0.18	0.03	
	$\log_2 P(a_i)$	2.252	2.120	2.737	2.396	2.474	5.059	
	$H(a_i)$	0.473	0.488	0.411	0.455	0.445	0.152	2.424
11 月 12—13 日	$P(a_i)$	0.09	0.18	0.22	0.29	0.20	0.02	
	$\log_2 P(a_i)$	3.474	2.474	2.184	1.786	2.322	5.644	
	$H(a_i)$	0.313	0.445	0.480	0.518	0.464	0.113	2.333

2.2.1.2　单站降雨时间分布特征比较

分别在图 2-2c 和图 2-2d 中的两个强降雨带上,自东北向西南对应地各取 4 个强降雨中心站的逐 1 小时降雨量,比较两个强降雨过程的单站降雨时间分布特征,结果如图 2-3 所示。

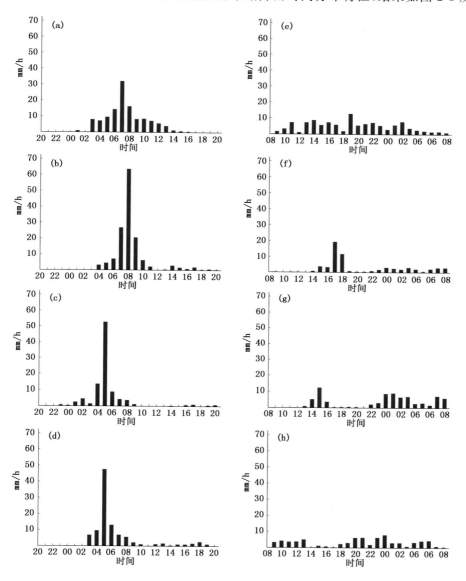

图 2-3　单站逐 1 小时降雨量分布

(左列 a~d,2014 年 8 月 18 日 20 时—19 日 20 时;a:桂林;b:柳江;c:都安;d:平果;右列 e~h,
2015 年 11 月 12 日 08 时—13 日 08 时;e:富川;f:柳江;g:马山;h:德保)

图 2-3 中的左列(a~d),2014 年 8 月 18 日 20 时—19 日 20 时的降雨时段较为集中,为单峰型降雨分布结构,降雨量峰值很大,对流性降雨的雨团特征明显。图 2-3 中的右列(e~h),2015 年 11 月 12 日 08 时—13 日 08 时的降雨时间分布相对均匀,降雨时间长,强度小,峰值特征较弱,层状云连续性降雨特征明显。两个强降雨过程的降雨峰值强度对比如图 2-4 所示。

2014 年 8 月 18—19 日强降雨过程,4 个降雨中心峰值 1 小时降雨量均达大暴雨级别以上,其中都安和柳江 2 站达特大暴雨级别。而 2015 年 11 月 12—13 日强降雨过程,4 个强降雨中心中仅柳江达暴雨级别,其他各站峰值都在中—大雨级别。两个过程的降雨中心峰值降雨强度量级有 1~3 个级差。

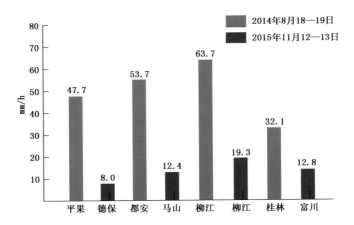

图 2-4　雨带上强降雨中心降雨量峰值比较示意图

用式(2-4)分别计算两个强降雨过程强降雨中心的降雨量时间序列信息熵,结果如表 2-2 和表 2-3 所示。对比两个表中的数据可以看出,表 2-2 比表 2-3 平均熵值增大 37％,其中暴雨量级以上熵值增大明显。这表明,由于 2014 年 8 月 18—19 日强降雨过程中,中尺度对流系统发展旺盛,以对流云产生的阵性降雨为主,强降雨时间序列信息熵平均值较大,反映了信源的不确定性更大;2015 年 11 月 12—13 日的强降雨,主要是层状云产生的连续性降雨,降雨强度不大,主要特征是降雨时间久累积降雨量大,强降雨时间序列信息熵平均值较小,反映了信源的不确定性相对较小。

表 2-2　2014 年 8 月 18—19 日强降雨时间序列信息熵

日期		无雨	小雨	中雨	大雨	暴雨	大暴雨	特大暴雨	和
平果	$P(a_i)$	6/24	8/24	6/24	3/24		1/24		
	$\log_2 P(a_i)$	2.000	1.585	2.000	3.000		4.585		
	$H(a_i)$	0.500	0.528	0.500	0.375		0.191		2.094
都安	$P(a_i)$	6/24	11/24	4/24	2/24			1/24	
	$\log_2 P(a_i)$	2.000	1.126	2.585	3.585			4.585	
	$H(a_i)$	0.500	0.516	0.431	0.299			0.191	1.937
柳江	$P(a_i)$	7/24	6/24	7/24	1/24	2/24		1/24	
	$\log_2 P(a_i)$	1.778	2.000	1.778	4.585	3.585		4.585	
	$H(a_i)$	0.519	0.500	0.519	0.191	0.299		0.191	2.219
桂林	$P(a_i)$	9/24	4/24	2/24	7/24	2/24			
	$\log_2 P(a_i)$	1.415	2.585	3.585	1.778	3.585			
	$H(a_i)$	0.531	0.431	0.299	0.519	0.299			2.079
平均									2.082

表 2-3　2015 年 11 月 12—13 日强降雨时间序列信息熵

站		无雨	小雨	中雨	大雨	暴雨	大暴雨	特大暴雨	和
德保	$P(a_i)$		7/24	16/24	1/24				
	$\log_2 P(a_i)$		1.778	0.585	4.585				
	$H(a_i)$		0.519	0.390	0.191				1.100
马山	$P(a_i)$	4/24	6/24	10/24	4/24				
	$\log_2 P(a_i)$	2.585	2.000	1.263	2.585				
	$H(a_i)$	0.431	0.500	0.526	0.431				1.888
柳江	$P(a_i)$	2/24	9/24	11/24	1/24	1/24			
	$\log_2 P(a_i)$	3.585	1.415	1.126	4.585	4.585			
	$H(a_i)$	0.299	0.531	0.516	0.191	0.191			1.728
富川	$P(a_i)$		3/24	14/24	7/24				
	$\log_2 P(a_i)$		3.000	0.778	1.778				
	$H(a_i)$		0.375	0.454	0.519				1.348
平均									1.516

2.2.1.3　小时降雨量空间分布特征比较

从 2014 年 8 月 18—19 日和 2015 年 11 月 12—13 日强降雨过程中,分别取两个代表性时次的 1 小时降雨量空间分布(图 2-5)。从图中可以看出,两个过程的 1 小时降雨量分布的异同性明显。相似之处是两个雨带的空间分布形状基本相似,都是西南—东北向的带状分布。不同处是图 2-5a 中有若干个雨团排列于雨带中,对流性降雨特征明显;而图 2-5b 则无明显雨团出现,层状云连续性降雨特征明显。

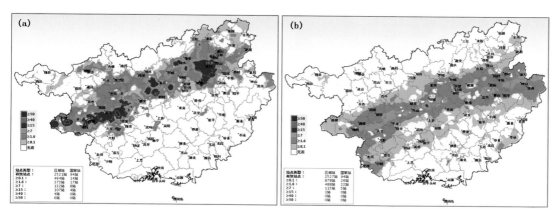

图 2-5　小时降雨量空间分布图

(a:2014 年 8 月 19 日 03—04 时;b:2015 年 11 月 13 日 01—02 时)

用式(2-4)计算图 2-5 中的信息熵值,如表 2-4 所列。2014 年 8 月 19 日 03—04 时比 2015 年 11 月 13 日 01—02 时,降雨的熵值增大约 12%。由此可见,2014 年 8 月 19 日 03—04 时小时降雨分布表现的对流阵性降雨所产生的不确定性,明显大于 2015 年 11 月 13 日 01—02 时连续性降雨。

表 2-4　强降雨过程整体信息熵表（据区域站统计）

日期		无雨	小雨	中雨	大雨	暴雨	大暴雨	$H(X)$
2014 年 8 月 19 日 03—04 时	$P(a_i)$	0.569	0.184	0.148	0.042	0.002	0.002	
	$\log_2 P(a_i)$	0.814	2.442	2.757	4.574	8.967	8.967	
	$H(a_i)$	0.463	0.449	0.408	0.192	0.018	0.018	1.548
2015 年 11 月 13 日 01—02 时	$P(a_i)$	0.414	0.347	0.193	0.046	0.000	0.000	
	$\log_2 P(a_i)$	1.272	1.527	0.641	4.443	—	—	
	$H(a_i)$	0.527	0.530	0.124	0.204	—	—	1.385

2.2.1.4　比较分析结论

以上通过使用定性和定量分析方法，对两个典型强降雨过程进行总体分析，逐 1 小时降雨分布纵向分析，1 小时降雨空间分布横向分析，讨论了两个强降雨过程的形态和性质异同性，归纳得如下结论。

（1）由于信息熵是信源信息量的平均值，当用信息熵描述大尺度天气系统信源特征时，反映大尺度信源特征能力较强，适合总体描述大尺度天气系统信源特征。总体信息熵对中小尺度天气系统信源的信息量具有平滑作用，反映中小尺度天气系统信源特征能力较弱，不适合描述中小尺度天气系统信源特征。

（2）日逐 1 小时降雨量的信息熵对中小尺度天气系统信源特征有较强的反映能力，适合描述中小尺度天气系统信源特征。小时降雨量的空间分布信息熵对中小尺度天气系统信源特征也有一定的反映能力，能以信源横向特征描述与信源纵向特征描述起互补作用，弥补纵向描述需要较长的时间序列的不足，这对强降雨的短临预测有重要价值。

（3）由于产生强降雨的天气系统具有多尺度结构，因此需要用多尺度信源的信息熵才能综合描述强降雨天气系统信源特征。

2.3　强降雨事件信息量

出现强降雨时，从信息论观点看，就是发生了一个强降雨事件，相当于天气系统信源输出了信息。从上节讨论可知，由于天气系统具有多尺度特征，因而强降雨也具有多尺度的复合信息量特征。从强降雨过程来看，如果要完全正确预测强降雨事件，因为信息量的非增性，降雨发生前所获得的信息量必不能少于强降雨事件发生所包含的信息量。因此，讨论强降雨的信息量时，需要综合计算各不同时空尺度背景下强降雨总体信息量。

2.3.1　强降雨的信息量

本书主要讨论对流性强降雨，而对流性强降雨主要是 MCS 产生的，以下所讨论的各种强降雨信息量，如不特别说明均是在中尺度范围内讨论的。为方便起见，在图 2-1 气象信息概念模型中，假设预测模式为信息无损的理想模式，则可把强降雨预测问题简化为信息量的获取和利用问题。强降雨信息量包括相对基准信息量、预测信息量和预测可靠性等概念和相应计算方法。

2.3.1.1　强降雨相对基准信息量

所谓强降雨相对基准信息量,是指从强降雨事件中获取的最大信息量 H_R(bit)。一般地,强降雨相对基准信息量包括落区(H_s)、落时(H_t)和量级(H_r)信息量 3 项,即

$$H_R = H_s + H_t + H_r \tag{2-5}$$

强降雨相对基准信息量实质上是强降雨事件的自信息,可以使用式(2-2)计算,但在计算过程中需要考虑强降雨事件中不等概率的特殊性。

(1)落区信息量 H_s 计算(图 2-6)

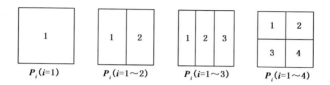

图 2-6　强降雨落区信息量计算示意图

当第 i 区出现降雨概率为 P_i 时,落区信息量

$$H_s = -\log_2 P_i \tag{2-6}$$

式(2-6)显示,随着降雨落区细分,信息量也随之增加。

(2)落时信息量 H_t 计算(图 2-7)

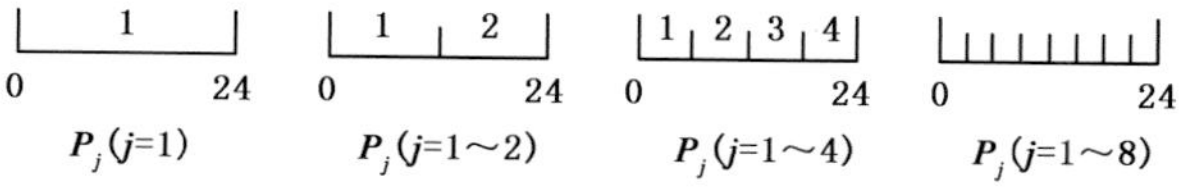

图 2-7　强降雨落时信息量计算示意图

当第 j 时段出现降雨概率为 P_j 时,落时信息量

$$H_t = -\log_2 P_j \tag{2-7}$$

式(2-7)显示,随着降雨落时长度缩短,信息量也随之增加。

(3)量级信息量 H_r 计算

按气象业务规定,降雨量强度分为 N 级,当某降雨量级出现概率为 P_n 时,量级信息量

$$H_r = -\log_2 P_n \tag{2-8}$$

式(2-8)显示,随着降雨量级的细分,信息量也随之增加。

2.3.1.2　强降雨预测信息量

所谓强降雨预测信息量,是指强降雨发生前获得的与未来强降雨可能性相关的信息量 H_F。在强降雨预测过程中为了提高预测可靠性,通常把多个预测因子组合使用。设多因子组合预测概率为 P_{rel},则

$$H_F = P_{\text{rel}} H_R \tag{2-9}$$

式中,H_F 为预测信息量;H_R 为相对基准信息量。其中

$$P_{\text{rel}} = 1 - \prod_{k=1}^{n}(1 - P_k) \tag{2-10}$$

式中，P_k 为第 k 个因子预测概率。

2.3.1.3　强降雨预测可靠性

所谓强降雨预测可靠性，是假设理想预测模式是信息无损的，则有

$$\mu = \frac{H_F}{H_R} \times 100\% \tag{2-11}$$

式中，μ 为预测可靠性。由于观测和数据处理技术的限制，容易得知 $H_R > H_F$，因此，$\mu < 100\%$。

2.3.1.4　信息量与预测可靠性的协调性问题

从上述讨论可以看到，所获取的预测信息量与预测可靠性成正比关系。因在实际强降雨预测中，信息量的获取受各种条件限制不容易满足要求，而强降雨预测又需要一定的可靠性，存在着信息量与可靠性的协调性问题。从式(2-11)可以看出，如果适当减小 H_R，则可保证一定的预测可靠性，为此把式(2-11)修改为

$$\mu = \frac{H_F}{k H_R} \tag{2-12}$$

式中，k 为协调因子系数(定义见下文)。从式(2-6)、(2-7)、(2-8)可知，主要由降雨落区、落时尺度和降雨强度量级的划分决定相对基准信息量。

设参量 M_0 是 ΔL_0，Δt_0，ΔR_0 的函数，即 $M_0(\Delta L_0, \Delta t_0, \Delta R_0)$，这里 ΔL_0 为相对基准空间尺度；Δt_0 为相对基准时间尺度；ΔR_0 为相对基准降雨强度量级。类似地，设参量 M 是 ΔL，Δt，ΔR 的函数，即 $M(\Delta L, \Delta t, \Delta R)$，这里 ΔL 为实取空间尺度；Δt 为实取时间尺度；ΔR 为实取降雨强度量级。定义

$$k = \frac{M_0}{M} \leqslant 1 \tag{2-13}$$

式(2-13)类似空间解析几何的定点分点公式(具体计算实例见后文)。

式(2-12)和(2-13)表明，在实际预测业务中，由于条件限制不容易获取足够信息量，但又需要保持合适的可靠性，可以通过协调因子进行调整。协调因子的意义表现为，信息量是制约可靠性的关键因素，当信息量不能满足可靠性需求时，通过调整时空尺度或强度级差，取得所期望的预测可靠性。

2.3.2　广西汛期强降雨落区划分

根据 2014—2016 年广西汛期(4—9 月)45 个系列性西风带低值系统降雨过程统计，强降雨在各区域出现概率分布如图 2-8 所示。强降雨在桂东北出现概率最高，其次是从桂西—桂东北一带，典型实例如图 2-9 所示。桂西—桂东北带状降雨(图 2-9a)呈现出明显的沿轴线分布特征，降雨强度沿轴线大致对称分布；桂东北强降雨(图 2-9b)基本是以桂林市为中心，略呈椭圆形分布；而在桂西—桂东北带状和桂东北强降雨合成分布图(图 2-9c)中，桂东北降雨强度明显偏强，这是因为桂东北降雨量叠加了带状降雨量，这些特征佐证了图 2-8 强降雨概率分布特征。

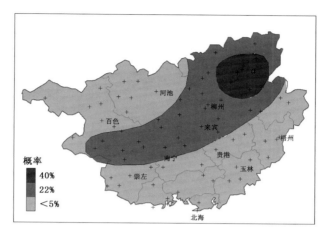

图 2-8　广西汛期(4—9 月)西风带低值系统强降雨出现概率分布

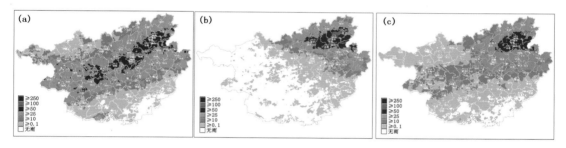

图 2-9　2014—2016 年典型强降雨过程平均降雨量分布

（a：10 个桂西—桂东北带状强降雨过程平均降雨量分布；b：8 个桂东北强降雨过程平均降雨量分布；

c：18 个桂西—桂东北带状和桂东北强降雨过程平均降雨量分布）

　　为了计算强降雨信息量,需要对强降雨落区进行划分。依据图 2-8 强降雨分布特征,采用以下强降雨落区划分准则:① 对流性强降雨符合第 1 章所建立的基于负熵流的 MCS 概念模型(图 1-27)原理;② 根据式(2-4)信息熵 $H(X)$ 性质特点,信源输出前信息熵小则信源的平均不确定性小,对提高预测准确率有利,分区时以总体信息熵取小值为原则,即信息量大雨区权重小,信息量小雨区权重大,雨区总体信息熵趋近极小值;③ 兼顾天气预测业务习惯。在此划分准则下,通过设计多个强降雨区划分方案,利用计算机模拟运算方法,计算各个方案雨区总体信息熵,比较各方案结果,选择符合划分准则的强降雨区域划分,结果如图 2-10 所示。强降雨落区划分(图 2-10)有 2 落区、3 落区和 4 落区 3 种划分方法,主要是考虑区分天气系统影响方式和程度,以及适应强降雨预测需要。图 2-10a 划分为南北两个区,分别标记为 2aN 和 2aS;图 2-10b 划分为东西两个区,分别标记为 2bE 和 2bW;图 2-10c 划分为 3 个区,分别标记为 3aN、3aM 和 3aS;图 2-10d 划分为 4 个区,分别标记为 4NE、4SE、4NW、4SW。

　　在以下所列举实例中,为突出强降雨分布特点,在所选取典型强降雨分布中除个别外,多数都滤去大雨以下量级的降雨,仅保留暴雨以上量级的强降雨分布,如图 2-11 所示。图 2-11 显示,采用图 2-10 的强降雨落区方案是可行的。

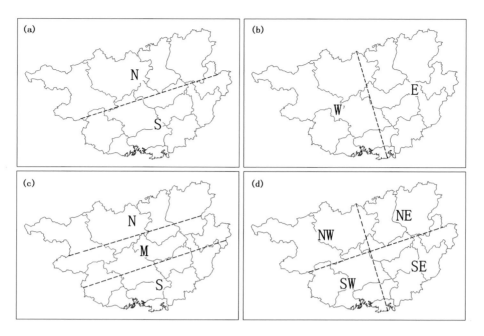

图 2-10　强降雨区域划分标准示意图

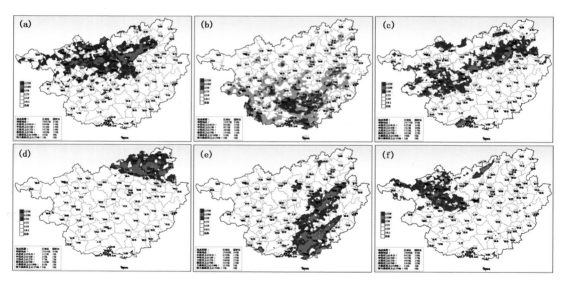

图 2-11　强降雨落区划分示例

(a:2aN 型，2015 年 6 月 10 日 08 时—11 日 08 时;b:2aS 型,2015 年 8 月 29 日 08 时—30 日 08 时;c:
3aM 型,2014 年 8 月 18 日 08 时—19 日 08 时;d:4NE 型,2016 年 6 月 2 日 08 时—3 日 08 时;e:4SE 型,
2015 年 7 月 23 日 08 时—24 日 08 时;f:4NW 型,2015 年 7 月 22 日 08 时—23 日 08 时)

2.3.3　广西汛期强降雨信息量

2.3.3.1　大尺度天气系统信息量

广西汛期(4—9 月)产生大范围强降雨主要是由西风带低值系统引起的,本书仅讨论西风带低值系统强降雨过程。强降雨过程西风带低值系统高低空常见配置如图 2-12 所示。

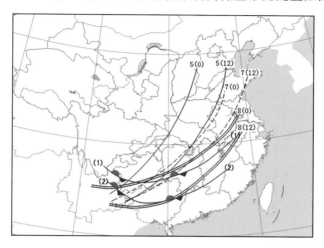

图 2-12　广西汛期常见强降雨天气系统配置

(棕实线为 500 hPa 槽轴线;棕虚线为 700 hPa 槽轴线;蓝双实线为 850 hPa 切变线;齿线为地面准静止锋;括号前 5、7、8 分别表示 500 hPa、700 hPa 槽和 850 hPa 切变线,(0)表示天气系统开始影响时,(12)表示 12 小时后的平均位置)

广西强降雨西风带低值系统主要由高空槽、低空切变线和地面准静止锋组成明显有序结构(图 2-12),基本特征是高空槽较深,槽轴跨度一般达 10 个纬距以上,槽底抵 105°E 或以西,低空有切变线配合,地面准静止锋从贵州慢速移入广西,MCS 在槽底附近发生发展并影响广西,以对流性降雨形成强降雨。

根据 2014—2016 年汛期(4—9 月)45 个系列性的西风带低值系统影响过程分析,计算广西全境 24 小时降雨信息量如下。

45 个西风带低值系统影响过程中,24 小时内广西大部或局部都出现了降雨。因此,如果仅讨论属于大尺度范围的广西全境降雨情况,当图 2-12 的天气形势出现后,24 小时降雨信息量为

$$H = -\log_2(1/2) = 1$$

式中,H 为降雨信息量。

因为

$$P_{rel} = (45/45) = 1$$

所以

$$H_F = P_{rel} \cdot H = 1$$

由此可见,如果仅做广西全境的晴雨预测,获得 1 bit(比特)的预测信息量,足以满足预测需要。

2.3.3.2 中尺度天气系统信息量

以下是在假设大尺度范围内已产生了降雨的背景条件下讨论中尺度天气系统信息量。所谓中尺度天气系统信息量是指式(2-5)右边 3 项:H_s、H_t、H_r。

(1)降雨落区信息量

依据式(2-6)算法原理,得

$$H_s = -\log_2(N_i/N_m) \qquad\qquad (2\text{-}14)$$

式中,H_s 为落区信息量;N_i 为落区降雨过程总次数;N_m 为降雨过程样本总数。

(2)降雨量级信息量

依据式(2-8)算法原理,得

$$H_r = -\log_2(N_r/N_s) \qquad\qquad (2\text{-}15)$$

式中,H_r 为降雨量级信息量;N_r 为落区中选定量级以上平均降雨站数;N_s 为分区基准站数。

依据 45 个降雨过程样本分析得降雨落区和量级信息量结果如表 2-5 所示。

表 2-5　降雨落区信息量和强度信息量(单位:bit)

落区	频次	落区信息量		小雨(≥0.1)	中雨(≥10)	大雨(≥25)	暴雨(≥50)	大暴雨(≥100)
2aN(桂北大部)	5	3.17	信息量	0.00	0.00	0.34	1.36	3.64
基准站数(1300)			降雨站数	≥1300	≥1300	1066	527	101
2aS(桂南大部)	1	5.49						
2bE(桂东大部)	2	4.49						
2bW(桂西大部)	1	5.49						
3aN(桂北)	8	2.49	信息量	0.00	0.00	1.51	2.84	5.06
基准站数(900)			降雨站数	≥900	≥900	314	123	31
3aM(桂中)	11	2.03	信息量	0.00	0.00	0.22	1.47	4.06
基准站数(900)			降雨站数	≥900	≥900	770	326	59
4NE(桂东北)	11	2.03	信息量	0.00	0.00	0.42	1.25	2.64	5.06
基准站数(670)			降雨站数	≥670	501	281	104	17
4SE(桂东南)	4	3.49	信息量	0.00	0.00	0.00	1.15	3.47
基准站数(670)			降雨站数	≥670	≥670	≥670	299	60
4NW(桂西北)	2	4.49						
平均		3.69	信息量	0.00	0.08	0.66	1.89	4.20

注:对于 2aS、2bE、2bW、4NW 等出现频次少于 4 的落区,由于不适合统计,各种信息量暂用平均值代替。

表 2-5 中分区域后的落区信息量比未分区的信息量大许多,其中最大的为桂南(2aS)和桂西区(2bW),说明桂南和桂西的预测难度较大,这与实际经验是一致的。

表 2-5 中降雨强度量级的信息量分布特征明显的有两点:①降雨落区和降雨量级信息量都是 3aN>3aM,这表明广西汛期中、大尺度西风带低值系统产生的降雨主雨区位于桂中一带;②落区信息量中 4SE>4NE,这是由于能影响到桂东南的弱冷空气强度相对较强、次数较少和变化较大,所以信息量大。而降雨量级信息量中 4SE<4NE,这是因为影响到桂东北的弱冷空气频次较多,强度变化大,多受高空槽的槽底部影响,对流运动变化相对较大,所以信息

量也相对较大。

（3）降雨落时信息量

依据式（2-7）算法原理，使用 2010—2016 年汛期 83 个实例样本，其中 81 例有明显对流雷达回波出现并产生了中等强度以上对流性降雨，仅 2 例有弱降雨但无明显对流雷达回波，由此分析得 MCS 在中尺度负变压区中活动时间长度信息如表 2-6 所示。MCS 活动时间短于 3 小时、大于 21 小时的都没有出现，活动时间长度主要集中在 3～15 小时，占 89%。由此可见，造成广西强降雨主要以 β 尺度 MCS 为主。

表 2-6　MCS 活动时间长度信息量 H_t（单位：bit）

	0～24 h	0～3 h	3～6 h	6～9 h	9～12 h	12～15 h	15～18 h	18～21 h	21～24 h
次数	81	0	17	17	28	12	4	3	0
频率	0.98	0.00	0.20	0.20	0.34	0.14	0.05	0.04	0.00
信息量	0.03		2.32	2.32	1.56	2.84	4.32	4.64	

2.4　强降雨预测与信息量

在假设使用理想预测模式条件下，强降雨预测问题可以归结为信息的获取和使用问题。由式（2-12）可知，预测可靠性主要取决于预测信息量和相对基准信息量。为讨论方便，以下用 2016 年 4 月 3—4 日桂东北强降雨过程（4NE 型）作为分析实例。

2.4.1　概况

2016 年 4 月 3—4 日在桂东北出现了一次区域性强降雨过程，降雨前的天气形势和降雨实况如图 2-13 所示。3 日 08—20 时，随着高空槽东移进入广西，低空切变线、地面准静止锋南移到桂北（图 2-13a），随后在桂东北产生了区域性的强降雨（图 2-13c、图 2-13d）。地面中尺度变压场和雷达回波合成分析图（图 2-13b）中，3 日 20 时在桂东北形成了较强的中尺度负变压区，桂东北边界上出现线状雷达回波，此后线状雷达回波继续移入桂东北负变压区中，在桂东北产生了强降雨，中尺度负变压区与强降雨区有很好的对应关系。

2.4.2　大尺度天气系统预测信息量

3 日 08—20 时大尺度天气形势演变如图 2-14 所示。3 日 08 时（图 2-14a），准静止锋抵近桂北，锋后有低空切变线，500 hPa 跨度大于 10 个纬距的 NE—SW 向高空槽移近桂西北，槽底达 20°N 附近，槽前有大片云区，广西大部处于槽前弱上升气流区。3 日 20 时（图 2-14b），准静止锋移入桂北，低空切变线南压到桂北边界，高空槽已移入桂西北，但槽北段缩短，槽前桂北有对流云发展。08—20 时天气形势演变趋势表示，广西正面临高空槽、低空切变线的地面准静止锋的共同影响，将会出现一次明显的降雨过程。

4 月 3 日 20 时探空实况如图 2-15 所示。图中显示，桂西大气不稳定能量较大，尤其是桂西南不稳定性最大，桂东基本处于中性稳定状态。物理量参数显示出桂东北稳定度相对较大（表 2-7）。

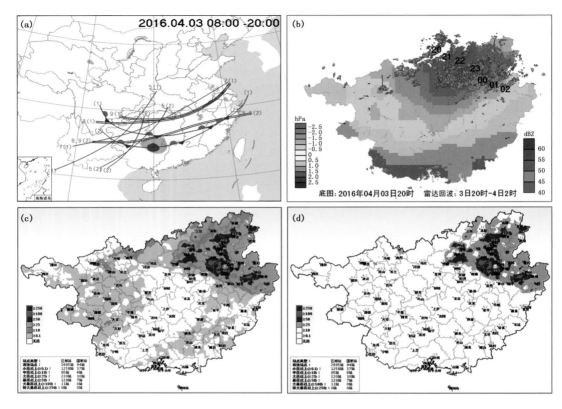

图 2-13　2016 年 4 月 3—4 日天气形势演变和降雨分布图

(a:3 日 08—20 时天气形势演变简图,棕实线表示槽轴线,蓝双实线表示切变线,括号(1)、(2)分别表示 08 时和 20 时,括号前 5、7、8、9 分别表示 500、700、850、925 hPa,蓝影区为降雨区,深蓝区为强降雨;b:色斑底图为 3 日 20 时中尺度变压场,深彩色斑点为 3 日 20 时—4 日 02 时雷达回波叠加;c:3 日 08 时—4 日 08 时降雨量分布;d:保留大雨以上量级的雨量分布图)

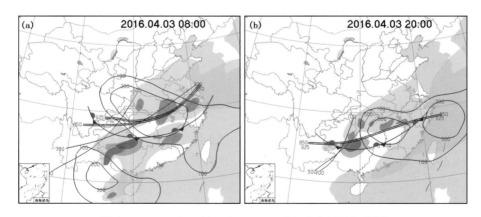

图 2-14　2016 年 4 月 3 日 08—20 时合成分析天气简图

(棕实线为槽轴线,蓝双实线为切变线,齿线为准静止锋;棕色等值线为 500 hPa 上升气流速度等值线(单位:Pa/s),浅灰阴影区为云区,深灰阴影区为对流云团,浅红阴影区为中尺度负变压区,深红阴影区为强负变压)

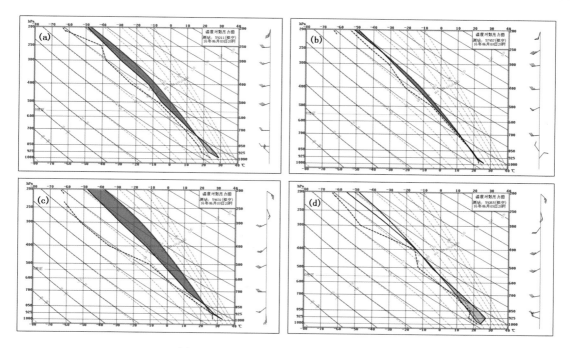

图 2-15　2016 年 4 月 3 日 20 时 T-$\ln P$ 图

（a:百色;b:桂林;c:南宁;d:梧州）

表 2-7　　$\Delta\theta_{se}=\theta_{se500}-\theta_{se850}$　　　　　　（单位:K）

时间	百色	河池	桂林	南宁	梧州
08	−3.68	−13.91	−3.71	−8.82	−19.2
20	−12.44		−9.46	−27.64	−20.85

表 2-7 中,从不稳定参数看,最不稳定的是桂南,桂东北稳定度相对较好。图 2-14 天气图分析、图 2-15 探空实况和表 2-7 不稳定参数等,都只能预示广西将有一次明显降雨过程,但对桂东北是否将会产生强降雨的信息量很少。桂东北强降雨预测信息量为

$$P_1=11/45=0.24$$
$$H_F=H_R\cdot P_1=2.03\times0.24\approx0.5$$

表 2-5 中,桂东北(4NE 型)24 小时降雨的相对基准信息量为

$$H_R=2.03$$

所以

$$\mu=\frac{H_F}{H_R}\times100\%=\frac{0.5}{2.03}\times100\%=25\%$$

由此可见,由于大尺度天气系统所含的中尺度系统信息量较少,仅以大尺度天气系统所获得的信息量做桂东北强降雨预测其可靠性不高。

2.4.3　中尺度天气系统预测信息量

中尺度天气系统的信息量主要从卫星云图、地面中尺度变压场、雷达探测和区域自动站降

雨观测资料中提取而得。3 日 20 时,卫星云图和中尺度变压场形势如图 2-16 所示。图 2-16a 中,高空槽前云系 C—C 正向东移,在槽底附近云系 C—C 西南段,近桂北边界上空有对流云发展(图中方框所指)。图 2-16b 中,桂东北为强度较强的负变压区 N,在桂北边界上有与云系 C—C 对应的线状对流雷达回波 AB。图 2-16c 中,线状对流雷达回波 AB 的西南段在桂西北产生了降雨。

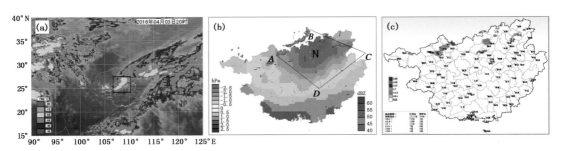

图 2-16　2016 年 4 月 3 日 20 时卫星云图(a,IR1)、中尺度变压场(b)和 19—20 时降雨分布图(c)

2.4.3.1　降雨落区预测信息量

图 2-14 所显示出的高空槽东移,低空切变线和地面准静止锋南移,高、低空系统的有利配置和演变使得图 2-16a 桂北边界附近的 MCS(如方框所指)将向东南移动,预计 MCS 将在图 2-16b 的 ABCD 框内发展和移动。从表 2-5 中可得 4NE 型落区相对基准信息量 $H_s = 2.03$,从表 2-6 得 MCS 在图 2-16b 中尺度负变压区中发生发展的概率 $P_2 = 0.98$,由此得桂东北降雨预测信息量为

$$P_{rel} = 1 - (1 - P_1)(1 - P_2) = 1 - 0.76 \times 0.02 \approx 0.98$$
$$H_{sf} = H_s \cdot P_{rel} = 2.03 \times 0.98 \approx 1.99$$

由此可见,强降雨出现在桂东北的可能性极高。

2.4.3.2　降雨时段预测信息量

根据 3 日 17—20 时雷达回波带和云图上对流云团的移速推算得知,MCS 雷达回波带向东南方向的移速为 20～30 km/h,结合 40 个历史样本统计,MCS 未来 6～9 小时在图 2-16b 中 ABCD 框内活动的概率 $P_t = 0.85$,从表 2-6 得 MCS 生命期 6～9 小时的相对基准信息量是 $H_t = 2.32$,由此得降雨时段预测信息量

$$H_{tf} = H_t \cdot P_t = 2.32 \times 0.85 \approx 1.97$$

据此,预计降雨时段主要出现在 3 日 20 时—4 日 20 时。

2.4.3.3　降雨强度预测信息量

一般来说,降雨强度信息量较为不容易提取,如果按表 2-4 基准信息量考虑,常使预测可靠性明显偏低,为保证可用的预测可靠性,需要考虑使用协调因子系数 k 调整相对基准信息量。

表 2-5 中,用作 4NE 类型统计样本有 11 例,其中暴雨以上站数分布如表 2-8 所示。

表 2-8　4NE 类型暴雨以上站数列表

序号	日期	暴雨以上总站点数
1	2016 年 4 月 25—26 日	0
2	2016 年 5 月 2—3 日	13
3	2016 年 4 月 6—7 日	83
4	2014 年 6 月 17—18 日	91
5	2015 年 5 月 10—11 日	94
6	2015 年 5 月 1—2 日	97
7	2016 年 4 月 17—18 日	127
8	2015 年 4 月 19—20 日	136
9	2016 年 4 月 3—4 日	140
10	2016 年 4 月 9—10 日	172
11	2016 年 6 月 2—3 日	194
平均		104

因为落区和落时划分不变,所以式(2-14)可以简化为

$$k = \frac{\Delta R_0}{\Delta R} \leqslant 1$$

表 2-5 中,$H_R = 2.64$,对应的平均暴雨以上站数 $S_r = 104$ 站,表 2-8 中大于 104 站的强降雨过程仅为 5 个,即 $\Delta R_0 = 5$,由此

$$P_{rel} = 5/11$$
$$H_{rf} = P_{rel} \times H_R = 0.45 \times 2.64 = 1.19$$
$$\mu = H_{rf}/H_R = 1.19/2.64 = 45\%$$

如果利用表 2-8 中暴雨以上站数的级差明显特征,分为 0～13、83～194 等 2 级,调整为 $S_r = 83$ 站,大于 83 站的强降雨过程有 9 个,即 $\Delta R = 9$,则

$$k = \Delta R_0/\Delta R = 5/9 = 0.56$$
$$\mu = H_{rf}/(kH_R) = [1.19/(0.56 \times 2.64)] \times 100\% = 80\%$$

由此可见,适当调整暴雨量级范围,可使预测可靠性达到期望值。

更进一步地,表 2-8 中被分为弱级的两个过程有着如图 2-17 所示较为明显的弱降雨天气形势特征,依据这些特征用排除法可以有效提高预测可靠性。图 2-17a 中,虽然高空槽移到了桂西北,也有低空切变线和地面准静止锋配合,但处于槽前的广西全境无明显上升气流,槽前无系统性云系发展,这说明槽前的水汽条件和热力条件不好,不利于降雨云系发展,所以只在桂东北降了小到中雨。图 2-17b 中,高空槽明显东移北收,仅槽底扫过桂东北,低空切变线和地面准静止锋移到桂北边界附近,广西上空无明显上升气流,在桂北边界上空虽有对流云生成,但发展不起来,最后在桂东北只有 13 站产生强降雨。

2.4.3.4　总体预测信息量和可靠性

4NE 型的相对基准信息量为

$$H_R = H_s + H_t + kH_r = 2.03 + 2.32 + (0.56 \times 2.64) = 5.83$$

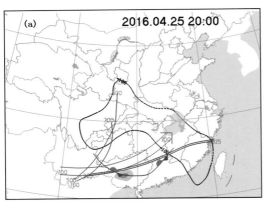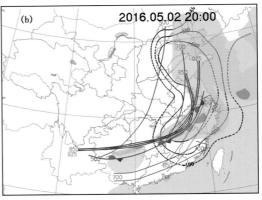

图 2-17　分为弱降雨级别的合成天气分析简图

(粗棕实线为槽轴线,蓝双实线为切变线,齿线为准静止锋;细棕实线为 500 hPa 上升气流速度等值线(单位:Pa/s);浅灰阴影区为云区,深灰阴影区为对流云团,浅红阴影区为中尺度负变压区,深红阴影区为强负变压区;蓝粗箭头表示 700 hPa 急流;红粗箭头表示 850 hPa 急流)

预测信息量为

$$H_F = H_{sf} + H_{tf} + H_{rf} = 1.99 + 1.97 + 1.19 = 5.15$$

预测可靠性为

$$\mu = (H_F / H_R) \times 100\% = (5.15 / 5.83) \times 100\% = 88\%$$

由此计算得 3 日 20 时—4 日 05 时,在桂东北强降雨站数达 80 站以上的预测可靠性为 88%。

2.4.4　天气系统演变的马尔可夫模型

上一章的分析指出,天气系统的演变过程具有明显的生命史周期特征。当把天气系统演变过程中所处阶段作为系统状态,该状态下表现出的天气现象作为状态输出变量时,一般具有马尔可夫链的基本特征。

2.4.4.1　基本数学模型

某一时刻信源输出变量只与此刻信源所处的状态有关,而与以前的状态及以前的输出变量都无关。即

$$P(x_i = a_k \mid s_l = E_i, x_{l-1} = a_{k1}, s_{l-1} = E_j, \cdots) = P(x_l = a_k \mid s_l = E_i)$$

及

$$\sum_{a_k \in A} P(a_k \mid E_i) = 1$$

2.4.4.2　天气系统演变马尔可夫模型

信源某 l 时刻所处的状态由当前的输出变量和前一时刻$(l-1)$信源的状态唯一决定。即

$$P(s_l = E_j \mid x_l = a_k s_{l-1} = E_i) = \begin{cases} 0 & E_i, E_j \in E \\ 1 & a_k \in A \end{cases}$$

由此可把天气系统演变过程作为马尔可夫过程考虑,采用如图 2-18 所示马尔可夫模型。图 2-18 表示,利用天气系统演变的时间相关性,通过大样本统计方法,获取当前状态的先验概率,

用当前状态转向下一状态的先验概率来预测下一状态出现的可能性,从而判断天气系统的演变趋势。

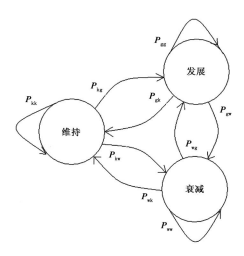

图 2-18　天气系统演变的马尔可夫模型

(P_{kk}:维持当前状态概率;P_{kg}:由维持转向发展状态概率;P_{kw}:由维持转向减弱状态概率;

P_{gg}:继续发展状态概率;P_{gk}:由发展转向维持状态概率;P_{gw}:由发展转向减弱状态概率;

P_{ww}:继续减弱状态概率;P_{wk}:由减弱转向维持状态概率;P_{wg}:由减弱转向发展状态概率)

第3章　强降雨信息提取算法原理和设计

对流性强降雨低熵值天气系统具有明显结构特征,蕴含有丰富的强降雨信息量,这是建立强降雨信息提取模型的基础;气象观测数据的特点是多元、多尺度,各种不同类型的观测数据具有强互补特征。充分考虑对流性强降雨天气系统的结构特征和气象观测数据特点,采用适当的算法原理,精心进行算法设计,是高效提取强降雨信息、减小信息处理过程中的损失行之有效的方法。本章的算法原理组合使用直观的图像模型和抽象的数学模型进行描述,算法设计主要使用结构化设计方法,用类似于 C 语言的伪代码描述算法,以达到简单、高效、可靠地编程实现目的。

3.1　中尺度变压场分离算法原理

许多强降雨过程实例显示(见第 4 章),MCS 主要发生在中尺度负变压区内,中尺度负变压区的形成或加强超前于 MCS 发生,中尺度负变压区与雷达回波合成分析对强降雨落区和落时有很好的指示意义。中尺度变压场是一种瞬时变压场,与常规的海平面气压场或 3 小时变压场有许多不同。以下介绍中尺度的分离算法,以及与其他气压场分析方法的比较。

3.1.1　算法原理模型和算法步骤

3.1.1.1　算法模型

设 t 时间的气压观测值为

$$P(t) = P_g(t) + P_s(t) + P_m(t) + P_d(t) \tag{3-1}$$

式中,$P(t)$ 为实时气压测量值;$P_g(t)$ 为地理气压项,主要与测站海拔高度有关;$P_s(t)$ 为大尺度天气系统气压项,主要受大尺度天气系统活动影响;$P_m(t)$ 为中尺度天气系统气压项,主要受中尺度天气系统活动影响;$P_d(t)$ 为气压日变化项;t 为时间变量。对长时间序列的气压数据进行气候统计时,$P_s(t)$、$P_m(t)$ 近似服从正态分布,其数学期望值(平均值)近似为 0 或是较小的常数。

3.1.1.2　算法步骤

(1)计算气压日变化项

$$P_d(t) = \frac{1}{n} \sum_{k=1}^{n} P_k(t) \quad t = 1, 2, 3, \cdots, m \tag{3-2}$$

式中,n 为统计数据序列长度,通常 $n \geqslant 30$。

(2)计算地理气压项

$$P_g(t) = \frac{1}{n} \sum_{t=1}^{n} P_d(t) \tag{3-3}$$

式中,通常 $n=24$(小时)。

(3)用滑动平均方法分离大尺度天气系统气压项

$$P_s(t) = \frac{1}{2n} \sum_{k=-n}^{n} P(t+k) \qquad t = 1, 2, 3, \cdots, m \geqslant 120 \tag{3-4}$$

式中,取滑动平均步长为 $2n$;k 为样本点。

(4)计算大尺度天气系统影响所引起的变压项

$$\Delta P_s(t) = P_s(t) - P_g(t) \tag{3-5}$$

式中,$\Delta P_s(t)$ 即为大尺度天气系统影响所引起的变压项。

(5)计算滤除大尺度天气系统影响后的气压项

$$P'(t) = P(t) - \Delta P_s(t) \tag{3-6}$$

式中,$P'(t)$ 即为滤除大尺度天气系统影响后的气压项。

(6)计算中尺度天气系统变压项

$$\Delta P_m(t) = P'(t) - P_d(t) \tag{3-7}$$

式中,$\Delta P_m(t)$ 即是所求的中尺度天气系统变压项。

3.1.2　中尺度变压场与海平面气压场的比较

气象业务上使用的海平面气压计算公式为

$$P_0 = P_s \cdot 10^k \tag{3-8}$$

其中

$$k = \frac{h}{18400(1 + \frac{T_m}{273})}, \quad T_m = \frac{t + t_{12}}{2} + \frac{h}{400}$$

式中,P_0 为海平面气压;P_s 为本站气压;h 为气压传感器海拔高度;T_m 为气柱平均温度;t 为观测时气温;t_{12} 为观测前 12 小时气温。

式(3-8)是用测站 12 小时的气温平均值代替气柱平均气温,由于气温易受各种天气现象或其他因素干扰,影响到海平面气压换算精度,在中尺度气压场分析时,不如直接用本站气压所作的中尺度变压场分析灵敏度高。以下两个强降雨过程实例的对比分析清晰显示出中尺度变压场分析的独特能力(图 3-1)。

从图 3-1a 和图 3-1e 的比较中可以看到,2015 年 5 月 1 日 20 时与 2015 年 5 月 8 日 08 时,地面气压场 90°E 以东、30°N 以南很相似,从长江中下游到越南北部为一条低压槽,广西位于低压槽中,桂西南和越南北部之间有 1 个低压中心。但在图 3-1b 和图 3-1f 中,仅能分析出广西区域气压场形势为桂西北低、桂东南高,没有明显的中尺度系统结构特征。而在图 3-1c 和图 3-1g 中,能分析出桂东北为明显的中尺度负变压区结构特征,随后 MCS 的线状对流雷达回波自西北向东南在负变压区中移动和发展,桂东南为正变压区,不利于对流发展(图 3-1d 和图 3-1h)。由此可见,海平面气压场不易分析出中尺度系统的结构特征,而中尺度变压场则容易分析出中尺度系统的结构特征,且中尺度负变压区对 MCS 的发生发展区域有很好的指示意义,这可为对流性强降雨落区预测提供可靠的预测信息。

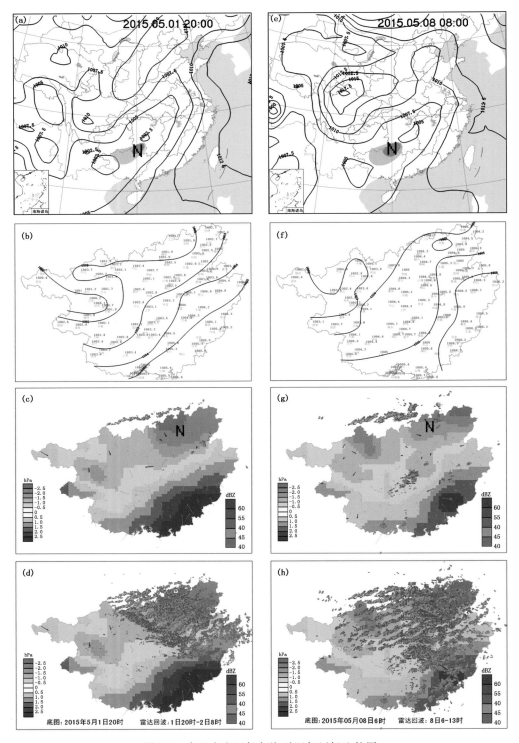

图 3-1　中尺度变压场与海平面气压场比较图

(a～d,2015 年 5 月 1 日 20 时；e～h,2015 年 5 月 8 日 08 时；a,e 为海平面气压场；b,f 为广西区域
海平面气压场；c,g 为中尺度变压场；e,h 为中尺度变压场与雷达回波合成分析图；N 表示中尺度负变压区)

3.1.3　中尺度瞬时变压与 3 小时变压的比较

观测事实证明,气压是有日变化的。广西代表性测站气压日变化如图 3-2 所示。广西气压日变化都为双峰型,日变幅达±2 hPa,与中尺度天气系统引起的气压变幅相当。

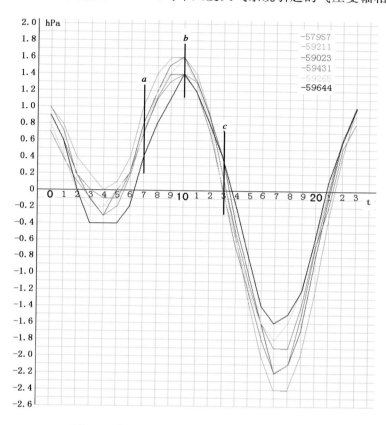

图 3-2　广西 6 个代表性测站气压日变化曲线图
（红:桂林;绿:百色;蓝:河池;黄:南宁;青:梧州;黑:北海）

气象业务中常用 3 小时变压分析中尺度天气系统,但 3 小时变压分析没有滤除气压日变化干扰,会引起分析误差。如图 3-2 所示,当在气压日变化曲线上升阶段(ab 段)作 3 小时变压分析时,气压日变化引起的误差为

$$\Delta P_{d3} = P_{db} - P_{da} > 0$$

而在气压日变化曲线下降阶段(bc 段)作 3 小时变压分析时,气压日变化引起的误差为

$$\Delta P_{d3} = P_{dc} - P_{db} < 0$$

且

$$|\Delta P_{d3}|_{\max} \approx 2.0 \text{ hPa}$$

由此可见,气压日变化的干扰会使 3 小时变压所作的中尺度天气系统分析失真,严重时甚至会影响到分析结果的可用性。图 3-3 是 3 小时变压分析与中尺度瞬时变压分析的 1 个对比实例。

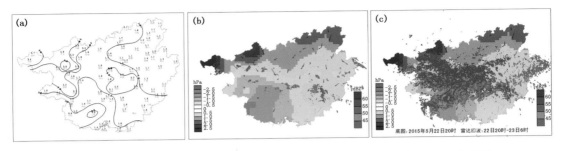

图 3-3　2015 年 5 月 22 日 20 时的 3 小时变压(a)与中尺度瞬时变压(b,c)分析图

在图 3-3a 中,基本分析不出明显的结构特征;而在图 3-3b 中,正负变压区分布具有明显的中尺度系统结构特征,随后 MCS 的对流雷达回波主要出现在负变压区中(图 3-3c)。类似图 3-3 这种例子较为普遍,说明中尺度变压场分析方法比常规 3 小时变压分析法具有明显优势。

3.2　强降雨预测信息的提取算法原理

根据对流性强降雨的"负熵源→负熵汇→负熵流"机制原理,强降雨 MCS 是在有利的低熵值环境场中发生发展的,强降雨预测信息主要是强降雨发生前,从环境场有序结构特征和演变规律中,提取强降雨发生概率和强度等方面信息。

3.2.1　低熵值环境场信息

3.2.1.1　常规天气分析信息模型

广西出现频率最高的带状降雨(3aM 型),现以带状降雨分布中极强和极弱降雨过程为参考基准,建立负熵源信息提取模型,如图 3-4 所示。

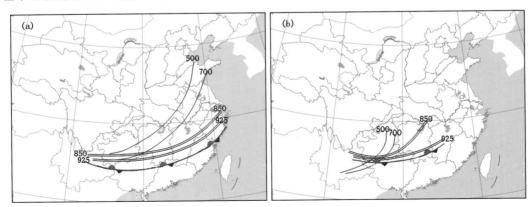

图 3-4　大尺度天气系统信息提取模型

(a:强降雨模型;b:弱降雨模型。棕实线为槽轴线;蓝双线为切变线;齿线为准静止锋)

对大尺度天气系统主要考虑系统强度、配置完整性、演变趋势等方面信息。把天气系统分为强、弱两类,以图 3-4 为参考标准模型,采用欧氏距离计算公式

$$d_{ij} = \sqrt{\sum_{k=1}^{p}(x_{ik}-x_{jk})^2} \qquad (3-9)$$

计算距离系数。依据距离系数与参考标准的强、弱的距离程度,推断大尺度天气系统发生MCS 的概率。

3.2.1.2 强降雨云系结构特征

广西主汛期(4—9 月),强降雨西风带低值系统的云系分布一般都具有明显结构特征,低槽前通常会形成一条 SW—NE 向发展旺盛的暖输送带云系,槽后为干冷下沉气流控制的少云或薄云区,水汽源地和通道上多数都有低云发展,低云的发展程度对水汽丰沛条件有很好指示意义。第 2 章中指出,广西对流性强降雨出现频率最高的为 3aM 和 4NE 型。2014—2016 年汛期中,3aM 和 4NE 型各有 11 个降雨过程,分别对这些过程强降雨 MCS 临发生发展前的卫星云图进行平均运算,结果如图 3-5 所示。平均云图(图 3-5)直观反映出,3aM 和 4NE 型强降雨发生前,都有 1 条槽前暖湿气流上升凝结而成的云系 W—W,槽后有干冷下沉气流控制的低云区 L—L,水汽源地主要是孟加拉湾(V1)和南海北部(V3),孟加拉湾水汽越过中南半岛(V2)向低槽前输送。进一步地,对图 3-5 采用滤波阈值对应相同进行 1~4 级滤波,通过逐级滤波云图变化和对比,递次清晰显示云系的结构特征和异同性(图 3-6)。

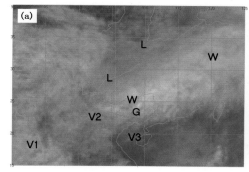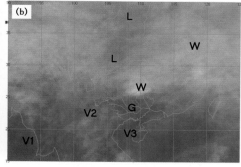

图 3-5　平均云图(IR1)

(a:3aM 型;b:4NE 型;L—L:槽后干冷下沉气流控制薄云区;W—W:槽前暖湿上升气流厚云区;V1:孟加拉湾水汽源地云区;V2:中南半岛水汽通道低云区;V3:南海北部水汽源地低云区;G:广西区域)

一级滤波图中,图 3-6a1 中的 V3 区域大部分被滤除而 V1 保持,表明孟加拉湾水汽充沛程度优于南海北部;图 3-6b1 中的 V1 和 V3 都被滤除,广西区域(G)也大部被滤除,显示出 4NE 型水汽供应条件远不及 3aM 型。

二级滤波图中,图 3-6a2 中的 V1、V2 和 G 仍继续保持,表明 3aM 水汽供应主要来自孟加拉湾。图 3-6b2 中 25°N 以南低云基本被滤除,表明水汽凝结成云程度较弱,这主要是大气水汽含量低或受大范围下沉气流影响所致。

三级滤波图中,图 3-6a3 中槽后干冷下沉气流控制区域 L—L,无论长度和宽度,或 L—L向 SW 方向伸展范围,都明显大于图 3-6b3 对应区域,显示出 3aM 型为深槽结构,南下冷空气强度较强;相比较而言,4NE 型是槽底位置偏北的浅槽结构,图 3-6b3 中青藏高原仍为大片云区覆盖,这也是浅槽云系结构的明显特征,南下冷空气强度较弱。

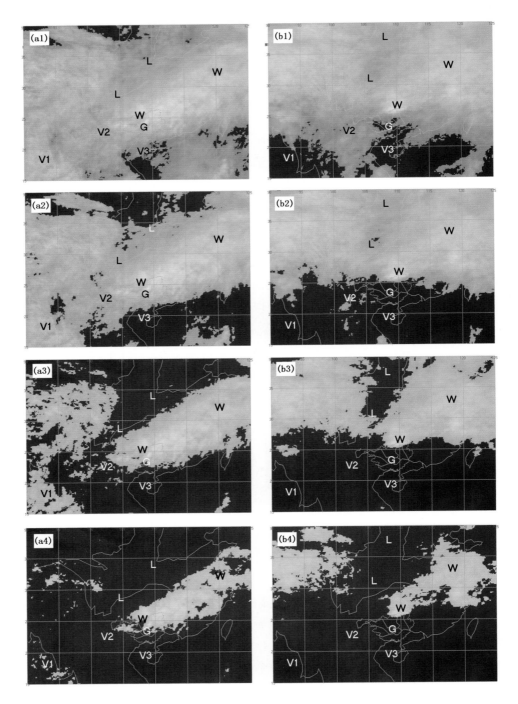

图 3-6　多级阈值滤波云图（IR1）

（a1,b1 为一级滤波；a2,b2 为二级滤波；a3,b3 为三级滤波；a4,b4 为四级滤波）

　　四级滤波图中，图 3-6a4 中云带 W—W 的基本特征仍保持，云带连续性分布较好，云带西南端直抵桂西，槽底附近云带上的 MCS 更容易在广西境内发生发展；图 3-6b4 中云带 W—W

呈现出中段明显减弱现象,云带西南端仅伸到桂东北边界,容易使云带西南端 MCS 从桂东北擦边而过。

图 3-6 逐级滤波云图显示:3aM 型为深槽结构,槽前云系结构明显;4NE 型是浅槽结构,槽前云系结构特征较弱,对流云团特征相对明显。3aM 型与 4NE 型比较,前者水汽供应条件更好,槽后南下冷空气更强,槽底抵达更偏南位置,这些有利条件使 3aM 型更容易在广西境内产生大范围强降雨,而 4NE 型降雨范围相对较小。

除 3aM 和 4NE 型外,广西对流性强降雨出现频率次高的为 3aN 型和 2aN 型,虽然样本数较少,但其平均云图和滤波云图仍表现出与 3aM 型、4NE 型相类似的特征(图 3-7)。

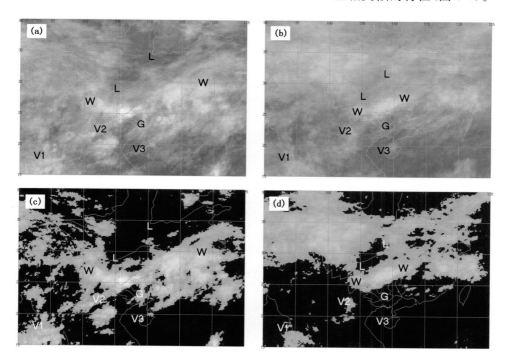

图 3-7　平均云图和滤波云图(IR1)

(a 为 4 样本平均;b 为 9 样本平均;c,d 为三级阈值滤波)

2aN 型平均云图(图 3-7a)基本结构与 3aM 型(图 3-5a)的相似度较高,三级滤波图更显示出 2aN 型(图 3-7c)与 3aM 型(图 3-6a3)在槽前云带(W—W),槽后薄云区(L—L),孟加拉湾水汽源地(V1)和水汽通道(V2)等多方面特征具有明显相似性,只不过 2aN 型强降雨分布南北跨度更大,显示出冷、暖空气强度、相遇方式和持续性等对强降雨 MCS 发展更为有利;同样地,3aN 型平均云图(图 3-7b)中的基本结构与 4NE 型(图 3-5b)具有较高相似度,三级滤波图显示出 2aN 型(图 3-7d)与 3aN 型(图 3-6b3)对应区域的结构特征具有很好的相似性,但 3aN 型主要是静止锋在桂北边界附近摆动触发对流,MCS 强降雨更容易在桂北形成 W—E 向带状分布。

图 3-5、3-6 和 3-7 云系结构相似性表明,2aN 型与 3aM 型,以及 3aN 型与 4NE 型的强降雨预测信息提取可以采用相似方法进行,这可以在一定程度上弥补分型样本少的不足。

3.2.1.3 关键云区选择和强度等级划分

图 3-5 和图 3-6 的分析指出,各型强降雨过程在卫星云图上具有各型的云系结构和演变特征,从卫星云图上提取强降雨预测信息时,应根据各型的云系结构特征选择相应的关键云区,以达到更有效提取预测信息目的。另外,中尺度变压场和降雨量分布等也有强弱不同,需要考虑强度不同的系统配置所造成信息量差异,才能合理提取强降雨信息量。

(1)3aM 型

3aM 型为深槽结构,主要特征表现在低槽前带状云系结构和发展程度上。因为水汽供应主要来自孟加拉湾,源地和输送通道云系特征检测相对容易,所以重点考虑冷、暖气流的综合作用效应。经试验比较后,选用槽底附近的云带西段和中段作为关键云区,通过分析关键云区TBB 面积指数与降雨强度变化相关特征,提取大尺度天气系统活动信息(图 3-8)。

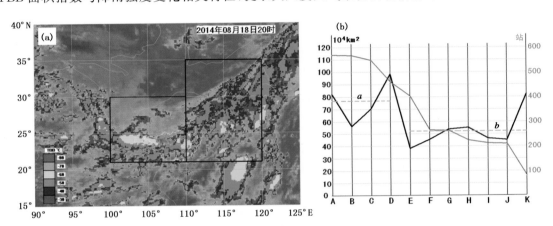

图 3-8 3aM 型关键云区(a)和 TBB 平均面积(-40 ℃和-50 ℃)及暴雨总站数曲线(b)

(a:两个矩形框内为关键云区;b:左纵坐标为 TBB 总面积,右纵坐标为暴雨及以上量级总站数,横坐标为强降雨过程字母代号(见表 3-1),黑折线为 TBB 平均面积曲线,红折线为暴雨总站数曲线,虚线 *a* 为A—D 过程 TBB 面积平均值,虚线 *b* 为 E—K 过程 TBB 面积平均值,下同)

通过分析类似图 3-8a 的系列云图样本,结合图 3-8b 的分析结果,归纳得在目前样本数条件下,把槽前云系发展程度分为强、弱两个级别较为合适。强云系结构特征是:① 低槽云系结构特征明显,槽前云系暖输送带起始阶段、最大上升阶段和出流末阶段完整,槽后下沉气流控制区域清晰,水汽源地、通道低云覆盖度>60%;② TBB 为-40 ℃,-50 ℃云区面积分布连续完整,二级 TBB 平均面积≥600000 km²。达不到此标准的为弱云系结构。

(2)4NE 型

4NE 型多是浅槽结构,槽前云系结构特征较弱,对流云团特征相对明显,因此选择桂东北上游区域内活跃 MCS 范围作为关键区,通过分析 MCS 的 TBB 面积指数与降雨强度变化相关特征,提取 MCS 强降雨预测信息(图 3-9)。

通过分析类似图 3-9a 的系列云图样本,结合图 3-9b 的分析结果,归纳得在目前样本数条件下,把 MCS 发展程度分为强、弱两个级别较为合适。强 MCS 特征:① MCS 成熟期发展规模达中等程度以上(-60 ℃的 TBB 面积>20000 km²);② MCS 主体有很大可能影响到桂东北;③ 开始影响桂东北时,MCS 发展阶段未到成熟后期。未达此标准的为弱 MCS。

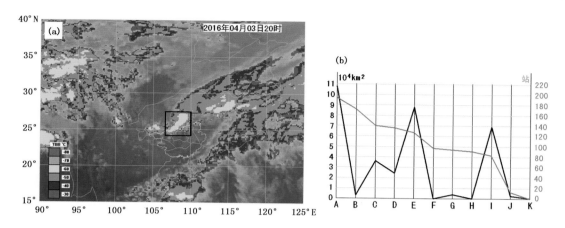

图 3-9　4NE 型关键云区(a)和 TBB 面积及暴雨总站数曲线(b)

（3）2aN 和 3aN 型

2aN 型类似 3aM 型为深槽结构，主要考虑低槽前云系发展程度，关键云区与图 3-8a 相同，强、弱分级参考 3aM 型标准；3aN 型类似 4NE 型，主要考虑 MCS 规模、发展阶段和对桂北的影响程度，MCS 关键区与图 3-9a 取法相同，强、弱分级参考 4NE 型标准。

（4）中尺度变压场

强场势和弱场势中尺度变压场参考标准如图 3-10 所示。强场势中尺度变压场正、负变压区分布呈现明显有序结构，一般有 1 个如图 3-19a 所示的负变压中心区域 N，变压梯度较大；弱场势中尺度变压场正、负变压区分布较为零乱或平缓，一般没有明显的负变压中心区域，变压梯度相对较弱。

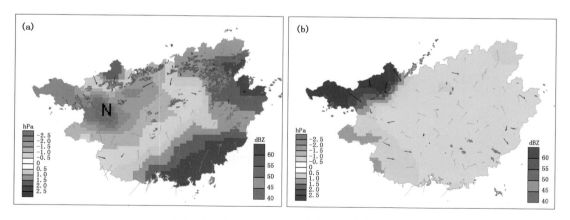

图 3-10　中尺度变压场强度划分参考标准图

（a:强场势；b:弱场势）

（5）强降雨量站数

以 24 小时降雨分布为基础，在各型降雨过程中，把暴雨及以上量级的总站数进行排序，在中值附近取级差较为明显处作为强、弱分级阈值，大于阈值为强级，小于阈值为弱级（表 3-1）。

3.2.1.4　环境场配置与降雨强度

依据以上的环境场结构特征和强、弱级别划分规则，统计 2014—2016 年主要强降雨类型的环境场配置和降雨强度关系（表 3-1）。

表 3-1　环境场配置和降雨强度关系列表

型	时间	云	中尺度变压场强度	降雨强度（站数）	备注
3aM	A—2014081820	强	强	强（570）	
	B—2014062016	强	强	强（567）	
	C—2015051514	强	强	强（548）	
	D—2016061514	强	强	强（461）	
	E—2016060315	弱	强	强（404）	包括前桂东北 MCS 降雨
	F—2014070501	弱	强	弱（266）	
	G—2015070313	弱	强	弱（264）	
	H—2015060815	弱	强	弱（224）	
	I—2015090620	弱	弱	弱（212）	
	J—2015060416	弱	弱	弱（209）	
	K—2015071515	强	弱	弱（81）	特例，见第 5 章分析
4NE	A—2016060221	强	强	强（194）	
	B—2016040921	弱（强）	强	强（172）	特例，见下文分析
	C—2016040320	强	强	强（140）	
	D—2015041919	强	强	强（136）	
	E—2016041708	强	强	强（127）	
	F—2015050123	弱	强	弱（97）	
	G—2015051107	弱	强	弱（94）	
	H—2014061804	弱	强	弱（91）	
	I—2016040622	强（弱）	强	弱（83）	特例，见下文分析
	J—2016050219	弱	弱	弱（13）	
	K—2016042603	弱	弱	弱（0）	
2aN	A—2016090923	强	强	强（928）	
	B—2015061020	强	强	强（562）	
	C—2015082800	弱	强	弱（384）	
	D—2014052118	弱	强	弱（239）	
3aN	A—2015070303	强	强	强（204）	切变线摆动激发的对流
	B—2016061422	强	强	强（185）	
	C—2015061803	强	强	强（154）	
	D—2015070202	强	强	强（150）	切变线摆动激发的对流
	E—2015081302	强	强	强（100）	
	F—2014060322	弱	强	弱（90）	
	G—2014051418	弱	强	弱（71）	
	H—2015052919	弱	强	弱（65）	
	I—2016051501	弱	强	弱（47）	

注：2aS、2bE、2bW、4NW 等型不参加统计，所以表 3-1 中不列出。

从云图分析获得的信息实质是来自于负熵源信息；中尺度变压场强度的信息是负熵汇信息；强降雨信息是负熵流信息。由此可见，表 3-1 是当把各型强降雨过程，通过强、弱分级标准化（相当于归一化）处理后，得到标准化后的负熵源、负熵汇和负熵流信息，可以利用这些信息分析各型强降雨过程的规律性特征。

表 3-1 中，16 个"云"和"中变压"均为"强＋强"配置，所产生的降雨都为"强"级，其余 19 个

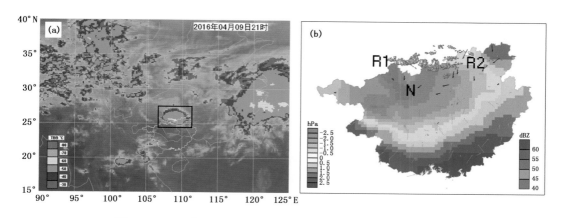

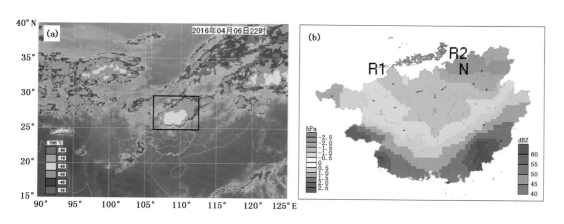

非"强+弱"或"弱+强"配置的降雨都为弱级,这些特征表明强负熵源和强负熵汇的配置,产生强降雨概率更大。表 3-1 中有 3 个特例需要进一步深入分析。

①3aM 型的 K—2015071515 过程,结合图 3-8b 可以看到,云发展程度很强,降雨却很弱,这特例将在第 5 章中深入分析。

②4NE 型的 B—2016040921 云强度级别由"弱"调整为"强",调整原因见图 3-11 和解释说明。

图 3-11　2016 年 4 月 9 日 21 时卫星云图(a)和中尺度变压场(b)

(a:IR1 通道云图,矩形框内为正移向桂东北 MCS;b:N 表示负变压中心,R1—R2 为强对流雷达回波)

卫星云图动画显示,2016 年 4 月 9 日 17 时在贵州中部有对流云细胞生成,其后向东南方向移动发展,到 9 日 21 时已进入 MCS 的发展期后阶段,并移到桂北边界(图 3-11a),此时桂北为强负变压区状态,桂北边界附近西—东向的线状对流雷达回波 R1—R2 强度较强。从 MCS 的发展和移动趋势,以及与地面中尺度负变压区配置关系推断,MCS 移入桂东北后强烈发展,−60 ℃的 TBB 面积>20000 km² 的概率很大,因此将强度等级由"弱"级调整为"强"级。

③4NE 型的 I—2016040622 云强度由"强"调整为"弱",调整原因见图 3-12 和解释说明。

图 3-12　2016 年 4 月 6 日 22 时卫星云图(a)和中尺度变压场(b)

(a:IR1 通道云图,矩形框内为正移向桂东北 MCS;b:N 表示强负变压区域,R1—R2 为强对流雷达回波)

卫星云图动画显示,6 日 16 时,对流云细胞在贵州中东部生成,以后向 SES 方向移动发展。6 日 21 时,发展到 MCS 最强盛阶段,－60 ℃的 TBB 外观呈椭圆形,边缘整洁光滑,长轴为 WSW—ENE 向。6 日 22 时,－60 ℃的 TBB 外观开始变形缩小,表明 MCS 已进入成熟期后阶段。结合图 3-12b 负变压区的配置关系,以及强对流回波 R1—R2 强度减弱趋势,可以推断 MCS 仅对桂东北擦边而过,且强度将会减弱,所以由 TBB 面积计算级别为"强"级调整为"弱"级。

3.2.2　强降雨 MCS 信息

3.2.2.1　MCS 发展阶段与降雨量分布

通过分析 23 个(表 3-2)代表性 MCS 生命史过程,把各级别 TBB 面积和生命期长度经归一化处理后,取各级别 TBB 平均值作曲线,选择 8 个中等强度以上,并在广西境内完成生命期的 MCS 逐 1 小时降雨分布,建立了 MCS 生命期与降雨强度模型,如图 3-13 所示。

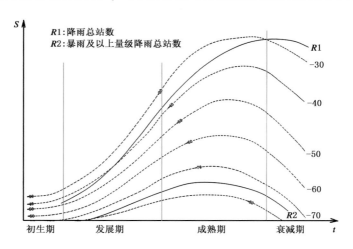

图 3-13　MCS 生命期与降雨强度模型图

(竖线为 TBB 面积)

模型基本特征是,暴雨以上量级总站数升降趋势与－70 ℃ TBB 曲线趋势相似,曲线峰值点相近,表明强降雨主要是 MCS 对流主体部分产生的。降雨总站数曲线变化趋势与－40 ℃ TBB 曲线相似,但降雨总站数曲线峰值点落后于－40 ℃ TBB 曲线峰值点 3～5 小时,这是由于 MCS 后期以扩展的层状云产生的降雨为主。建立 MCS 生命期与降雨强度模型所依据的数据如表 3-2 所示,对这些具体数据的分析可以更深入地理解这个模型。

表 3-2 是按－70 ℃ TBB 面积排序的,从表中的统计数据来看,－70 ℃ TBB 面积和 MCS 生命期长度时间分布都较为离散,规律性不是很强,这说明图 3-13 仅是 1 个原理性模型,只适用于解释 MCS 生命史各阶段以及降雨分布的一般性特征,对具体 MCS 生命史过程还要作具体分析,表 3-2 中所列的两个对比例更说明了,不同环境场中发展起来的 MCS 降雨强度有时会有很大差别。

表 3-2　MCS 生命期模型数据列表

序号	日期	−70 ℃	−30 ℃	落区	暴雨站数	时长	备注
1	20160615—0616	0301964	0727536	3aM	0461	11	
2	20160602—0603	0268742	0691001	4NE	0194	13	
3	20150604—0605	0228732	0561363	3aM	0209	20	
4	20150610—0611	0210802	0751701	2aN	0562	12	对比例
5	20150701—0702	0180074	0409216	2aN	0150	10	
6	20160417—0417	0177355	0594565	4NE	0127	06	
7	20150704—0704	0134974	0323574	3aM	0264	10	
8	20160614—0614	0118005	0310735	3aN	0185	09	
9	20150609—0610	0113998	0218694	3aM	0030	07	对比例
10	20140818—0819	0115511	0709442	3aM	0570	13	
11	20100608—0609	0104000	0234824	3aM	0244	08	
12	20160603—0604	0095966	0237196	3aM	0404	07	
13	20140620—0621	0095864	0270848	3aM	0567	08	
14	20140521—0522	0085723	0337272	2aN	0239	11	
15	20160406—0407	0058491	0275672	4NE	0083	05	
16	20160403—0404	0054300	0226013	4NE	0140	09	
17	20150715—0716	0037168	0124690	3aM	0081	04	
18	20150515—0515	0035593	0359597	3aM	0548	07	
19	20150907—0907	0032711	0130088	3aM	0212	03	
20	20120923—0924	0024737	0114509	4NW	0171	09	
21	20110707—0708	0004129	0173736	3aM	0049	06	
22	20130601—0602	0002964	0171283	3aM	0121	06	
23	20160409—0410	0000000	0505202	4NE	0172	05	
	平均	107904				8.7	

2015 年 6 月 9—11 日广西一直处于副热带高压(以下简称"副高")边缘西北侧,从孟加拉湾过广西到长江出海口有 1 条稳定的带状云系。在带状云系上,2015 年 6 月 9 日和 2015 年 6 月 9—10 日分别有两个 MCS 生成并影响广西,产生了 2 次强度相差很大(表 3-2)的降雨过程。是什么原因造成 MCS 发生发展并产生如此之大的差别,通过对图 3-14 进行深入分析可知,这是由于大、中尺度环境场的差异造成了这个差别。

如果仅从简单的外观上来看,图 3-14a0 和图 3-14b0 具有很高的相似性,但当深入分析后,发现这种简单的相似背后更有着深刻的差异。

首先,通过分别计算图 3-14a2 和图 3-14b2 白色矩形框内−40 ℃和−50 ℃平均 TBB 面积指数,后者面积指数比前者增大了 31%,表明后者大尺度环境场(负熵源)条件明显优于前者。

其次,对比图 3-14a1 和图 3-14b1 可以看出,前者为弱势场,后者为强势场,后者的中尺度环境场(负熵汇)更有利于对流云细胞的发生发展。

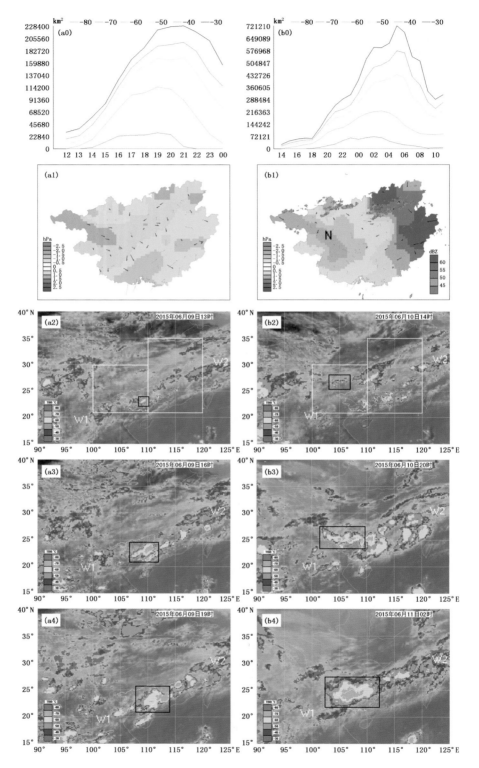

图 3-14 两个对比例 MCS 生命期 TBB 曲线、地面中尺度变压场和卫星云图（IR1）对比分析图
（特例 1：a0～a4，2015 年 6 月 9 日；特例 2：b0～b4，2015 年 6 月 10—11 日）

9 日 08 时,500 hPa 广西处于副高边缘西北侧,无明显低槽影响,700 hPa 广西西边有一条浅槽东移,从北部湾到福建有急流,850 hPa 低空在桂西北有弱切变线活动,地面广西处在弱高压脊中。广西中东部的 MCS 发生发展,主要是 700 hPa 浅槽过境扰动,与低空切变线活动的共同影响所激发的对流活动,MCS 发生的环境场较弱,虽然 MCS 的 −70 ℃ TBB 面积极大值达到中等发展程度(图 3-14a4),但暴雨以上站数仅为 30 站,是一次弱的降雨过程。

10 日 08 时,500 hPa 广西仍处于副高边缘西北侧,但(100°E,25°N)~(110°E,35°N)的低槽已移到贵州北部,广西高空处于低槽前,700 hPa 低槽位置比 500 hPa 低槽略偏东,850 hPa 切变线移到贵州北部,广西地面处于西南低压东边,形成了高空深槽和低空切变线(负熵源),与地面强中尺度负变压区(负熵汇)"强+强"的大、中尺度环境场配置。随着低槽东移,切变线南压,弱冷空气入侵中尺度负变压区触发对流,在有利环境场条件下 MCS 得以强烈发展(图 3-14b4),最终造成广西境内的强降雨,暴雨以上站数达 562 站。

这两个对比例的比较分析进一步提示我们,虽然 MCS 发展过程的 TBB 曲线模型具有相似性,但由于 MCS 的生成环境差异会造成 MCS 范围和强度的不同,以及会产生很大的降雨强度差异。因此,在算法设计时应全面深入理解概念模型的性质和意义,才能建立合理的算法模型,做出适当的算法设计。

3.2.2.2 MCS 结构特征的卫星云图信息

根据图 1-27 的 MCS 发生发展概念模型原理,归纳卫星云图上最常见的 MCS 发展过程各阶段特征,抽象得 MCS 发展阶段卫星云图模型,如图 3-15 所示。

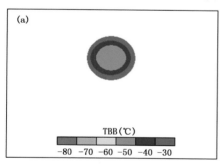
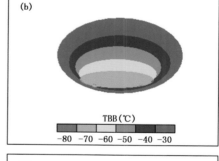
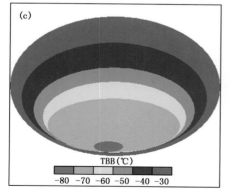
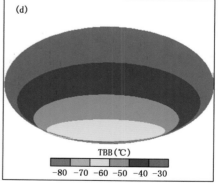

图 3-15　MCS 发展阶段卫星云图模型

(a:初生期;b:发展期;c:成熟期;d:衰减期)

图 3-15 与图 3-14 的发展进程是对应的。在初生期,卫星云图上可观察到有对流云细胞生成,这些对流云细胞多呈圆形,发展速度很快,TBB 可达−50～−40 ℃,此阶段雷达回波一般还不明显。当对流单体开始进入传播发展,并有若干个对流单体组成 MCS 主体时,MCS 进入了发展期。MCS 发展期的云图外观特征是体积迅速增大,各级别 TBB 面积准同步快速增加,云体各级 TBB 梯度较大,−70 ℃ TBB 的面积较大,云团多呈椭圆形,偏心率较小,云团轮廓线较为光滑。在发展期后阶段,强降雨开始。当−70 ℃ TBB 面积进入平缓增加,而−30 ℃ TBB 面积仍迅速增加时,MCS 进入成熟期。MCS 成熟期的云图外观特征是云团总体积较大,椭圆形云体偏心率增大,云团轮廓线变得曲折无规则,从−30 ℃到−70 ℃各级别 TBB 梯度明显减小,主体可有穿透性云顶出现,TBB 极值可达−80 ℃。衰减期主要特征是云顶快速降低,各级别 TBB 面积减少,尤其是 TBB 为−50 ℃以下的 MCS 主体云团减少更为迅速,低层的层状云扩散明显,云团轮廓线更加不规则,降雨强度减弱,由阵性降雨转变为强度弱的连续性降雨,但降雨时间通常延续时间较长。

对图 3-15 的 MCS 发展阶段卫星云图模型,使用以下算法进行定量描述。

（1）TBB 面积指数

$$S = \begin{cases} S_{-70} = \sum T_{-70} \\ S_{-50} = \sum T_{-50} \\ S_{-30} = \sum T_{-30} \end{cases} \tag{3-10}$$

式中,T_{-70}、T_{-50}、T_{-30} 为 MCS 的 TBB 像元,S_{-70}、S_{-50}、S_{-30} 为各对应级别 TBB 面积指数。通过计算上、中、下 3 个级别 TBB 面积大小,以及各级面积比率,考察 MCS 的发展强度和云体中下部的扩散程度,了解 MCS 发展总体概貌。

（2）对流强度（上冲云顶）指数

$$S_{tm} = \sum T_{\min} \tag{3-11}$$

式中,$T_{\min}$ 为最低级别 TBB 像元,S_{tm} 为最低级别 TBB 面积指数。通过计算 MCS 上冲云顶的 TBB 值,考察 MCS 的对流发展强度。

（3）MCS 发展指数

$$I_{MCS} = \Delta TBB_7 \bigcap \Delta TBB_6 \bigcap \Delta TBB_5 \bigcap \Delta TBB_4 \bigcap \Delta TBB_3 \tag{3-12}$$

式中,I_{MCS} 为 MCS 发展指数;ΔTBB_7,$\cdots$,ΔTBB_3 分别为−70,$\cdots$,−30（℃）TBB 面积指数逐半小时（1 小时）变化值;右边各项表示强度指数级别关系,各项权重值从左到右依次降低,当高权重项为正值时,表示云团在发展,绝对值越大则强度越强,反之亦然。通过计算 MCS 的发展指数,了解 MCS 的发展趋势和发展速度,判断 MCS 的发展阶段。

（4）MCS 的 3D 盒维数

$$d = \log_2 \frac{N(2^{-(k+1)})}{N(2^{-k})} \tag{3-13}$$

式中,N 为盒子数;d 为盒维数。式（3-13）表示计数用的某立方体网格中的盒子,在下一立方体网格的小盒子中,每个小盒子尺寸减半。通过计算 MCS 的盒维数,分析在越来越小尺度下的体积增长快慢来测量 MCS 结构的复杂程度,考察体积与尺度的变化特征,了解这种变化特征背后的某些控制规则。

由以上的式（3-10）至式（3-13）组成卫星云图信息提取算法模型。这个模型主要从 MCS

的结构特征、演变趋势等方面,提取 MCS 发展规模、强度和演变等多方面综合信息,结合卫星云图的动画功能,能既直观又准定量地识别和判断 MCS 发生发展和可能的发展强度。

3.2.2.3　中尺度变压场与雷达探测信息

前述讨论指出,中尺度负变压区对强降雨落区有很好的指示意义,以下进一步把中尺度变压场与雷达探测结合起来,建立起 MCS 发展阶段中尺度变压场与雷达回波模型,提取强降雨落区和落时定量信息。通过分析大量样本的共性特征,归纳得 MCS 发展阶段中尺度变压场与雷达回波模型,如图 3-16 所示。

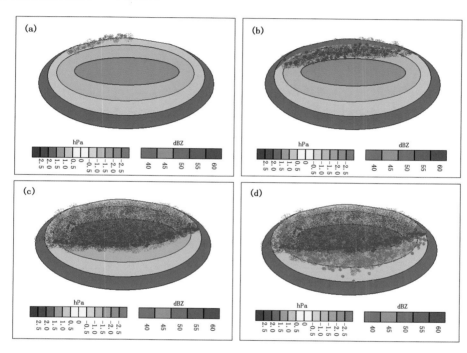

图 3-16　MCS 发展阶段中尺度变压场与雷达回波模型
（a:初期;b:发展期;c:成熟期;d:成熟后期）

MCS 发展初期,MCS 已发展成型,多数情况下在中尺度负变压区边缘可观测到线状对流雷达回波,这时可作为强降雨过程的开始时间。MCS 进入发展期后,线状对流雷达回波线性特征更为明显和完整,雷达回波线移动扫过范围扩大,至 MCS 发展后期,雷达回波线移动扫过面积范围达到中尺度负变压区 1/5 以上。MCS 成熟期主要特征是雷达回波线移动扫过面积可达中尺度负变压区 1/2 以上,回波强度普遍达 50 dBZ 或以上。MCS 成熟后期特征是在雷达回波移动前边缘出现回波强度减弱现象,45 dBZ 以下面积明显增加,线状特征减弱,团簇回波块状出现。一般用 MCS 发展初期的中尺度负变压区预测 MCS 活动范围较好。MCS 发展中后期,由于弱冷空气入侵或强降雨产生的下沉气流产生的雷暴高压填塞作用,影响到中尺度负变压区的完整性,不易估计 MCS 活动范围。依据图 3-16,用下式计算雷达回波指数

$$I_{\mathrm{Rad}} = \begin{cases} S_R = \sum R_i \\[6pt] F_R = \dfrac{W}{L} \\[6pt] m = \dfrac{S_w}{S_s} \end{cases} \tag{3-14}$$

式中，I_{Rad} 为雷达回波指数，由 3 个指数分量组成；S_R 为对流云体雷达回波（$\geqslant 40\ \mathrm{dBZ}$）扫过总面积，$R_i$ 为强雷达回波像元；F_R 为雷达回波带长宽比，W、L 分别为雷达回波带长和宽；m 为相对强、弱雷达回波全过程叠加后分布面积比，其中 S_w 为 $<45\ \mathrm{dBZ}$ 面积，S_s 为 $\geqslant 45\ \mathrm{dBZ}$ 面积。

雷达回波指数考虑的主要因素：① MCS 发展过程雷达回波扫过总面积，用以分析 MCS 的发展强度；② 回波带状特征，用以分析回波的分布特征，推断对流发展方式和发展程度；③ MCS 生命史中后期 $<45\ \mathrm{dBZ}$ 面积占比，用以分析 MCS 的发展阶段。

3.2.2.4　逐 1 小时降雨量分布的信息

降雨量分布是 MCS 发展过程中映射出的负熵流信息，通过分析逐 1 小时降雨分布范围、特征和强度等，可以获取 MCS 发展阶段和强度等方面的重要信息。逐 1 小时降雨量分布信息提取模型如图 3-17 所示。

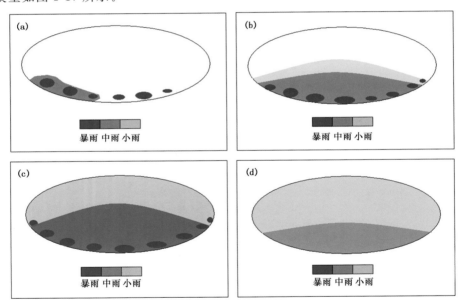

图 3-17　MCS 发展阶段逐 1 小时降雨量分布模型
（a：降雨初期；b：降雨发展期；c：降雨盛期；d：降雨减弱期）

当 MCS 进入发展期中、后阶段后，一般明显的降雨开始出现。在降雨初期，多是对流单体的阵性降雨为主，常形成与雷达回波对应的线状雨团分布特征，层状云的连续性降雨不明显。在降雨发展期仍以阵性降雨为主，线状雨团分布特征更加明显，由于 MCS 云顶扩散形成一些层状云，也有层状云产生的强度不大连续性降雨出现。在降雨盛期，MCS 对流主体的降雨强度达最强，线状雨团分布特征最为明显，降雨面积分布也最广，与此同时，由于 MCS 中上部层状云的扩散范围增大，低强度的连续性降雨面积进一步扩大。随着 MCS 进入衰减期，降雨也进入减弱期,这时期对流性降雨不明显,线状雨团一般消失,主要以 MCS 主体崩塌后形成的层状云产生的连续性降雨为主,雨强小,但降雨时间有时可维持较长时间。

依据图 3-17 的 MCS 降雨量分布模型,MCS 的降雨指数用下式计算

$$I_{Rain} = \begin{cases} S_{Rg} = \sum S_i \\ F_{Rg} = \dfrac{W_{Rg}}{L_{Rg}} \\ \Delta R = R_g(t) - R_g(t-1) \end{cases} \tag{3-15}$$

式中,I_{Rain} 为降雨量指数,由 3 个指数分量组成;S_{Rg} 为强降雨量面积指数,S_i 为单个强降雨量测站;F_{Rg} 为强降雨带的长宽比,W_{Rg}、L_{Rg} 分别为强降雨带的宽度和长度;ΔR 为强降雨单位时间变率,$R_g(t)$、$R_g(t-1)$ 分别为前后 1 小时强降雨站数。

与雷达回波指数类似,降雨量指数中主要考虑的因素有:① 强降雨面积分布,用以分析 MCS 的发展强度;② 强降雨带分布特征,用以分析推断 MCS 结构、对流发展方式和发展程度;③强降雨的时间变率,用以分析 MCS 的发展阶段和发展趋势。

3.2.2.5 MCS 信息模型的例证

图 3-15~3-17 是从许多实例中归纳抽象而成的,有充分的事实支持,也有较高的概括率。以下是 2016 年 6 月 15 日 14—22 时在广西境内产生强降雨的一个 MCS 发生发展过程实例。

图 3-18 是 15 日 14—22 时间隔 4 小时的卫星云图,3 个不同时次云图中白色矩形框内云系发展显示了从对流云细胞到成熟 MCS 的历程,这个 MCS 发生发展过程特征与图 3-15 中对流云细胞发展到成熟 MCS 过程是对应的。

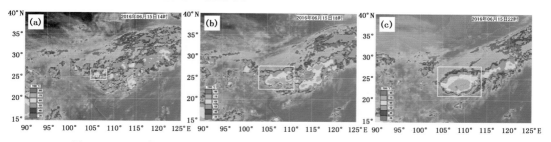

图 3-18　2016 年 6 月 15 日 14—22 时 MCS 发生发展过程红外(IR1)卫星云图

2016 年 6 月 15 日 14—22 时 MCS 发展过程的雷达回波和中尺度变压场分析如图 3-19 所示,与图 3-16 对照比较,可以看出从 MCS 发展初期到成熟后期,两图的雷达回波分布特征具有很好的对应关系,雷达回波与中尺度负变压区的对应关系也近似一致。

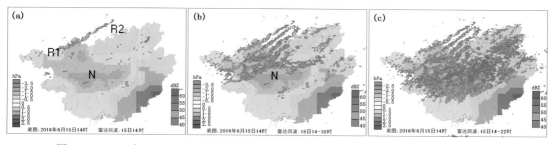

图 3-19　2016 年 6 月 15 日 14—22 时 MCS 发生发展过程的雷达回波和中尺度变压场

2016 年 6 月 15 日 15 时—16 日 03 时间隔 4 小时广西逐 1 小时降雨分布如图 3-20 所示。

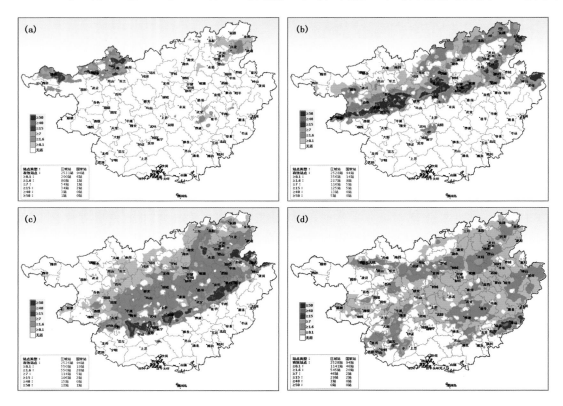

图 3-20 2016 年 6 月 15 日 15 时—16 日 03 时广西逐 1 小时降雨分布图
(a:15 日 14—15 时;b:15 日 18—19 时;c:15 日 22—23 时;d:16 日 02—03 时)

把图 3-20 与图 3-17 对照比较,可以看出两图中的降雨分布都具有以下特征:①降水前沿以对流性降水为主;②MCS 到达发展中期后,层状云降水区便与对流降水区相当;③在成熟阶段,层状云降水区的面积常常扩张到 3 倍于对流云降水区的面积;④消散阶段以层状云降水为主。

3.2.2.6 MCS 信息源特征和信息的互补组合使用

图 3-15~3-17 等 3 个 MCS 信息模型的信息源是不同的观测平台对同一系统状态的观测数据,在信息的处理过程中需要考虑信息源的异同性和特点,通过合理组合,充分发挥信息源的互补性,才能更有效地提取和利用信息。

图 3-15 模型的信息源是静止卫星观测平台的观测数据。静止卫星是从太空以顶视方式观测大气结构和运动状态,其特点是具有高时空分辨率的探测信息,可以动态地监测和跟踪 MCS 的形成、发展、移动和传播的完整过程,可以从 MCS 云系的边界特征、内嵌的强对流位置和强度、范围大小、结构和形状等了解 MCS 发生发展的环境条件,具有丰富的大、中尺度天气系统信息,对大尺度天气系统具有总览效果,对中尺度天气系统又可以达到聚焦观测目的。不足之处是对 MCS 内部结构和状态变量的具体信息相对较少,需要其他信息源补充。卫星观测可以看成从 MCS 顶部向下的观测。

图 3-16 模型的信息源是新一代天气雷达探测数据。雷达探测特点是横断面扫描,能对

MCS 做断面诊断观测,雷达拼图和动画对 MCS 的发生发展过程有很高时空分辨率的探测信息,有丰富的中、小尺度天气系统信息。不足之处是在对流云发展始期,雷达回波特征不明显,发现对流云细胞的灵敏度不及静止卫星,大尺度天气系统信息也不及静止卫星观测丰富,雷达探测数据是在较多假设条件下反演的,使用时需要考虑数据的置信度。雷达观测可以看成从 MCS 侧面进行的横断面观测。

图 3-17 模型的信息源是中尺度自动气象站网的观测数据。自动站观测具有真实性好、精度高、实时性强特点,是对卫星和雷达观测数据反演结果真实性检验和定标参考标准。但自动站的降雨观测是网格上的点状取样观测,数据具有离散性,地面降雨量是 MCS 动力和热力过程的积分效果,如果累计雨量时段过长,时延效应明显。使用地面自动站观测数据分析高空的大气运动过程,有一定难度。地面自动站观测可以看成从 MCS 底面向上的观测。

由以上分析可见,3 个模型的信息源观测平台分别相当于对 MCS 顶视、平视和底视观测,观测技术各有优缺点,且具有很强的互补性,因此在对信息提取算法设计和信息使用过程中,要充分考虑各信息源的长短处,通过取长补短构成较为完备的信息源,有利于提高强降雨预测的可靠性和精度。

3.3　算法设计

在设计算法时,应严格考虑算法的正确性、可读性、稳健性、高效率与低存储量需求等质量指标。为达此目的,充分利用面向对象中的对象、消息、类、继承、封装、抽象、多态性等机制和概念,增强算法设计对软件项目开发的成功率,减少后期维护费用,提高软件的可移植性和可靠性。

强降雨预测信息提取算法设计现在已开发成功,并在业务试应用的《卫星与自动站资料分析处理系统 V20》基础上,优化数据结构,适应海量气象观测数据的处理要求,强化和改进数据处理函数功能。以下算法设计是基于 C 语言的伪代码形式。

3.3.1　云图处理伪代码

```
void ShowCloudImage(BYTE cflvalue,bool creatbmpTBB)
{
    Read(ImageHead);
    for (int k=0;k<CloudImageHeight;k++)
    {
        Read(CloudImageWidth);
    }

    if(! creatbmpTBB)
    {
        CloudImage;
    }
    else
```

```
        {
        TBBCloudImage;
        }
    }
```

3.3.2 雷达回波处理伪代码

```
void showRadarImage (int m_radmap)
{
    CString m_raddatafile;
    if(m_radmap)
    {
        m_raddatafile;
    }
    if(find. FindFile(m_raddatafile))
    {
        CStdioFilestdfile(m_raddatafile,CFile::modeRead);
        while(n_strend ! = "=")
        {
            stdfile. ReadString(datastr);
            n_E=datastr. Mid(0,7);
            n_N=midstr. Right(5);
            n_DBZ=datastr. Right(5);
            n_strend=datastr. Mid(0,1);
              if(n_DBZ=="DBZ")
            {
                ColorRadImage;
            }
        mypen. CreatePen(PS_SOLID,1,RGB(r,g,b));
          pDC->Ellipse(x,y);
            }
    }
}
```

3.3.3 自动站资料处理伪代码

```
void ShowOriginalPressure(CString ymdhm)
{
        FILE * file1, * file2;
        CString lat,lon;
        CString pfn1, pfn3;
```

```
        if ((file1=fopen(pfn1,"r"))! =NULL)
        {
          for(int i=0;i<77;i++)
          {
            short m_rDataA[1];
            float m_rdata;
            long k;
            if((file2=fopen(pfn3,"rb"))! =NULL)
            {
              fseek(file2,k,SEEK_SET);
              fread(m_rDataA,2,1,file2);
            }
            fclose(file2);
            m_rdata=m_rDataA[0];
            printStr. Format("%. 1f",m_rdata/10);
            pDC->TextOut(printStr);
          }
        }
        fclose(file1);
      }
```

3.3.4　中尺度变压场填图数据处理伪代码

```
    Void MesoRealPressure(CString ymdhm)
    {
        FILE * file1, * file2;
        char readbuf1[32];
        CString pfn1,pfn2,pfn3;
        int m_dd=atoi(ymdhm. Mid(6,2));
        int m_hh=atoi(ymdhm. Mid(8,2));
        CFileFind find;

        if(PathIsDirectory((LPCTSTR)pfn2))
        {
          if(find. FindFile(pfn1))
          {
            file1=fopen(pfn1,"r");
            for(int i=0;i<77;i++)
            {
```

```
        long k；
        if(find. FindFile(pfn3))
        {
            file2＝fopen(pfn3,"rb")；
            fseek(file2,k,SEEK_SET)；
            fread(m_realP,2,1,file2)；    }
        fclose(file2)；
        StandardPressure(ymdhm,i)；
        int NoDayVP＝(int)(m_realP[0]－m_hourVP)；

        m_dmVP[i]＝NoDayVP－m_dayaveP；
        }
        fclose(file1)；
        }
    }
}
```

3.3.5 标准气压场数据处理伪代码

```
void StandardPressure (CString ymdhm,int km)
{
    CString m_str；
    int vp[26]；
    CString str0,str1；
    CStdioFilestdfile；
    if(stdfile. Open(str1,CFile:;modeRead)! ＝NULL)
    {
        for(int i＝0;i＜26;i＋＋)
        {
            stdfile. ReadString (m_str)；
            vp[i]＝atoi(m_str)；
        }
        stdfile. Close()；
        int m_hh＝atoi(ymdhm. Mid(8,2))；
        m_hourVP＝vp[m_hh]；
        m_dayaveP＝vp[25]；
    }
}
```

3.3.6 中尺度变压场分析伪代码

```
void MesoVP (CString ymdhm)
{
    CString printStr；
    CString lat,lon；
    float Latitude,Longitude；
    int m_vp[77]；

    CString w_pfn；
    CStdioFilestdfile(w_pfn,CFile::modeCreate|CFile::modeWrite)；
    CString lf="\n"；

    CString wristr；
    wristr. Format("%d",m_Num)；
    stdfile. WriteString(wristr+lf)；
    for(int k=0；k<77；k++)
    {
        int showVP=m_dmVP[k]-m_Num；
        if(showVP<-200||showVP>200)
        showVP=0；
        wristr. Format("%d",showVP)；
        stdfile. WriteString(wristr+lf)；

    if(showVP>0)
                    {
                    printStr. Format("%d",showVP)；
                    pDC->SetTextColor(RGB(0,0,255))；
                    pDC->TextOut(printStr)；
                    }
                    else
                    {
                    pDC->SetTextColor(RGB(255,0,0))；
                    printStr. Format("%d",showVP)；
                    pDC->TextOut(printStr)；
                    }
            }
        stdfile. Close()；
        pDC->SetTextColor(RGB(0,0,0))；
```

```
        printStr. Format("%d",m_Num);
        pDC->TextOut(100,150,printStr);
    }
```

3.3.7　中尺度变压场图像生成伪代码

```
    void VPColorImage (CString ymdhm)
    {
      int i,j;
      for(j=1;j<71;j++)
        for(i=1;i<91;i++)
          VPc[i][j]=999;

      CStdioFilestdfile;
      if(stdfile. Open(vpfilename,CFile::modeRead))
      {
        CString m_str;
        for(i=0;i<79;i++)
        {
          stdfile. ReadString(m_str);
          VPr[i]=atoi(m_str);
        }
        stdfile. Close();
        GradeValue();

        int x=0,y=0;
        for(j=3;j<68;j++)
        {
          y=780-j*11;
          for(i=3;i<88;i++)
          {
            x=i*11+10;
            if(VPPc[i][j]>-100 && VPPc[i][j]<=-25)
            {
              int cor_r=255;
              int cor_g=0;
              int cor_b=0;
              pDC->Rectangle(x-6,y-6,x+6,y+6);
            }
            if(VPPc[i][j]>-25 && VPPc[i][j]<=-20)
```

```
  {
    int cor_r=255;
    int cor_g=40;
    int cor_b=40;
    pDC->Rectangle(x-6,y-6,x+6,y+6);
  }
  if(VPPc[i][j]>-20 && VPPc[i][j]<=-15)
  {
    int cor_r=255;
    int cor_g=80;
    int cor_b=80;
    pDC->Rectangle(x-6,y-6,x+6,y+6);
  }
  if(VPPc[i][j]>-15 && VPPc[i][j]<=-10)
  {
    int cor_r=255;
    int cor_g=120;
    int cor_b=120;
    pDC->Rectangle(x-6,y-6,x+6,y+6);
  }
  if(VPPc[i][j]>-10 && VPPc[i][j]<=-5)
  {
    int cor_r=255;
    int cor_g=160;
    int cor_b=160;
    pDC->Rectangle(x-6,y-6,x+6,y+6);
  }
  if(VPPc[i][j]>-5 && VPPc[i][j]<=0)
  {
    int cor_r=255;
    int cor_g=200;
    int cor_b=200;
    pDC->Rectangle(x-6,y-6,x+6,y+6);
  }
  if(VPPc[i][j]>0 && VPPc[i][j]<=5)
  {
    int cor_r=200;
    int cor_g=200;
    int cor_b=255;
```

```
        pDC->Rectangle(x-6,y-6,x+6,y+6);
    }
    if(VPPc[i][j]>5 && VPPc[i][j]<=10)
    {
        int cor_r=160;
        int cor_g=160;
        int cor_b=255;
        pDC->Rectangle(x-6,y-6,x+6,y+6);
    }
    if(VPPc[i][j]>10 && VPPc[i][j]<=15)
    {
        int cor_r=120;
        int cor_g=120;
        int cor_b=255;
        pDC->Rectangle(x-6,y-6,x+6,y+6);
    }
    if(VPPc[i][j]>15 && VPPc[i][j]<=20)
    {
        int cor_r=80;
        int cor_g=80;
        int cor_b=255;
        pDC->Rectangle(x-6,y-6,x+6,y+6);
    }
    if(VPPc[i][j]>20 && VPPc[i][j]<=100)
    {
        int cor_r=40;
        int cor_g=40;
        int cor_b=255;
        pDC->Rectangle(x-6,y-6,x+6,y+6);
    }
    }
}
```

3.3.8 风场分析伪代码

```
void Wind(CString ymdhm)
{
    float pi=0.01745;
    FILE * file1, * file2;
    char readbuf1[32];
```

```
CString stationinfo,lat,lon,height;
CString pfn1, pfn3;
if ((file1=fopen(pfn1,"r"))! =NULL)
{
    for(int i=0;i<77;i++)
    {
    short m_rDA[1],m_rd;
    short m_rVA[1],m_rv;
    int vv;
    CString printStr;
    long k1,k2;
    if((file2=fopen(pfn3,"rb"))! =NULL)
    {
        fseek(file2,k1,SEEK_SET);
        fread(m_rDA,2,1,file2);
fseek(file2,k2,SEEK_SET);
        fread(m_rVA,2,1,file2);
    }
    fclose(file2);

        m_rd=90-m_rDA[0];
        m_rv=m_rVA[0];
        if(m_rv<=10)
            vv=10;
        if(m_rv>10 && m_rv<=20)
            vv=18;
        if(m_rv>20 && m_rv<=30)
            vv=26;
        if(m_rv>30 && m_rv<=40)
            vv=34;
        if(m_rv>40 && m_rv<=50)
            vv=42;
        if(m_rv>50 && m_rv<=60)
            vv=50;
        if(m_rv>60)
            vv=58;
        printStr. Format("%d",m_rd);
        int px1=(int)(px0+vv*cos(pi*m_rd));
        int py1=(int)(py0-vv*sin(pi*m_rd));
```

```
  int px2=(int)(px0+8 * cos(pi * (m_rd-40)));
  int py2=(int)(py0-8 * sin(pi * (m_rd-40)));
  if(m_rd<-180||m_rd<90)
  {
     CPen pen(PS_SOLID,1,RGB(0,0,0));
     CPen * pOldPen=pDC->SelectObject(&pen);
     pDC->MoveTo(px0,py0);
     pDC->LineTo(px1,py1);
     pDC->MoveTo(px0,py0);
     pDC->LineTo(px2,py2);
     pDC->SelectObject(pOldPen);
  }
  if(m_rd>-180 && m_rd<0)
  {
     CPen pen(PS_SOLID,1,RGB(0,255,0));
     CPen * pOldPen=pDC->SelectObject(&pen);
     pDC->MoveTo(px0,py0);
     pDC->LineTo(px1,py1);
     pDC->MoveTo(px0,py0);
     pDC->LineTo(px2,py2);
     pDC->SelectObject(pOldPen);
  }
  }
  }
  fclose(file1);
}
```

第 4 章　降雨实例和大尺度天气系统配置特点

第 1 章所建立的中尺度变压场概念模型中,指出在低槽前暖输送带起始段,因低层暖湿空气辐合形成的中尺度负变压区与 MCS 发生发展关系密切。本章通过大样本分析,从总体上探寻这种关系的密切程度,检验中尺度变压场概念模型的合理性和可靠性,寻找中尺度变压场与 MCS 发生发展的一般规律性。本章还分析了降雨过程中的大尺度天气系统配置特点,检视中大尺度天气系统配置关系对 MCS 发生发展的指示能力。

4.1　降雨实例

4.1.1　中尺度变压场、雷达回波和降雨分布的对应关系

2010—2016 年汛期(4—9 月),共有非常规观测资料比较完整的 73 个降雨实例。这 73 个实例涵盖了这些年 90% 以上西风带低值系统降雨过程,形成具有强、中、弱降雨强度系列性的降雨实例。73 个降雨实例中的中尺度变压场、雷达回波和降雨分布对应关系分析,其基本特征可以简单归结为:形态复杂性、本质规律性。

4.1.2　中尺度变压场形态复杂性和原因

73 个降雨实例的中尺度变压场形态各异,没有任何两个是相同的,甚至相似的也很少,充分表现了形态复杂性。在中尺度变压场概念模型(图 1-16)中,负变压区主要是低槽前低层暖湿空气与下垫面摩擦辐合导致暖湿空气堆积而形成的。因为低槽前低层暖湿空气运动形式的多样性,下垫面地形复杂性,摩擦辐合导致的暖湿空气堆积形状、强度和范围具有很大不确定性,所以负变压区形态相同的概率是极小的,相似的概率也不大,这就是中尺度变压场形态复杂性的根本原因。

4.1.3　中尺度变压场和对流发生规律性及机理

73 个降雨实例中,除 2 个无明显强对流雷达回波出现外,其他的降雨实例表现出的规律性主要有:① 强对流雷达回波主要出现在负变压区范围内;② 负变压区的形成或加强超前于雷达回波出现,超前时间短的为 2~5 小时,长的达 8~12 小时。MCS 发展程度越强,这种规律性则更明显。

这种规律性的本质是"负熵源→负熵汇→负熵流"机制的具体表现。当大尺度低熵值环境场构成负熵源,在高空低槽前因负熵汇效应导致地面形成负变压区时,地面中尺度变压场就构

成了具有明显结构特征的低熵值中尺度环境场,随着弱冷空气的入侵和抬升负变压区中暖湿空气触发对流,在弱冷空气密度流前沿形成向上输送的强负熵流,并导致对流单体的发生发展,若干个对流单体组成了MCS。因为暖湿空气主要堆积在负变压区中,弱冷空气密度流前沿向上输送的强负熵流只能出现在负变压区中,所以强对流雷达回波一般只出现在负变压区中。

4.1.4 降雨实例图样

实例1:2010年5月21日21时地面中尺度变压场;21日21时—22日09时雷达回波;21日08时—22日08时24小时降雨分布。

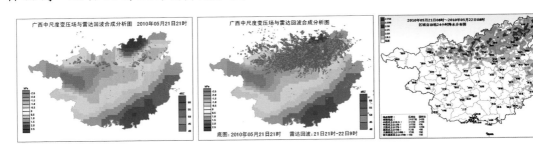

实例2:2010年5月27日20时地面中尺度变压场;27日20时—28日12时雷达回波;27日20时—28日14时18小时降雨分布。

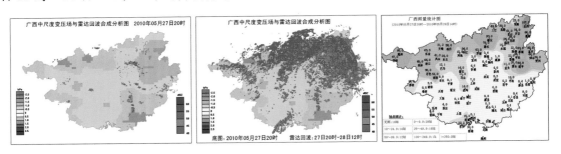

实例3:2010年5月31日21时地面中尺度变压场;5月31日21时—6月1日15时雷达回波;5月31日20时—6月1日14时18小时降雨分布。

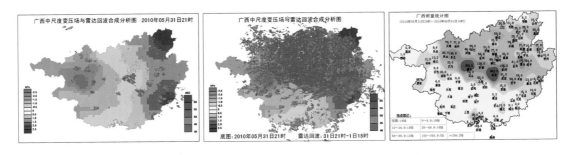

实例4:2010年6月8日18时地面中尺度变压场;8日18时—9日04时雷达回波;8日08时—9日08时24小时降雨分布。

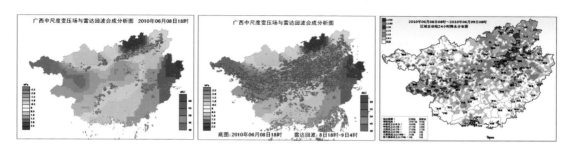

实例 5：2010 年 6 月 15 日 03 时地面中尺度变压场；15 日 03—08 时雷达回波；14 日 08 时—15 日 08 时 24 小时降雨分布。

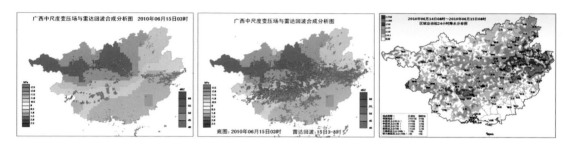

实例 6：2010 年 6 月 17 日 02 时地面中尺度变压场；17 日 02—09 时雷达回波；16 日 08 时—17 日 08 时 24 小时降雨分布。

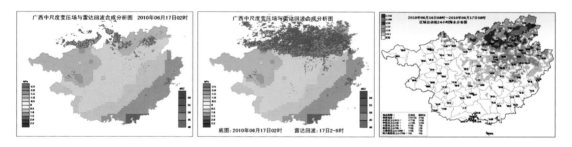

实例 7：2010 年 6 月 17 日 22 时地面中尺度变压场；17 日 22 时—18 日 09 时雷达回波；17 日 08 时—18 日 08 时 24 小时降雨分布。

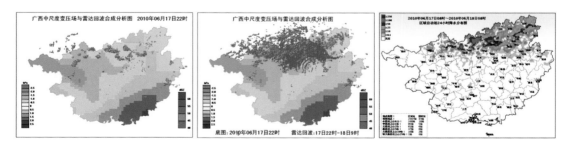

实例 8：2010 年 6 月 19 日 21 时地面中尺度变压场；19 日 21 时—20 日 09 时雷达回波；19 日 08 时—20 日 08 时 24 小时降雨分布。

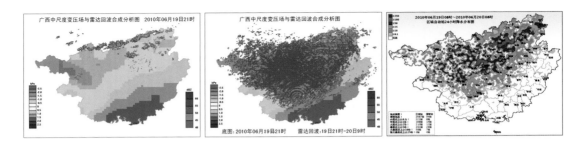

实例 9:2010 年 6 月 24 日 20 时地面中尺度变压场;24 日 20 时—25 日 07 时雷达回波;24 日 08 时—25 日 08 时 24 小时降雨分布。

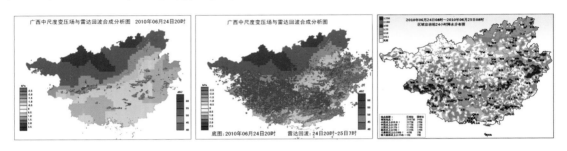

实例 10:2010 年 7 月 26 日 11 时地面中尺度变压场;26 日 11—17 时雷达回波;26 日 08 时—27 日 08 时 24 小时降雨分布。

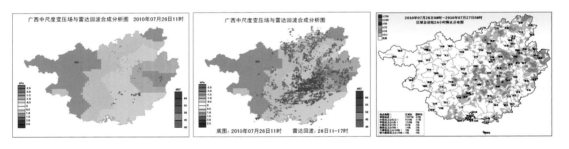

实例 11:2010 年 9 月 11 日 11 时地面中尺度变压场;11 日 11 时—12 日 02 时雷达回波;11 日 08 时—12 日 08 时 24 小时降雨分布。

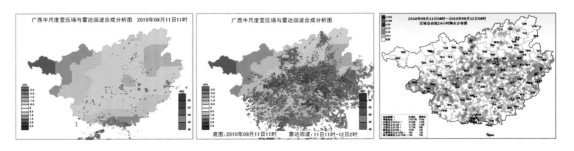

实例 12:2010 年 9 月 12 日 12 时地面中尺度变压场;12 日 12 时—13 日 02 时雷达回波;12 日 08 时—13 日 08 时 24 小时降雨分布。

 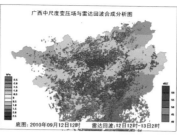 

实例 13:2011 年 4 月 16 日 22 时地面中尺度变压场;16 日 22 时—17 日 11 时雷达回波;16 日 08 时—17 日 08 时 24 小时降雨分布。

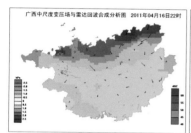 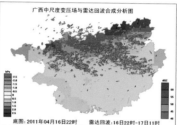 

实例 14:2011 年 5 月 2 日 14 时地面中尺度变压场;2 日 14 时—3 日 05 时雷达回波;2 日 08 时—3 日 08 时 24 小时降雨分布。

  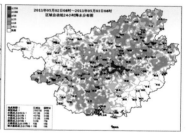

实例 15:2011 年 5 月 10 日 21 时地面中尺度变压场;10 日 21 时—11 日 07 时雷达回波;10 日 08 时—11 日 08 时 24 小时降雨分布。

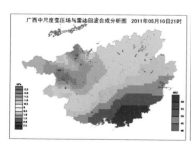 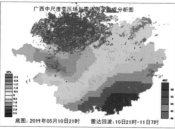 

实例 16:2011 年 5 月 11 日 20 时地面中尺度变压场;11 日 20 时—12 日 12 时雷达回波;11 日 08 时—12 日 08 时 24 小时降雨分布。

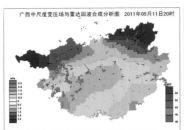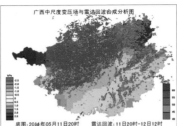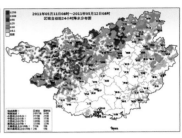

实例 17:2011 年 6 月 29 日 02 时地面中尺度变压场;29 日 02—23 时雷达回波;29 日 08 时—30 日 08 时 24 小时降雨分布。

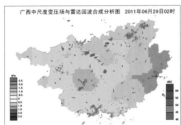

实例 18:2011 年 7 月 7 日 08 时地面中尺度变压场;7 日 08 时—8 日 05 时雷达回波;7 日 08 时—8 日 08 时 24 小时降雨分布。

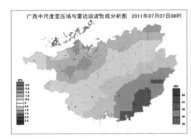

实例 19:2012 年 4 月 19 日 00 时地面中尺度变压场;19 日 00—07 时雷达回波;18 日 08 时—19 日 08 时 24 小时降雨分布。

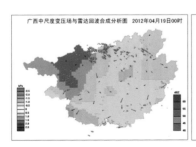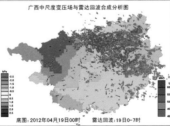

实例 20:2012 年 4 月 20 日 00 时地面中尺度变压场;20 日 00—14 时雷达回波;19 日 20 时—20 日 14 时 18 小时降雨分布。

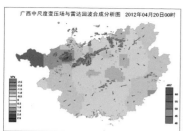 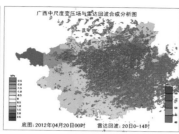 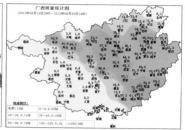

实例 21：2012 年 5 月 12 日 15 时地面中尺度变压场；12 日 15 时—13 日 02 时雷达回波；12 日 08 时—13 日 08 时 24 小时降雨分布。

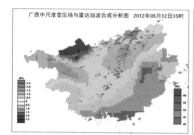 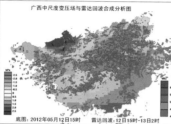 

实例 22：2012 年 5 月 14 日 07 时地面中尺度变压场；14 日 07—15 时雷达回波；14 日 08—14 时 6 小时降雨分布。

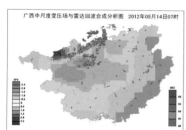 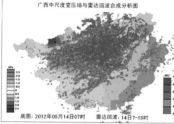 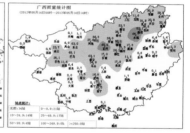

实例 23：2012 年 5 月 19 日 08 时地面中尺度变压场；19 日 08 时—20 日 08 时 24 小时降雨分布。

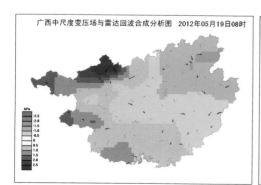 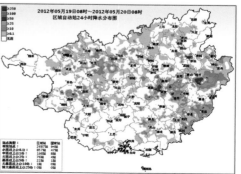

实例 24:2012 年 5 月 29 日 18 时地面中尺度变压场;29 日 18 时—30 日 00 时雷达回波;29 日 08 时—30 日 08 时 24 小时降雨分布。

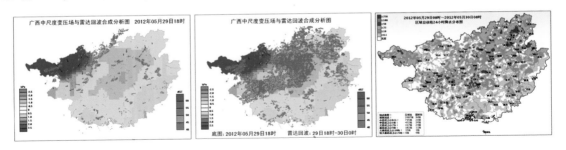

实例 25:2012 年 6 月 10 日 20 时地面中尺度变压场;10 日 20 时—11 日 01 时雷达回波;10 日 08 时—11 日 08 时 24 小时降雨分布。

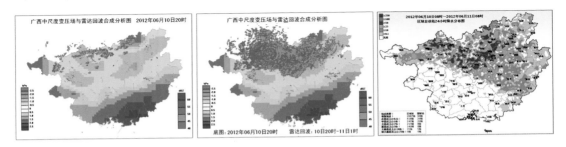

实例 26:2012 年 6 月 12 日 08 时地面中尺度变压场;12 日 08—14 时雷达回波;12 日 08 时—13 日 08 时 24 小时降雨分布。

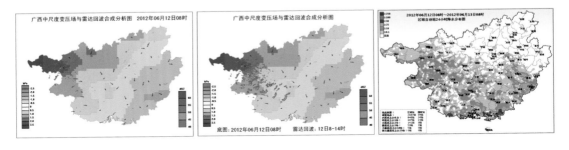

实例 27:2012 年 7 月 14 日 22 时地面中尺度变压场;14 日 22 时—15 日 05 时雷达回波;14 日 08 时—15 日 08 时 24 小时降雨分布。

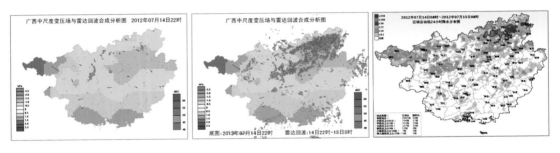

实例 28：2012 年 8 月 21 日 14 时地面中尺度变压场；21 日 14 时—22 日 09 时雷达回波；21 日 08 时—22 日 08 时 24 小时降雨分布。

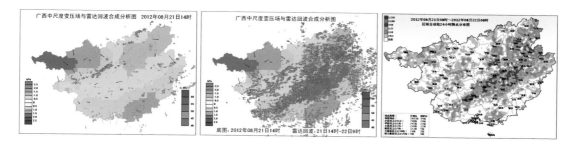

实例 29：2012 年 9 月 23 日 17 时地面中尺度变压场；23 日 17 时—24 日 07 时雷达回波；23 日 08 时—24 日 08 时 24 小时降雨分布。

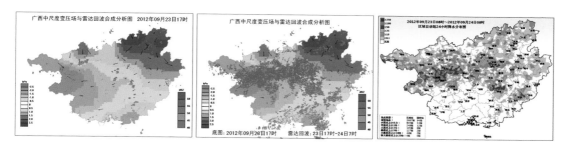

实例 30：2013 年 4 月 2 日 04 时地面中尺度变压场；2 日 04—08 时雷达回波；1 日 08 时—2 日 08 时 24 小时降雨分布。

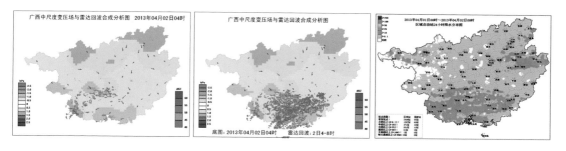

实例 31：2013 年 4 月 19 日 20 时地面中尺度变压场；19 日 20 时—20 日 20 时 24 小时降雨分布。

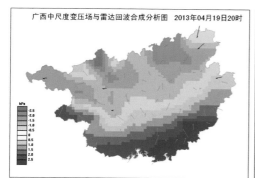

实例 32：2013 年 4 月 24 日 02 时地面中尺度变压场；24 日 02—08 时雷达回波；23 日 08 时—24 日 08 时 24 小时降雨分布。

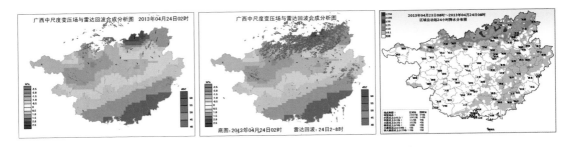

实例 33：2013 年 4 月 29 日 20 时地面中尺度变压场；29 日 20 时—30 日 08 时雷达回波；29 日 20 时—30 日 08 时 12 小时降雨分布。

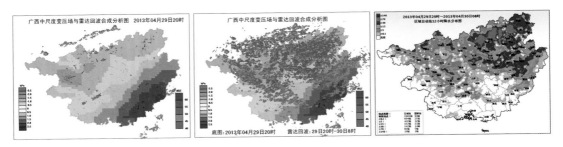

实例 34：2013 年 5 月 9 日 22 时地面中尺度变压场；9 日 22 时—10 日 08 时雷达回波；9 日 20 时—10 日 08 时 12 小时降雨分布。

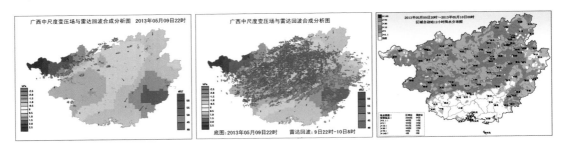

实例 35：2013 年 5 月 15 日 22 时地面中尺度变压场；15 日 22 时—16 日 09 时雷达回波；15 日 08 时—16 日 08 时 24 小时降雨分布。

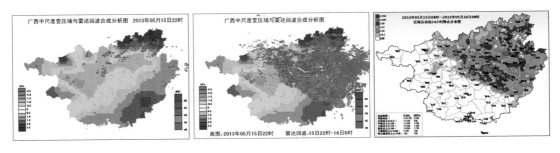

实例 36:2013 年 5 月 30 日 03 时地面中尺度变压场;30 日 03—08 时雷达回波;29 日 08 时—30 日 08 时 24 小时降雨分布。

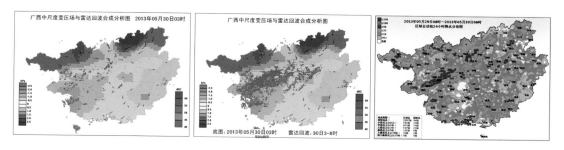

实例 37:2013 年 6 月 1 日 14 时地面中尺度变压场;1 日 14 时—2 日 08 时雷达回波;1 日 08 时—2 日 08 时 24 小时降雨分布。

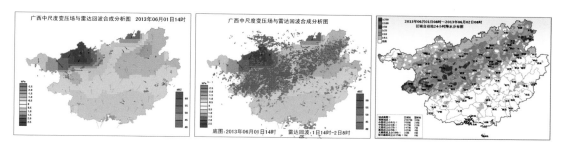

实例 38:2013 年 6 月 9 日 17 时地面中尺度变压场;9 日 17 时—10 日 01 时雷达回波;9 日 14 时—10 日 02 时 12 小时降雨分布。

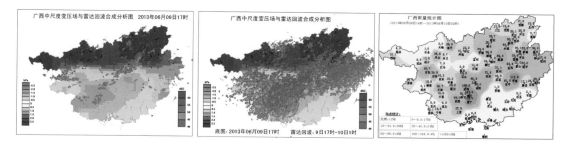

实例 39:2013 年 6 月 27 日 01 时地面中尺度变压场;27 日 01—12 时雷达回波;26 日 20 时—27 日 14 时 18 小时降雨分布。

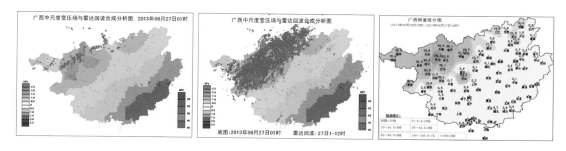

实例40:2014年5月14日17时地面中尺度变压场;14日17时—15日05时雷达回波;14日08时—15日08时24小时降雨分布。

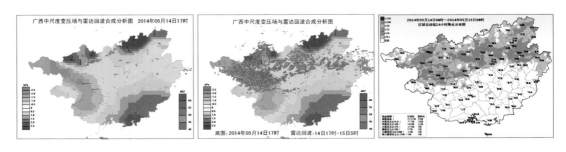

实例41:2014年5月21日18时地面中尺度变压场;21日18时—22日07时雷达回波;21日08时—22日08时24小时降雨分布。

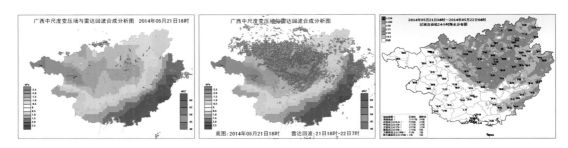

实例42:2014年6月5日02时地面中尺度变压场;5日02—11时雷达回波;4日08时—5日08时24小时降雨分布。

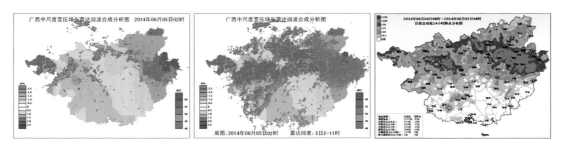

实例43:2014年6月18日03时地面中尺度变压场;18日04—08时雷达回波;18日02—08时6小时降雨分布。

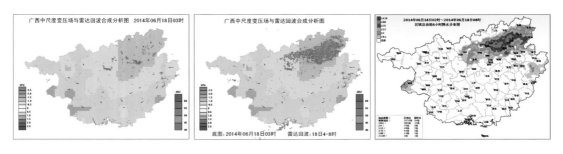

实例 44：2014 年 6 月 20 日 22 时地面中尺度变压场；20 日 22 时—21 日 08 时雷达回波；20 日 20 时—21 日 08 时 12 小时降雨分布。

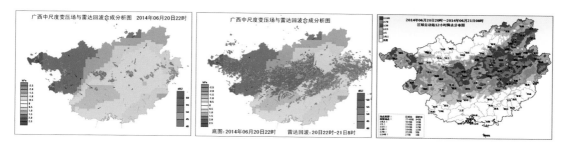

实例 45：2014 年 7 月 4 日 07 时地面中尺度变压场；4 日 07—17 时雷达回波；4 日 08—20 时 12 小时降雨分布。

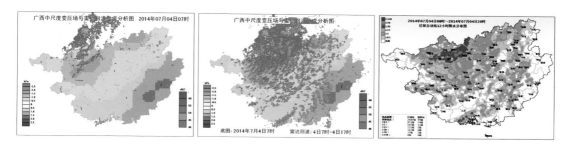

实例 46：2014 年 7 月 4 日 23 时地面中尺度变压场；4 日 23 时—5 日 13 时雷达回波；4 日 23 时—5 日 11 时 12 小时降雨分布。

实例 47：2014 年 8 月 19 日 00 时地面中尺度变压场；19 日 00—08 时雷达回波；18 日 08 时—19 日 08 时 24 小时降雨分布。

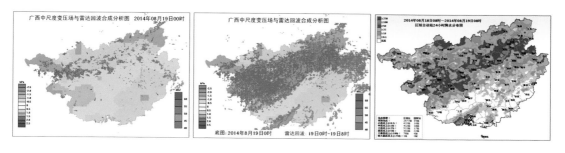

实例 48:2015 年 4 月 19 日 17 时地面中尺度变压场;19 日 17 时—20 日 04 时雷达回波;19 日 08 时—20 日 08 时 24 小时降雨分布。

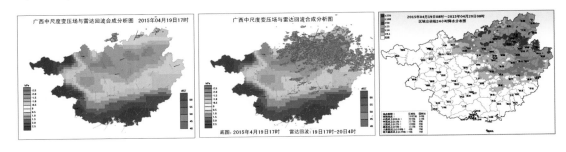

实例 49:2015 年 5 月 1 日 20 时地面中尺度变压场;1 日 20 时—2 日 08 时雷达回波;1 日 08 时—2 日 08 时 24 小时降雨分布。

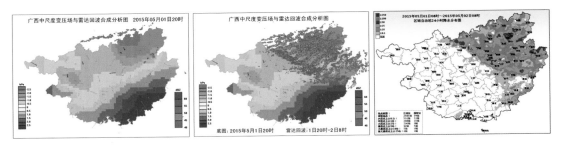

实例 50:2015 年 5 月 8 日 05 时地面中尺度变压场;8 日 05—17 时雷达回波;5 日 08—20 时 12 小时降雨分布。

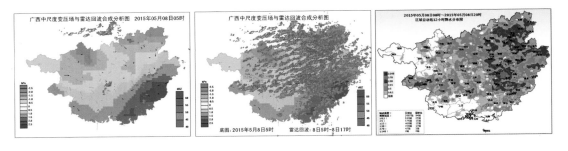

实例 51:2015 年 5 月 11 日 05 时地面中尺度变压场;11 日 05—11 时雷达回波;10 日 08 时—11 日 08 时 24 小时降雨分布。

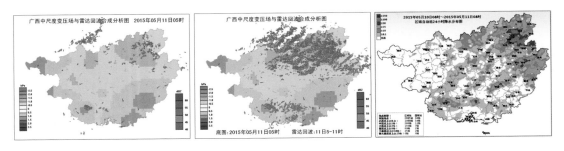

实例 52：2015 年 5 月 15 日 10 时地面中尺度变压场；15 日 10—20 时雷达回波；15 日 08—20 时 12 小时降雨分布。

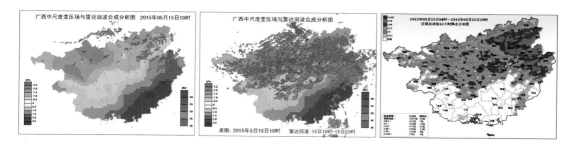

实例 53：2015 年 5 月 29 日 19 时地面中尺度变压场；29 日 19 时—30 日 05 时雷达回波；29 日 19 时—30 日 07 时 12 小时降雨分布。

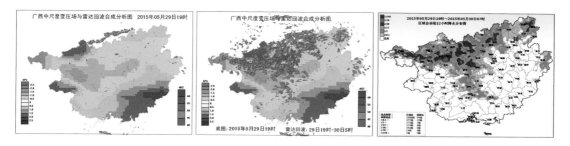

实例 54：2015 年 6 月 4 日 14 时地面中尺度变压场；4 日 14 时—5 日 07 时雷达回波；4 日 08 时—5 日 08 时 24 小时降雨分布。

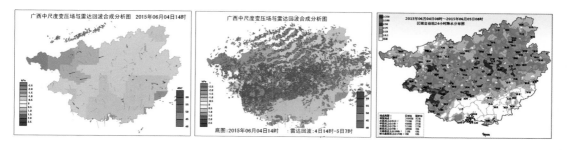

实例 55：2015 年 6 月 10 日 20 时地面中尺度变压场；10 日 20 时—11 日 06 时雷达回波；10 日 20 时—11 日 08 时 12 小时降雨分布。

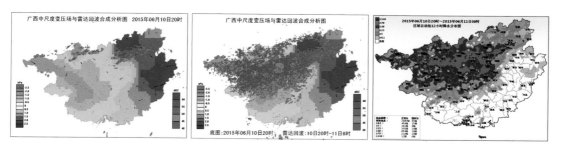

实例56:2015年7月2日02时地面中尺度变压场;2日02—08时雷达回波,1日08时—2日08时24小时降雨分布。

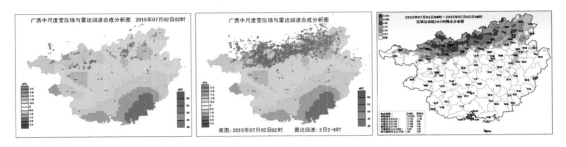

实例57:2015年7月22日19时地面中尺度变压场;22日19时—23日08时雷达回波;22日08时—23日08时24小时降雨分布。

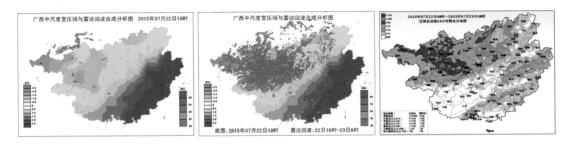

实例58:2015年7月23日11时地面中尺度变压场;23日11—18时雷达回波;23日08时—24日08时24小时降雨分布。

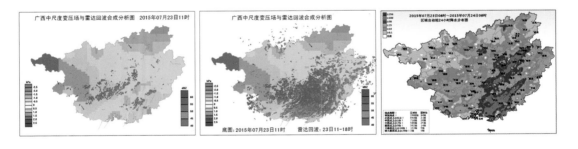

实例59:2015年8月14日01时地面中尺度变压场;14日01—07时雷达回波;13日08时—14日08时24小时降雨分布。

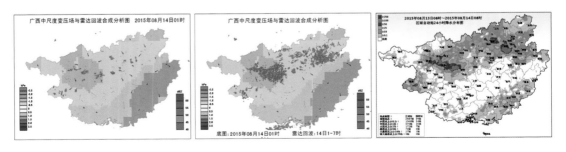

实例 60：2015 年 8 月 28 日 20 时地面中尺度变压场；28 日 20 时—29 日 10 时雷达回波；28 日 08 时—29 日 08 时 24 小时降雨分布。

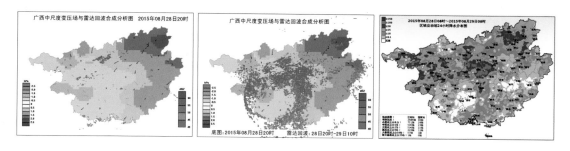

实例 61：2015 年 9 月 6 日 20 时地面中尺度变压场；6 日 20 时—7 日 08 时雷达回波；6 日 08 时—7 日 08 时 24 小时降雨分布。

实例 62：2016 年 4 月 3 日 20 时地面中尺度变压场；3 日 20 时—4 日 02 时雷达回波；3 日 08 时—4 日 08 时 24 小时降雨分布。

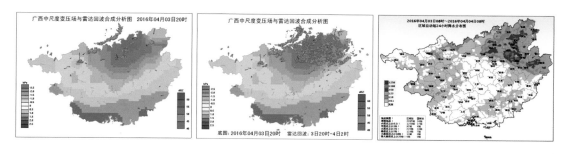

实例 63：2016 年 4 月 6 日 22 时地面中尺度变压场；6 日 22 时—7 日 06 时雷达回波；6 日 08 时—7 日 08 时 24 小时降雨分布。

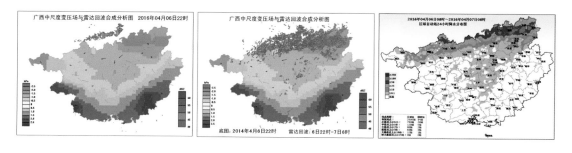

实例 64:2016 年 4 月 9 日 20 时地面中尺度变压场;9 日 20 时—10 日 06 时雷达回波;9 日 08 时—10 日 08 时 24 小时降雨分布。

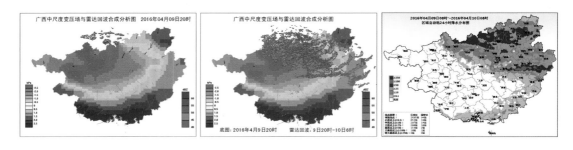

实例 65:2016 年 4 月 17 日 13 时地面中尺度变压场;17 日 13—21 时雷达回波;17 日 08 时—18 日 08 时 24 小时降雨分布。

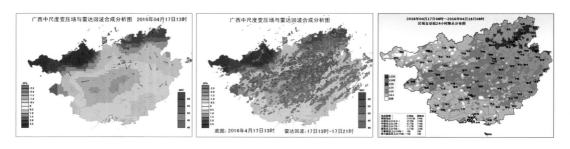

实例 66:2016 年 5 月 15 日 00 时地面中尺度变压场;15 日 00—08 时雷达回波;14 日 08 时—15 日 08 时 24 小时降雨分布。

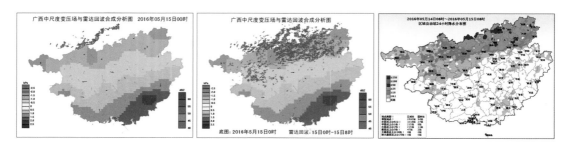

实例 67:2016 年 5 月 19 日 20 时地面中尺度变压场;19 日 20 时—20 日 06 时雷达回波; 19 日 08 时—20 日 08 时 24 小时降雨分布。

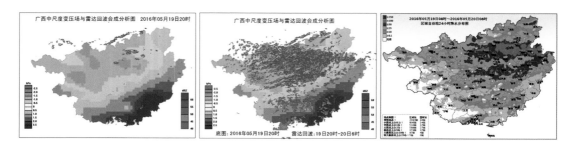

实例 68：2016 年 6 月 3 日 14 时地面中尺度变压场；3 日 14 时—4 日 08 时雷达回波；3 日 08 时—4 日 08 时 24 小时降雨分布。

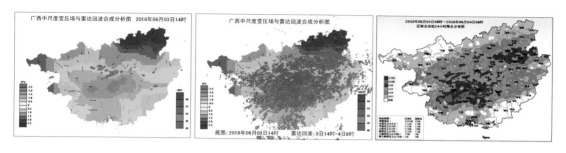

实例 69：2016 年 6 月 7 日 21 时地面中尺度变压场；7 日 21 时—8 日 08 时雷达回波；7 日 08 时—8 日 08 时 24 小时降雨分布。

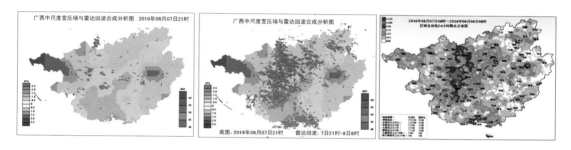

实例 70：2016 年 6 月 14 日 23 时地面中尺度变压场；14 日 23 时—15 日 09 时雷达回波；14 日 08 时—15 日 08 时 24 小时降雨分布。

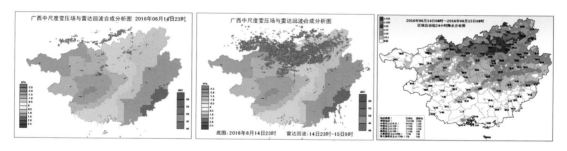

实例 71：2016 年 6 月 15 日 14 时地面中尺度变压场；15 日 14 时—15 日 23 时雷达回波；15 日 08 时—16 日 08 时 24 小时降雨分布。

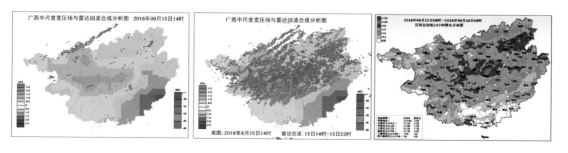

实例72:2016年8月7日10时地面中尺度变压场;7日10—14时雷达回波;10日08时—11日08时24小时降雨分布。

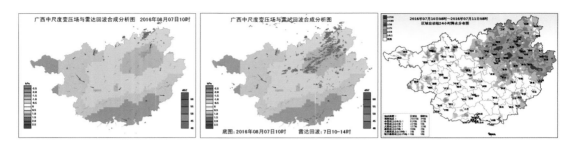

实例73:2016年9月9日23时地面中尺度变压场;9日23时—10日10时雷达回波;9日08时—10日08时24小时降雨分布。

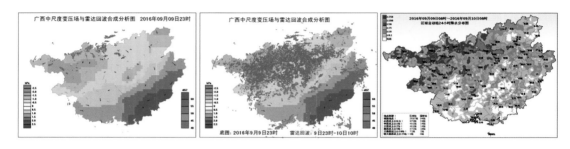

4.2 大尺度天气系统基本配置和演变特征

4.2.1 降雨落区与低槽位置分布

第2章中根据广西强降雨分布特点,把强降雨分为多种型式,其中出现频率较高的主要有2aN、3aN、3aM、4NE这4型。以下图4-1至图4-4中,把4型强降雨所对应的500 hPa槽轴分布,以500 hPa槽轴进入影响关键区为0时刻,分析低槽影响产生降雨前后00、12、24小时的大尺度天气系统配置和演变特征。

图4-1至图4-4中,从平均槽轴位置来看还表现出一定的规律性,也就是00—24时,平均槽轴基本显示出低槽东移趋势和变化范围。除图4-1c外,其他各图槽轴分布离散性很大,离散程度远大于各型图4-2d平均槽轴离散程度,表明低槽影响过程较为复杂多变,规律性不强。

为了进一步比较分析,把上述各图4-2d平均槽轴重绘如图4-5所示。

图4-5显示出,对00、12、24时,各型平均槽轴位置重叠性很强,如欲通过使用平均槽轴位置分辨各型对广西产生影响程度很困难。

综上所述,图4-1至图4-4中槽轴分布离散性太大、规律性不强;图4-5中平均槽轴重叠性又太强、各种低槽型式分辨率很低。这就是常规天气分析中通过低槽特征分析预报强降雨落区精度不高的重要原因。换言之,低槽分析所获得的强降雨信息量较少,不能满足较高精度强降雨落区预报需求。

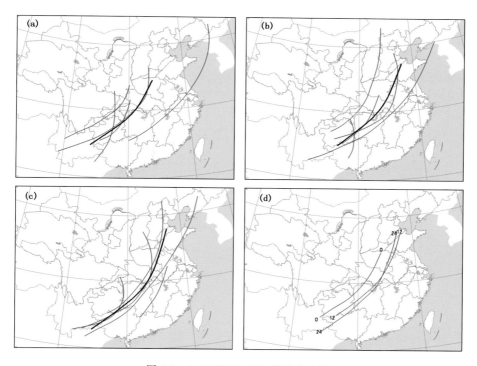

图 4-1　2aN 型 500 hPa 槽轴分布图

（a：00 时；b：12 时；c：24 时；a～c，黑实线为槽轴平均位置；d：00、12、24 时平均槽轴位置，下同）

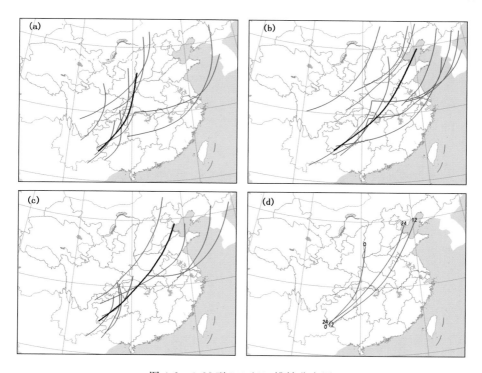

图 4-2　3aN 型 500 hPa 槽轴分布图

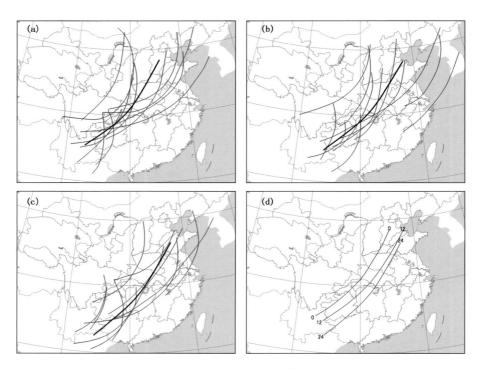

图 4-3　3aM 型 500 hPa 槽轴分布图

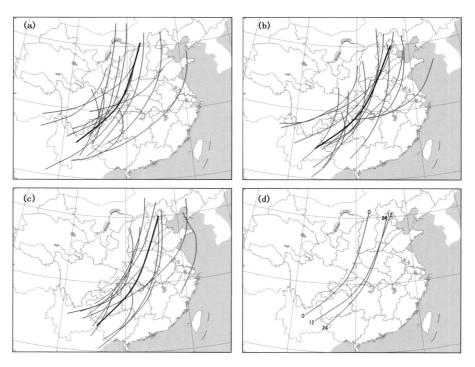

图 4-4　4NE 型 500 hPa 槽轴分布图

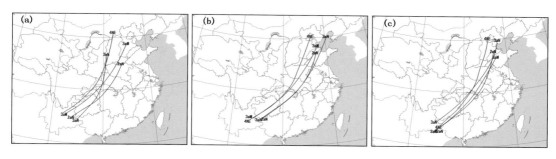

图 4-5　4 种降雨落区类型平均槽轴位置比较分析图

（a：00 时；b：12 时；c：24 时）

4.2.2　大尺度天气系统配置与降雨落区类型

为简单和实用起见，如图 4-6 所示，选择几个参数描述大尺度天气系统配置特点。高空槽：槽底位置、槽深、倾斜度；切变线：中点纬度、倾斜度；地面锋线：中点纬度、倾斜度；结构：3D 配置完整度。

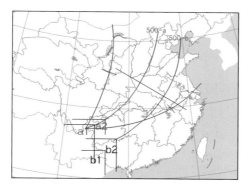

图 4-6　500 hPa 高空槽描述参数示意图

（500-a 为进入关键区槽轴；500-b 为临降雨前槽轴）

依据这几个方面的参数，对 2014—2016 年汛期广西 14 个区域性强降雨过程 500 hPa 高空槽特征和 3D 结构进行统计分析，结果如表 4-1 所示。

表 4-1　强降雨实例天气系统结构配置、强度和降雨分布类型统计表

序号	日期	强度 （深/浅）	槽型 （竖/斜/横）	槽底位置	3D 结构*	降雨类型
1	20150610 08	深槽	斜槽	a1	TTNSNS	
	20150611 08	深槽	斜槽	b2	TTNSNS	2aNS
2	20160909 20	深槽	斜槽	a1	TTVSNS	
	20160910 20	深槽	斜槽	b1	TTVSNS	2aNS
3	20160519 20	深槽	斜槽	a1	TTVSVS	
	20160520 20	深槽	竖槽	b2	TTVSVS	2bES

序号	日期	强度（深/浅）	槽型（竖/斜/横）	槽底位置	3D结构*	降雨类型
4	20140818 20	深槽	斜槽	a2	TTNSNS	
	20140819 08	深槽	斜槽	b1	TTNSNS	3aMS
5	20150515 08	浅槽	竖槽	a1	TTNSNS	
	20150516 08	深槽	斜槽	b1	TTNSNS	3aMS
6	20160615 08	深槽	斜槽	a2	TTNSNS	
	20160616 08	深槽	斜槽	b2	TTNSNS	3aMS
7	20140620 08	浅槽（南段）	竖槽	a2	TTVSVS	
	20140621 08	浅槽（南段）	竖槽	b2	TTVSVS	3aMS
8	20160614 08	深槽	斜槽		TTNSNS	
	20160615 08	深槽	斜槽		TTNSNS	3aNS
9	20150419 08	深槽	斜槽		TTNSNS	
	20150420 08	深槽	斜槽	b2	TTNSNS	4NES
10	20160403 08	深槽	斜槽	a1	TTNSNS	
	20160404 08	深槽	斜槽	b1	TTNSNS	4NES
11	20160602 08	深槽	斜槽	a2	TTNSNS	
	20160603 08	深槽	斜槽		TTNSNS	4NES
12	20160409 08	浅槽	斜槽	a1	TTNSVS	
	20160410 08	深槽	斜槽		TTNSVS	4NES
13	20150723 08	深槽	斜槽	a1	TTNSNS	
	20150724 08	深槽	斜槽	b2	TTNSNS	4SES
14	20150722 08	深槽	斜槽	a2	TTVSVS	
	20150723 08	深槽	斜槽	b1	TTVSVS	4NWS

*：3D结构代号表示意义见第5章文件名格式说明

表4-1中14个强降雨过程，500 hPa均为槽轴长度≥10个纬距的深槽，多数为斜槽，低槽初移到贵州时，槽底位置一般抵达贵州西北部，低槽移到桂北边界时，槽底一般抵达桂西北或越南北部，3D结构完整，少数低层有低涡配合。表4-1中仍表现出很多共性特征，类似的天气结构强降雨落区分布仍有较大的离散性，难以用结构相似性作较高精度描述，只能用经验性概率分布描述。由表4-1统计得各相应落区概率为

$P_{2an} = 0.14, P_{2be} = 0.07, P_{3am} = 0.28, P_{3an} = 0.07, P_{4ne} = 0.28, P_{4se} = 0.07, P_{4nw} = 0.07$

以上强降雨落区概率与表2-4中降雨落区概率分布基本一致，表明具有一定的稳定性，可作为经验参数使用。

第 5 章　典型强降雨过程分析

第 1 章建立了基于热力学熵原理的 MCS 等系列概念模型;第 2 章和第 3 章应用信息熵原理,发展出基于信息量的强降雨预测新方法;第 4 章使用大样本实例,从总体上检验了 MCS 概念模型的合理性和可靠性。本章通过选择典型强降雨过程,使用模板化的规范化分析方法,进一步验证 MCS 理论的正确性和适应性;通过流程化使用基于信息量的强降雨预测新方法,检验预测方法的实用性和可靠性,以提供案例式应用示范。

为了分析和应用方便,本书对强降雨过程使用规范化的文件名格式。

文件名为 4 字段式:$X_1 X_2 X_3 X_4 X_5 X_6 - X_7 X_8 X_9 X_{10} - YYYYM_1 M_1 D_1 D_1 - M_2 M_2 D_2 D_2$。

(1)第 1 字段 $X_1 X_2 X_3 X_4 X_5 X_6$ 表示大尺度天气系统配置

X_1 表示 500 hPa 天气系统,T 表示低槽;N 表示无低槽。

X_2 表示 700 hPa 天气系统,T 表示低槽;N 表示无低槽。

X_3 表示 700 hPa 天气系统,V 表示低涡;N 表示无低涡。

X_4 表示 850 hPa 天气系统,S 表示切变线;N 表示无切变线。

X_5 表示 850 hPa 天气系统,V 表示低涡;N 表示无低涡。

X_6 表示 925 hPa 天气系统,S 表示切变线;N 表示无切变线。

(2)第 2 字段 $X_7 X_8 X_9 X_{10}$ 表示降雨落区类型和强度等级

$X_7 X_8 X_9$ 表示降雨落区类型,分为 2aN,2aS,2bE,2bW,3aN,3aM,3aS,4NW,4NE,4SW,4SE 等型,具体分区范围见第 2 章。

X_{10} 表示降雨强度等级,S 表示强级,M 表示中级,W 表示弱级。

(3)第 3 字段 $YYYYM_1 M_1 D_1 D_1$ 表示降雨过程开始时间

YYYY 表示年(4 位数字)。

$M_1 M_1$ 表示月(2 位数字)。

$D_1 D_1$ 表示日(2 位数字)。

(4)第 4 字段 $M_2 M_2 D_2 D_2$ 表示降雨过程结束时间

$M_2 M_2$ 表示月(2 位数字)。

$D_2 D_2$ 表示日(2 位数字)。

另外,因为插图较多,为了方便和不引起歧义,本章降雨过程分析中的插图按节编号,这与其他章节采用章编号有所不同。

5.1 TTNSNS-2aNS-20150610-0611

5.1.1 概况

2015 年 6 月 10—11 日受高空槽、低空切变线和地面准静止锋的共同影响,桂北大部出现了强降雨,24 小时降雨量达暴雨以上量级的达 562 站,占 2aN 分型区域自动站总数的 43%,约占全广西区域自动站总数的 20%。这次强降雨过程的天气系统配置、卫星云图特征、地面中尺度变压场和雷达回波叠加、地面降雨分布如图 5-1-1 所示。

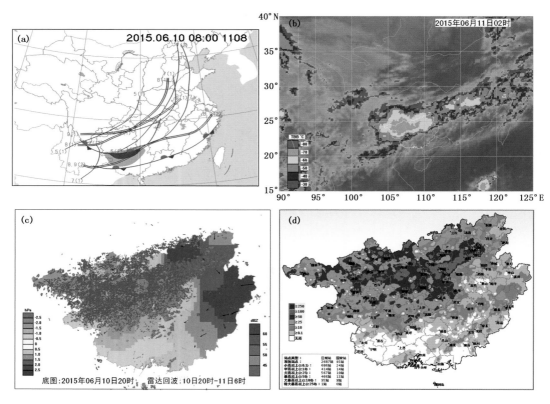

图 5-1-1　2015 年 6 月 10—11 日桂北强降雨过程天气系统配置(a)、卫星云图(b,IR1)、中尺度
变压场和雷达回波叠加(c)、10 日 08 时—11 日 08 时降雨分布(d)
(a:棕实线为槽轴,双线为切变线,齿线为准静止锋;5 表示 500 hPa,余类推;时间表示:
(1)代表 10 日 08 时;(2)代表 11 日 08 时;浅蓝阴影区为雨区,深蓝阴影区为强降雨区)

这是典型的桂北强降雨过程,造成这次强降雨过程的天气系统配置特点是高空槽东移、低空切变线从黔北移到桂北后呈准静止状态,地面准静止锋南移到桂南(图 5-1-1a),在槽底前 MCS 强烈发展并向南移进桂北(图 5-1-1b),对流雷达回波主要出在地面中尺度负变压区中(图 5-1-1c),最终造成了桂北大部强降雨(图 5-1-1d)。

5.1.2　负熵源和负熵汇机制

5.1.2.1　大尺度天气系统负熵源结构和演变特征

造成 6 月 10—11 日桂北强降雨过程的大尺度天气系统负熵源结构和演变过程如图 5-1-2 所示。

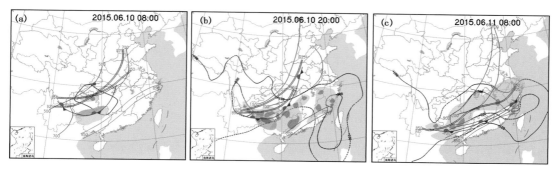

图 5-1-2　大尺度天气系统负熵源结构和演变过程特征

（粗实线为槽轴线；双实线为切变线；齿线为准静止锋；等值线为等垂直上升速度线；
蓝双线箭头为 700 hPa 急流轴；红双线箭头为 850 hPa 急流轴；浅阴影区为云系，
深阴影区为对流云区；红色区域为地面中尺度负变压区）

10 日 08 时（图 5-1-2a），500、700 hPa 各有 1 条槽底位于黔西和滇东、跨度＞10 个纬距 NE—SW 向的低槽，槽前大范围云系还没有发展起来，与高空槽相对应在 850、925 hPa 有 NE—SW 向的切变线位于贵州中北部，地面准静止锋在桂北边界附近，850 hPa 从北部湾西北 到浙江沿海有急流。

10 日 20 时（图 5-1-2b），500、700 hPa 低槽东移，槽底移到贵州中南部，低空切变线西段移 到桂北附近，地面准静止锋移入桂北。在准静止锋后、高空槽和低空切变线前有带状云系发展 起来，云带西段有多个间隔排列的对流云团发展，显露出暖输送带的云系结构特征，700 hPa 从雷州半岛到福建沿海有急流。

11 日 08 时（图 5-1-2c），500、700 hPa 低槽继续缓慢东移，槽底仍位于黔南，强度少变，低 槽前发展旺盛的云系维持。850、925 hPa 切变线在桂中一带活动，地面准静止移到桂南。处 于减弱阶段的对流云体主要分布在槽底前、切变线西段云带中，700、850 hPa 从雷州半岛到福 建沿海有急流。

造成桂北强降雨的 MCS 于 10 日 14 时后在贵州境内生成，然后南移发展。MCS 发生发 展位置位于地面准静止锋后、低空切变线前、高空槽底前云带中，并随地面准静止锋和低空切 变线的南移而南移。

10 日 08 时到 11 日 08 时，这个由高空槽、低空切变线和地面准静止锋组成的天气系统， 槽后有干冷偏北下沉气流，槽前有暖湿偏南上升气流，是明显偏离平衡态的有序低熵值天气系 统结构，构成了暴雨 MCS 发生发展所必需的负熵源。

5.1.2.2　边界层辐合增强形成负熵汇

从图 5-1-2 分析可知，因为低熵值环境场的调整导致了 MCS 发生发展，图 5-1-1c 又显示 MCS 主要在中尺度负变压区内发生发展的。由此可以推知，地面中尺度负变压区的形成与低熵值环境场调整密切相关,尤其是低槽前低层大气运动与下垫面摩擦辐合效应,对中尺度负变压区的形成有重要作用,这种摩擦辐合效应由以下图 5-1-3 分析而证实。

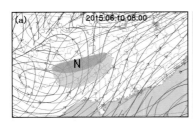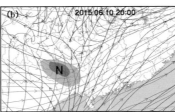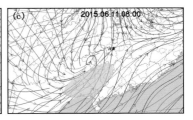

图 5-1-3　中低空三层流线分析图

(红矢线:700 hPa;蓝矢线:850 hPa;黑矢线:925 hPa;N 为中尺度负变压区发展到强盛阶段时
极强负变压中心位置,下同)

10 日 08 时(图 5-1-3a),广西处于高空低槽前、低空切变线和地面准静止锋南侧,700 hPa 流线基本为 SW—NE 流向,而 850 hPa 流线与 700 hPa 流线交角一般 <45°,925 hPa 流线与 700 hPa 流线交角在 45°~60°,桂北形成了中等强度的负变压区。由 1.4.2 节分析可知,低层空气运动方式产生了摩擦辐合效应。

10 日 20 时(图 5-1-3b),850 hPa 流线与 700 hPa 流线交角增大到一般 >60 °,925 hPa 流线与 700 hPa 流线交角增大到近于正交,表明边界层摩擦辐合作用已得到进一步加强,于是在 10 日 18 时后桂西和桂北形成了强的负变压区(见后文)。从图 5-1-1c 可知,中尺度负变压区主要在 10 日 20 时前形成,对流云细胞 10 日 14 时前后在贵州境内出现,10 日 20 时—11 日 06 时移到桂北负变压区期间强烈发展。

11 日 08 时(图 5-1-3c),随着高空槽东移,虽然低空切变线和地面准静止锋仍在桂中、桂南活动(图 5-1-2c),但 925、850 hPa 流线与 700 hPa 流线交角明显减小,流线交角一般减小到 <30°,原桂西、桂北强负变压被入侵弱冷空气填塞变成正变压,而桂南则演变为弱负变压区(见后文)。

通过以上分析可以推断,由于槽底前暖输送带起始段与下垫面的摩擦辐合效应,导致暖湿空气辐合堆积增强而在地面形成中尺度负变压区。地面中尺度负变压区是一种有序结构形态,表明地面中尺度变压场的熵值减小,是地面中尺度变压场从准平衡态弱场势向非平衡强场势有序态转变的结果。但中尺度变压场熵值减小是不能自发进行的,要靠系统外负熵流的输入,这种负熵流来自于低熵值的大尺度环境场。槽底前低层暖湿空气通过与下垫面摩擦辐合作用,导致地面辐合中心暖湿空气堆积气压下降,与辐合区外的气压梯度增大,使得暖湿空气从正变压区向负变压区流动,形成质量流和热量流,然后向高层低温环境输送,使负变压区上空气柱获得负熵,这过程相当于把低熵值环境场的负熵向辐合区输送,起到负熵汇效应。

5.1.2.3　中尺度变压场演变特征

上小节分析指出,槽底前低层空气与下垫面的摩擦辐合效应是地面中尺度负变压区形成的主要原因,这种摩擦辐合是一个连续性过程,与此对应的地面中尺度负变压区的形成也会有一个渐变过程,图 5-1-4 显示了这个过程的中尺度变压场演变特征。

10 日 18 时(图 5-1-4a),广西整个中尺度变压场是桂东正变压、桂西负变压分布态势,但桂西负变压较弱,桂东正变压有雷暴高压残留小块强正变压。负变压区中盛行偏南气流,正变

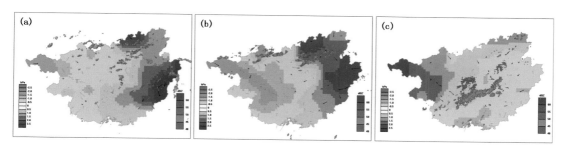

图 5-1-4 中尺度变压场演变特征

（a：10 日 18 时；b.10 日 20 时；c：11 日 08 时）

压区地面风向则不是很规则，既有偏南气流也有偏北气流，这是受雷暴高压残留影响所致。

10 日 20 时（图 5-1-4b），正如上小节分析所指出，由于低槽前低层大气与下垫面的摩擦辐合效应，导致暖湿空气辐合堆积增加，在桂西和桂中形成了较强的中尺度负变压区，负变压中的偏南暖湿气流进一步加强。桂东正变压区仍维持，在桂北正负变压区交界处有新生雷达回波出现。

11 日 08 时（图 5-1-4c），随着弱冷空气的入侵，原桂西和桂北负变压区已演变为正变压区，正变压区内主要吹偏北风，桂东和桂南变为弱负变压区，中尺度变压场场势明显减弱，在桂中正负变压交界处有弱的雷达回波。这些都是 MCS 消亡后期的残留中尺度变压场特征。

从 10 日 18 时到 11 日 08 时，由于低熵值环境场变化的影响，广西地面中尺度变压场经历了一个正、负变压反相，中尺度负变压区弱—强—弱变化过程。在这个变化过程中，当强中尺度负变压区形成后，MCS 在负变压区中发生发展，造成了桂北大范围的强降雨。

5.1.3 MCS 发生发展过程

5.1.3.1 对流触发和传播发展

10 日 20 时后，当弱冷空气入侵到中尺度负变压区中时，弱冷空气把中尺度负湿空气抬升到自由对流高度从而触发对流运动，这次过程较为明显的对流触发和传播发展如图 5-1-5 所示。

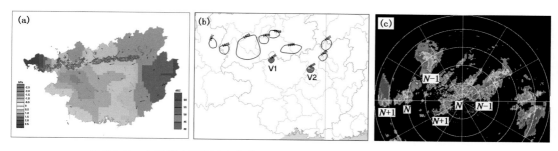

图 5-1-5 中尺度变压场（a）以及卫星云图分析素描（b，IR1）和雷达回波（c）

（a：10 日 23 时中尺度变压场；b：10 日 18 时卫星云图素描，闭合线表示对流云体，V1、V2 为新生对流云体；c：10 日 20 时，河池雷达站组合反射率回波，$N+1$ 为新生对流单体，N 为成熟期对流单体，$N-1$ 为衰减期对流单体）

对流触发机制在图 5-1-5a 中线状雷达回波与正、负变压区相对位置关系显示出。由图 5-1-5a 可以看出,雷达回波线位于正、负变压区交界处,显示出这是由于弱冷空气的入侵抬升负变压区中的暖湿空气而触发对流运动,是一种密度流抬升触发机制。

图 5-1-5b 和图 5-1-5c 显示出对流的传播发展特征。图 5-1-5b 是从卫星云图上分析出的 10 日 18 时对流云体分布状态,其中 V1、V2 为当前正在发展的对流云细胞,其他是较早发展的对流云体,新生对流云细胞位于旧对流云体西南方。图 5-1-5c 中新生对流单体也是位于早先发展单体西南方,而 MCS 整体是向南移的,由此可知这是一种后向传播发展机制。

5.1.3.2 MCS 发生发展过程中的非常规观测特征

卫星云图清晰显示了强降雨 MCS 发生发展过程,结合地面中尺度变压场、雷达回波和逐 1 小时降雨量分布,较为完整地表现了 MCS 发生发展过程中非常规观测特征。

(1)卫星云图演变特征

这次强降雨过程中,在降雨前后卫星云图上云系发生了明显变化,以下通过分析卫星云图云系的演变特征(图 5-1-6),更深入了解强降雨 MCS 发生发展过程大、中尺度环境场的演变过程。

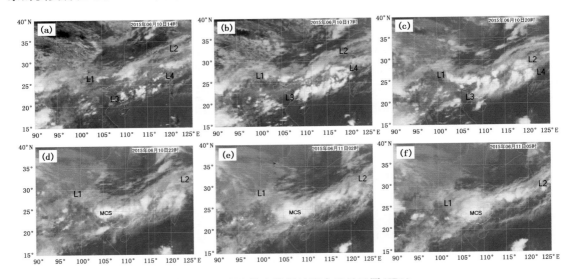

图 5-1-6　MCS 发生发展过程中卫星云图(IR1)

(a:10 日 14 时;b:10 日 17 时;c:10 日 20 时;d:10 日 23 时;e:11 日 02 时;f:11 日 05 时)

在这次强降雨过程中,降雨云系经历从弱到强发展过程,云系发展大致可分为发展前期和发展中后期两个阶段。

云系发展第一阶段为 10 日 14—20 时(图 5-1-6a 至图 5-1-6c)。在 10 日 14 时前,高空槽前云系发展较弱,没有形成槽前暖输送带云系特征,说明此前暖输送带强度较弱。10 日 14 时,高空槽前逐渐形成带状云系 L1—L2,在东南沿海与低空急流对应形成了云带 L3—L4。10 日 14 时后,云带 L1—L2 继续发展并缓慢南移,逐渐显出暖输送带云系结构特征。10 日 17 时后,在云带 L1—L2 西段(102~115°E)有多个间隔排列的对流云体发展形成了对流云线,表明弱冷空气以宽正面推进方式南下,密度流侵入槽底前暖区抬升暖湿空气触发对流。这条发展中的对流云线约在 10 日 20 时移到了桂北边界。10 日 14—20 时,与低空急流对应的云带 L3—L4 虽然继续发展加强,但位置少变,在广西境内没有产生强的降雨。

云系发展第二阶段为 10 日 23—11 日 05 时(图 5-1-6d 至图 5-1-6f)。此阶段的主要特征是云带 L1—L2 宽度增大,结构更加紧密,云顶亮度增强,云带西边缘整洁,表明暖输送带上动力和热力运动更加活跃,暖输送带强度加强。与此同时,云带 L1—L2 后部晴空区云量减少或变薄,干冷空气下沉运动持续或加强。这些冷、暖空气活动同步加强,为 MCS 发生发展提供了良好的动力和热力基础。在有利的大尺度环境条件下,原云带 L1—L2 西段间隔排列的对流云体合并,发展成体积庞大、云顶光亮、轮廓整洁的椭圆形 MCS 结构体,MCS 随云带南移而移入广西境内,在桂北产生了强降雨。此阶段原在东南沿海的低空急流云带 L3—L4 逐渐减弱消失。11 日 05 时后,随着云带强度减弱东移,MCS 进入衰减期。

(2)中尺度变压场和雷达回波演变特征

系列化的中尺度变压场和雷达回波合成分析(图 5-1-7),以更多的事实展示了中尺度负变压区形成加强,以及对流触发过程中的细节特征,有助于更深刻认识 MCS 发生发展与中尺度环境场关系。

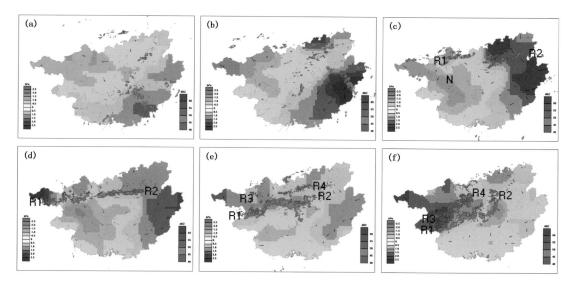

图 5-1-7　MCS 发生发展过程中地面中尺度变压和雷达回波叠加分析图
(a:10 日 14 时;b:10 日 17 时;c:10 日 20 时;d:10 日 23 时;e:11 日 02 时;f:11 日 05 时)

从以上卫星云图分析可知,10 日 14—20 时是低槽前暖输送带发展加强、弱冷空气南下逼近广西阶段,这些特征在图 5-1-7a 至图 5-1-7c 也有明显表现。

10 日 14 时(图 5-1-7a),桂西、桂北虽为大片的负变压区,但仅桂西北负变压强度略强,其他均为弱负变压区。

10 日 17—20 时(图 5-1-7b 至图 5-1-7c),强负变压区自桂西北开始,逐渐向桂西、桂中延伸扩大,这个现象与卫星云图(图 5-1-6a 至图 5-1-6c)分析中所得知的暖输送带云系发展加强趋势一致。由此进一步佐证了暖输送带起始段与下垫面摩擦辐合导致暖湿空气堆积,造成地面气压下降形成负变压区这个事实。10 日 14—17 时是地面中尺度负变压区"弱→强"阶段。10 日 20 时,弱冷空气已到达桂北边界,在桂北边界已出现断续性对流回波线 R1—R2,局部地区出现了正变压并向南扩展现象。

10 日 23 时—11 日 05 时(图 5-1-7d 至图 5-1-7f),对流雷达回波线演变特征也展示了更多的对流触发细节。

图 5-1-7d 中,线性良好、排列紧密的雷达回波线 R1—R2 出现在正、负变压区交界处,正如前述分析所指出,这是由于弱冷空气密度流抬升暖湿空气触发对流结果。同时,仅此一条单一、平直和分布均匀的雷达回波线 R1—R2,表明弱冷空气强度偏强、整体南下推进速度偏快,前期对流较弱,没有残留的雷达回波。

图 5-1-7e 中,原来排列紧密的雷达回波线 R1—R2 仍出现在正、负变压区交界处,但发生弯曲变形,后部的正变压区中还有一条雷达回波线 R3—R4,这是早先触发对流残留的雷达回波。这些现象展示了两个细节:仍然是弱冷空气密度流抬升暖湿空气触发对流机制,但弱冷空气推进速度快慢均匀性发生了变化;前后时刻触发的对流雷达回波可以同时存在,表明对流发展到达了强盛阶段。

图 5-1-7f 与图 5-1-7e 类似,但雷达回波线 R1—R2 致密程度开始下降,甚至 R1—R2 致密程度低于 R3—R4,表明当前触发的对流强度低于早前触发对流强度,呈现出对流已进入衰退期现象。结合图 5-1-7d 至图 5-1-7f,由于弱冷空气入侵填塞作用影响,中尺度负变压区面积缩小、强度减弱现象,由此推知 MCS 已进入衰减期。

(3)逐 1 小时降雨量分布演变特征

第 1 章中已指出,对流性降雨强度与负熵流具有等价关系。因此,通过分析逐 1 小时降雨分布特征,既可以反演 MCS 发展变化过程(图 5-1-8),实质也是分析负熵流强度变化特征。

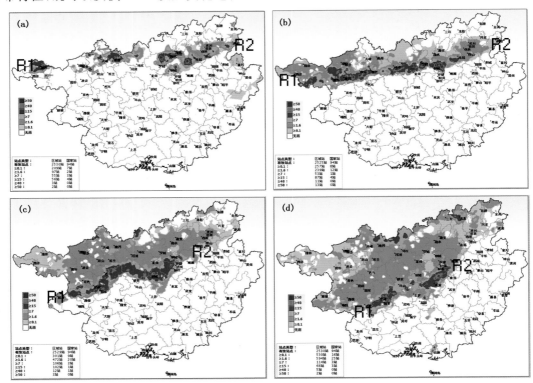

图 5-1-8　MCS 发生发展过程中逐 1 小时降雨量分布图

(a:10 日 20—21 时;b:10 日 23 时—11 日 00 时;c:11 日 02—03 时;d:10 日 05—06 时)

从卫星云图、中尺度变压场和雷达回波特征分析知道,弱冷空气是在 10 日 20 时前后入侵广西的,此后逐 1 小时降雨量分布图(图 5-1-8)中对流性降雨线 R1—R2,与卫星云图对流云线,以及雷达回波线有很好的对应关系。

10 日 20 时(图 5-1-8a),有多个间隔排列对流云体的云带移入桂北,逐 1 小时降雨量分布图上,出现了一条自桂西北延伸到桂东北的对流性降雨线 R1—R2,这条降雨线 R1—R2 有多个雨团间隔排列,与卫星云图和雷达回波特征相似。降雨线 R1—R2 北边连续性弱降雨区还没出现,表明此阶段 MCS 尚处于发展期后阶段,以对流性降雨为主,MCS 云体还没有扩展,层状云降雨不明显。

10 日 23 时(图 5-1-8b),对流性降雨线 R1—R2 已向南移,雨线上雨团增多变密,雨团线性排列有序、连续性好,雨线北边出现宽度较窄的弱降雨带,表明 MCS 已进入成熟期,对流性强降雨主要发生在 MCS 移动方向前边缘,但 MCS 云体扩展尚不明显,层状云降雨范围紧靠降雨线 R1—R2。

11 日 02 时(图 5-1-8c),对流性降雨线 R1—R2 继续南移,但长度缩短,并发生了弯曲,雨团减少,雨线 R1—R2 北边为大片的弱降雨区,表明 MCS 已进入成熟后期,层状云扩展范围较大,对流性降雨仅发生在 MCS 前边缘,南下弱冷空气整体推进方式受到影响,弱冷空气势力明显减弱。

11 日 05 时(图 5-1-8d),对流性降雨线 R1—R2 已南移到桂西到桂中之间,但雨团明显减少,雨线断裂为东西两段,北边为宽广的弱降雨区,弱降雨面积较之前明显扩大。这种现象表明 MCS 对流性明显减弱,对流性强降雨过程趋于结束,MCS 已进入衰减期。

(4)MCS 准三视图结构特征和负熵流

以上对 MCS 发展过程中的非常规特征进行了分析,为了多视角的整体性,以下从图 5-1-6 至图 5-1-8 中摘要简化成图 5-1-9,讨论 MCS 准三视图结构特征。

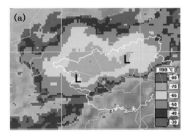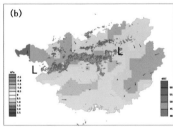

图 5-1-9　2015 年 6 月 11 日 02 时卫星云图(a,IR1)和中尺度变压场(b)
以及 11 日 02—03 时逐 1 小时降雨量分布(c)

根据观测平台的观测视角和方式,近似地以卫星云图为顶视图,雷达回波为平视图,地面降雨量分布为底视图,综合分析 MCS 准三视图结构特征。比较图 5-1-9a 中 MCS 南边缘线 L—L,图 5-1-9b 中强雷达回波线 L—L,图 5-1-9c 中对流性降雨线 L—L,可以看出三者的分布位置和形状有很好的对应性。而图 5-1-9a 中 MCS 南边缘线 L—L 正是 TBB 梯度最大部位,图 5-1-9b 中强雷达回波线 L—L 位于正负变压区交界处,图 5-1-9c 中对流性降雨线 L—L 处于降雨区南边缘。这些 MCS 新生对流单体、雷达回波和对流性强降雨分布对应重合地方正是 MCS 结构最为有序区域,也是外部负熵流向 MCS 流入的最强部位。这些对应性充分显示了负熵流与对流性降雨的相关关系。

（5）非常规观测特征的对应性

综合图 5-1-6 至图 5-1-9 分析，发现有如下几个中尺度范围的特征。

①图 5-1-6 中云带 L1—L2 演这过程反映出低槽是发展东移南压的，当槽底附近对流云线移近桂北后，图 5-1-7 中的原分布在桂西北和桂北的负变压区加强向南扩展，两者在时间和位置上有明显的对应关系，这验证了图 1-16 中尺度变压场概念模型的正确性。

②云带上 MCS 虽然发生在桂西北，移到桂北负变压区上空时才充分发展成熟，且负变压区的加强扩展对 MCS 发展成熟具有超前性。

③对流雷达回波主要出现在负变压区北边缘的正负变压交界处，证实了这是一种弱冷空气密度流抬升触发机制。在 MCS 发展过程中，对流回波主要出现在负变压区内，与云图上 MCS 云体主要在负变压区内发展相一致。

④对流雨团分布在雨带南边缘，与新生对流单体雷达回波和云顶 TBB 梯度极大值区域相对应，显示出 MCS 具有明显的有序结构特征。这些对应性表明，MCS 中新生对流单体、雷达回波和对流性强降雨分布重合地方，是 MCS 结构最为明显有序的地方，这也是负熵流流入最强部位，这些特征佐证了远离平衡态的 MCS 发生发展与负熵流依存关系，也进一步验证了图 1-27 的 MCS 发生发展概念模型的正确性。

5.1.4 信息量

5.1.4.1 相对基准信息量

从第 2 章关于相对基准信息量的计算方法讨论中得知，广西 24 小时晴雨相对基准信息量：$H_r = 1$ bit；把表 2-5 简化，得 2aN 型落区、强度和落时相对基准信息量（表 5-1-1）。

表 5-1-1　2aN 型落区、强度和落时相对基准信息量

	落区	暴雨以上	大暴雨以上	12 h 落时	2 h 落时
信息量（bit）	3.17	1.36	3.64	1.00	2.59

5.1.4.2 预测信息量

预测信息量计算公式（式 2-9、式 2-10）指出，在相对基准信息量已知条件下，预测信息量计算的关键就是求预测概率 P_{rel}。

（1）广西 24 小时晴雨预测信息量

10 日 08 时（图 5-1-2a），高空深槽槽底位于黔西和滇东，低空切变线位于贵州中北部，地面准静止锋移到桂北边界附近。根据先验概率，这种 3D 配置天气系统未来 24 小时在广西境内产生降雨概率 $P_{rel1} > 0.9$，这里取 $P_{rel1} = 0.9$。

10 日 08 时卫星云图（图略），低槽前从中南半岛到黄海有一条主要由中、低云组成的带状云系，槽底前有对流云团发展，表明槽前上升气流较强和水汽条件较为充沛，为降雨产生创造了良好的环境条件；一条与低空急流对应的云系从越南北部伸到浙江沿海，广西大部为低空急流云系的低云覆盖。根据云系分析先验概率，当低槽云系移到广西并产生影响时，其降雨概率 $P_{rel2} > 0.9$，这里取 $P_{rel2} = 0.9$。

综合天气图和卫星云图分析，得广西 24 小时晴雨预测概率

$$P_{rel}=1-(1-P_{rel1})(1-P_{rel2})=1-(1-0.9)(1-0.9)=0.99$$

则,预测信息量

$$H_F=P_{rel}\times H_r=0.99\times1\approx1(bit)$$

即从 10 日 08 时大尺度天气系统分析所获得的广西 24 小时晴雨预测信息量为 1 bit。

（2）落区预测信息量

①大尺度天气系统的 MCS 降雨落区预测信息量

天气分析实践表明,用大尺度天气系统分析获得的 MCS 降雨落区预测概率一般不高于气候概率。10 日 08 时,虽然高空槽、低空切变线已移到黔北,地面准静止锋已移到桂北边界附近,但广西境内尚无明显对流性降雨出现。使用 10 日 08 时天气图分析进行 2aN 落区预测,可取的预测概率也只是气候概率,即 $P_{rel1}=5/45=0.11$。预测信息量

$$H_{F1}=P_{rel1}\times H_s=0.11\times3.17\approx0.35(bit)$$

由此可见,仅用大尺度天气系统分析做分区后的落区预测,预测信息量是明显不足。

②中尺度天气系统的 MCS 降雨落区预测信息量

10 日 20 时,中尺度变压场与雷达回波合成分析图（图 5-1-7c）,以及逐 1 小时降雨量分布图（图 5-1-8a）上,有 3 个比较明显的中尺度特征:桂西和桂中负变压区进一步加强,形成了新的负变压中心区域 N,构成强场势的中尺度变压场;桂北边界附近出现了正变压并向南扩展,表明槽后弱冷空气已到达桂北边界,并将继续南侵;桂北边界已出现断续性对流回波线 R1—R2,且雷达回波强度较强,与对流回波带相对应,图 5-1-8a 上在桂北也出现了对流降雨带 R1—R2,且雨线上分布有若干个对流雨团。中尺度变压场、雷达回波和降雨量分布特征指示出,MCS 产生强降雨落区主要分布在图 5-1-7c 中负变压区 N 区域,其先验概率 $P_{rel2}=71/73=0.97$,落区预测信息量

$$H_{F2}=P_{rel2}\times H_s=0.97\times3.17\approx3.07(bit)$$

由此可见,使用中尺度天气系统分析进行分区后的落区预测,预测信息量大幅度增加。

③综合落区预测信息量

把大、中尺度天气系统分析综合后,落区预测概率为

$$P_{rel}=1-(1-P_{rel1})(1-P_{rel2})=1-(1-0.11)(1-0.97)\approx0.97$$

落区预测信息量

$$H_{Fs}=P_{rel}\times H_s=0.97\times3.17\approx3.07(bit)$$

可见,对流性强降雨落区预测信息量,主要从中尺度天气系统分析获得,大尺度天气系统分析的落区预测信息量的贡献不大。

（3）落时预测信息量

①12 小时落时预测信息量

10 日 08 时（图 5-1-2a）,高空槽和切变线已经移到黔北、黔中,地面准静止锋移到桂北边界附近,但广西境内还没有明显降雨,未来 12 小时广西是否出现降雨还是一个等概率分布事件,即 10 日 08—20 时降雨落时预测概率 $P_{rel}=0.5$,降雨落时预测信息量

$$H_{Ft}=P_{rel}\times H_t=0.5\times1=0.5(bit)$$

这信息量无法满足降雨落时预测需求。

②2 小时落时预测信息量

10 日 20 时（图 5-1-2b）,随着高空槽槽底移到贵州中南部,低空切变线西段移到桂北附

近,地面准静止锋移入桂北,此时桂北出现了对流性降雨。根据先验概率,当这种配置的大尺度天气系统开始影响广西并出现对流性降雨时,此后出现强降雨的可能性很大,以此时间为落时先验概率 $P_{rel1} > 0.8$,这里取 $P_{rel1} = 0.8$。

10 日 20 时卫星云图(图 5-1-6c),槽底附近发展起来的近 W—E 向线状对流云已移到桂北边界;中尺度变压场与雷达回波合成分析图(图 5-1-7c)上桂北出现了强对流雷达回波线 R1—R2,逐 1 小时雨量分布图上也出现了对流降雨线 R1—R2(图 5-1-8a),这些都是对流性强降雨开始的明显特征。根据先验概率,落时预测概率 $P_{rel2} = 71/73 = 0.97$。

综合大、中尺度天气系统分析得落时预测信息量

$$H_{Ft} = P_{rel} \times H_t$$
$$= [1 - (1 - P_{rel1})(1 - P_{rel2})] \times H_t$$
$$= [1 - (1 - 0.8)(1 - 0.97)] \times 2.59$$
$$\approx 2.56 \text{ (bit)}$$

10 日 20 时的落时预测信息量接近 2 h 落时相对基准信息量,满足落时预测需求。

(4)强度预测信息量

10 日 14—20 时(图 5-1-6a 至图 5-1-6c),强降雨开始前,低槽前云系持续发展增强,到 10 日 20 时云系强度指数为 71,达"强"级别,表明槽前上升气流较强、水汽充沛;槽后干冷下沉气流控制少云区云清晰,低槽云系结构特征完整;水汽源地、水汽通道和广西上空云层浓密,覆盖率达 80% 以上,水汽供应条件良好。桂中负变压区加强形成结构清晰和完整的负变压中心区 N,为强势场中尺度变压场。

低槽云系结构和地面中尺度变压场为"强+强"组合,根据表 3-1 中。降雨强度等级为强的先验概率,得强度预测概率 $P_{rel} = 15/16 = 0.94$,强度预测信息量

$$H_{Fr} = P_{rel} \times H_r = 0.94 \times 1.36 \approx 1.28 \text{(bit)}$$

(5)综合预测信息量和预测可靠性

根据以上落区、落时和强度预测信息量计算,得综合预测信息量

$$H_F = H_{Fs} + H_{Ft} + H_{Fr} = 3.07 + 2.56 + 1.28 = 7.01 \text{(bit)}$$

这就是 2aN 型落区、10 日 20 时为落时和暴雨站数达 500 站以上的预测信息量。预测可靠性为

$$\mu = H_F/H_r = 7.01/7.12 \times 100\% = 98\%$$

计算表明,基于中尺度分析方法所做出的强降雨预测具有较高可靠性。

5.1.4.3 MCS 生命期马尔可夫环状态转移概率和方向

在图 2-18 马尔可夫环模型中,每个节点状态转移方向均由 3 个转移概率决定,因此通过对这 3 个转移概率大小进行排序,以大概率为优先转移方向是一种合理的选择。依此方法,对 MCS 生命期不同阶段的马尔可夫环转移概率排序,以大概率为转移方向对 MCS 发展趋势进行滚动预测。

10 日 20 时卫星云图(图 5-1-6c),高空槽前云系发展旺盛,槽底附近发展起来的线状 MCS 已移到桂北边界,但此时的 MCS 体积尚小、对流单体间隔排列,表明 MCS 处于发展期阶段;地面强场势中尺度变压场已形成桂中负变压中心区域 N(图 5-1-7c),N 区域北边缘出现了断续的对流雷达回波线 R1—R2;逐 1 小时雨量分布图(图 5-1-8a)上,桂北出现了断续的对流降雨线 R1—R2。由于大、中尺度环境场都很有利于 MCS 发展,线状 MCS 继续发展南移可能性

很大,判断其转移概率排序结果为 $P_{gg} > P_{gk} > P_{gw}$,马尔可夫环状态转移如图 5-1-10 所示,即对流云继续保持快速发展趋势,并随云带向南移动。

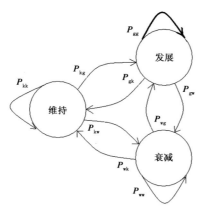

图 5-1-10　从发展到发展的马尔可夫环状态转移示意图

（粗黑矢线表示优先转移方向）

10 日 23 卫星云图(图 5-1-6d),已移入桂北的线状 MCS 原间隔排列的对流云体合并,发展成体积庞大、云顶光亮、轮廓整洁的椭圆形具有成熟期特征的 MCS;中尺度变压场和雷达回波合成分析图(图 5-1-7d),桂北正变压区加强南扩,原断续的对流雷达回波线 R1—R2 加强变为平直致密和均匀,表明弱冷空气以整体推进方式南下;逐 1 小时雨量分布图(图 5-1-8b),对流性降雨线 R1—R2 已发展成雨带,在雨带南边缘对流雨团增多变密,雨团线性排列有序、连续性好,雨带北边出现宽度较窄的弱降雨带,出现了 MCS 成熟期的降雨特征。由此判断转移概率排序结果为 $P_{gk} > P_{gg} > P_{gw}$,马尔可夫环状态转移如图 5-1-11 所示,即 MCS 以维持成熟期特征为主,MCS 随云带向南慢速移动。

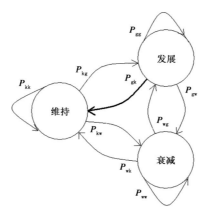

图 5-1-11　由发展转向维持的马尔可夫环状态转移示意图

（粗黑矢线表示优先转移方向）

11 日 02 时卫星云图(图 5-1-6e),MCS 成熟期基本特征保持;中尺度变压场和雷达回波合成分析图(图 5-1-7e),原来平直致密的雷达回波线 R1—R2 发生弯曲变形,桂北正变压区强度有减弱迹象,表明弱冷空气整体推进发生变化;前后时刻触发的对流雷达回波线 R1—R2 和

R3—R4 同时存在,表明对流发展到达了强盛阶段;逐 1 小时雨量分布图(图 5-1-8c),雨区南边缘对流雨线 R1—R2 的雨团排列紧密有序,雨线 R1—R2 北边为大片较强的连续性降雨区,这些现象是较强的处于成熟期 MCS 降雨特征。综合判断 MCS 继续保持现状,转移概率排序结果为 $P_{kk} > P_{kw} > P_{kg}$,马尔可夫环状态转移如图 5-1-12 所示,即 MCS 维持成熟期特征为主,MCS 随云带向南慢速移动。

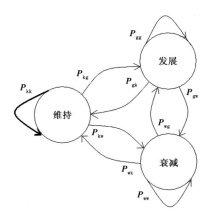

图 5-1-12　继续维持的马尔可夫环状态转移示意图
(粗黑矢线表示优先转移方向)

11 日 05 时卫星云图(图 5-1-6f),MCS 云顶亮度下降,轮廓变得模糊,低层云范围扩展,显示 MCS 进入衰减期;中尺度变压场和雷达回波合成分析图(图 5-1-7f),雷达回波线 R1—R2 致密程度开始下降,甚至 R1—R2 致密程度低于 R3—R4,表明当前触发的对流强度低于早前触发对流强度,呈现出对流已进入衰退期现象;逐 1 小时雨量分布图(图 5-1-8d),对流性降雨线 R1—R2 已南移到桂西到桂中之间,但雨团明显减少,雨线断裂为东西两段,北边为宽广的弱降雨区,弱降雨面积较之前明显扩大,表明 MCS 对流性明显减弱,对流性强降雨过程趋于结束,MCS 已进入衰减期。所有这些现象表明 MCS 开始进入衰减期,转移概率排序结果为 $P_{kw} > P_{kk} > P_{kg}$,马尔可夫环状态转移如图 5-1-13 所示,即 MCS 进入衰减期,强度逐渐减弱直至消亡。

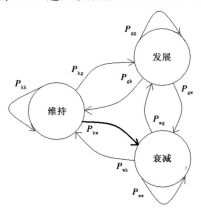

图 5-1-13　由维持转向衰减的马尔可夫环状态转移示意图
(粗黑矢线表示优先转移方向)

5.1.4.4　MCS 生命期中 TBB 面积和降雨强度时间分布特征

从 10 日 14 时对流云细胞在卫星云图上出现为起始,到 11 日 10 时 MCS 基本消亡的各级别 TBB 面积变化,以及降雨强度变化曲线如图 5-1-14 所示。MCS 生命期分为发展期、成熟期和衰减期,图 5-1-14 中的 TBB 曲线变化特征从形态上反映了 MCS 发展变化特征。

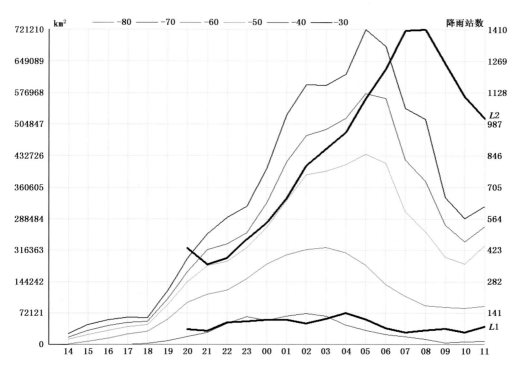

图 5-1-14　TBB 面积和降雨总站数变化曲线图

(横坐标为时间;纵坐标为 TBB 面积(km²)和降雨站数;粗黑实线 L1,暴雨及以上级别降雨总站数;
粗黑实线 L2,大雨及以下级别降雨总站数)

(1)MCS 发展期

从 10 日 14 时对流云细胞开始出现到 10 日 23 时为 MCS 快速发展时期,其中又可细分为发展期前阶段(10 日 14—20 时)和发展期后阶段(10 日 20—23 时)。发展期前阶段,TBB 面积曲线以慢速稳定增长为主。发展期后阶段,TBB 面积曲线快速上升,尤其−70、−60 ℃ TBB 面积曲线上升较快。

(2)MCS 成熟期

10 日 23 时—11 日 05 时是 MCS 发展最为强盛阶段,这一阶段−70、−60 ℃ TBB 面积曲线展示出明显的顶部特征,增长趋势是先减弱后趋于停止,而−30、−40、−50 ℃ TBB 面积曲线仍呈快速上升趋势,这是由于 MCS 主体中下部云层连续扩展所致。

(3)MCS 衰减期

11 日 05 时后 MCS 进入衰减期,各级别的 TBB 曲线均呈下降趋势,尤其是反映 MCS 顶部特征的−70、−60 ℃ TBB 面积曲线开始下降时间更超前,这是因为 MCS 对流减弱后首先是 MCS 顶部降低或坍塌等,而中下部的云层扩散仍继续。

（4）降雨强度曲线变化特征

10日20时后暴雨及以上级别降雨总站数曲线 $L1$ 与 -70 ℃ TBB 面积曲线走势基本一致，表明了对流性强降雨主要是 MCS 主体强烈发展过程中产生的，这也反映了负熵流强度与对流性降雨强度的密切关系。降雨总站数曲线 $L2$ 与 -30，-40 ℃ TBB 面积曲线走势基本一致，但峰值落后，表明降雨范围与 MCS 扩展范围相对应，但由于 MCS 主体坍塌后其低层云还继续扩展，所以低强度的连续性降雨一般仍延续一段时间。

从以上分析可知，TBB 曲线变化特征佐证了 MCS 生命期马尔可夫环状态转移概率和方向的合理性。

5.2 TTVSNS-2aNS-20160909-0910

5.2.1 概况

2016年9月9—10日受高空槽、低空切变线和地面准静止锋的共同影响，桂北出现了大范围强降雨，24小时降雨量达暴雨以上量级的达928站，占 2aN 分型区域自动站总数的68%，约占全广西区域自动站总数的34%。这次强降雨过程的天气系统配置、卫星云图特征、地面中尺度变压场和雷达回波叠加、地面降雨分布如图 5-2-1 所示。

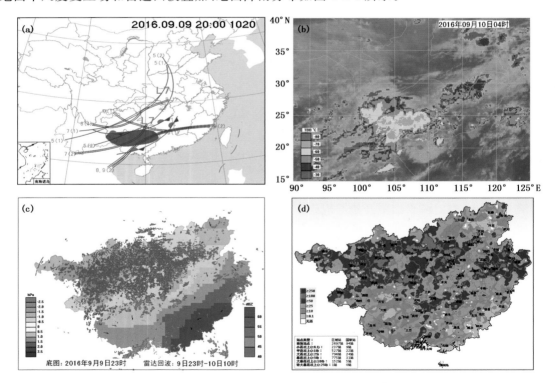

图 5-2-1　2016 年 9 月 9—10 日桂北强降雨过程天气系统配置（a）、卫星云图（b，IR1）、
中尺度变压场和雷达回波叠加（c）、9 日 23 时—10 日 23 时降雨分布（d）（a：棕实线为槽轴，双线为切变线，
齿线为准静止锋；5 表示 500 hPa，余类推；时间表示：（1）代表 9 日 20 时；（2）代表 10 日 20 时）

这次桂北强降雨过程的天气系统演变特点是高空槽、低空切变线和地面准静止锋南移（图5-2-1a）；在槽底附近生成的 MCS 南移进入桂北后强烈发展（图 5-2-1b）；强对流雷达回波覆盖了桂北负变压区大部（图 5-2-1c）；对流性强降雨从桂西到桂东成宽带状分布，造成了这次桂北大范围强降雨（图 5-2-1d）。

5.2.2　负熵源和负熵汇机制

5.2.2.1　大尺度天气系统负熵源结构和演变特征

造成 9 月 9—10 日桂东北强降雨过程的大尺度天气系统负熵源结构和演变过程如图 5-2-2所示。

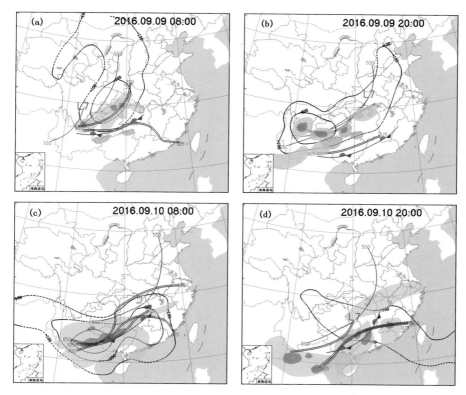

图 5-2-2　大尺度天气系统负熵源结构和演变过程特征

（粗实线为槽轴线；双实线为切变线；齿线为准静止锋；等值线为等垂直上升速度线；
浅阴影区为云系，深阴影区为对流云区；红色区域为地面中尺度负变压区）

9 日 08 时（图 5-2-2a），500 hPa 有 1 条 NNE—SSW 向的低槽，槽底位于滇北和黔西之间，跨度 >10 个纬距，低槽西南段槽前有短带状云系，表现出暖输送带起始段云系特征；700 hPa在川南有 1 个低涡中心，从低涡中心有短槽伸向 SW 方向直达滇缅边界；850 hPa 的 NE—SW向切变线位于黔北；黔南的 925 hPa 切变线呈 E—W 向；地面准静止锋已移近桂北边界附近。整个大尺度的低值系统正向东南方向移动。

9 日 20 时（图 5-2-2b），500 hPa 低槽加深并向东南移到贵州中部，槽底深达滇西，跨度近20 个纬距，转向转为 NE—SW 向；700 hPa 槽轴与 500 hPa 槽轴几近重合，700 hPa 低涡中心移到湖南境内;850 hPa切变线移到黔南;地面准静止锋移到桂北边界。槽前带状云系维持,槽底附近云带上有对流云发展。

10日08时(图5-2-2c),500 hPa低槽北段东移较快,西南段近似静止,槽底仍位于黔南;700 hPa低槽转变为切变线,西南段与850、925 hPa切变线重合位于桂西到桂东北间;地面准静止锋移到桂西—桂东北一带;500 hPa槽底前、地面准静止锋后有大范围云系发展,沿切变线西南段有MCS发生发展。

10日20时(图5-2-2d),500 hPa低槽移到桂北,低空切变线仍在桂中活动,但强度明显减弱,地面准静止锋移到桂南—桂东间,低槽前带状云系主体已移到沿海,并出现断裂现象,强度减弱。这些现象表明,造成强降雨过程的大尺度天气系统对广西的影响过程趋于减弱。

9日20时到10日20时,这个由高空槽、低空切变线和地面准静止锋组成的天气系统,槽后有干冷偏北下沉气流,槽前有暖湿偏南上升气流,是明显偏离平衡态的有序低熵值天气系统结构,构成了暴雨MCS发生发展所必需的负熵源。

5.2.2.2 边界层辐合增强形成负熵汇

从图5-2-2分析可知,MCS是在由高空槽、低空切变线和地面准静止锋等组成的低熵值环境场发生发展的,图5-2-1c又显示MCS主要在中尺度负变压区内发生发展。由此可以推知,地面中尺度负变压区的形成与低熵值环境场调整密切相关,尤其是槽底前暖输送带起始段与下垫面摩擦辐合效应,对中尺度负变压区的形成有重要作用,这种摩擦辐合效应由图5-2-3分析而证实。

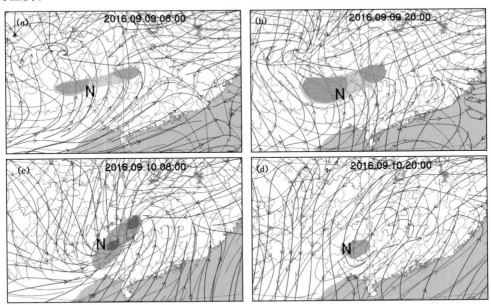

图5-2-3　中低空三层流线分析图

(红矢线:700 hPa;蓝矢线:850 hPa;黑矢线:925 hPa)

9日08时,图5-2-3a中N位置处于高空低槽前、低空切变线和地面准静止锋南侧,700 hPa流线基本为SW—NE流向,850、925 hPa流线与700 hPa流线交角<30°,说明此时低层辐合不是很强,桂北的负变压区面积也小,强度偏弱。

9 日 20 时(图 5-2-3b),700 hPa 流线仍为 SW—NE 流向,但 925、850 hPa 流线逆时针转向,与 700 hPa 流线交角达近似正交程度,由 1.4.2 节分析可知,低层的摩擦辐合作用相当明显,这种现象表明边界层摩擦辐合作用已得到进一步加强。相对应地,此时桂北负变压区面积增大,强度加强。地面中尺度变压场演化到低熵值态势,非常有利于 MCS 发生发展。

10 日 08 时(图 5-2-3c),弱冷空气入侵到桂北,925、850 hPa 流线与 700 hPa 流线交角明显减小,其中 850 hPa 流线与 700 hPa 流线交角减小到<30°,原桂北大范围的强负变压区压缩为在南、北气流辐合线附近的窄带状负变压带。

10 日 20 时(图 5-2-2d),随着弱冷空气的继续南下入侵,桂中桂北大部为冷空气占据,负变压区转变为正变压,仅在桂中辐合中心附近局地残留小范围负变压区,强降雨中尺度低熵值环境场已遭破坏,这种分布态势不利于 MCS 发生发展。

通过以上分析可以推断,由于槽底前暖输送带起始段与下垫面的摩擦辐合效应,暖湿空气辐合堆积增强而在地面形成中尺度负变压区。地面中尺度负变压区是一种有序结构形态,表明地面中尺度变压场的熵值减小,是地面中尺度变压场从准平衡态弱场势向非平衡强场势有序态转变的结果。但中尺度变压场熵值减小是不能自发进行的,要靠系统外负熵流的输入,这种负熵流来自于低熵值的大尺度环境场。槽底前低层暖湿空气通过与下垫面摩擦辐合作用,导致地面辐合中心暖湿空气堆积气压下降,与辐合区外的气压梯度增大,使得暖湿空气从正变压区向负变压区流动,形成质量流和热量流,然后向高层低温环境输送,使负变压区上空气柱获得负熵,这过程相当于把低熵值环境场的负熵向辐合区输送,起到负熵汇效应。

5.2.2.3 中尺度变压场演变特征

上小节分析指出,槽底前暖输送带起始段与下垫面的摩擦辐合效应是地面中尺度负变压区形成的主要原因,这种摩擦辐合是一个连续性过程,与此对应的地面中尺度负变压区的形成也会有一个渐变过程,图 5-2-4 显示了这个过程的中尺度变压场演变特征。

9 日 08 时(图 5-2-4a),广西整个中尺度变压场分布态势,除桂南沿海有雷暴高压残留小范围强正变压区外,桂中、桂北为大片的弱负变压区,负变压区内为偏南气流控制,无明显对流云雷达回波出现。

9 日 20 时(图 5-2-4b),随着低槽加深东移和槽底南压,槽底前暖输送带起始段与下垫面的摩擦辐合效应,导致暖湿空气在桂北和桂中辐合堆积增强,使原分布于桂北和桂中的负变压区进一步加强,而以辐合中心附近的 N 地区更为明显。桂南和桂东的正变压区范围和强度略为加强,广西范围的中尺度变压场场势也略为增强。

10 日 02 时(图 5-2-4c),弱冷空气已南下越过桂北,边界附近转变为东西向正变压带,在正负变压区交界线上出现对流雷达回波带 R1—R2。由于弱冷空气南侵所造成的正变压区南压,在桂西到桂东北间形成了 1 条负变压带 N1—N2,负变压强度有所加强。桂南和桂东的正变压区范围和强度略为减弱。

10 日 20 时(图 5-2-4d),从桂西南到桂东北广西过半地区为弱冷空气占据,原先西北负变压、东南正变压的分布态势发生了逆转,桂西北转变为强正变压区,但此时 MCS 已消亡,仅在桂中局地残存负变压区 N,但负变压区强度较弱。

从 9 日 08 时到 10 日 20 时,由于低熵值环境场变化的影响,广西地面中尺度变压场经历了一个"弱—强—弱"的变化过程,在强中尺度负变压区形成后,MCS 在负变压区中发生发展,造成了桂北大范围强降雨过程。

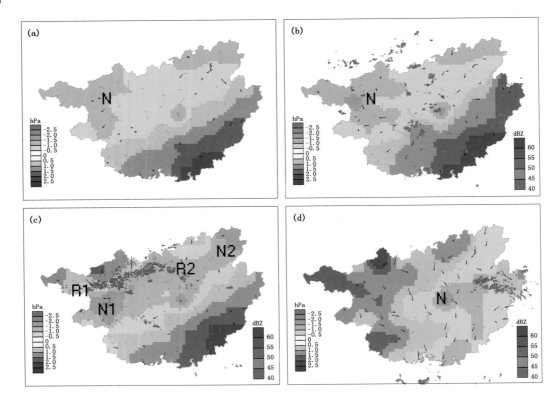

图 5-2-4　中尺度变压场演变特征

（a：9 日 08 时；b：9 日 20 时；c：10 日 02 时 d：10 日 20 时）

5.2.3　MCS 发生发展过程

5.2.3.1　对流触发和传播发展

　　9 日 20 时后，当弱冷空气入侵到桂北负变压区中，弱冷空气把负变压区的暖湿空气抬升到自由对流高度从而触发对流运动，这次过程较为明显的对流触发和传播发展如图 5-2-5 所示。

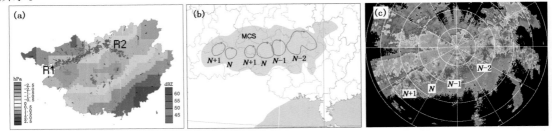

图 5-2-5　对流触发（a）和传播发展（b,c）

（a：10 日 03 时中尺度变压场；b：10 日 03 时卫星云图素描，闭合线表示对流云体，阴影区为 MCS 云体范围；

c：10 日 03 时河池雷达站组合反射率回波；N+1 为新生对流单体，N 为成熟期对流单体，

N－1 早先发展对流单体，N－2 为衰减期对流单体）

图 5-2-5a 中,雷达回波线 R1—R2 位于正、负变压区交界处,显示出这是由于弱冷空气的入侵抬升负变压区中的暖湿空气而触发对流运动,是一种密度流抬升触发机制。图 5-2-5b 显示了卫星云图上分析出的 MCS 和对流单体排列,图 5-2-5c 为雷达回波显示的对流单体排列,两图中新生对流单体都是排在旧单体西边,对流单体沿云带轴线向东北移动,而 MCS 整体向南移,由此可见,对流发展是后向传播发展机制。

5.2.3.2　MCS 发生发展过程中的非常规观测特征

卫星云图清晰显示了强降雨 MCS 发生发展过程,结合地面中尺度变压场、雷达回波和逐 1 小时降雨量分布,较为完整地表现了 MCS 发生发展过程中非常规观测特征。

(1)卫星云图演变特征

这次强降雨过程中,在降雨前后卫星云图上云系发生了明显变化,以下通过分析卫星云图云系的演变特征(图 5-2-6),更深入了解强降雨 MCS 发生发展过程大、中尺度环境场的演变过程。

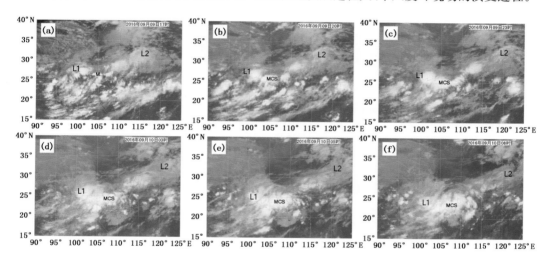

图 5-2-6　MCS 发生发展过程中卫星云图(IR1)

(a:9 日 17 时;b:9 日 20 时;c:9 日 23 时;d:10 日 03 时;e:10 日 05 时;f:10 日 08 时)

9 日 17 时(图 5-2-6a),从四川到长江中下游有低槽前云系 L1—L2,云带 L1—L2 西北有干冷下沉气流控制的薄云区,云带 L1—L2 西边缘显得较为毛糙不光洁,表明槽后干冷下沉气流强度不是很强,低槽东移速度较慢,致使有气流不断进出云带;槽底附近有对流云 M 发展,广西上空及中南半岛、南海北部有浓密的团簇状云层分布,表明大尺度范围内的水汽丰沛,有利于向低槽前暖输送带发展区输送,为 MCS 发生发展提供有利条件。

9 日 20—23 时(图 5-2-6b 至图 5-2-6c),大范围云系无明显大变化,云带 L1—L2 缓慢东移。槽底对流云 M 已发展成 MCS 并移近桂西北,此时 MCS 体积快速增大,主体呈椭圆形、轮廓线光洁整齐,标志着 MCS 进入发展期末阶段。

10 日 03—05 时(图 5-2-6d 至图 5-2-6e),大范围云系仍无大变化,云带 L1—L2 继续缓慢东移。MCS 体积继续增大,但增速减慢,云顶更加光亮,外形更接近圆形,标志着 MCS 已进入成熟期。此时期 MCS 主体已移入桂西北。

10 日 08 时(图 5-2-6f),云带 L1—L2 和大范围云系仍无大变化。MCS 继续向东南移,但

MCS 主体已开始分裂,原来呈椭圆形的云团轮廓开始变得较为不规则,云顶面积扩散纤维状更明显,表明 MCS 已进入衰减期。

从图 5-2-6a 至图 5-2-6f 分析可以看到,从对流云体 M 生成到发展成 MCS,到最后 MCS 消亡,MCS 都是在槽底附近生消发展的,也就是 MCS 主要在暖输送带起始段发生发展。

(2)中尺度变压场和雷达回波演变特征

系列化的中尺度变压场和雷达回波合成分析(图 5-2-7),以更多的事实展示了中尺度负变压区形成加强,以及对流触发过程中的细节特征,有助于更深刻认识 MCS 发生发展与中尺度环境场关系。

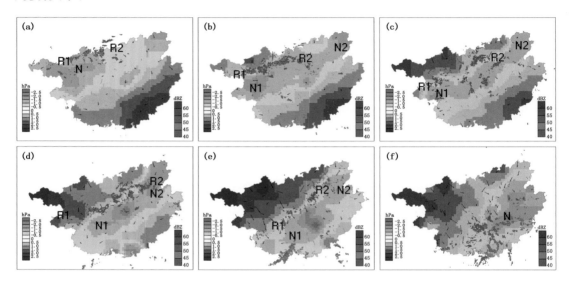

图 5-2-7　MCS 发生发展过程中地面中尺度变压和雷达回波叠加分析图

(a:9 日 23 时;b:10 日 02 时;c:10 日 05 时;d:10 日 08 时;e:10 日 11 时;f:10 日 14 时)

9 日 23 时(图 5-2-7a),因槽底前低层暖湿气流辐合堆积降压作用,在桂北桂中形成了占半个广西面积的中等强度负变压区,桂北边界附近已有对流雷达回波线 R1—R2 出现。

10 日 02—08 时(图 5-2-7b 至图 5-2-7d),随着槽底缓慢东移南压,槽后弱冷空气南下入侵,桂北正变压区以平直推进方式向东南扩展,表明弱冷空气是以整体推进方式南下;原桂北大片负变压区被压缩后转变为负变压带 N1—N2;在桂北正变压区南扩过程中,对流雷达回波 R1—R2 一直在正负变压区交界处分布,并经历了紧密线状、松散带状、线状的"强—弱—较强"演变过程,这是 MCS 从成熟到衰减过程的直接表现。

10 日 11—14 时(图 5-2-7e 至图 5-2-7f),桂北正变压区向东南推进速度减慢,正变压梯度减弱,负变压带 N1—N2 面积缩小、强度减弱,演变为弱负变压区 N;衰减中的线状雷达回波 R1—R2 减弱至消失,仅在负变压区中出现些弥散状的弱对流雷达回波。至此,桂北强降雨过程趋于结束。

(3)逐 1 小时降雨量分布演变特征

第 1 章中已指出,对流性降雨强度与负熵流具有等价关系。因此,通过分析逐 1 小时降雨分布特征,既可以反演 MCS 发展变化过程(图 5-2-8),实质也是分析负熵流强度变化特征。

9 日 23 时(图 5-2-8a),MCS 移近桂西北,在桂西北边界上局地出现降雨,广西境内大部仍

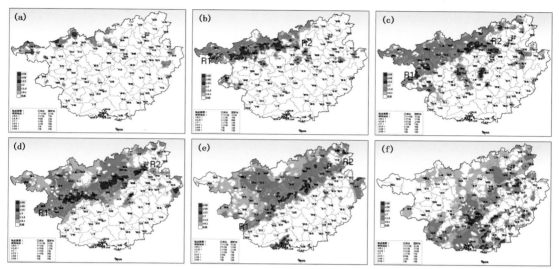

图 5-2-8　MCS 发生发展过程中逐 1 小时降雨量分布图

(a:9 日 22—23 时;b:10 日 01—02 时;c:10 日 04—05 时;d:10 日 07—08 时;

e:10 日 10—11 时;f:10 日 13—14 时)

无降雨。

10 日 02 时(图 5-2-8b),随着 MCS 南边缘移入桂西北,在桂西北产生了 E—W 向强降雨线 R1—R2,雨线 R1—R2 上排列分布多个对流强降雨团,北面是连片的弱降雨分布。这些降雨分布特征反映出 MCS 的活跃对流单体主要分布在其移动前方的南边缘,这与雷达回波线相对应,而强降雨线 R1—R2 后连片的弱降雨分布是 MCS 扩展层状云产生的连续性降雨。

10 日 05 时(图 5-2-8c),强降雨线 R1—R2 向 SE 移到桂西—桂北间,中间显现出减弱、断裂现象,北边的大片层状云连续性降雨区的降雨强度维持,南边局地出现零散的小对流雨团,这些特征表明 MCS 对流活动有所减弱。

10 日 08 时(图 5-2-8d),MCS 减弱的对流活动又重新活跃起来,原先断裂的雨线 R1—R2 中段又呈紧密排列的雨团连接起来,并向 SE 移到桂西—桂东北间,后部仍是成片的低强度连续性降雨分布。

10 日 11—14 时(图 5-2-8e 至图 5-2-8f),雨线 R1—R2 先减弱后消失,雨线北部的弱降雨区移到桂西南—桂东北一带后强度继续减弱、面积缩小,显示出 MCS 从衰减到消亡的过渡期特征。但 MCS 消亡后,从桂南沿海又出现了零散对流性雨团分布,并向桂东移动,这些是副高边缘的降雨特征,降雨分布特点与此前 MCS 明显不同。

总体来说,图 5-2-8 中逐 1 小时降雨分布变化特征与图 5-2-7 雷达回波有很多相似之处,其共通性反映了强降雨过程中许多中、小尺度系统变化特征。

(4)MCS 准三视图结构特征和负熵流

以上对 MCS 发展过程中的非常规观测特征进行了分析,为了多视角的整体性,以下从图 5-2-6 至图 5-2-8 中摘要简化成图 5-2-9,讨论 MCS 准三视图结构特征。

根据观测平台的观测视角和方式,近似地以卫星云图为顶视图,雷达回波为平视图,地面降雨量分布为底视图,综合分析 MCS 准三视图结构特征。比较图 5-2-9a 中 MCS 的 −70 ℃

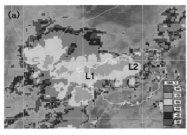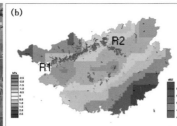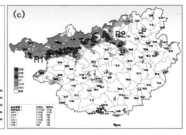

图 5-2-9　2014 年 4 月 19 日 02 时卫星云图(a,IR1)和中尺度变压场(b)以及逐 1 小时降雨量分布(c)

(a:10 日 04 时；b:10 日 03 时；c:10 日 02—03 时)

TBB 面积南边缘 L1—L2 位置和形状，与图 5-2-9b 中雷达回波带 R1—R2 及图 5-2-9c 中强降雨线 R1—R2，可以看到图 5-2-9a 中 L1—L2 是 MCS 云顶 TBB 梯度最大地方，正是图 5-2-9b 中强对流雷达回波 R1—R2，也是图 5-2-9c 中强对流性雨团排列分布在雨线 R1—R2 上的所在部位。这些 MCS 新生对流单体、雷达回波和对流性强降雨分布对应重合地方正是 MCS 结构最为有序区域，也是外部负熵流向 MCS 流入的最强部位。这些对应性充分显示了负熵流与对流性降雨的相关关系。

(5)非常规观测特征的对应性

综合图 5-2-6 至图 5-2-9 分析，发现如下几个中尺度范围的特征。

①图 5-2-6 中随着云带 L1—L2 低槽慢速东移，槽底在东移的同时还向南压。当云带 L1—L2 西南端所指示出的槽底移近桂西北后，图 5-2-7 中桂北和桂中的负变压区进一步加强，两者在时间上有明显的对应关系，这验证了图 1-16 中尺度变压场概念模型的正确性。

②云带上 MCS 起始发生在桂西北境外，移到桂北负变压区上空时进一步发展成熟，负变压区的加强对 MCS 发展成熟具有超前性。

③对流雷达回波线主要出现在负变压区北边缘正负变压交界处，证实了这是一种弱冷空气密度流抬升触发机制。在 MCS 发展过程中，对流回波主要出现在负变压区内，与云图上 MCS 云体主要在负变压区内发展一致。

④对流雨团呈线性排列分布在雨区南边缘，与新生对流单体雷达回波和 MCS 的 TBB 梯度极大值区相对应，显示出 MCS 具有明显的有序结构特征。这些对应性表明，MCS 中新生对流单体、雷达回波和对流性强降雨分布重合地方，是 MCS 结构最为明显有序的地方，这也是负熵流流入最强部位，这些特征佐证了远离平衡态的 MCS 发生发展与负熵流依存关系，也进一步验证了图 1-27 的 MCS 发生发展概念模型的正确性。

5.2.4　信息量

5.2.4.1　相对基准信息量

从第 2 章关于相对基准信息量的计算方法讨论中得知，广西 24 小时晴雨相对基准信息量：$H_r = 1$ bit；把表 2-5 简化，得 2aN 型落区、强度和落时相对基准信息量(表 5-2-1)。

表 5-2-1　2aN 型落区、强度和落时相对基准信息量

	落区	暴雨以上	大暴雨以上	12 h 落时	2 h 落时
信息量(bit)	3.17	1.36	3.64	1.00	2.59

5.2.4.2　预测信息量

预测信息量计算公式(式 2-9、式 2-10)指出,在相对基准信息量已知条件下,预测信息量计算的关键就是求预测概率 P_{rel}。

(1)广西 24 小时晴雨预测信息量

9 日 08 时(图 5-2-2a),高空深槽底位于滇北和黔西之间;中空在川南有 1 个低涡中心,从低涡中心有短槽伸向 SW 方向直达滇缅边界;低空向切变线位于黔北,地面准静止锋已移近桂北边界。根据先验概率,这种 3D 配置天气系统未来 24 小时在广西境内产生降雨概率 $P_{rel1} > 0.9$,这里取 $P_{rel1} = 0.9$。

9 日 08 时卫星云图(图略),低槽前有发展旺盛的带状云系,槽底前有对流云团发展,表明槽前上升气流较强和水汽条件较好,为降雨产生创造了良好的环境条件;孟加拉湾和中南半岛上云量覆盖率达 80%,向广西上空输送的水汽充沛。根据云系分析先验概率,当低槽云系移到广西并产生影响时,其降雨概率 $P_{rel2} > 0.9$,这里取 $P_{rel2} = 0.9$。

综合天气图和卫星云图分析,得广西 24 小时晴雨预测概率

$$P_{rel} = 1 - (1 - P_{rel1})(1 - P_{rel2}) = 1 - (1 - 0.9)(1 - 0.9) = 0.99$$

则,预测信息量

$$H_F = P_{rel} \times H_r = 0.99 \times 1 \approx 1 (\text{bit})$$

即从 9 日 08 时大尺度天气系统分析所获得的广西 24 小时晴雨预测信息量为 1 bit。

(2)落区预测信息量

①大尺度天气系统的 MCS 降雨落区预测信息量

天气分析实践表明,用大尺度天气系统分析获得的 MCS 降雨落区预测概率一般不高于气候概率。9 日 08 时,虽然地面准静止锋已移近桂北边界,但广西境内尚无明显对流性降雨出现。如果仅使用 9 日 08 时天气图分析做 2aN 落区预测,可取的预测概率也只是气候概率,即 $P_{rel1} = 5/45 = 0.11$。落区预测信息量

$$H_{F1} = P_{rel1} \times H_s = 0.11 \times 3.17 \approx 0.35 (\text{bit})$$

这落区预测信息量明显不足。由此可见,仅用大尺度天气系统分析很难做好分区后的落区预测。

②中尺度天气系统的 MCS 降雨落区预测信息量

9 日 23 时,中尺度变压场与雷达回波合成分析图(图 5-2-7a),以及逐 1 小时降雨量分布图(图 5-2-8a)上,有 2 个比较明显的中尺度特征:桂西和桂中负变压区进一步加强,形成了负变压中心区域 N,构成强场势的中尺度变压场;桂北边界出现对流回波线 R1—R2,且雷达回波强度较强,与对流回波带相对应,图 5-2-8a 上在桂西北边界局地也出现了对流降雨。中尺度变压场、雷达回波和降雨量分布特征指示出,MCS 产生强降雨落区主要分布在图 5-2-7a 中的负变压区 N 区域,其先验概率 $P_{rel2} = 71/73 = 0.97$,落区预测信息量

$$H_{F2} = P_{rel2} \times H_s = 0.97 \times 3.17 \approx 3.07 (\text{bit})$$

由此可见,使用中尺度天气系统分析做分区后的落区预测,预测信息量大幅度增加。

③综合落区预测信息量

把大、中尺度天气系统分析综合后,落区预测概率为

$$P_{rel} = 1 - (1 - P_{rel1})(1 - P_{rel2}) = 1 - (1 - 0.11)(1 - 0.97) \approx 0.97$$

落区预测信息量

$$H_{Fs} = P_{rel} \times H_s = 0.97 \times 3.17 \approx 3.07 (\text{bit})$$

可见,对流性强降雨落区预测信息量,主要从中尺度天气系统分析获得,大尺度天气系统分析的落区预测信息量的贡献很小。

(3)落时预测信息量

①12小时落时预测信息量

9日08时(图5-2-2a),高空槽和切变线已经移到黔北、黔中,地面准静止锋移近桂北边界,但广西境内还没有明显降雨,未来12小时广西是否出现降雨还是一个等概率分布事件,即9日08—20时降雨落时预测概率 $P_{rel}=0.5$,降雨落时预测信息量

$$H_F = P_{rel} \times H_t = 0.5 \times 1 = 0.5 (\text{bit})$$

显然,这信息量无法满足降雨落时预测需求。

②2小时落时预测信息量

9日23时中尺度变压场与雷达回波合成分析图(图5-2-7a),桂北边界附近出现了强对流雷达回波线 R1—R2,逐1小时雨量图桂北边界局地也出现了对流降雨(图5-2-8a),这些都是对流性强降雨开始的明显特征。根据先验概率,落时预测概率 $P_{rel2}=71/73=0.97$。落时预测信息量

$$H_{Ft} = P_{rel} \times H_t = 0.97 \times 2.59 \approx 2.56 (\text{bit})$$

这根据中尺度天气系统分析所得的落时预测信息量,基本满足落时预测需求。

(4)强度预测信息量

9日17—20时(图5-2-6a至图5-2-6b),强降雨开始前,低槽前云系持续发展增强,到9日20时云系强度指数为67,达"强"级别,表明槽前上升气流较强、水汽充沛;槽后干冷下沉气流控制少云区云清晰,低槽云系结构特征完整;水汽源地、水汽通道和广西上空云层浓密,覆盖率达80%以上,水汽供应条件良好。桂西北负变压区加强形成结构清晰和完整的负变压中心区N,为强势场中尺度变压场。

低槽云系结构和地面中尺度变压场为"强+强"组合,根据表3-1中降雨强度等级为强的先验概率,得强度预测概率:$P_{rel}=15/16=0.94$,强度预测信息量

$$H_{Fr} = P_{rel} \times H_r = 0.94 \times 1.36 \approx 1.28 (\text{bit})$$

(5)综合预测信息量和预测可靠性

根据以上落区、落时和强度预测信息量计算,得综合预测信息量

$$H_F = H_{Fs} + H_{Ft} + H_{Fr} = 3.07 + 2.56 + 1.28 = 7.01 (\text{bit})$$

这就是2aN型落区、9日23时为落时和暴雨站数达500站以上的预测信息量。预测可靠性为

$$\mu = H_F/H_r = 7.01/7.12 \times 100\% = 98\%$$

计算表明,基于中尺度分析方法所做出的强降雨预测具有较高可靠性。

5.2.4.3　MCS生命期马尔可夫环状态转移概率和方向

在图2-18马尔可夫环模型中,每个节点状态转移方向均由3个转移概率决定,因此通过对这3个转移概率大小进行排序,以大概率为优先转移方向是一种合理的选择。依此方法,对MCS生命期不同阶段的马尔可夫环转移概率排序,以大概率为转移方向对MCS发展趋势作滚动预测。

9日23时卫星云图(图5-2-6c),MCS体积快速增大,主体呈椭圆形、轮廓线光洁整齐,MCS进入发展期末阶段;中尺度变压场和雷达回波合成分析图(图5-2-7a),已形成桂西北负

变压中心区域 N,桂北边界附近已出现对流雷达回波线 R1—R2;逐 1 小时雨量图(图 5-2-8a)上,在桂西北边界上局地出现降雨。由于大、中尺度环境场都很有利于 MCS 发展,线状 MCS 继续发展南移可能性很大,判断其转移概率排序结果为 $P_{gg} > P_{gk} > P_{gw}$,马尔可夫环状态转移如图 5-2-10 所示,即 MCS 继续保持发展趋势,并随云带向东南方向移动。

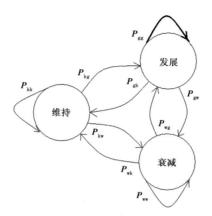

图 5-2-10　从发展到发展的马尔可夫环状态转移示意图
(粗黑矢线表示优先转移方向)

10 日 03 时卫星云图(图 5-2-6d),大范围云系无大变化,MCS 体积增速减慢,外形更接近圆形,标志着 MCS 已进入成熟期;10 日 02 时中尺度变压场和雷达回波合成分析图(图 5-2-7b),桂西北正变压区以平直推进方式向东南扩展,原桂北大片负变压区被压缩后转变为负变压带 N1—N2,排列紧密雷达回波线 R1—R2 展现出强对流特征;10 日 02 时逐 1 小时雨量分布图(图 5-2-8b),桂西北出现了东西向强降雨线 R1—R2,雨线 R1—R2 上排列分布着多个对流强降雨团,北面是连片的弱降雨分布,出现了 MCS 成熟期的降雨特征。由此判断转移概率排序结果为 $P_{gk} > P_{gg} > P_{gw}$,马尔可夫环状态转移如图 5-2-11 所示,即 MCS 以维持成熟期特征为主,MCS 随云带向东南方向慢速移动。

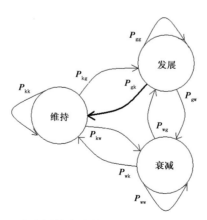

图 5-2-11　由发展转向维持的马尔可夫环状态转移示意图
(粗黑矢线表示优先转移方向)

10 日 05 时,卫星云图(图 5-2-6c)大范围云系仍无大变化,MCS 仍保持成熟期基本特征;

中尺度变压场和雷达回波合成分析图(图 5-2-7c),桂西北正变压区继续以平直推进方式向东南扩展,负变压带 N1—N2 宽度被压缩,排列紧密雷达回波线 R1—R2 变得较为零乱松散,显出对流有减弱迹象;逐 1 小时雨量分布图(图 5-2-8c),强降雨线 R1—R2 中间显现出减弱、断裂现象,连续性降雨区的降雨强度维持,南边局地出现零散的小对流雨团,这些特征表明 MCS 对流活动有所减弱。虽然对流有所减弱,但大、中尺度环境场有利对流发展条件无大变化,综合判断 MCS 继续保持现状,转移概率排序结果为 $P_{kk} > P_{kw} > P_{kg}$,马尔可夫环状态转移如图 5-2-12 所示,即 MCS 维持成熟期特征为主,MCS 随云带向东南方向慢速移动。

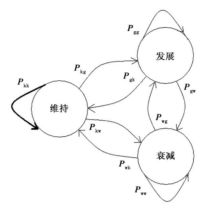

图 5-2-12　继续维持的马尔可夫环状态转移示意图
(粗黑矢线表示优先转移方向)

10 日 08 时,卫星云图(图 5-2-6f)MCS 主体已开始分裂,原来呈椭圆形的云团轮廓开始变得较为不规则,云顶面积扩散纤维状更明显,表明 MCS 已进入衰减期;中尺度变压场和雷达回波合成分析图(图 5-2-7d),桂西北正变压区继续以平直推进方式向东南扩展,但对流雷达回波 R1—R2 变得松散减弱征兆,显示出 MCS 从成熟到衰减过程的迹象;逐 1 小时雨量分布图(图 5-2-8d),虽然雨线 R1—R2 西南段对流雨团增强,但东北段对流雨团继续减弱,降雨强度已无明显加强趋势。所有这些现象表明 MCS 开始进入衰减期,转移概率排序结果为 $P_{kw} > P_{kk} > P_{kg}$,马尔可夫环状态转移如图 5-2-13 所示,即 MCS 进入衰减期,强度逐渐减弱直至消亡。

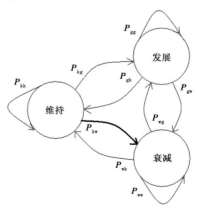

图 5-2-13　由维持转向衰减的马尔可夫环状态转移示意图
(粗黑矢线表示优先转移方向)

5.2.4.4 MCS 生命期中 TBB 面积和降雨强度时间分布特征

从 9 日 17 时对流云细胞生成,到 10 日 08 时 MCS 进入衰减期,各级别 TBB 面积和降雨强度变化曲线如图 5-2-14 所示。

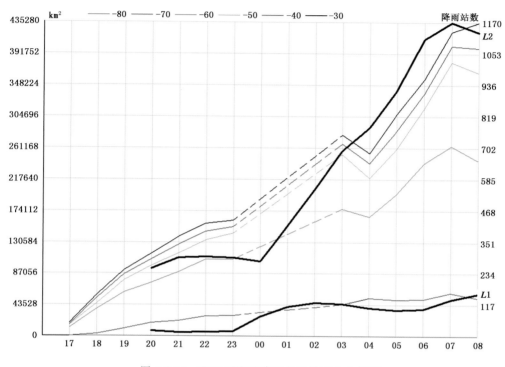

图 5-2-14 TBB 面积和降雨总站数变化曲线图

(横坐标为时间;纵坐标为 TBB 面积(km²)和降雨站数;粗黑实线 $L1$,暴雨及以上级别降雨总站数;粗黑实线 $L2$,大雨及以下级别降雨总站数;9 日 17 时至 10 日 08 时缺卫星资料,虚线段为 TBB 内插值)

MCS 生命期分为发展期、成熟期和衰减期,图 5-2-14 中的 TBB 曲线变化特征从形态上反映了 MCS 发展变化特征。

(1)MCS 发展期

9 日 17 时到 10 日 23 时为 MCS 发展期。在发展期,由于 MCS 主体中、低层云层扩展较快,所以 −30～−60 ℃ TBB 面积曲线上升速率较大;而 MCS 对流强度不很强,−70 ℃ TBB 面积曲线上升较慢。

(2)MCS 成熟期

9 日 23 时—10 日 08 时是 MCS 成熟期,这时期 MCS 顶部−70 ℃ TBB 面积曲线增长趋势减慢,显示出明显的顶部特征,而−30、−40、−50 ℃ TBB 面积曲线仍呈快速上升趋势,这是由于 MCS 主体中下部云层连续扩展所致。

(3)MCS 衰减期

10 日 08 时后 MCS 进入衰减期,MCS 减弱直至消亡(图略)。

(4)降雨强度曲线变化特征

MCS 发展进入成熟期后,暴雨及以上级别降雨总站数曲线 $L1$ 与−70 ℃ TBB 面积曲线走势基本一致,表明对流性强降雨主要是 MCS 主体强烈发展过程中产生的,这也反映了负熵流强度与对流性降雨强度的密切关系。降雨总站数曲线 L2 与－30、－40 ℃TBB 面积曲线走势基本一致,表明降雨范围与 MCS 扩展范围相对应。

从以上分析可知,TBB 曲线变化特征佐证了 MCS 生命期马尔可夫环状态转移概率和方向的合理性。

5.3　TTNSNS-3aNS-20160614-0615

5.3.1　概况

2016 年 6 月 14—15 日受高空槽、低空切变线和地面准静止锋的共同影响,桂北出现了区域性的强降雨,24 小时降雨量达暴雨以上量级的达 185 站,占 3aN 分型区域自动站总数的 21%,约占全广西区域自动站总数的 7%。这次强降雨过程的天气系统配置、卫星云图特征、地面中尺度变压场和雷达回波叠加、地面降雨分布如图 5-3-1 所示。

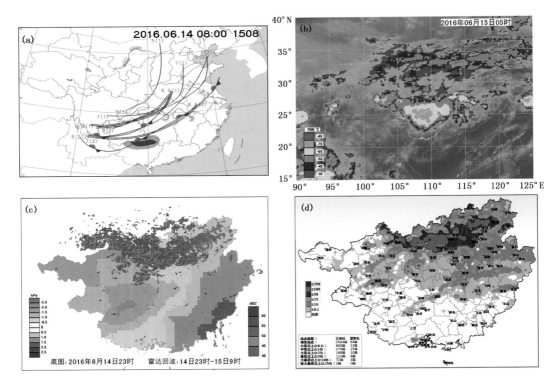

图 5-3-1　2016 年 6 月 14—15 日桂北强降雨过程天气系统配置(a)、卫星云图(b,IR1)、中尺度变压场和雷达回波叠加(c)、14 日 08 时—15 日 08 时降雨分布(d)(a:棕实线为槽轴,双线为切变线,齿线为准静止锋;
5 表示 500 hPa,余类推;时间表示:(1)代表 14 日 08 时;(2)代表 15 日 08 时)

造成这次桂北强降雨过程的大尺度天气系统,主要由高空槽、低空切变线和地面准静止锋等组成(图 5-3-1a);在槽底前有 MCS 发展并向南移进入桂北(图 5-3-1b),MCS 在桂北负变压区中进一步发展增强,E—W 向线状对流雷达回波覆盖了桂北部分地区(图 5-3-1c),从而造成了桂北 E—W 向带状强降雨区(图 5-3-1d)。

5.3.2 负熵源和负熵汇机制

5.3.2.1 大尺度天气系统负熵源结构和演变特征

造成 6 月 14—15 日桂北强降雨过程的大尺度天气系统负熵源结构和演变过程如图 5-3-2 所示。

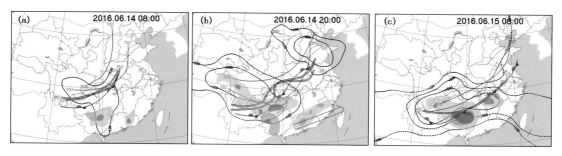

图 5-3-2　大尺度天气系统负熵源结构和演变过程特征
(粗实线为槽轴线;双实线为切变线;齿线为准静止锋;等值线为等垂直上升速度线;
蓝双线箭头为 700 hPa 急流轴;红双线箭头为 850 hPa 急流轴;浅阴影区为云系,
深阴影区为对流云区;红色区域为地面中尺度负变压区)

14 日 08 时(图 5-3-2a),500、700 hPa 各有 1 条近 NE—SW 向低槽从华北伸到川东一带,槽底位于 30°N 附近,跨度为 8～10 个纬距,槽前并没有常见的大范围云系;850、925 hPa 近 NE—SW 向的切变线西段位于贵州北部;地面准静止锋位于贵州中部。桂东有已进入衰减期的 MCS,从北部湾到闽南有低空急流。

14 日 20 时(图 5-3-2b),大尺度低值天气系统整体东移,但西南部分南移明显,其中 700 hPa 低槽南移较快;低空切变线和地面准静止锋移到贵州中南部;在地面准静止锋和低空切变线之间的贵州中南部云系发展旺盛,形成 1 条近 E—W 向短云带;东南沿海的低空急流减弱东移,但低空急流北侧有 1 条与之相对应的云带。

15 日 08 时(图 5-3-2c),500、700 hPa 槽底段向东南移到贵州北部和中部,850、925 hPa 切变线移到桂北边界附近,地面准静止锋移入桂北。在槽底前有大范围云系发展,而在受低空切变线和准静止锋影响明显的桂北有 MCS 强烈发展。

14 日 08 时至 15 日 08 时,桂北强降雨过程明显特点是大尺度天气系统位置偏北,所以只在桂北产生了强降雨。这个由高空槽、低空切变线和地面准静止锋组成的天气系统,槽后有干冷偏北下沉气流,槽前有暖湿偏南上升气流,是明显偏离平衡态的有序低熵值天气系统结构,构成了暴雨 MCS 发生发展所必需的负熵源。

5.3.2.2 边界层辐合增强形成负熵汇

从图 5-3-2 分析可知,因为低熵值环境场的调整导致了 MCS 发生发展,图 5-3-1c 又显示 MCS 主要在中尺度负变压区内发生发展。由此可以推知,地面中尺度负变压区的形成与低熵值环境场调整密切相关,尤其是低槽前低层大气运动与下垫面摩擦辐合效应,对中尺度负变压区的形成有重要作用,这种摩擦辐合效应由图 5-3-3 分析而证实。

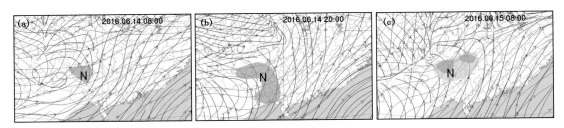

图 5-3-3 中低空三层流线分析图

(红矢线:700 hPa;蓝矢线:850 hPa;黑矢线:925 hPa)

14 日 08 时(图 5-3-3a),高空槽离广西仍较远,影响程度较弱,700 hPa 流线基本为 WSW—ENE 流向,在 N 处 850 hPa 流线与 700 hPa 流线交角一般<45°,925 hPa 流线与 700 hPa 流线交角一般<60°,暖湿气流辐合强度一般,所以在桂北只形成较弱的负变压区。由 1.4.2 节分析可知,此时段低层的摩擦辐合作用已经明显。

14 日 20 时(图 5-3-3b),随着高空槽的移近,对广西的影响程度加强,槽底前低层暖湿空气与下垫面的摩擦作用加强,在 N 处 850 hPa 流线与 700 hPa 流线交角增大到>60°,925 hPa 流线与 700 hPa 流线近似正交,表明边界层摩擦辐合作用已得到进一步加强,于是在 14 日 20 时后桂北的负变压区继续加强(见后文)。从图 5-3-1c 可知,中尺度负变压区主要在 14 日 23 时前形成,MCS 在 14 日 17 时在贵州境内发展起来,14 日 23 时—15 日 09 时移入桂北负变压区期间,在有利条件下 MCS 强烈发展。

10 日 08 时(图 5-3-3c)后,随着低熵值环境场整体南移趋于停止(图 5-3-2c),在 N 处 925、850 hPa 流线与 700 hPa 流线交角明显减小,850 hPa 流线与 700 hPa 流线交角减小到<30°,中尺度负变压区强度明显减弱。

通过以上分析可以推断,由于槽底前低层大气与下垫面的摩擦辐合效应,暖湿空气辐合堆积增强而在地面形成中尺度负变压区。地面中尺度负变压区是一种有序结构形态,表明地面中尺度变压场的熵值减小,是地面中尺度变压场从准平衡态弱场势向非平衡强场势有序态转变的结果。但中尺度变压场熵值减小是不能自发进行的,要靠系统外负熵的输入,这种负熵来自于低熵值的大尺度环境场。槽底前低层暖湿空气通过与下垫面摩擦辐合作用,导致地面辐合中心暖湿空气堆积气压下降,与辐合区外的气压梯度增大,使得暖湿空气从正变压区向负变压区流动,形成质量流和热量流,然后向高层低温环境输送,使负变压区上空气柱获得负熵,这过程相当于把低熵值环境场的负熵向辐合区输送,起到负熵汇效应。

5.3.2.3 中尺度变压场演变特征

上小节分析指出,槽底前低层空气与下垫面的摩擦辐合效应是地面中尺度负变压区形成的主要原因,这种摩擦辐合是一个连续性过程,与此对应的地面中尺度负变压区的形成也会有一个渐变过程,图 5-3-4 显示了这个过程的中尺度变压场演变特征。

14 日 08 时(图 5-3-4a),广西整个中尺度变压场分布态势,除桂东南为正变压区外,桂中、桂北为大片的弱负变压区,负变压区内为盛行偏南气流,在桂中柳州附近正负变压区交界处局地有对流云雷达回波出现。

14 日 20 时(图 5-3-4b),正如上小节分析所指出,由于低槽前低层大气与下垫面的摩擦辐

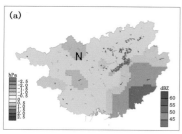
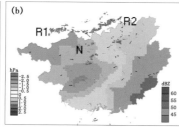
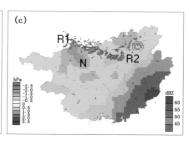

图 5-3-4　中尺度变压场演变特征

(a:14 日 08 时;b:14 日 20 时;c:15 日 07 时)

合效应,导致暖湿空气辐合堆积增加,桂西大部形成了较强的负变压区,负变压中的偏南暖湿气流进一步加强。桂东北由原来弱负变压区转变为正变压区,桂东南正变压区维持,整个中尺度变压场场势明显加强。对流雷达回波线 R1—R2 移近了桂北边界。

15 日 07 时(图 5-3-4c),由于大尺度低值天气系统南移停止,对广西的影响大为减弱,桂西、桂中强负变压区明显减弱,基本恢复到 14 日 08 时受低值系统影响前状态,中尺度变压场场势明显减弱,但在桂北还残留 MCS 消亡后期对流雷达回波线 R1—R2。

从 14 日 08 时到 15 日 07 时,由于低熵值环境场变化的影响,广西地面中尺度变压场经历了一个"弱—强—弱"的变化过程,在强中尺度负变压区形成后,MCS 在负变压区中发生发展,造成了桂北的强降雨过程。

5.3.3　MCS 发生发展过程

5.3.3.1　对流触发和传播发展

14 日 23 时后,当弱冷空气入侵到桂北负变压区时,弱冷空气把负变压区中的暖湿空气抬升到自由对流高度从而触发对流运动,这次过程较为明显的对流触发和传播发展如图 5-3-5所示。

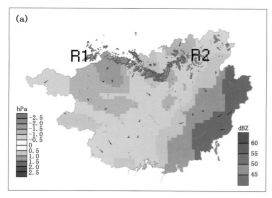
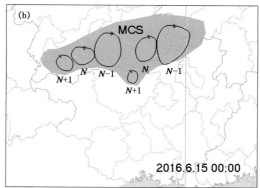

图 5-3-5　对流触发(a)和传播发展(b)

(a:15 日 06 时中尺度变压场;b:15 日 00 时卫星云图素描,闭合线表示对流云体,阴影区为 MCS 云体范围,
$N+1$ 为新生对流单体,N 为成熟期对流单体,$N-1$ 为衰减期对流单体)

图 5-3-5a 中,雷达回波线 R1—R2 位于正、负变压区交界处,显示出这是由于弱冷空气入侵抬升负变压区中的暖湿空气而触发对流运动,是一种密度流抬升触发机制。图中弯曲的雷达回波线 R1—R2 和后部面积不大的正变压区出现,表明由于弱冷空气势力较弱,仅能以扩散南下方式入侵到桂北负变压区中。

图 5-3-5b 中是卫星云图上分析出的 MCS 和对流单体排列,图中新生对流单体都是排在旧单体西边,对流单体沿槽前盛行偏东气流向东移动,而 MCS 是向 SSE 方向移动的,这是后向传播发展的对流发展机制。

5.3.3.2 MCS 发生发展过程中的非常规观测特征

卫星云图清晰显示了强降雨 MCS 发生发展过程,结合地面中尺度变压场、雷达回波和逐 1 小时降雨量分布,较为完整地表现了 MCS 发生发展过程中非常规观测特征。

(1)卫星云图演变特征

这次强降雨过程中,在降雨前后卫星云图上云系发生了明显变化,以下通过分析卫星云图云系的演变特征(图 5-3-6),更深入了解强降雨 MCS 发生发展过程大、中尺度环境场的演变过程。

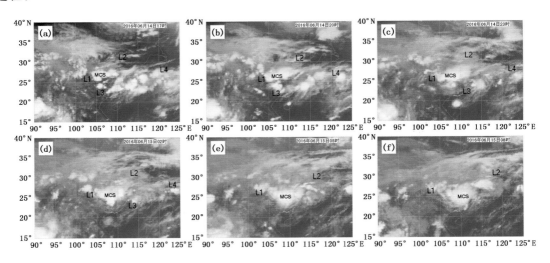

图 5-3-6　MCS 发生发展过程中卫星云图(IR1)

(a:14 日 17 时;b:14 日 20 时;c:14 日 23 时;d:15 日 02 时;e:15 日 05 时;f:15 日 08 时)

14 日 17 时(图 5-3-6a),从黔北到长江中游有低槽前云系 L1—L2,云系 L1—L2 西边有薄云区,这是槽后干冷下沉气流控制地区,槽底附近的黔北有 MCS 发展。桂南到福建沿海有以若干个云团排列组成的云系 L3—L4,这云系与天气图上的低空急流有对应关系,由此可知这是伴随低空急流活动而形成的云系。

14 日 20—23 时(图 5-3-6b 至图 5-3-6c),随着低槽前云系 L1—L2 继续东移,槽底前的 MCS 在向 SE 移动过程中体积不断增大,约在 14 日 23 时 MCS 南边缘移到桂北边界,此时期 MCS 云顶光亮,轮廓光洁呈椭圆形,展现出 MCS 发展期后阶段明显特征。此时段低空急流云系 L3—L4 也继续东移,但强度在东移过程中明显减弱,初期云团排列特征不复存在,演变为松散纤维状为主的云系。

15 日 02—05 时(图 5-3-6d 至图 5-3-6e),低槽前云系 L1—L2 东北段继续东移,而西南段则慢速南移。此时段 MCS 主体已移入桂北,体积较大,主体接近圆形,云顶更加光亮,轮廓线光洁整齐,显示出 MCS 已进入成熟期。低空急流云系 L3—L4 在东移过程消失。

15 日 08 时(图 5-3-6f),低槽前云系 L1—L2 仍是北段东移较快,南段东移很慢。MCS 主体已开始分裂,原来近圆形的云团轮廓开始变得较为不规则,云顶面积扩散纤维状更明显,表明 MCS 已进入衰减期。

(2)中尺度变压场和雷达回波演变特征

系列化的中尺度变压场和雷达回波合成分析(图 5-3-7),以更多的事实展示了中尺度负变压区形成加强,以及对流触发过程中的细节特征,有助于更深刻认识 MCS 发生发展与中尺度环境场关系。

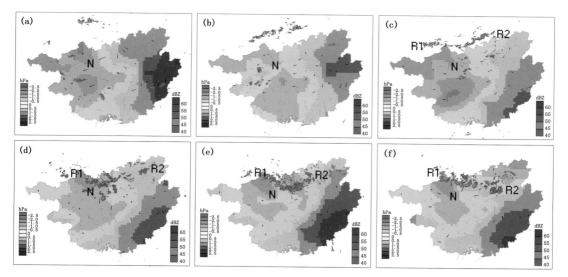

图 5-3-7　MCS 发生发展过程中地面中尺度变压和雷达回波叠加分析图
(a:14 日 17 时;b:14 日 20 时;c:14 日 23 时;d:15 日 02 时;e:15 日 05 时;f:15 日 08 时)

14 日 17—20 时(图 5-3-7a 至图 5-3-7b),受槽底前低层暖湿气流堆积降压影响,广西境内中尺度变压场呈东部正变压、西部负变压态势,场势较强。贵州南部有线状对流雷达回波出现并南移,广西境内也有零星对流雷达回波。

14 日 23 时—15 日 05 时(图 5-3-7c 至图 5-3-7e),随着槽底缓慢东移及地面降压区域的转移,广西中尺度变压场态势也随之发生变化,由原来的西部负变压、东部正变压分布,向以桂北为负变压中心区形态转变,即桂西负变压区转变为弱正变压,桂东北正变压区面积缩小、强度减弱,有向负变压演变趋势。原在贵州境内生成的对流雷达回波线 R1—R2 南移进入桂北,并在桂北负变压区中发展加强。15 日 05 时,雷达回波线 R1—R2 发展成排列紧密和光滑的弧形线,表明 MCS 已发展到成熟期。

15 日 08 时(图 5-3-7f),随着槽底继续东移影响,原桂东北正变压区已转变为负变压区,整个中尺度变压场已由"西负东正"转变为"北负南正"分布态势。雷达回波线 R1—R2 仍在桂北原地,但原紧密排列的线状已变得稀疏零散,表现出 MCS 已进入衰减期的特征。

（3）逐 1 小时降雨量分布演变特征

第 1 章中已指出，对流性降雨强度与负熵流具有等价关系。因此，通过分析逐 1 小时降雨分布特征，既可以反演 MCS 发展变化过程（图 5-3-8），实质也是分析负熵流强度变化特征。

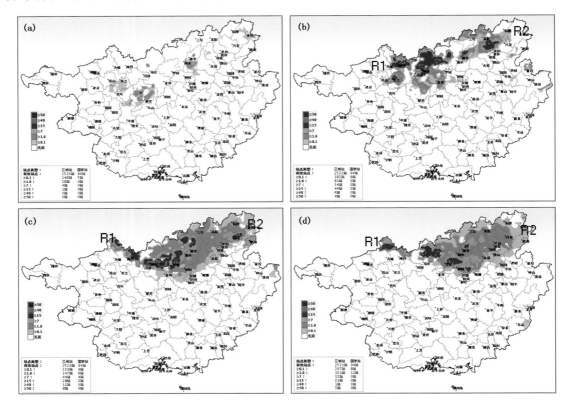

图 5-3-8　MCS 发生发展过程中逐 1 小时降雨量分布图

（a：14 日 22—23 时；b：15 日 01—02 时；c：15 日 04—05 时；d：15 日 07—08 时）

14 日 23 时（图 5-3-8a），槽底前 MCS 对广西降雨还没产生影响，广西境内仅在桂中有局地弱降雨。

15 日 02 时（图 5-3-8b），随着 MCS 南边缘移入桂北，在桂北产生了西—东向强降雨带 R1—R2，MCS 以对流性降雨为主，雨带 R1—R2 北边成片的弱降雨分布不明显，云顶扩散云层的低强度连续性降雨很弱，表明 MCS 发展到成熟期初阶段。

10 日 05 时（图 5-3-8c），强降雨带 R1—R2 继续慢速南移桂北内地，雨带 R1—R2 西段有若干个强对流雨团成弧形线状排列，显示出对流发展相当活跃；雨带 R1—R2 东段基本为低强度的连续性降雨分布，这是 MCS 上部向东扩展的层状云产生的降雨。这种降雨分布特征反映出 MCS 主体主要在西边，上部向东扩展明显。

10 日 08 时（图 5-3-8d），桂北雨区面积增加不明显，雨带 R1—R2 南移趋于停止，雨带 R1—R2 西段对流性雨团个数大为减少，排列变得稀疏，弧线断裂，表明 MCS 已进入衰减期，强降雨过程趋于结束。

（4）MCS 准三视图结构特征和负熵流

以上对 MCS 发展过程中的非常规观测特征进行了分析，为了多视角的整体性，以下从图

5-3-6 至图 5-3-8 中摘要简化成图 5-3-9,讨论 MCS 准三视图结构特征。

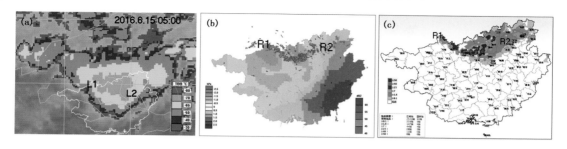

图 5-3-9　2016 年 6 月 15 日 05 时卫星云图(a,IR1)和中尺度变压场(b)
以及 14 日 04—05 时逐 1 小时降雨量分布(c)

根据观测平台的观测视角和方式,近似地以卫星云图为顶视图,雷达回波为平视图,地面降雨量分布为底视图,综合分析 MCS 准三视图结构特征。比较图 5-3-9a 中 MCS 的 −70 ℃ TBB 面积南边缘 L1—L2 位置和形状,与图 5-3-9b 中雷达回波带 R1—R2 及图 5-3-9c 中雨带 R1—R2,可以看到图 5-3-9a 的 TBB−70 ℃ 面南边缘 L1—L2 是 MCS 云顶 TBB 梯度极大地方,正是图 5-3-9b 中强对流雷达回波 R1—R2,也是图 5-3-9c 中较强的对流性强降雨线 R1—R2 所对应部位。这些 MCS 新生对流单体、雷达回波和对流性强降雨分布对应重合地方正是 MCS 结构最为有序区域,也是外部负熵流向 MCS 流入的最强部位。这些对应性充分显示了负熵流与对流性降雨的相关关系。

(5)非常规观测特征的对应性

综合图 5-3-6 至图 5-3-9 分析,发现有如下几个中尺度范围的特征。

①图 5-3-6 中云系 L1—L2 反映出低槽底部是慢速东移南压的,当云系 L1—L2 西南端所指示出的槽底移近桂西北后,图 5-3-7 中桂北和桂中的负变压区进一步加强,两者在时间上有明显的对应关系,这验证了图 1-16 中尺度变压场概念模型的正确性。

②云系上 MCS 起始发生在桂西北境外,移到桂北负变压区上空时才充分发展成熟,且负变压区的加强对 MCS 发展成熟具有超前性。

③对流雷达回波线 R1—R2 主要出现在负变压区北边缘正负变压交界处,证实了这是一种弱冷空气密度流抬升触发机制,在 MCS 发展过程中,对流回波主要出现在负变压区内,与云图上 MCS 云体主要在负变压区内发展相一致。

④对流雨团分布在雨带南边缘,与新生对流单体雷达回波和云顶 TBB 梯度极大值区相对应,显示出 MCS 具有明显的有序结构特征。这些对应性表明,MCS 中新生对流单体、雷达回波和对流性强降雨分布重合地方,是 MCS 结构最为明显有序的地方,这也是负熵流流入最强部位,这些特征佐证了远离平衡态的 MCS 发生发展与负熵流依存关系,也进一步验证了图 1-27 的 MCS 发生发展概念模型的正确性。

5.3.4　信息量

5.3.4.1　相对基准信息量

从第 2 章关于相对基准信息量的计算方法讨论中得知,广西 24 小时晴雨相对基准信息量:$H_r=1$ bit。把表 2-5 中简化,得 3aN 型落区、强度和落时相对基准信息量(表 5-3-1)。

表 5-3-1　3aN 型落区、强度和落时相对基准信息量

	落区	暴雨以上	大暴雨以上	12 h 落时	2 h 落时
信息量(bit)	2.49	2.84	5.06	1.00	2.59

5.3.4.2　预测信息量

预测信息量计算公式(式 2-9、式 2-10)指出,在相对基准信息量已知条件下,预测信息量计算的关键就是求预测概率 P_{rel}。

(1)广西 24 小时晴雨预测信息量

14 日 08 时(图 5-3-2a),近东北—西南向高空槽从华北伸到川东一带,槽底位于 30°N 附近,跨度为 8~10 个纬距;近东北—西南向低空切变线西段位于贵州北部;地面准静止锋位于贵州中部。根据先验概率,这种 3D 配置天气系统未来 24 小时在广西境内产生降雨概率 P_{rel1} >0.9,这里取 P_{rel1} =0.9。

与图 5-3-2a 的高空槽相对应,14 日 08 时卫星云图(图略)高空低槽前云系发展较弱,槽底附近有对流云发展并向东南移动。孟加拉湾云量较多,但中南半岛水汽通道和南海北部水汽源地的云量都很少,水汽供应条件偏差,桂中有处于成熟期的 MCS,云图动画过程显示,MCS 的发展速度很快,强度一般,预计 MCS 将东移衰减。根据云系分析先验概率,当低槽云系移到广西并产生影响时,其降雨概率 P_{rel2} >0.9,这里取 P_{rel2} =0.9。

综合天气图和卫星云图分析,得广西 24 小时晴雨预测概率

$$P_{rel} = 1-(1- P_{rel1})×(1- P_{rel2}) = 1-(1-0.9)×(1-0.9) = 0.99$$

则,预测信息量

$$H_F = P_{rel}×H_r = 0.99×1 ≈ 1(bit)$$

这是 14 日 08 时大尺度天气系统分析所获得的广西 24 小时晴雨预测信息量。

(2)落区预测信息量

①大尺度天气系统的 MCS 降雨落区预测信息量

天气分析实践表明,用大尺度天气系统分析获得的 MCS 降雨落区预测概率一般不高于气候概率。14 日 20 时(图 5-3-2b),大尺度低值天气系统整体东移,其中 700 hPa 低槽西南段南移较快,低空切变线和地面准静止锋移到贵州中南部,在地面准静止锋和低空切变线之间的贵州中南部云系发展旺盛,形成 1 条近东西向短云带。虽然高空槽、低空切变线和地面准静止锋等 3D 配置完整,整个低值系统已移到影响广西的关键区,但广西境内尚无明显对流性降雨出现。依据 14 日 08 时大尺度分析进行 3aN 落区预测,可取的预测概率也只是气候概率,即 P_{rel1} =8/45≈0.18。落区预测信息量

$$H_{F1} = P_{rel1}×H_s = 0.18×2.49 ≈ 0.45(bit)$$

可见,仅用大尺度天气系统分析做分区后的落区预测,落区预测信息量明显不足。

②中尺度天气系统的 MCS 降雨落区预测信息量

14 日 23 时,中尺度变压场与雷达回波合成分析图(图 5-3-7c)显示,随着桂西雷暴高原减弱消失,桂西和桂北的负变压区 N 强度重新增强,对流雷达回波线 R1—R2 移到桂北边界附近,虽然雷达回波线 R1—R2 长度较长,但线性特征不好,弱冷空气渗透式南下特征较为明显,弱冷空气强度偏弱,大幅度南侵可能性较小,这是准静止锋摆动激发对流常见现象;逐 1 小时降雨量分布图(图 5-3-8a)显示,广西境内还没出现对流性降雨。中尺度变压场、雷达回波和降

雨量分布特征指示出,MCS 产生强降雨的落区主要分布在桂北强负变压区 N 范围,其先验概率 $P_{\mathrm{rel2}}=71/73=0.97$,落区预测信息量

$$H_{F2}=P_{\mathrm{rel2}}\times H_s=0.97\times2.49\approx2.42(\mathrm{bit})$$

可见,使用中尺度天气系统分析做分区后的落区预测,预测信息量大幅度增加。

③综合落区预测信息量

把大、中尺度天气系统分析综合后,落区预测概率为

$$P_{\mathrm{rel}}=1-(1-P_{\mathrm{rel1}})\times(1-P_{\mathrm{rel2}})=1-(1-0.18)\times(1-0.97)=0.98$$

落区预测信息量

$$H_{Fs}=P_{\mathrm{rel}}\times H_s=0.98\times2.49\approx2.44(\mathrm{bit})$$

综合后落区预测信息量略为增加。由此看出,对流性强降雨落区预测信息量,主要从中尺度天气系统分析所获得。

(3)落时预测信息量

①12 小时落时预测信息量

14 日 20 时,高空槽、低空切变线移近广西,地面准静止锋已移到桂北边界附近,根据先验概率,广西未来 12 小时会出现降雨的可能性很大,即 14 日 20 时至 15 日 08 时降雨落时预测概率 $P_{\mathrm{rel}}>0.9$,取 $P_{\mathrm{rel}}=0.9$,因此

$$H_F=P_{\mathrm{rel}}\times H_t=0.9\times1=0.9(\mathrm{bit})$$

这是 14 日 20 时大尺度天气分析所获得的 12 小时降雨落时预测信息量。

②2 小时落时预测信息量

14 日 23 时,卫星云图(图 5-3-6c)准静止锋上 MCS 进入发展期后阶段,MCS 南边缘的对流雷达回波线 R1—R2 移到桂北边界,此时虽然广西境内还没有出现对流性降雨,但根据 MCS 发展和南移速度的先验概率,未来 2 小时在广西境内产生对流性降雨概率很大,落时预测概率 $P_{\mathrm{rel}}=71/73=0.97$,落时预测信息量

$$H_{Ft}=P_{\mathrm{rel}}\times H_t=0.97\times2.59\approx2.51(\mathrm{bit})$$

可见,使用非常规观测资料和中尺度分析方法,所获得的落时预测信息量接近 2 h 落时相对基准信息量,基本满足落时预测需求。

(4)强度预测信息量

前文指出,3aN 型采用与 4NE 型相似的强降雨预测信息量提取方法。14 日 23 时,MCS 进入发展期后阶段,此时 $-60\,^{\circ}\mathrm{C}$ 的 TBB 面积 $>20000\ \mathrm{km}^2$,MCS 南边缘又有新对流单体发展起来,预计 MCS 成熟期 $-60\,^{\circ}\mathrm{C}$ 的 TBB 面积 $>20000\ \mathrm{km}^2$,超过"强"级标准。桂北地面中尺度变压场加强形成了结构清晰和完整的强负变压区域 N,为强势场。

MCS 发展程度和地面中尺度变压场为"强+强"组合,根据表 3-1 中降雨强度等级为强的先验概率,得强度预测概率:$P_{\mathrm{rel}}=15/16=0.94$,强度预测信息量

$$H_{Fr}=P_{\mathrm{rel}}\times H_r=0.94\times2.84\approx2.67(\mathrm{bit})$$

(5)综合预测信息量和预测可靠性

根据以上落区、落时和强度预测信息量计算,得综合预测信息量

$$H_F=H_{Fs}+H_{Ft}+H_{Fr}=2.44+2.51+2.67\approx7.62(\mathrm{bit})$$

这就是 3aN 型落区、14 日 23 时为落时和暴雨站数达 100 站以上的预测信息量,预测可靠性为

$$\mu=H_F/H_r=7.62/7.92\times100\%\approx96\%$$

计算表明,基于中尺度分析方法所做出的强降雨预测具有较高可靠性。

5.3.4.3 MCS生命期马尔可夫环状态转移概率和方向

在图2-18马尔可夫环模型中,每个节点状态转移方向均由3个转移概率决定,因此通过对这3个转移概率大小进行排序,以大概率为优先转移方向是一种合理的选择。依此方法,对MCS生命期不同阶段的马尔可夫环转移概率排序,以大概率为转移方向对MCS发展趋势作滚动预测。

14日17时,卫星云图(图5-3-6a)从黔北到长江中游有低槽前带状云系,云带西边有槽后干冷下沉气流控制薄云区,虽然云带长度<10个纬距,但低槽云系结构基本完整,槽底附近的黔北有MCS发展。南海北部、中南半岛等水汽源地和水汽通道云量很少,支持MCS大规模发展水汽条件不好,但有从桂南延伸到福建沿海的低空急流云系,广西上空云量较多,对中、小规模对流发展条件仍能满足;中尺度变压场和雷达回波图合成分析图(图5-3-7a),形成西负、东正,桂西北为强负变压区域N的分布态势,场势较强,对MCS的发展较为有利。综合分析大、中尺度环境场条件,MCS继续发展可能性很大,判断转移概率排序结果为$P_{gg} > P_{gk} > P_{gw}$,马尔可夫环状态转移如图5-3-10所示,即MCS继续保持发展趋势,并向SSE方向移动。

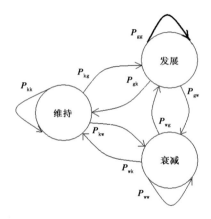

图5-3-10 从发展到发展的马尔可夫环状态转移示意图

(粗黑矢线表示优先转移方向)

14日20—23时,卫星云图(图5-3-6b至图5-3-6c)上大范围云系结构和强度无大变化,槽底前MCS向SSE移动发展,14日23时,MCS移到桂北边界时,MCS云顶光亮,轮廓光洁呈椭圆形,显示出MCS发展期后阶段特征。14日23时,中尺度变压场和雷达回波合成分析图(图5-3-7c),由原来的西负、东正变压分布,向以桂北为强负变压中心区形态转变,形成桂北强负变压区域N,对流雷达回波线R1—R2移近桂北边界,在桂北负变压区中发展进入成熟期可能性很大;逐1小时雨量分布图(图5-3-8a),14日23时广西还没出现对流性降雨。综合分析MCS即将惯性发展入成熟期,此后以维持成熟期为主,判断转移概率排序结果为$P_{gk} > P_{gg} > P_{gw}$,马尔可夫环状态转移如图5-3-11所示,即MCS以维持成熟期特征为主,MCS继续向SSE方向移动。

15日02—05时,卫星云图(图5-3-6d至图5-3-6e)上低槽前云系强度保持,MCS已进入成熟期,主体已移入桂北,南海北部和中南半岛低云量明显增加,向MCS活动区域水汽输送条件增强,有利于MCS维持。中尺度变压场和雷达回波合成分析图(图5-3-7d至图5-3-7e),弧

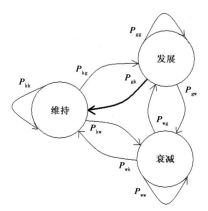

图 5-3-11　由发展转向维持的马尔可夫环状态转移示意图

（粗黑矢线表示优先转移方向）

形雷达回波线 R1—R2 移入桂北强负变压区域 N，对流回波线有增强趋势，但雷达回波线 R1—R2 后并没有强正变压区出现，南侵弱冷空气强度很弱，主要是低空切变线和准静止锋摆动激发对流。逐 1 小时雨量分布图（图 5-3-8b 至图 5-3-8c），降雨带 R1—R2 西段有若干个强对流雨团成弧形线状排列，对流发展相当活跃，雨带 R1—R2 东段基本为低强度的连续性降雨分布，降雨分布特征反映出 MCS 主体主要在西边，上部沿云带轴线向东扩展明显。综合分析 MCS 以维持成熟期为主，判断转移概率排序结果为 $P_{gk} > P_{gg} > P_{gw}$，马尔可夫环状态转移如图 5-3-11 所示，即 MCS 以维持成熟期特征为主，缓慢向 SSE 方向移动。

15 日 08 时，卫星云图（图 5-3-6f）上 MCS 主体已分裂，云团轮廓开始变得较为不规则，云顶面积扩散纤维状明显，MCS 已进入衰减期；中尺度变压场和雷达回波合成分析图（图 5-3-7f），原桂东北正变压区已转变为负变压区，整个中尺度变压场已由"西负东正"转变为"北负南正"分布态势，雷达回波线 R1—R2 原紧密排列的线状已变得稀疏零散，MCS 已进入衰减期；逐 1 小时雨量分布图（图 5-3-8d），雨带 R1—R2 西段对流性雨团个数大为减少，排列变得稀疏，弧线断裂，MCS 已进入衰减期。综合分析 MCS 已进入衰减期，转移概率排序结果为 $P_{kw} > P_{kk} > P_{kg}$，马尔可夫环状态转移如图 5-3-12 所示，即 MCS 进入衰减期，强度逐渐减弱直至消亡。

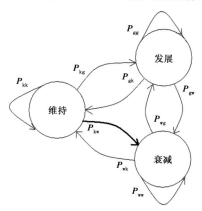

图 5-3-12　由维持转向衰减的马尔可夫环状态转移示意图

（粗黑矢线表示优先转移方向）

5.3.4.4 MCS 生命期中 TBB 面积和降雨强度时间分布特征

从 14 日 17 时对流云细胞生成,到 15 日 10 时 MCS 主体基本崩溃的各级别 TBB 面积变化,以及降雨强度变化曲线如图 5-3-13 所示。

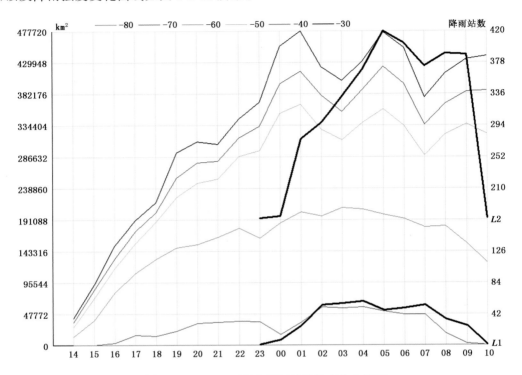

图 5-3-13　TBB 面积和降雨总站数变化曲线图

(横坐标为时间;纵坐标为 TBB 面积(km²)和降雨站数;粗黑实线 $L1$,暴雨及以上级别降雨总站数;

粗黑实线 $L2$,大雨及以下级别降雨总站数)

MCS 生命期分为发展期、成熟期和衰减期,图 5-3-13 中的 TBB 曲线变化特征从形态上反映了 MCS 发展变化特征。

(1)MCS 发展期

14 日 14—23 时为 MCS 发展期,−60 ℃级别以上 TBB 面积曲线增长较快,但代表 MCS 云体顶部的−70、−60 ℃ TBB 面积曲线上升相对较慢,显示出环境场条件不利于对流强烈发展。

(2)MCS 成熟期

14 日 23 时至 15 日 08 时为 MCS 成熟期。这一阶段−70、−60 ℃ TBB 面积曲线展示出明显的顶部特征。10 日 08 时后−70、−60 ℃ TBB 面积曲线开始快速下降后,其他温度级别 TBB 面积曲线下降时间延后,这是由于 MCS 顶部降低或坍塌后,MCS 主体中下部云层还在扩展所致。

(3)MCS 衰减期

15 日 08 时后 MCS 进入衰减期,−70 ℃ TBB 面积曲线快速下降到达零值,−60 ℃ TBB 面积曲线也快速下降,其他温度级别 TBB 面积曲线下降延后。

（4）降雨强度曲线变化特征

MCS 发展进入成熟期后，暴雨及以上级别降雨总站数曲线 L1 与－70 ℃TBB 面积曲线走势基本一致，表明对流性强降雨主要是 MCS 主体强烈发展过程中产生的，这也反映了负熵流强度与对流性降雨强度的密切关系。降雨总站数曲线 L2 与－30、－40 ℃TBB 面积曲线走势相似，但上升段时间延后，峰值阶段基本一致。

从以上分析可知，TBB 曲线变化特征佐证了 MCS 生命期马尔可夫环状态转移概率和方向的合理性。

5.4 TTNSNS-3aMS-20160615-0616

5.4.1 概况

2016 年 6 月 15—16 日受高空槽、低空切变线和地面准静止锋的共同影响，从桂西到桂东北出现了带状的强降雨，24 小时降雨量达暴雨以上量级的达 461 站，占 3aM 分型区域自动站总数的 51%，约占全广西区域自动站总数的 17%。这次强降雨过程的天气系统配置、卫星云图特征、地面中尺度变压场和雷达回波叠加、地面降雨分布如图 5-4-1 所示。

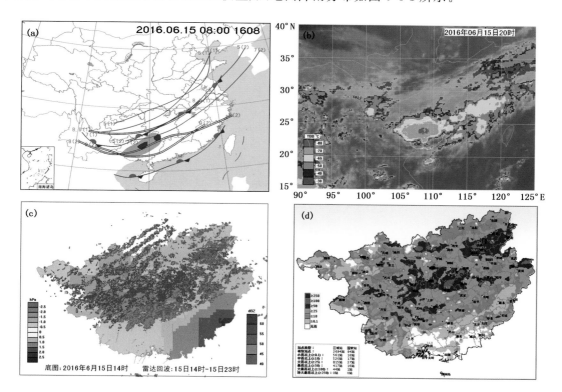

图 5-4-1 2016 年 6 月 15—16 日桂东北强降雨过程天气系统配置（a）、卫星云图（b，IR1）、中尺度变压场和雷达回波叠加（c）、15 日 08 时—16 日 08 时降雨分布（d）（a：棕实线为槽轴，双线为切变线，齿线为准静止锋；5 表示 500 hPa，余类推；时间表示：(1)代表 15 日 08 时；(2)代表 16 日 08 时）

造成这次强降雨过程的天气系统配置特点是高空槽东移,槽底抵近桂北,低空切变线从黔中南移到桂中一带,地面准静止锋由黔南移到南海北部(图5-4-1a),在高空槽槽底前有MCS强烈发展并向东南方向移向桂中(图5-4-1b),在桂中强负变压区中,NE—SW向的对流雷达回波线移入桂中负变压区中,并形成全覆盖状(图5-4-1c),最终造成了桂西到桂东北带状强降雨(图5-4-1d)。

5.4.2 负熵源和负熵汇机制

5.4.2.1 大尺度天气系统负熵源结构和演变特征

造成6月15—16日强降雨过程的大尺度天气系统负熵源结构和演变过程如图5-4-2所示。

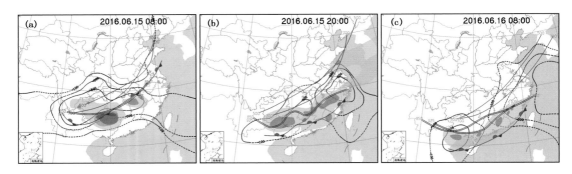

图5-4-2 大尺度天气系统负熵源结构和演变过程特征

(粗实线为槽轴线;双实线为切变线;齿线为准静止锋;等值线为等垂直上升速度线;
蓝双线箭头为700 hPa急流轴;红双线箭头为850 hPa急流轴;浅阴影区为云系,
深阴影区为对流云区;红色区域为地面中尺度负变压区)

15日08时(图5-4-2a),500、700 hPa各有1条NE—SW向的低槽位于山东半岛到黔西滇北一带,跨度>15个纬距,低槽西南段槽前有对流云系发展,850、925 hPa切变线已移到桂北边界附近,地面准静止锋西段已移入桂西北。从北部湾到福建北部有低空急流。

15日20时(图5-4-2b),500、700 hPa高空槽在东移过程中,槽底抵近桂西北,低空切变线西南段已移入桂西北,地面准静止锋西段南移到桂西,高空槽前云系已发展成1条从滇东延伸到朝鲜半岛的长云带,槽底前云带有对流云旺盛发展。先前从北部湾到福建北部的低空急流减弱消失。

16日08时(图5-4-2c),500、700 hPa低槽继续东移,槽底已南压到桂北一带,850、925 hPa切变线南压到桂南沿海,地面准静止锋已出海,低槽前云带南移到北部湾到东南沿海一带,云带上云系发展程度减弱,对流活动也明显减弱。

15日08时到16日08时,这个由高空槽、低空切变线和地面准静止锋组成的天气系统,槽后有干冷偏北下沉气流,槽前有暖湿偏南上升气流,是明显偏离平衡态的有序低熵值天气系统结构,构成了暴雨MCS发生发展所必需的负熵源。

5.4.2.2 边界层辐合增强形成负熵汇

从图5-4-2分析可知,因为低熵值环境场的调整导致MCS发生发展,图5-4-1c又显示

MCS 主要在中尺度负变压区内发生发展。由此可以推知,地面中尺度负变压区的形成与低熵值环境场调整密切相关,尤其是低槽前低层大气运动与下垫面摩擦辐合效应,对中尺度负变压区的形成有重要作用,这种摩擦辐合效应由以下图 5-4-3 分析而证实。

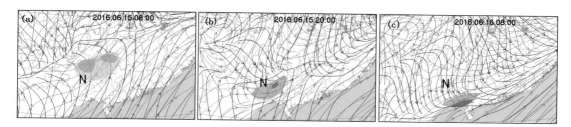

图 5-4-3　中低空三层流线分析图
（红矢线:700 hPa;蓝矢线:850 hPa;黑矢线:925 hPa）

15 日 08 时(图 5-4-3a),广西处于高空低槽前、低空切变线和地面准静止锋南侧,在图 5-4-3a 中 N 处 700 hPa 流线为 SW—NE 流向,850 hPa 流线与 700 hPa 流线交角>45°,925 hPa 流线与 700 hPa 流线交角>60°,由 1.4.2 节分析可知,低层的摩擦辐合作用相当明显,致使桂北形成了强负变压区。

15 日 20 时(图 5-4-3b),由于高空槽槽底移进桂北,图中 N 处低层已为弱冷空气入侵,925、850 hPa 流线转为偏北流向,强辐合区位于桂西南和桂中一带,相应地负变压区被压缩成从桂西南伸向桂中的带状。

16 日 08 时(图 5-4-3c),随着低槽继续东移南压,除桂南沿海外广西大部为槽后偏北下沉气流控制,925、850 hPa 流线转为偏北流向,仅在沿海残留负变压区。

通过以上分析可以推断,由于槽底前暖输送带起始段与下垫面的摩擦辐合效应,导致暖湿空气辐合堆积增强而在地面形成中尺度负变压区。地面中尺度负变压区是一种有序结构形态,表明地面中尺度变压场的熵值减小,是地面中尺度变压场从准平衡态弱场势向非平衡强场势有序态转变的结果。但中尺度变压场熵值减小是不能自发进行的,要靠系统外负熵流的输入,这种负熵流来自于低熵值的大尺度环境场。槽底前低层暖湿空气通过与下垫面摩擦辐合作用,导致地面辐合中心暖湿空气堆积气压下降,与辐合区外的气压梯度增大,使得暖湿空气从正变压区向负变压区流动,形成质量流和热量流,然后向高层低温环境输送,使负变压区上空气柱获得负熵,这过程相当于把低熵值环境场的负熵向辐合区输送,起到负熵汇效应。

5.4.2.3　中尺度变压场演变特征

上小节分析指出,槽底前暖输送带起始段与下垫面的摩擦辐合效应是地面中尺度负变压区形成的主要原因,这种摩擦辐合是一个连续性过程,与此对应的地面中尺度负变压区的形成也会有一个渐变过程,图 5-4-4 显示了这个过程的中尺度变压场演变特征。

15 日 11 时(图 5-4-4a),受高空槽槽底移近影响,广西整个中尺度变压场分布态势,除桂北有雷暴高压残留小范围正变压区外,桂北、桂中为大片负变压区,负变压区内盛行偏南气流,桂东和桂南为正变压区。

15 日 14 时(图 5-4-4b),随着高空槽槽底移近影响加强,桂西北和桂中负变压区进一步加强,桂东北仍受雷暴高压残留影响为弱正变压区。槽底前发展起来的对流雷达回波线已抵达桂西北边界,并继续加强并向 SE 方向移动。

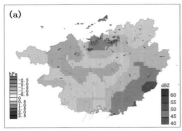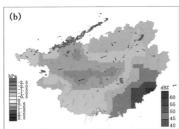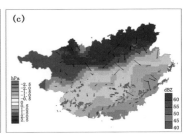

图 5-4-4　中尺度变压场演变特征

(a:15 日 11 时;b:15 日 14 时;c:16 日 02 时)

16 日 02 时(图 5-4-4c),随着高空槽东移,槽后弱冷空气以整体推进方式南侵,桂北桂中已演变为强正变压区,正变压区内主要吹偏北风,仅在桂南和桂东南边界附近残留有负变压区,原低槽槽底前发展起来的 MCS 已消亡,广西境内仅有零星的弱对流雷达回波。

从 15 日 11 时到 16 日 02 时,由于低熵值环境场变化的影响,广西地面中尺度变压场经历了一个"强—弱"的变化过程,在强中尺度负变压区形成后,MCS 在负变压区中发生发展,造成从桂西南延伸到桂东北的带状强降雨过程。

5.4.3　MCS 发生发展过程

5.4.3.1　对流触发和传播发展

15 日 14 时后,当弱冷空气入侵到桂北和桂中负变压区时,弱冷空气把负变压区的暖湿空气抬升到自由对流高度从而触发对流运动,这次过程较为明显的对流触发和对流传播发展如图 5-4-5 所示。

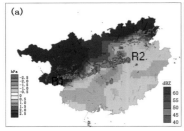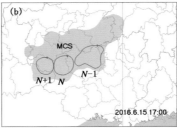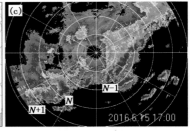

图 5-4-5　对流触发(a)和传播发展(b,c)

(a:15 日 20 时中尺度变压场;b:15 日 17 时卫星云图素描,闭合线表示对流云体,阴影区为 MCS 云体范围;

c:15 日 17 时河池雷达站组合反射率回波;N+1 为新生对流单体,N 为成熟期对流单体,

N-1 为衰减期对流单体)

图 5-4-5a 中,雷达回波线 R1—R2 位于正、负变压区交界处,显示出这是由于弱冷空气的入侵抬升负变压区中的暖湿空气而触发对流运动,是一种密度流抬升触发机制。图 5-4-5b 是卫星云图上分析出的 MCS 和对流单体排列,图 5-4-5c 是雷达回波分析出的对流单体排列,两图中新生对流单体都是排在旧单体西边,对流单体沿云带轴线东北移,而 MCS 整体向南移,由此可见,对流发展是后向传播发展机制。

5.4.3.2　MCS 发生发展过程中的非常规观测特征

卫星云图清晰显示了强降雨 MCS 发生发展过程,结合地面中尺度变压场、雷达回波和逐 1 小时降雨量分布,较为完整地表现了 MCS 发生发展过程中非常规观测特征。

（1）卫星云图演变特征

这次强降雨过程中,在降雨前后卫星云图上云系发生了明显变化,以下通过分析卫星云图云系的演变特征（图 5-4-6）,更深入了解强降雨 MCS 发生发展过程大、中尺度环境场的演变过程。

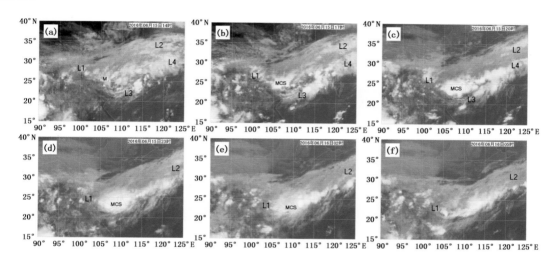

图 5-4-6　MCS 发生发展过程中卫星云图（IR1）

（a:15 日 14 时;b:15 日 17 时;c:15 日 20 时;d:15 日 23 时;e:16 日 02 时;f:16 日 05 时）

15 日 14 时（图 5-4-6a）,从黔西到黄海有低槽前发展旺盛的带状云系 L1—L2,这是暖湿空气被暖输送带向东北运动过程中抬升凝结成云的明显特征;云带 L1—L2 北边有大片薄云区,这是槽后干冷下沉气流控制区域;在槽底前的黔南有对流云细胞 M 生成。我国近东南沿海云系 L3—L4 与天气图上的低空急流有对应关系,可知这是低空急流激发形成的云系。

15 日 17 时（图 5-4-6b）,带状云系 L1—L2 维持并慢速东移,槽底附近对流云细胞已发展成 MCS 并移入桂西北,此时 MCS 体积不大,主体呈椭圆形、轮廓线光洁整齐,MCS 还处于发展期。低空急流云系 L3—L4 已较之前加强并东移到东南沿海。

15 日 20—23 时（图 5-4-6c 至图 5-4-6d）,带状云系 L1—L2 继续维持并慢速东移,MCS 已发展至体积较大,主体呈椭圆形,云顶更加光亮,轮廓线光洁整齐,显示出 MCS 已进入成熟期,MCS 主体已移到桂北和桂中。在这时段中,低空急流云系 L3—L4 逐渐减弱消失。

16 日 02—05 时（图 5-4-6e 至图 5-4-6f）,带状云系 L1—L2 仍维持并慢速东移,MCS 主体已开始分裂,原来呈椭圆形的云团轮廓开始变得较不规则,云顶面积扩散纤维状更明显,表明 MCS 已进入衰减期。

（2）中尺度变压场和雷达回波演变特征

系列化的中尺度变压场和雷达回波合成分析（图 5-4-7）,以更多的事实展示了中尺度负变压区形成加强,以及对流触发过程中的细节特征,有助于更深刻认识 MCS 发生发展与中尺度环境场关系。

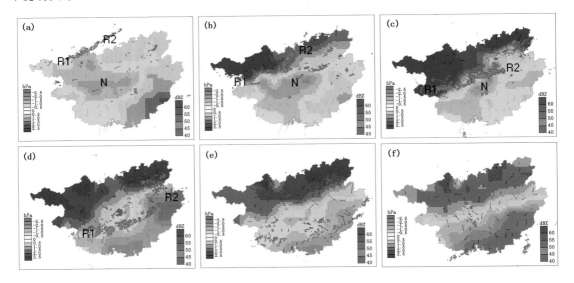

图 5-4-7　MCS 发生发展过程中地面中尺度变压和雷达回波叠加分析图
（a：15 日 14 时；b：15 日 17 时；c：15 日 20 时；d：15 日 23 时；e：16 日 02 时；f：16 日 05 时）

15 日 14 时（图 5-4-7a），因槽底前低层暖湿气流堆积降压作用，除桂东北外，桂西北和桂中大部为中等强度椭圆形负变压区所占据，NE—SW 向的对流雷达回波线 R1—R2 已移到桂北边界附近。

15 日 17 时（图 5-4-7b），弱冷空气以整体推进方式入侵到桂北，桂西北负变压区已转变为强正变压区，被压缩后的桂中负变压区 N 略有加强；位于正变压区前沿的 NE—SW 向的对流雷达回波线 R1—R2，已随正变压区的南扩移到桂西到桂北一带，雷达回波强度较图 5-4-7a 略有加强，线性状保持，表现出 MCS 发展期后阶段特征。

15 日 20—23 时（图 5-4-7c 至图 5-4-7d），这时段显示了 MCS 发展到成熟期的前、后阶段明显特征。20 时，弱冷空气入侵所形成的正变压区强度达到最强，位于正、负变压区交界处的对流雷达回波线 R1—R2 强度也达最强，桂中负变压区大部被填塞，这是 MCS 发展最强盛时期。23 时，桂北正变压区南扩趋势停止、强度变弱，对流雷达回波线 R1—R2 强度明显减弱，入侵弱冷空气呈现出减弱趋势，表明 MCS 已进入成熟期后阶段。

16 日 02—05 时（图 5-4-7e 至图 5-4-7f），桂北正变压区面积基本维持，但强度呈减弱趋势，对流雷达回波线 R1—R2 已消失，桂南负变压区中仅出现一些零星的对流雷达回波，MCS 已渐趋衰亡消失。

（3）逐 1 小时降雨量分布演变特征

第 1 章中已指出，对流性降雨强度与负熵流具有等价关系。因此，通过分析逐 1 小时降雨分布特征，既可以反演 MCS 发展变化过程（图 5-4-8），实质也是分析负熵流强度变化特征。

15 日 14 时（图 5-4-8a），槽底前发展起来的对流云移近桂西北，在桂北边界和桂东北局地出现弱降雨，广西内地无明显降雨。

15 日 17 时（图 5-4-8b），随着 MCS 移入桂西北，在桂西北产生近 E—W 向强降雨线 R1—R2，雨线上有小规模的对流雨团稀疏分布其中，雨线 R1—R2 后面还没出现成片的弱降雨分

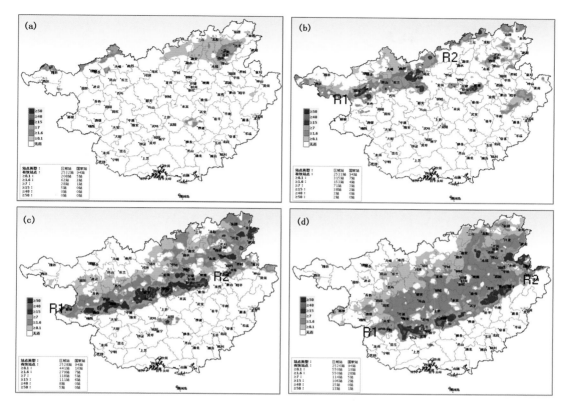

图 5-4-8 MCS 发生发展过程中逐 1 小时降雨量分布图
（a：15 日 13—14 时；b：15 日 16—17 时；c：15 日 19—20 时；d：15 日 22—23 时）

布，MCS 扩展层状云产生的连续性弱降雨尚不明显，表明 MCS 还处在发展期后阶段。

15 日 20 时（图 5-4-8c），强降雨线 R1—R2 已移到桂西和桂中一带，雨线上分布的对流雨团数量增多、强度增强，雨线 R1—R2 后面已出现成片的弱降雨分布，这是 MCS 成熟期扩展层状云产生的连续性弱降雨，此时段 MCS 降雨达最强阶段。

15 日 23 时（图 5-4-8d），强降雨线 R1—R2 继续南移，但显现出减弱、断裂趋势，后部的大片层状云连续性降雨区的面积增大，这些特征表明 MCS 已进入成熟期后阶段。

（4）MCS 准三视图结构特征和负熵流

以上对 MCS 发展过程中的非常规观测特征进行了分析，为了多视角的整体性，以下从图 5-4-6 至图 5-4-8 中摘要简化成图 5-4-9，讨论 MCS 准三视图结构特征。

根据观测平台的观测视角和方式，近似地以卫星云图为顶视图，雷达回波为平视图，地面降雨量分布为底视图，综合分析 MCS 准三视图结构特征。比较图 5-4-9a 中 MCS 南边缘 L1—L2 位置和形状，与图 5-4-9b 中雷达回波带 R1—R2 及图 5-4-9c 中雨带 R1—R2，可以看到图 5-4-9a 南边缘 L1—L2 是 MCS 云顶 TBB 梯度最大地方，正是图 5-4-9b 中强对流雷达回波 R1—R2，也是图 5-4-9c 中较强的对流性雨团 R1—R2 所在部位。这些 MCS 新生对流单体、雷达回波和对流性强降雨分布对应重合地方正是 MCS 结构最为有序区域，也是外部负熵流向 MCS 流入的最强部位。这些对应性充分显示了负熵流与对流性降雨的相关关系。

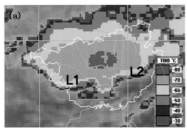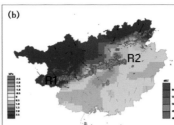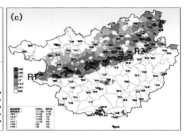

图 5-4-9　2016 年 6 月 15 日 20 时卫星云图(a,IR1)和中尺度变压场(b)
以及 15 日 19—20 时逐 1 小时降雨量分布(c)

(5)非常规观测特征的对应性

综合图 5-4-6 至图 5-4-9 分析,发现有如下几个中尺度范围的特征。

①图 5-4-6 中云带 L1—L2 反映出低槽底部是慢速东移南压的,当云带 L1—L2 西南端所指示出的槽底移近桂西北后,图 5-4-7 中桂北和桂中的负变压区进一步加强,两者在时间上有明显的对应关系,这验证了图 1-16 中尺度变压场概念模型的正确性。

②云带上 MCS 起始发生在桂西北境外,移到桂北负变压区上空时才充分发展成熟,且负变压区的加强对 MCS 发展成熟具有超前性。

③对流雷达回波线 R1—R2 主要出现在负变压区北边缘正负变压交界处,证实了这是一种弱冷空气密度流抬升触发机制,在 MCS 发展过程中,对流回波主要出现在负变压区内,与云图上 MCS 云体主要在负变压区内发展相一致。

④对流雨线 R1—R2 出现在雨区南边缘,与对流雷达回波线 R1—R2 和云顶 TBB 梯度极大值区 L1—L2 相对应。这些对应性表明,MCS 中新生对流单体、雷达回波和对流性强降雨重合地方,是 MCS 结构最为明显有序的地方,这也是负熵流流入最强部位,这些特征佐证了远离平衡态的 MCS 发生发展与负熵流依存关系,也进一步验证了图 1-27 的 MCS 发生发展概念模型的正确性。

5.4.4　信息量

5.4.4.1　相对基准信息量

从第 2 章关于相对基准信息量的计算方法讨论中得知,广西 24 小时晴雨相对基准信息量:$H_r=1$ bit;把表 2-5 中简化,得 3aM 型落区、强度和落时相对基准信息量(表 5-4-1)。

表 5-4-1　3aM 型落区、强度和落时相对基准信息量

	落区	暴雨以上	大暴雨以上	12 h 落时	2 h 落时
信息量(bit)	2.03	1.47	4.06	1.00	2.59

5.4.4.2　预测信息量

预测信息量计算公式(式 2-9、式 2-10)指出,在相对基准信息量已知条件下,预测信息量计算的关键就是求预测概率 P_{rel}。

(1)广西 24 小时晴雨预测信息量

15 日 08 时,天气图(图 5-4-2a)上高空深槽槽底位于黔西滇北一带,低空切变线已移到桂北边界附近,地面准静止锋西段已移入桂西北。根据先验概率,这种 3D 配置天气系统未来 24 小时在广西境内产生降雨概率 $P_{rel1}>0.9$,这里取 $P_{rel1}=0.9$。

与图 5-4-2a 的高空槽相对应,卫星云图(图略)也有结构完整的低槽云系,低槽前发展旺盛云带南边缘已达桂北边界。根据云系分析先验概率,当这种低槽云系移到广西并产生影响时,其降雨概率 $P_{rel2}>0.9$,这里取 $P_{rel2}=0.9$。

综合天气图和卫星云图分析,得广西 24 小时晴雨预测概率

$$P_{rel}=1-(1-P_{rel1})\times(1-P_{rel2})=1-(1-0.9)\times(1-0.9)=0.99$$

则,预测信息量

$$H_F=P_{rel}\times H_r=0.99\times1\approx1(bit)$$

这是 15 日 08 时大尺度天气系统分析所获得的广西 24 小时晴雨预测信息量。

(2)落区预测信息量

①大尺度天气系统的 MCS 降雨落区预测信息量

天气分析实践表明,用大尺度天气系统分析获得的 MCS 降雨落区预测概率一般不高于气候概率。15 日 08 时,虽然高空深槽已移到贵州中南部,低空切变线已移到桂北边界附近,地面准静止锋西段已移入桂西北,除桂东北正处于减弱东移 MCS 产生降雨外,广西境内尚无明显对流性降雨出现。使用 15 日 08 时天气图分析做 3aM 落区预测,可取的预测概率也只是气候概率,即 $P_{rel1}=11/45=0.24$。预测信息量

$$H_{F1}=P_{rel1}\times H_S=0.24\times2.03\approx0.49(bit)$$

由此可见,仅用大尺度天气系统分析做分区后的落区预测,预测信息量是明显不足。

②中尺度天气系统的 MCS 降雨落区预测信息量

15 日 14 时,中尺度变压场与雷达回波合成分析图(图 5-4-7a),以及逐 1 小时降雨量分布图(图 5-4-8a)上,有 2 个比较明显的中尺度特征:桂中形成椭圆形负变压区 N,构成强场势的中尺度变压场,对流雷达回波线 R1—R2 已移到桂北边界附近;桂西北边界上出现了与对流雷达回波线 R1—R2 相对应的对流性降雨,桂东北正在东移衰减中的 MCS 后期降雨接近结束。中尺度变压场、雷达回波和降雨量分布特征指示出,槽底前新生 MCS 产生强降雨的落区主要分布在桂中负变压区 N 范围,其先验概率 $P_{rel2}=71/73=0.97$,落区预测信息量

$$H_{F2}=P_{rel2}\times H_s=0.97\times2.03\approx1.97(bit)$$

由此可见,使用中尺度天气系统分析做分区后的落区预测,预测信息量大幅度增加。

③综合落区预测信息量

把大、中尺度天气系统分析综合后,落区预测概率为

$$P_{rel}=1-(1-P_{rel1})\times(1-P_{rel2})=1-(1-0.24)\times(1-0.97)=0.98$$

落区预测信息量

$$H_{Fs}=P_{rel}\times H_s=0.98\times2.03\approx1.99(bit)$$

综合后预测信息量略有增加。由此进一步看出,对流性强降雨落区预测信息量,主要从中尺度天气系统分析所获得。

(3)落时预测信息量

①12 小时落时预测信息量

15 日 08 时,低空切变线已移到桂北边界附近,地面准静止锋西段已移入桂西北,低槽前

云系发展旺盛,大尺度环境场降雨条件良好,未来 12 小时受高空槽、低空切变线和地面准静止锋共同影响,广西将会出现降雨可能性很大,15 日 08—20 时降雨落时预测概率 $P_{rel} \approx 1$,由此得

$$H_F = P_{rel} \times H_t = 1 \times 1 \approx 1(bit)$$

这就是从 15 日 08 时大尺度天气分析所获得的 12 小时降雨落时预测信息量。

②2 小时落时预测信息量

15 日 08 时,虽然高空槽、低空切变线和地面准静止锋组成的大尺度天气系统移近广西,未来 12 小时广西境内会出现降雨概率很大,但大尺度天气系统对 MCS 发生时间的预测概率是近似等概率分布,对 2 小时分辨率的落时预测概率仅为 $P_{rel} = 0.17$,落时预测信息量

$$H_F = P_{rel} \times H_t = 0.17 \times 2.59 \approx 0.44(bit)$$

可见,大尺度分析方法所获得的落时预测信息量太少,需要利用卫星、自动站、雷达等中尺度信息量丰富观测资料,使用中尺度分析获得更多的落时信息量。

15 日 14 时,槽底前近桂西北有对流云发展(即图 5-4-6a 中的 M),桂北边界附近出现了线性良好的强对流雷达回波线 R1—R2(图 5-4-7a),桂西北边界局地出现了对流性降雨(图 5-4-8a),表明高空槽、低空切变线和地面准静止锋系统的影响开始,显现对流性降雨开始的明显特征。根据先验概率,落时预测概率 $P_{rel} = 71/73 = 0.97$,落时预测信息量

$$H_{Ft} = P_{rel} \times H_t = 0.97 \times 2.59 \approx 2.51(bit)$$

由此可见,使用非常规观测资料和中尺度分析方法,所获得的落时预测信息量接近 2 h 落时相对基准信息量,基本满足落时预测需求。

(4)强度预测信息量

15 日 14 时,强降雨开始前,卫星云图(图 5-4-6a)低槽前云系发展旺盛且稳定(强度指数 97),表明槽前上升气流较强和水汽充沛;槽后干冷下沉气流控制区边界明显,低槽云系结构特征完整;水汽源地、水汽通道和广西上空云层浓密,覆盖率达 80% 以上,水汽供应条件良好。地面中尺度变压场(图 5-4-7a)形成结构清晰和完整的负变压中心区域 N,为强势场。

低槽云系结构和地面中尺度变压场为"强+强"组合,根据表 3-1 中降雨强度等级为强的先验概率,得强度预测概率:$P_{rel} = 15/16 = 0.94$,强度预测信息量

$$H_{Fr} = P_{rel} \times H_r = 0.94 \times 1.47 \approx 1.38(bit)$$

(5)综合预测信息量和预测可靠性

根据以上落区、落时和强度预测信息量计算,得综合预测信息量

$$H_F = H_{Fs} + H_{Ft} + H_{Fr} = 1.99 + 2.51 + 1.38 = 5.88(bit)$$

这就是 3aM 型落区、15 日 14 时为强降雨落时、暴雨站数达 400 站以上的预测信息量,预测可靠性为

$$\mu = H_F/H_r = 5.88/6.09 \times 100\% = 96\%$$

计算表明,基于中尺度分析方法所做出的强降雨预测具有较高可靠性。

5.4.4.3 MCS 生命期马尔可夫环状态转移概率和方向

在图 2-18 马尔可夫环模型中,每个节点状态转移方向均由 3 个转移概率决定,因此通过对这 3 个转移概率大小进行排序,以大概率为优先转移方向是一种合理的选择。依此方法,对 MCS 生命期不同阶段的马尔可夫环转移概率排序,以大概率为转移方向对 MCS 发展趋势作滚动预测。

15 日 14 时,卫星云图(图 5-4-6a)低槽云系结构完整,云系发展强盛,黔西南近桂西北处的对流云细胞(M)具有优良的发展环境条件;中尺度变压场和雷达回波合成分析图(图 5-4-7a),桂西北和桂中为中等强度负变压区,对流雷达回波线 R1—R2 已移到桂北边界附近;逐 1 小时雨量分布图(图 5-4-8a)上,桂北边界和桂东北局地出现对流性降雨。大、中尺度环境场非常有利对流发展,对流云细胞继续发展成为 MCS 的可能性很大,由此可得转移概率排序结果为 $P_{gg} > P_{gk} > P_{gw}$,马尔可夫环状态转移如图 5-4-10 所示,即对流云细胞继续保持快速发展趋势,并随云带向东南方向移动。

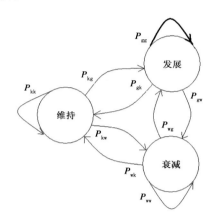

图 5-4-10   从发展到发展的马尔可夫环状态转移示意图
(粗黑矢线表示优先转移方向)

15 日 17 时,卫星云图(图 5-4-6b)上对流云细胞已发展成 MCS,处于发展期的 MCS 发展环境条件优良,仍将保持快速发展趋势;中尺度变压场和雷达回波合成分析图(图 5-4-7b),桂西北负变压区已转变为强正变压区,对流雷达回波线 R1—R2 随正变压区的南扩移到桂西到桂北一带;逐 1 小时雨量分布图(图 5-4-8b),桂西北产生强降雨线 R1—R2,雨线 R1—R2 后面还没出现成片的弱降雨分布。中尺度分析表明,MCS 处于发展期后阶段,发展环境条件良好,判断转移概率排序结果为 $P_{gg} > P_{gk} > P_{gw}$,马尔可夫环状态转移如图 5-4-10 所示,即 MCS 继续保持快速发展趋势,并随云带向东南方向移动。

15 日 20 时,卫星云图(图 5-4-6c),MCS 主体已移入桂西北,MCS 体积较大,云顶光亮,轮廓整洁,MCS 处于发展期后阶段;中尺度变压场和雷达回波图(图 5-4-7c),弱冷空气入侵所形成的正变压区强度达到最强,对流雷达回波线 R1—R2 强度也达最强,桂中负变压区大部被填塞,这是 MCS 发展最强盛时期;逐 1 小时雨量分布图(图 5-4-8c),强降雨线 R1—R2 已移到桂西和桂中一带,雨线增强,雨线后已出现成片的弱降雨分布,MCS 降雨已达极强阶段。有利于 MCS 的大、中尺度环境场条件继续保持,由此判断转移概率排序结果为 $P_{gk} > P_{gg} > P_{gw}$,马尔可夫环状态转移如图 5-4-11 所示,即 MCS 以维持成熟期特征为主,随云带向东南方向慢速移动。

15 日 23 时,卫星云图(图 5-4-6d)处于成熟期的 MCS 主体已移到桂北和桂中,MCS 云顶亮度开始降低,边缘变得毛糙,中下部低云开始扩散,显示出 MCS 成熟期末特征;中尺度变压场和雷达回波图(图 5-4-7d),桂北正变压区南扩趋势停止、强度变弱,入侵弱冷空气呈现出减弱趋势,对流雷达回波线 R1—R2 强度明显减弱,MCS 已进入成熟期后阶段;逐 1 小时雨量

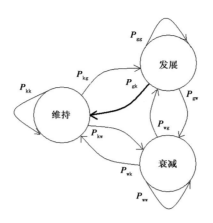

图 5-4-11 由发展转向维持的马尔可夫环状态转移示意图

（粗黑矢线表示优先转移方向）

图（图 5-4-8d）上，强降雨线 R1—R2 显现出减弱、断裂趋势，后部的大片层状云连续性降雨区的面积增大，这是 MCS 成熟期末特征。所有这些现象表明 MCS 即将由成熟期进入衰减期，转移概率排序结果为 $P_{kw} > P_{kk} > P_{kg}$，马尔可夫环状态转移如图 5-4-12 所示，即 MCS 强度逐渐减弱直至消亡。

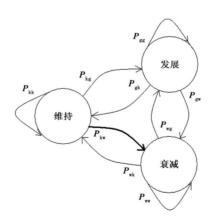

图 5-4-12 由维持转向衰减的马尔可夫环状态转移示意图

（粗黑矢线表示优先转移方向）

5.4.4.4 MCS 生命期中 TBB 面积和降雨强度时间分布特征

从 15 日 14 时对流云细胞在卫星云图上出现开始，到 16 日 05 时 MCS 基本消亡的各级别 TBB 面积变化，以及降雨强度变化曲线如图 5-4-13 所示。

MCS 生命期分为发展期、成熟期和衰减期，图 5-4-13 中的 TBB 曲线变化特征从形态上反映了 MCS 发展变化特征。

（1）MCS 发展期

从 15 日 14 时对流云细胞开始出现到 15 日 19 时 MCS 快速发展时期，各级别 TBB 面积曲线快速上升。明显特征是：代表对流发展强度的－70 ℃ TBB 面积曲线上升位相比其他级别

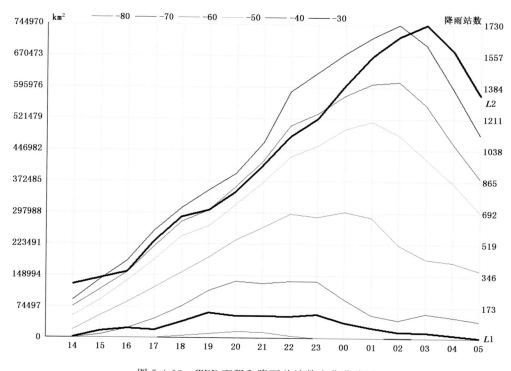

图 5-4-13　TBB 面积和降雨总站数变化曲线图

（横坐标为时间；纵坐标为 TBB 面积（km²）和降雨站数；粗黑实线 L1，暴雨及以上级别降雨总站数；粗黑实线 L2，大雨及以下级别降雨总站数）

曲线位相超前。

（2）MCS 成熟期

15 日 19 时到 16 日 00 时为 MCS 发展极强盛阶段，这一阶段－70 ℃ TBB 面积曲线展示出明显的顶部特征，增长趋势是先减弱后趋于停止，而其他级别 TBB 面积曲线仍呈快速上升趋势，这是由于 MCS 主体中下部云层连续扩展所致。

（3）MCS 衰减期

16 日 00 时后 MCS 进入衰减期，MCS 顶部的－70 ℃ TBB 面积曲线首先开始下降，其他级别 TBB 面积曲线下降时间滞后，这是因为 MCS 对流减弱后先是 MCS 顶部降低或坍塌，而 MCS 云体中下部的云层仍继续扩散，所以 TBB 面积曲线峰值出现时间顺序延后。

（4）降雨强度曲线变化特征

MCS 发展进入成熟期后，暴雨及以上级别降雨总站数曲线 L1 与－70 ℃ TBB 面积曲线走势相似，具有明显的峰值特征，表明对流性强降雨主要在 MCS 主体强烈发展过程中产生，这也反映了负熵流强度与对流性降雨强度的密切关系。降雨总站数曲线 L2 与－30、－40 ℃ TBB 面积曲线走势基本一致，表明了降雨范围与 MCS 扩展范围相对应。

从以上分析可知，TBB 曲线变化特征佐证了 MCS 生命期马尔可夫环状态转移概率和方向的合理性。

5.5 TTNSNS-3aMS-20150515-0516

5.5.1 概况

2015 年 5 月 15—16 日受高空槽、低空切变线和地面准静止锋的共同影响,从桂西南到桂东北出现了带状强降雨,24 小时降雨量达暴雨以上量级的有 548 站,占 3aM 分型区域自动站总数的 61%,约占全广西区域自动站总数的 20%。这次强降雨过程的天气系统配置、卫星云图特征、地面中尺度变压场和雷达回波叠加、地面降雨分布如图 5-5-1 所示。

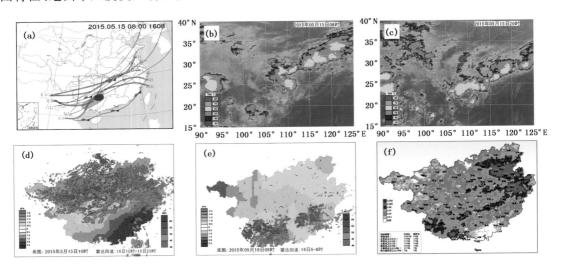

图 5-5-1 2015 年 5 月 15—16 日强降雨过程天气系统配置(a)、卫星云图(b,c,IR1)、中尺度变压场和雷达回波叠加(d,e)、15 日 08 时—16 日 08 时降雨分布(f)(a:棕实线为槽轴,双线为切变线;齿线为准静止锋;5 表示 500 hPa,余类推;时间表示:(1)代表 15 日 08 时;(2)代表 16 日 08 时)

这次强降雨过程的天气系统配置特点是高空槽、低空切变线和地面准静止锋形成较为完整的 3D 配置,在高空槽东移过程中,低空切变线南压到桂西南到桂东北一带,地面准静止锋则南移到南海北部(图 5-5-1a)。卫星云图上先是在桂东北有低空急流激发的 MCS 活动(图 5-5-1b),但这个 MCS 很快移至桂东北。后来在槽底前云系中发展起来的 MCS 范围更大、强度更强、生命期更长(图 5-5-1c)。对流雷达回波发展也分为两个阶段,15 日 10—20 时先是在桂北负变压区中有对流强雷达回波覆盖(图 5-5-1d),后期则是在 16 日 05—08 时在桂西南负变压区为对流雷达回波覆盖(图 5-5-1e)。MCS 产生的强降雨形成了一条从桂西南延伸到桂东北的强降雨带(图 5-5-1f)。

5.5.2 负熵源和负熵汇机制

5.5.2.1 大尺度天气系统负熵源结构和演变特征

造成 5 月 15—16 日强降雨过程的大尺度天气系统负熵源结构和演变过程如图 5-5-2 所示。

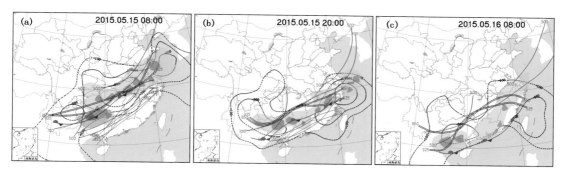

图 5-5-2　大尺度天气系统负熵源结构和演变过程特征
（粗实线为槽轴线；双实线为切变线；齿线为准静止锋；等值线为等垂直上升速度线；
蓝双线箭头为 700 hPa 急流轴；红双线箭头为 850 hPa 急流轴；浅阴影区为云系；
深阴影区为对流云区；红色区域为地面中尺度负变压区）

　　15 日 08 时(图 5-5-2a)，500 hPa 从东北到越南北部有两段断裂式低槽，其中西南段成竖槽从四川伸到越南北部，低槽前有发展旺盛带状云系；700 hPa 低槽从山东半岛延伸到滇西南；850、925 hPa 切变线走向和位置近似与 700 hPa 槽轴一致；地面 NE—SW 向准静止锋已移到桂北；700、850 hPa 从北部湾到长江口有低空急流。

　　15 日 20 时(图 5-5-2b)，500 hPa 低槽西南段在东移过程中由竖向转为 NE—SW 向，并移到桂中，东北段快速东移；700 hPa 低槽东北段移速较快、西南段移速较慢，在桂西段甚至落后于 500 hPa 低槽西南段，低槽前云系发展旺盛，槽底前有对流云团发展；850、925 hPa 切变线与 700 hPa 槽轴近似重合；地面准静止锋已移到桂西南到桂东一线；700、850 hPa 低空急流略向南压。

　　16 日 08 时(图 5-5-2c)，500、700 hPa 低槽西南段与 850、925 hPa 切变线近似重合，在桂东北—桂西南一带摆动，槽前带状云系保持，但槽底前对流云发展趋势减弱；地面准静止锋已移到沿海；700、850 hPa 低空急流减弱消失。

　　15 日 08 时到 16 日 08 时，这个由高空槽、低空切变线和地面准静止锋组成的天气系统，槽后有干冷偏北下沉气流，槽前有暖湿偏南上升气流，是明显偏离平衡态的有序低熵值天气系统结构，构成了暴雨 MCS 发生发展所必需的负熵源。

5.5.2.2　边界层辐合增强形成负熵汇

　　从图 5-5-2 分析可知，MCS 容易在槽底前发生发展，图 5-5-1c 又显示 MCS 主要在中尺度负变压区内发生发展。由此可以推知，地面中尺度负变压区的形成与大尺度低值系统密切相关，尤其是低槽前暖输送带起始段与下垫面摩擦辐合效应，对中尺度负变压区的形成有重要作用，这种摩擦辐合效应由图 5-5-3 分析而证实。

　　15 日 08 时(图 5-5-3a)，桂北正处于高空槽槽底前、低空切变线南侧，700 hPa 流线基本为 SW—NE 流向，而 850 hPa 流线与 700 hPa 流线交角一般都大于 45°，925 hPa 流线与 700 hPa 流线交角一般都大于 60°，由 1.4.2 节分析可知，低层的摩擦辐合作用相当明显，在桂北形成了较强负变压区(见后文)。

　　15 日 20 时(图 5-5-3b)，700 hPa 流线仍基本为 SW—NE 流向，在桂北低层由于弱冷空气入侵，925、850 hPa 流线转为偏北方向；桂南 925、850 hPa 流线与 700 hPa 流线交角约为 45°，

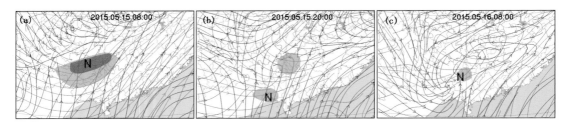

图 5-5-3　中低空三层流线分析图

（红矢线：700 hPa；蓝矢线：850 hPa；黑矢线：925 hPa）

但 925 hPa 流线有顺时针旋转趋势，925、850 hPa 流线方向几近一致，表明低层摩擦辐合作用逐渐减弱。此时段地面中尺度变压场场势也呈现出减弱趋势。

16 日 08 时（图 5-5-3c），随着大尺度低值系统东南移，桂北、桂中受槽后下沉气流影响，925、850 hPa 流线已转变为偏北方向，桂中、桂南 700 hPa 流线仍基本为 SW—NE 流向，而 925、850 hPa 流线与 700 hPa 流线交角一般＜30°，广西境内原有的低槽槽底前强辐合区形势不复存在，地面中尺度变压场也明显减弱。

通过以上分析可以推断，由于槽底前暖输送带起始段与下垫面的摩擦辐合效应，导致暖湿空气辐合堆积增强而在地面形成中尺度负变压区。地面中尺度负变压区是一种有序结构形态，表明地面中尺度变压场的熵值减小，是地面中尺度变压场从准平衡态弱场势向非平衡强场势有序态转变的结果。但中尺度变压场熵值减小是不能自发进行的，要靠系统外负熵流的输入，这种负熵流来自于低熵值的大尺度环境场。槽底前低层暖湿空气通过与下垫面摩擦辐合作用，导致地面辐合中心暖湿空气堆积气压下降，与辐合区外的气压梯度增大，使得暖湿空气从正变压区向负变压区流动，形成质量流和热量流，然后向高层低温环境输送，使负变压区上空气柱获得负熵，这过程相当于把低熵值环境场的负熵向辐合区输送，起到负熵汇效应。

5.5.2.3　中尺度变压场演变特征

上小节分析指出，槽底前暖输送带起始段与下垫面的摩擦辐合效应是地面中尺度负变压区形成的主要原因，这种摩擦辐合是一个连续性过程，与此对应的地面中尺度负变压区的形成也会有一个渐变过程，图 5-5-4 显示了这个过程的中尺度变压场演变特征。

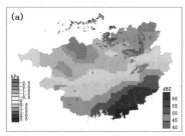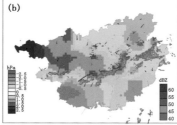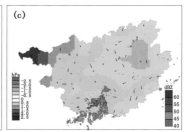

图 5-5-4　中尺度变压场演变特征

（a：15 日 08 时；b：15 日 20 时；c：16 日 08 时）

15 日 08 时（图 5-5-4a），广西中尺度变压场分布态势为桂北强负变压、桂南强正变压，中尺度变压场场势较强。这是由于桂北正处于高空槽槽底前强辐合区范围，暖湿空气的辐合堆积导致地面气压下降形成负变压区,桂南受负变压区辐合上升补偿的次级环流下沉运动影响形成正变压区。在桂东北局地仍残留有早先低空急流激发的 MCS 雷达回波,但 MCS 已减弱东移,对桂东北的影响趋于结束。

15 日 20 时(图 5-5-4b),随着大尺度低值系统东移,弱冷空气从桂西北入侵并向 SE 方向扩散,桂西北和桂中部分负变压区被弱冷空气填塞转变为正变压区,在正、负变压区交界处有对流雷达回波线;桂西南形成新的负变压区,桂东南正变压区则减弱。

16 日 08 时(图 5-5-4c),随着大尺度低值系统继续东移过去,对广西的影响减弱直至消失,从桂西北入侵的弱冷空气随之减弱变性,原桂西北正变压区也减弱,MCS 消亡后整个广西的中尺度变压场场势明显减弱。

从 15 日 08 时到 16 日 08 时,由于大尺度低值系统的影响,广西地面中尺度变压场经历了一个"强—弱"的变化过程,在强中尺度负变压区形成后,MCS 在负变压区中发生发展,造成了桂西南到桂东北带状的强降雨过程。

5.5.3 MCS 发生发展过程

5.5.3.1 对流触发和传播发展

15 日 10 时后,当弱冷空气入侵到中尺度负变压区中时,弱冷空气把中尺度负变压区的暖湿空气抬升到自由对流高度从而触发对流运动,这次过程较为明显的对流触发和传播发展如图 5-5-5 所示。

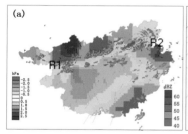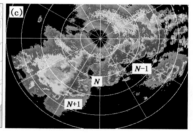

图 5-5-5 对流触发(a)和传播发展(b,c)

(a:15 日 16 时中尺度变压场;b:15 日 16 时卫星云图素描,闭合线表示对流云体,阴影区为 MCS 云体范围;
c:15 日 16 时河池雷达站组合反射率回波;N+1 为新生对流单体,
N 为成熟期对流单体,N−1 为衰减期对流单体)

图 5-5-5a 中,雷达回波线 R1—R2 位于正、负变压区交界处,显示出这是由于弱冷空气的入侵抬升负变压区中的暖湿空气而触发对流运动,是一种密度流抬升触发机制。图 5-5-5b 中是卫星云图上分析出的 MCS 和对流单体排列,图 5-5-5c 中是雷达回波分析出的对流单体排列,两图中新生对流单体都是排在旧单体西边,对流单体沿云带轴线向东北移动,而 MCS 整体向南移,对流发展是后向传播发展机制。

5.5.3.2 MCS 发生发展过程中的非常规观测特征

卫星云图清晰显示了强降雨 MCS 发生发展过程,结合地面中尺度变压场、雷达回波和逐 1 小时降雨量分布,较为完整地表现了 MCS 发生发展过程中非常规观测特征。

（1）卫星云图演变特征

这次强降雨过程中，在降雨前后卫星云图上云系发生了明显变化，以下通过分析卫星云图云系的演变特征（图5-5-6），更深入了解强降雨MCS发生发展过程大、中尺度环境场的演变过程。

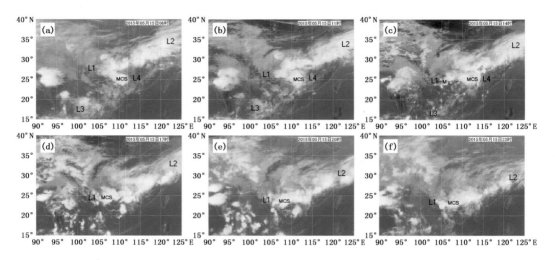

图5-5-6　MCS发生发展过程中卫星云图（IR1）

（a：15日08时；b：15日11时；c：15日14时；d：15日17时；e：15日20时；f：15日23时）

15日8—11时（图5-5-6a至图5-5-6b），从黔西—山东半岛有发展旺盛的低槽前带状云系L1—L2，云带西北有干冷下沉气流控制的少云区，带状L1—L2北边缘松散纤维较多，且有向NE伸展状，表明云带北边缘进出气流较明显，这在移速较慢低槽较为易见。在我国东南沿海有云系L3—L4，这云系与天气图上的低空急流有对应关系，由此可知这是伴随低空急流活动而形成的云系。在桂东北有正慢速东移的MCS，从MCS相伴的云系L3—L4，以及MCS发生发展前后周边云系演变对应关系判别，这个MCS应是低空急流激发对流所形成。

15日14时（图5-5-6c），云带L1—L2继续慢速东移，强度维持，槽底南压移近桂西北，在桂西北边界附近有新生对流云细胞M出现。桂东北的MCS继续减弱东移，对桂东北的影响基本结束，低空急流云系L3—L4已减弱趋于消失。

15日17—20时（图5-5-6d至图5-5-6e），云带L1—L2继续慢速东移，强度维持，在槽后贵州、四川和重庆等地上空，原受干冷下沉气流控制的少云区已发展大范围纤维状明显的高层云，并有向北飘散趋势，表明干冷下沉气流明显减弱。位于槽底前的桂北对流强烈发展，形成了1个椭圆形面积云覆盖桂北，云顶高光亮，轮廓线光洁整齐的MCS，显示出MCS已进入成熟期。

15日23时（图5-5-6f），已移到桂中的MCS主体已开始分裂，原来呈椭圆形的云团轮廓开始变得较为不规则，云顶扩散纤维状更明显，表明MCS已进入衰减期。云带L1—L2强度也呈现出减弱趋势。

（2）中尺度变压场和雷达回波演变特征

系列化的中尺度变压场和雷达回波合成分析（图5-5-7），以更多的事实展示了中尺度负变压区形成加强，以及对流触发过程中的细节特征，有助于更深刻认识MCS发生发展与中尺度环境场关系。

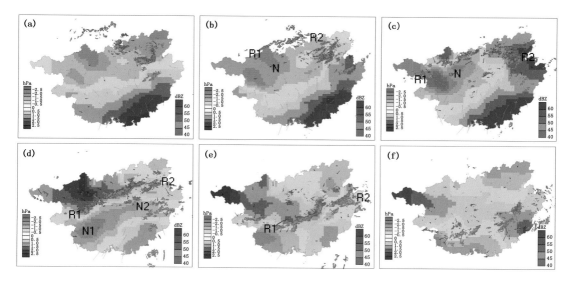

图 5-5-7　MCS 发生发展过程中地面中尺度变压和雷达回波叠加分析图

（a:15 日 08 时；b:15 日 11 时；c:15 日 14 时；d:15 日 17 时；e:15 日 20 时；f:16 日 00 时）

15 日 08—11 时（图 5-5-7a 至图 5-5-7b），因槽底前暖输送带起始段暖湿气流辐合堆积引起地面降压，在桂中和桂北形成了较强的负变压区，广西境内中尺度变压场场势较强。08 时，在桂北还残留有低空急流激发 MCS 雷达回波；11 时，槽底前发展起来的对流雷达回波线 R1—R2 已移到桂北边界，桂东北 MCS 处于减弱东移过程中。

15 日 14 时（图 5-5-7c），弱冷空气首先从桂北局部以扩散方式入侵，正变压区逐渐向南扩展，正变压区前沿的对流雷达回波线 R1—R2 随之向南推进移入桂北。桂东北负变压区被残留 MCS 产生的雷暴高压填塞转变为弱正变压，桂中、桂西负变压区维持。

15 日 17—20 时（图 5-5-7d 至图 5-5-7e），弱冷空气扩大到从桂西北向 SE 方向整体推进方式入侵，桂北、桂中大部负变压区已被填塞变为正变压区，仅桂西南残留 1 块强负变压区，桂东北原 MCS 雷暴高压消失后转变为弱负变压。对流雷达回波线 R1—R2 一直位于正变压区南扩前沿，向 SE 方向移过桂北和桂中。至 20 时，从桂西北到桂东南连成了宽带状正变压区，对流雷达回波线 R1—R2 强度明显减弱，显示出 MCS 已由成熟期进入衰减期。

16 日 00 时（图 5-5-7f），弱冷空气对桂西北和桂中的影响明显减弱，桂西北到桂东南连成了宽带状正变压区也减弱，对流雷达回波线 R1—R2 消失，仅在桂南和桂东南局地有弱对流雷达回波出现，MCS 趋于减弱消亡。

（3）逐 1 小时降雨量分布演变特征

第 1 章中已指出，对流性降雨强度与负熵流具有等价关系。因此，通过分析逐 1 小时降雨分布特征（图 5-5-8），既可以反演 MCS 发展变化过程，实质也是分析负熵流强度变化特征。

15 日 08—11 时（图 5-5-8a 至图 5-5-8b），低空急流激发的 MCS 在桂东北产生较强的对流性降雨，广西其他地方还没有明显降雨。

15 日 14 时（图 5-5-8c），除桂东北仍有对流性降雨外，在桂北边界上也出现降雨，这是低槽槽底前云带中新发展 MCS 移近桂北而产生的对流性降雨。

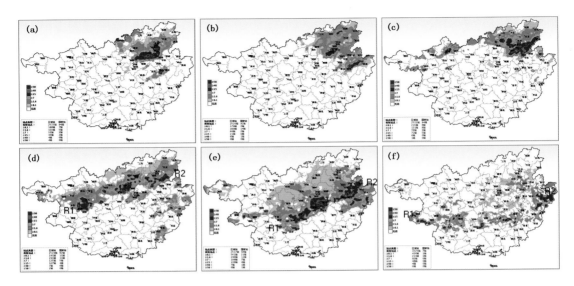

图 5-5-8　MCS 发生发展过程中逐 1 小时降雨量分布图

（a:15 日 07—08 时；b:15 日 10—11 时；c:15 日 13—14 时；d:15 日 16—17 时；
e:15 日 19—20 时；f:15 日 22—23 时）

15 日 17—20 时（图 5-5-8d 至图 5-5-8e），随着弱冷空气的南侵和 MCS 南移，对流性降雨线 R1—R2 向桂北向桂中推进，降雨线 R1—R2 有若干个对流性雨团间隔分布，此阶段显示出 MCS 成熟期的降雨特征。至 20 时，雨线 R1—R2 已移到桂中到桂东一带，雨线后部出现了范围较广的弱降雨区域，这是 MCS 扩展层状云产生的连续性低强度降雨特征，表明 MCS 已发展到成熟期后阶段。

15 日 23 时（图 5-5-8f），对流性降雨线 R1—R2 已经很弱，只有稀疏的小雨团分布，雨线后部的连续性降雨区也变得零星分布，强度很弱，这些特征表明从桂北移过来的 MCS 进入了消亡阶段。

（4）MCS 准三视图结构特征和负熵流

以上对 MCS 发展过程中的非常规观测特征进行了分析，为了多视角的整体性，以下从图 5-5-6 至图 5-5-8 中摘要简化成图 5-5-9，讨论 MCS 准三视图结构特征。

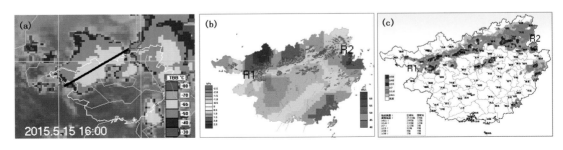

图 5-5-9　2015 年 5 月 15 日 16 时卫星云图（a,IR1）和中尺度变压场（b）
以及 15 日 15—16 时逐 1 小时降雨量分布（c）

根据观测平台的观测视角和方式,近似地以卫星云图为顶视图,雷达回波为平视图,地面降雨量分布为底视图,综合分析 MCS 准三视图结构特征。比较图 5-5-9a 中 MCS 长轴 L1—L2 南边缘位置和形状,与图 5-5-9b 中雷达回波带 R1—R2 及图 5-5-9c 中雨带 R1—R2,可以看到图 5-5-9a 中 MCS 长轴 L1—L2 南边缘是 MCS 云顶 TBB 梯度最大地方,正是图 5-5-9b 中强对流雷达回波 R1—R2,也是图 5-5-9c 中较强的对流性雨团 R1—R2 所在部位。这些 MCS 新生对流单体、雷达回波和对流性强降雨分布对应重合地方正是 MCS 结构最为有序区域,也是外部负熵流向 MCS 流入的最强部位。这些对应性充分显示了负熵流与对流性降雨的相关关系。

(5)非常规观测特征的对应性

综合图 5-5-6 至图 5-5-9 分析,发现有如下几个中尺度范围的特征。

①图 5-5-6 中云带 L1—L2 反映出低槽底部是慢速东移南压的,当云带 L1—L2 西南端所指示出的槽底移近桂北后,图 5-5-7 中在桂北和桂中形成较强负变压区,两者在时间上有明显的对应关系,这验证了图 1-16 中尺度变压场概念模型的正确性。

②云带上 MCS 起始发生在桂西北境外,移到桂北负变压区上空时才充分发展成熟,负变压区的形成对 MCS 发展成熟具有超前性。

③对流雷达回波线 R1—R2 主要出现在正变压区南边缘正负变压交界处,证实了这是一种弱冷空气密度流抬升触发机制,在 MCS 发展过程中,对流回波覆盖范围主要分布在负变压区内,与云图上 MCS 云体主要在负变压区内发展相一致。

④对流雨团分布在雨带或雨区南边缘,与新生对流单体雷达回波和云顶 TBB 梯度极大值区相对应,显示出 MCS 具有明显的有序结构特征。这些对应性表明,MCS 中新生对流单体、雷达回波和对流性强降雨分布重合地方,是 MCS 结构最为明显有序的地方,这也是负熵流流入最强部位,这些特征佐证了远离平衡态的 MCS 发生发展与负熵流依存关系,也进一步验证了图 1-27 的 MCS 发生发展概念模型的正确性。

5.5.4　信息量

5.5.4.1　相对基准信息量

从第 2 章关于相对基准信息量的计算方法讨论中得知,广西 24 小时晴雨相对基准信息量:$H_r = 1$ bit;把表 2-5 中简化,得 3aM 型落区、强度和落时相对基准信息量(表 5-5-1)。

表 5-5-1　3aM 型落区、强度和落时相对基准信息量

	落区	暴雨以上	大暴雨以上	12 h 落时	2 h 落时
信息量(bit)	2.03	1.47	4.06	1.00	2.59

5.5.4.2　预测信息量

预测信息量计算公式(式 2-9、式 2-10)指出,在相对基准信息量已知条件下,预测信息量计算的关键就是求预测概率 P_{rel}。

(1)广西 24 小时晴雨预测信息量

15 日 08 时天气图(图 5-5-2a)上,深槽槽底伸到越南北部,低空有切变线相配合,地面准静止锋已移到桂北。根据先验概率,这种 3D 配置天气系统未来 24 小时在广西境内产生降雨

概率 $P_{rel1}>0.9$，这里取 $P_{rel1}=0.9$。

与图 5-5-2a 的高空槽相对应，卫星云图（图 5-5-6a）有结构完整的低槽云系，低槽前发展旺盛云带已移到贵州中、南部。根据云系分析先验概率，当这种低槽云系移到广西并产生影响时，其降雨概率 $P_{rel2}>0.9$，这里取 $P_{rel2}=0.9$。

综合天气图和卫星云图分析，得广西 24 小时晴雨预测概率

$$P_{rel}=1-(1-P_{rel1})\times(1-P_{rel2})=1-(1-0.9)\times(1-0.9)=0.99$$

则，预测信息量

$$H_F=P_{rel}\times H_r=0.99\times 1\approx 1(bit)$$

这是 15 日 08 时大尺度天气系统分析所获得的广西 24 小时晴雨预测信息量。

(2)落区预测信息量

①大尺度天气系统的 MCS 降雨落区预测信息量

天气分析实践表明，用大尺度天气系统分析获得的 MCS 降雨落区预测概率一般不高于气候概率。15 日 08 时，虽然高空深槽已移到贵州中南部，槽底抵达越南北部，低空切变线移到桂北边界附近，地面准静止锋移到桂北，除桂东北有原先发展现正处于减弱东移 MCS 产生降雨外，广西境内尚无明显对流性降雨出现。使用 15 日 08 时天气图分析做 3aM 落区预测，可取的预测概率也只是气候概率，即 $P_{rel1}=11/45=0.24$。预测信息量

$$H_{F1}=P_{rel1}\times H_s=0.24\times 2.03\approx 0.49(bit)$$

由此可见，仅用大尺度天气系统分析做分区后的落区预测，预测信息量明显不足。

②中尺度天气系统的 MCS 降雨落区预测信息量

15 日 11 时，中尺度变压场与雷达回波合成分析图（图 5-5-7b），以及逐 1 小时降雨量分布图（图 5-5-8b）上，有 2 个比较明显的中尺度特征：桂北大部为负变压，桂中形成强负变压区域 N，构成强场势的中尺度变压场，对流雷达回波线 R1—R2 已移到桂北边界附近；桂东北衰减中的 MCS 后期降雨明显减弱，广西其他地方还无明显降雨。中尺度变压场、雷达回波和降雨量分布特征指示出，槽底前新生 MCS 产生强降雨的落区主要分布在桂中强负变压区域 N 范围，其先验概率 $P_{rel2}=71/73=0.97$，落区预测信息量

$$H_{F2}=P_{rel2}\times H_s=0.97\times 2.03\approx 1.97(bit)$$

可见，使用中尺度天气系统分析做分区后的落区预测，预测信息量大幅度增加。

③综合落区预测信息量

把大、中尺度天气系统分析综合后，落区预测概率为

$$P_{rel}=1-(1-P_{rel1})\times(1-P_{rel2})=1-(1-0.24)\times(1-0.97)=0.98$$

落区预测信息量

$$H_{Fs}=P_{rel}\times H_s=0.98\times 2.03\approx 1.99(bit)$$

综合后预测信息量略有增加。由此进一步看出，对流性强降雨落区预测信息量，主要从中尺度天气系统分析所获得。

(3)落时预测信息量

①12 小时落时预测信息量

15 日 08 时，低空切变线移到桂北边界附近，地面准静止锋移到桂北，低槽前云系发展旺盛，大尺度环境场降雨条件良好，未来 12 小时受高空槽、低空切变线和地面准静止锋共同影响，广西将会出现降雨可能性很大，15 日 08—20 时降雨落时预测概率 $P_{rel}\approx 1$，由此得

$$H_F = P_{rel} \times H_t = 1 \times 1 \approx 1 (\text{bit})$$

这就是从 15 日 08 时大尺度天气分析所获得的 12 小时降雨落时预测信息量。

②2 小时落时预测信息量

15 日 08 时,虽然高空槽、低空切变线和地面准静止锋组成的大尺度天气系统移近广西,未来 12 小时广西境内会出现降雨概率很大,但大尺度天气系统对 MCS 发生时间的预测概率是近似等概率分布,对 2 小时分辨率的落时预测概率仅为 $P_{rel} = 0.17$,落时预测信息量

$$H_F = P_{rel} \times H_t = 0.17 \times 2.59 \approx 0.44 (\text{bit})$$

因大尺度分析方法所获得的落时预测信息量太少,需要利用卫星、自动站、雷达等中尺度信息量丰富观测资料,使用中尺度分析获得更多的落时信息量。

15 日 12 时,桂北边界附近出现了线性良好的强对流雷达回波线 R1—R2(图略),桂西北边界局地出现了对流性降雨(图略),表明高空槽、低空切变线和地面准静止锋系统的影响开始,显现对流性降雨开始的明显特征。根据先验概率,落时预测概率 $P_{rel} = 71/73 = 0.97$,落时预测信息量

$$H_{Ft} = P_{rel} \times H_t = 0.97 \times 2.59 \approx 2.51 (\text{bit})$$

使用非常规观测资料和中尺度分析方法,所获得的落时预测信息量接近 2h 落时相对基准信息量,基本满足落时预测需求。

(4)强度预测信息量

15 日 11 时,卫星云图(图 5-5-6b)低槽前云系发展旺盛且稳定(强度指数 70),表明槽前上升气流较强和水汽充沛;槽后干冷下沉气流控制区边界明显,低槽云系结构特征完整;中南半岛水汽通道、北部湾和广西上空低云较多,水汽供应条件较好。地面中尺度变压场(图 5-5-7b)形成结构清晰和完整的负变压中心区域 N,为强势场。

低槽云系结构和地面中尺度变压场为"强+强"组合,根据表 3-1 中降雨强度等级为强的先验概率,得强度预测概率:$P_{rel} = 15/16 = 0.94$,强度预测信息量

$$H_{Fr} = P_{rel} \times H_r = 0.94 \times 1.47 \approx 1.38 (\text{bit})$$

(5)综合预测信息量和预测可靠性

根据以上落区、落时和强度预测信息量计算,得综合预测信息量

$$H_F = H_{Fs} + H_{Ft} + H_{Fr} = 1.99 + 2.51 + 1.38 = 5.88 (\text{bit})$$

这就是 3aM 型落区、15 日 12 时为强降雨落时、暴雨站数达 400 站以上的预测信息量,预测可靠性为

$$\mu = H_F / H_r = 5.88/6.09 \times 100\% = 96\%$$

计算表明,基于中尺度分析方法所做出的强降雨预测具有较高可靠性。

5.5.4.3　MCS 生命期马尔可夫环状态转移概率和方向

在图 2-18 马尔可夫环模型中,每个节点状态转移方向均由 3 个转移概率决定,因此通过对这 3 个转移概率大小进行排序,以大概率为优先转移方向是一种合理的选择。依此方法,对 MCS 生命期不同阶段的马尔可夫环转移概率排序,以大概率为转移方向对 MCS 发展趋势做滚动预测。

15 日 14 时,低槽云系发展强盛,槽底南压移近桂西北,在桂西北边界附近有新生对流云细胞生成(图 5-5-6c 中 M);中尺度变压场和雷达回波合成分析图(图 5-5-7c),桂北出现正变压区,桂西、桂中强负变压区域 N 维持,对流雷达回波线 R1—R2 移入桂北;逐 1 小时雨量分布

图(图 5-5-8c),桂北边界上出现了与雷达回波相对应的对流性降雨。大、中尺度环境场有利于对流发展,对流云细胞继续发展成为 MCS 的可能性很大,由此可得转移概率排序结果为 P_{gg} $>P_{gk}>P_{gw}$,马尔可夫环状态转移如图 5-5-10 所示,即对流云细胞继续保持快速发展趋势,并随云带向 SE 方向移动。

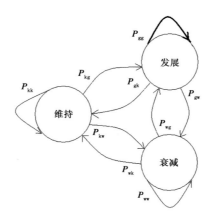

图 5-5-10　从发展到发展的马尔可夫环状态转移示意图

（粗黑矢线表示优先转移方向）

15 日 17 时,槽底前的桂北对流强烈发展(图 5-5-6d),形成了 1 个椭圆形、云顶光亮、轮廓线光洁整齐的 MCS,显示出 MCS 已进入成熟期;中尺度变压场和雷达回波合成分析图(图 5-5-7d)对流雷达回波线 R1—R2 排列紧密,线性良好,这是成熟期 MCS 移动前沿对流雷达回波特征;逐 1 小时雨量分布图(图 5-5-8d),对流性降雨线 R1—R2 向桂北、桂中推进,降雨线 R1—R2 有若干个对流性雨团间隔分布,显示出 MCS 成熟期的降雨特征。有利于 MCS 生存的大、中尺度环境场条件继续保持,由此判断转移概率排序结果为 $P_{gk}>P_{gg}>P_{gw}$,马尔可夫环状态转移如图 5-5-11 所示,即 MCS 以维持成熟期特征为主,MCS 随云带向 SE 方向慢速移动。

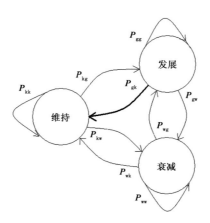

图 5-5-11　由发展转向维持的马尔可夫环状态转移示意图

（粗黑矢线表示优先转移方向）

15 日 20 时,卫星云图(图 5-5-6e)上的 MCS 仍是云顶光亮,轮廓线光洁整齐正处于成熟期;中尺度变压场和雷达回波合成分析图(图 5-5-7e),从桂西北到桂东南连成了宽带状正变压区,对流雷达回波线 R1—R2 强度明显减弱,显示出 MCS 进入成熟期后阶段;逐 1 小时雨量图(图 5-5-8e)上,雨线 R1—R2 已移到桂中到桂东一带,雨线后部出现了范围较广的弱降雨区域,这是 MCS 扩展层状云产生的连续性低强度降雨特征,也显示 MCS 已发展到成熟期后阶段。综合判断 MCS 即将由成熟期进入衰减期,转移概率排序结果为 $P_{kw} > P_{kk} > P_{kg}$,马尔可夫环状态转移如图 5-5-12 所示,即 MCS 强度逐渐减弱直至消亡。

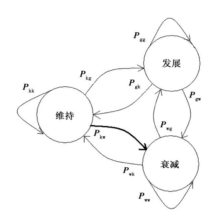

图 5-5-12　由维持转向衰减的马尔可夫环状态转移示意图
(粗黑矢线表示优先转移方向)

5.5.4.4　MCS 生命期中 TBB 面积和降雨强度时间分布特征

从 15 日 13 时对流云细胞生成开始,到 16 日 00 时 MCS 进入衰减期的各级别 TBB 面积变化,以及降雨强度变化曲线如图 5-5-13 所示。

MCS 生命期分为发展期、成熟期和衰减期,图 5-5-13 中的 TBB 曲线变化从形态上反映了 MCS 发展变化特征。

(1)MCS 发展期

从 15 日 13 时对流云细胞生成到 15 日 19 时为 MCS 快速发展时期,各级别 TBB 面积曲线快速上升。明显特征是:代表对流发展强度的 $-60\ ℃$ TBB 面积曲线上升位相比其他级别曲线位相超前。

(2)MCS 成熟期

15 日 19—23 时为 MCS 发展极强盛阶段,这一阶段 $-60\ ℃$ TBB 面积曲线展示出明显的顶部特征,增长趋势是先减弱后趋于停止,而其他级别 TBB 面积曲线仍呈快速上升趋势,这是由于 MCS 主体中下部云层连续扩展所致。

(3)MCS 衰减期

15 日 23 时后 MCS 进入衰减期,MCS 顶部的 $-60\ ℃$ TBB 面积曲线开始下降,其他级别 TBB 面积曲线下降时间滞后,这是因为 MCS 对流减弱后先是 MCS 顶部降低或坍塌,而 MCS 云体中下部的云层仍继续扩散,所以 TBB 面积曲线峰值出现时间顺序延后。

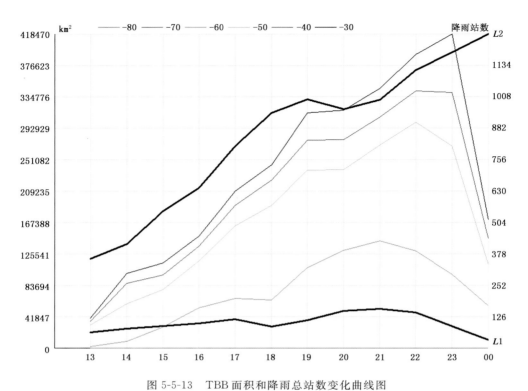

图 5-5-13　TBB 面积和降雨总站数变化曲线图

（横坐标为时间；纵坐标为 TBB 面积（km²）和降雨站数；粗黑实线 L1，暴雨及以上级别降雨总站数；

粗黑实线 L2，大雨及以下级别降雨总站数）

（4）降雨强度曲线变化特征

MCS 发展进入成熟期后，暴雨及以上级别降雨总站数曲线 L1 与−70 ℃ TBB 面积曲线走势相似，具有明显的峰值特征，表明对流性强降雨主要是 MCS 主体强烈发展过程中产生的，这也反映了负熵流强度与对流性降雨强度的密切关系。降雨总站数曲线 L2 与−30 ℃ TBB 面积曲线走势基本一致，表明了降雨范围与 MCS 扩展范围相对应。

从以上分析可知，TBB 曲线变化特征佐证了 MCS 生命期马尔可夫环状态转移概率和方向的合理性。

5.6　TTVSVS-4NWS-20150722-0723

5.6.1　概况

2015 年 7 月 22—23 日受高空槽、低空切变线和地面准静止锋的共同影响，桂西北出现了区域性的强降雨，24 小时降雨量达暴雨以上量级的达 375 站，占 4NW 分型区域自动站总数的 56%，约占全广西区域自动站总数的 14%。这次强降雨过程的天气系统配置、卫星云图特征、地面中尺度变压场和雷达回波叠加、地面降雨分布如图 5-6-1 所示。

这是典型的桂西北强降雨过程，造成这次强降雨过程的天气系统配置特点是高空槽东移

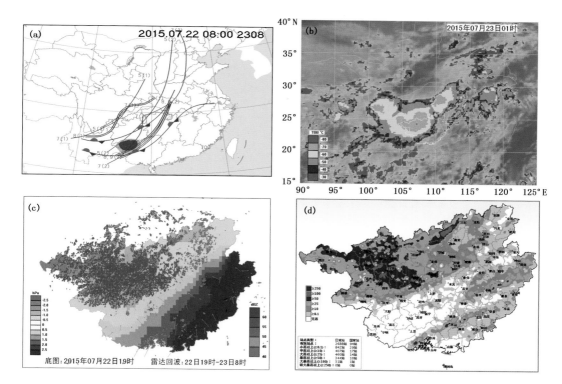

图 5-6-1　2015 年 7 月 22—23 日桂西北强降雨过程天气系统配置(a)、卫星云图(b,IR1)、中尺度变压场和雷达回波叠加(c)、22 日 08 时—23 日 08 时降雨分布(d)(a:棕实线为槽轴,双线为切变线,齿线为准静止锋;5 表示 500 hPa,余类推;时间表示:(1)代表 22 日 08 时;(2)代表 23 日 08 时)

加深,低空切变线和地面准静止锋东南移入西北(图 5-6-1a),在低槽前有 MCS 强烈发展并移入桂西北(图 5-6-1b),MCS 强对流雷达回波基本覆盖了桂西北强负变压区(图 5-6-1c),最终造成桂西北区域性强降雨(图 5-6-1d)。

5.6.2　负熵源和负熵汇机制

5.6.2.1　大尺度天气系统负熵源结构和演变特征

造成 7 月 22—23 日桂西北强降雨过程的大尺度天气系统负熵源结构和演变过程如图 5-6-2 所示。

22 日 08 时(图 5-6-2a),500、700 hPa 近似重合的 NE—SW 向低槽移到贵州北部,槽底位于滇北和黔西一带,跨度为 8~10 个纬距,槽前仅范围不是很大的云系;850 hPa 切变线也位于贵州北部,几近与高空槽重合;地面 NE—SW 向准静止锋在贵州南部。

22 日 20 时(图 5-6-2b),500、700 hPa 的 NE—SW 低槽大幅度加深,跨度>15 个纬距,槽底移到滇东,槽底云系大范围发展起来,且有对流云发展成 MCS;850 hPa 切变线西南段移近桂西北;地面准静止锋西南段已移入桂西北。

23 日 08 时(图 5-6-2c),500、700 hPa 低槽继续加深东移,跨度>20 个纬距,槽底移到越南北部,低槽前云系大范围发展,具有了暖输送带云系的基本结构特征,但位于桂西北槽底前

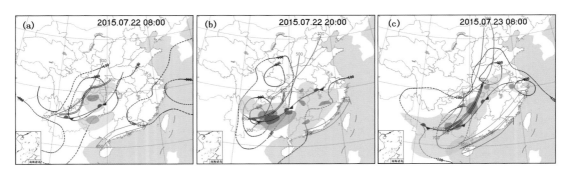

图 5-6-2　大尺度天气系统负熵源结构和演变过程特征

（粗实线为槽轴线；双实线为切变线；齿线为准静止锋；等值线为等垂直上升速度线；
蓝双线箭头为 700 hPa 急流轴；红双线箭头为 850 hPa 急流轴；浅阴影区为云系，
深阴影区为对流云区；红色区域为地面中尺度负变压区）

MCS 已减弱；近似重合的 850、925 hPa 切变线西南段位于桂西北；地面准静止锋移西南阶段紧挨低空切变线前。

22 日 08 时到 23 日 08 时，这个由高空槽、低空切变线和地面准静止锋组成的天气系统，槽后有干冷偏北下沉气流，槽前有暖湿偏南上升气流，是明显偏离平衡态的有序低熵值天气系统结构，构成了暴雨 MCS 发生发展所必需的负熵源。

5.6.2.2　边界层辐合增强形成负熵汇

从图 5-6-2 分析可知，因为低熵值环境场的变化导致了 MCS 发生发展，图 5-6-1c 又显示 MCS 主要在中尺度负变压区内发生发展。由此可以推知，地面中尺度负变压区的形成与低熵值环境场变化密切相关，尤其是槽底前暖输送带起始段与下垫面摩擦辐合效应，对中尺度负变压区的形成有重要作用。这种摩擦辐合效应由图 5-6-3 分析而证实。

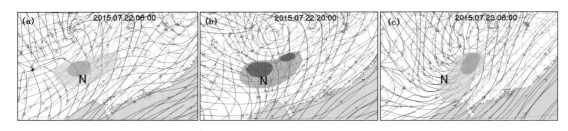

图 5-6-3　中低空三层流线分析图

（红矢线：700 hPa；蓝矢线：850 hPa；黑矢线：925 hPa）

22 日 08 时，在图 5-6-3a 中标记为 N 的桂西北，700 hPa 流线基本为 SW—NE 流向，850 hPa 流线与 700 hPa 流线交角＜20°，而 925 hPa 流线与 700 hPa 流线交角＞40°，仅贴地层空气摩擦作用明显，表明这是暖输送带起始段与下垫面摩擦辐合发展初期。

23 日 20 时（图 5-6-3b），700 hPa 流线 SW—NE 流向变化不大，但 925、850 hPa 流线与 700h Pa 流线交角增大到近似正交，表明边界层摩擦辐合作用已相当强烈，于是在 22 日 20 时 N 处形成了强的负变压区（见后文）。从图 5-6-1c 可知，中尺度负变压区主要在 22 日 20 时前形成,对流云细胞约在 22 日 14 时在贵州境内出现,22 日 19 时后移入桂西北负变压区进一步强烈发展。

23 日 08 时(图 5-6-3c),随着低槽、切变线和准静止锋移过桂西北(图 5-6-2c),925、850 hPa 流线与 700 hPa 流线交角减小到<20°,桂西北强负变压区也演变为弱正变压(见后文)。

通过以上分析可以推断,由于槽底前暖输送带起始段与下垫面摩擦辐合效应,暖湿空气辐合堆积增强而在地面形成中尺度负变压区。地面中尺度负变压区是一种有序结构形态,表明地面中尺度变压场的熵值减小,是地面中尺度变压场从准平衡态弱场势向非平衡强场势有序态转变的结果。但中尺度变压场熵值减小是不能自发进行的,要靠系统外负熵流的输入,这种负熵流来自于低熵值的大尺度环境场。槽底前低层暖湿空气通过与下垫面摩擦辐合作用,导致地面辐合中心暖湿空气堆积气压下降,与辐合区外的气压梯度增大,使得暖湿空气从正变压区向负变压区流动,形成质量流和热量流,然后向高层低温环境输送,使负变压区上空气柱获得负熵,这过程相当于把低熵值环境场的负熵向辐合区输送,起到负熵汇效应。

5.6.2.3　中尺度变压场演变特征

上小节分析指出,槽底前暖输送带起始段与下垫面的摩擦辐合效应是地面中尺度负变压区形成的主要原因,这种摩擦辐合是一个连续性过程,与此对应的地面中尺度负变压区的形成也会有一个渐变过程,图 5-6-4 显示了这个过程的中尺度变压场演变特征。

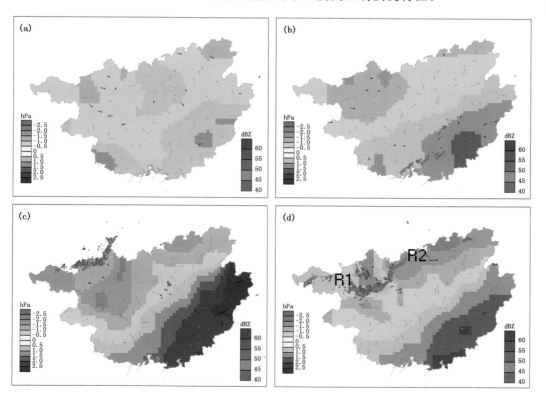

图 5-6-4　中尺度变压场演变特征
(a:21 日 23 时;b:22 日 08 时;c:22 日 20 时;d:23 日 08 时)

21 日 23 时(图 5-6-4a),广西整个中尺度变压场分布态势较弱,正负变压区分布较为零散,无明显结构特征,广西范围内没有对流云雷达回波出现,这是大气处于准稳定状态的地面中尺度变压场分布态势。

22 日 08 时(图 5-6-4b),由于大尺度低值天气系统移近,桂北负变压区呈现出加强趋势,其中在桂西北形成 1 个椭圆形中等强度负变压区,桂南正变压区也呈现出加强趋势,整个中尺度变压场场势变强。

22 日 20 时(图 5-6-4c),随着大尺度低值天气系统影响加强,广西中尺度变压场场势明显加强,形成了桂北强负变压区、桂南强正变压区的分布态势,其中桂西北负变压强度相对较强,在桂西北边界上出现了线状对流雷达回波,表明 MCS 前边缘已逼近桂西北,桂西北即将受 MCS 的影响。

23 日 08 时(图 5-6-4d),由于弱冷空气入侵影响,桂西北强负变压区演变为正变压区,桂东南由强正变压区演变为弱正变压区,从桂西南到桂东北形成 1 条弱负变压带,整个中尺度变压场场势减弱;MCS 衰减期残留的雷达回波分布在桂西到桂中一带的正变压区边缘。

21 日 23 时到 23 日 08 时,受大尺度天气系统变化的影响,广西地面中尺度变压场经历了一个"弱—强—弱"的变化过程;当低熵值环境场影响明显时,地面中尺度变压场场势加强,在桂西北形成强负变压区,随后境外移入的 MCS 在负变压区中进一步发展,造成桂西北强降雨过程。

5.6.3　MCS 发生发展过程

5.6.3.1　对流触发和传播发展

22 日 20 时后,当弱冷空气入侵到桂西北负变压区时,弱冷空气把负变压区的暖湿空气抬升到自由对流高度从而触发对流运动,这次过程较为明显的对流触发和传播发展如图 5-6-5 所示。

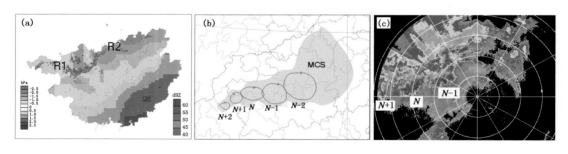

图 5-6-5　对流触发(a)和传播发展(b,c)

(a:23 日 00 时中尺度变压场;b:22 日 15 时卫星云图素描,闭合线表示对流云体,阴影区为 MCS 云体范围;
c:22 日 19 时河池雷达站组合反射率回波;N+2、N+1 为新生对流单体,
N 为成熟期对流单体,N-1、N-2 为衰减期对流单体)

图 5-6-5a 中,雷达回波线位于正、负变压区交界处,显示出这是由于弱冷空气的入侵抬升负变压区中的暖湿空气而触发对流运动,是一种密度流抬升触发机制。

22 日 20 时后,当 MCS 移到桂西北进入成熟期后云体扩散明显,不容易从云图上分析独立的对流云体,所以用 MCS 发展初期卫星云图分析 MCS 对流云体(图 5-6-5b)。图 5-6-5b

中,新生的对流云体排列在 MCS 西端,新旧对流云体呈 W—E 向排列,MCS 整体向 SE 移动。由此可见,对流是属于后向传播发展机制。

图 5-6-5c 是 MCS 进入发展期末阶段雷达回波分析出的对流单体排列,新生对流单体排在旧单体西边,与卫星云图分析结果相类似,对流是后向传播发展机制。

5.6.3.2　MCS 发生发展过程中的非常规观测特征

卫星云图清晰显示了强降雨 MCS 发生发展过程,结合地面中尺度变压场、雷达回波和逐 1 小时降雨量分布,较为完整地表现了 MCS 发生发展过程中非常规观测特征。

（1）卫星云图演变特征

这次强降雨过程中,在降雨前后卫星云图上云系发生了明显变化,以下通过分析卫星云图云系的演变特征（图 5-6-6）,更深入了解强降雨 MCS 发生发展过程大、中尺度环境场的演变过程。

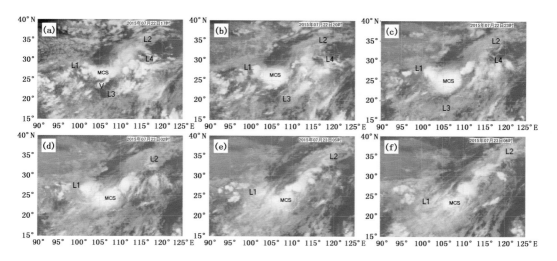

图 5-6-6　MCS 发生发展过程中卫星云图（IR1）

（a:22 日 17 时;b:22 日 20 时;c:22 日 23 时;d:23 日 02 时;e:23 日 05 时;f:23 日 08 时）

22 日 17 时（图 5-6-6a）,从黔西—山东半岛有低槽前带状云系 L1—L2,云带 L1—L2 西边干冷下沉气流控制的晴空区暗度较高,表明干冷下沉气流较强;云带 L1—L2 西边毛糙不光洁,表明气流进出云带较为明显;槽底附近黔南有云顶光亮、轮廓光洁、体积中等椭圆形 MCS,这是处于发展阶段的 MCS,在 MCS 移向前方的桂西北（标记 V）有对流云体发展;中南半岛和南海北部为浓密云层覆盖,表明水汽源地的水汽供应充沛,有利于广西境内对流发生发展。在我国东南沿海有云系 L3—L4,这云系与天气图上的低空急流有对应关系,由此可知这是伴随低空急流活动而形成的云系。

22 日 20—23 时（图 5-6-6b 至图 5-6-6c）,低槽云系 L1—L2 北段强度维持少变、缓慢东移,云带西边晴空区变化不明显,表明大尺度天气系统处于稳定维持阶段;MCS 主体已移入桂西北,原在桂西北 V 处发展的对流云体并入 MCS 主体,MCS 云顶更加光亮、体积明显增大且由椭圆变为近似圆形,云顶开始扩散,轮廓边缘逐渐显示出毛纤维状,这是 MCS 已进入成熟期特征。低空急流云系 L3—L4 呈减弱衰退现象。

23日02—08时(图5-6-6d至图5-6-6f),低槽云系L1—L2北段位置和强度维持少变,云带西边晴空区基本维持,大尺度天气系统仍处于稳定维持阶段;MCS云顶亮度呈减弱趋势、体积缩小变形,云顶扩散更明显,轮廓边缘模糊不规则,表明MCS进入衰减期,MCS主体仍在桂西北。低空急流云系L3—L4消亡。

图5-6-6中,从卫星云图分析可以看出,22日17时—23日08时,大尺度天气系统强度维持、位置少变,主要变化特征表现在MCS演变过程。22日20时前为MCS发展期,22日20时—23日02时为MCS成熟期,23日05时后为MCS衰减期。

(2)中尺度变压场和雷达回波演变特征

系列化的中尺度变压场和雷达回波合成分析(图5-6-7),以更多的事实展示了中尺度负变压区形成加强,以及对流触发过程中的细节特征,有助于更深刻认识MCS发生发展与中尺度环境场关系。

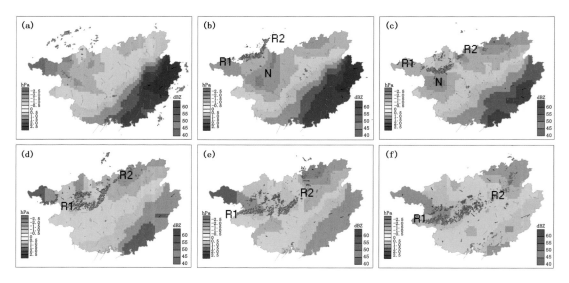

图5-6-7　MCS发生发展过程中地面中尺度变压和雷达回波叠加分析图

(a:22日17时;b:22日20时;c:22日23时;d:23日02时;e:23日05时;f:23日08时)

22日17时(图5-6-7a),因槽底前低层暖湿气流堆积降压作用,广西境内形成西北负变压、东南正变压分布态势。桂北、桂西大部为中等强度负变压区所占据,较强负变压区出现在桂西北;桂东、桂南为较强正变压区。黔东南已有弱对流雷达回波出现。

22日20时(图5-6-7b),随着槽底缓慢东移,桂北、桂西负变压区加强,在桂西北形成强负变压中心区域N,正在发展南移、W—E向长度超过100 km的对流雷达回波线R1—R2已移到桂北边界附近,MCS发展加强并移近桂西北。

22日23时(图5-6-7c),广西中尺度变压区分布结构特征基本维持,在桂西北强对流雷达回波线R1—R2后有成片正变压区出现,这是弱冷空气入侵填塞作用所致。弧形强对流雷达回波线R1—R2已移到桂西北内地,表明MCS对流主体已进入桂西北。雷达回波线R1—R2呈弧形且连续性不好,后部正变压区整体扩展特征不强,显示出入侵弱冷空气较弱,以扩散方式入侵为主。

23 日 02 时(图 5-6-7d),由于弱冷空气南下入侵,桂西北大部负变压区已被填塞变为正变压区,但桂东北仍为负变压区占据,强度变化不明显。雷达回波 R1—R2 长度达弱冷空气入侵后最长段,密度分布也最为紧密,后部正变压区中残留更早对流雷达回波,这些特征显示出 MCS 已进入成熟期。

23 日 05—08 时(图 5-6-7e 至图 5-6-7f),MCS 逐渐进入衰减期,其特征是:虽然雷达回波 R1—R2 继续南移、长度保持,但分布密度逐渐稀疏,后部扩展的正变压区没有持续增强趋势,正变压区内残留雷达回波减弱趋势较为明显。

22 日 17 时—23 日 08 时,广西中尺度变压场分布态势演变主要特征表现为:桂西北由强负变压区演变为弱正变压区;桂南—桂东强正变压区演变为弱正变压区;桂东北中等强度负变压区基本维持不变。这些演变特征显示出入侵的弱冷空气较弱,以扩散方式入侵为主,桂西北强降雨过程中大尺度天气系统变化不明显,主要表现是中尺度天气系统的变化。

(3)逐 1 小时降雨量分布演变特征

第 1 章中已指出,对流性降雨强度与负熵流具有等价关系。因此,通过分析逐 1 小时降雨分布特征,既可以反演 MCS 发展变化过程(图 5-6-8),实质也是分析负熵流强度变化特征。

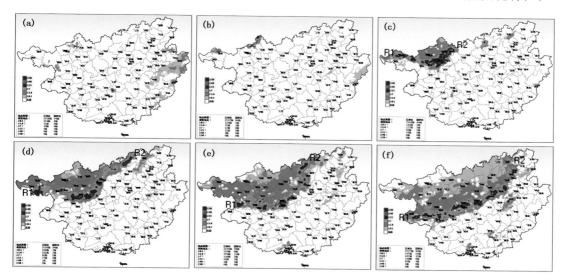

图 5-6-8 MCS 发生发展过程中逐 1 小时降雨量分布图
(a:22 日 16—17 时;b:22 日 19—20 时;c:22 日 22—23 时;d:23 日 01—02 时,
e:23 日 04—05 时;f:23 日 07—08 时)

22 日 20 时前(图 5-6-8a 至图 5-6-8b),广西境内仅在桂西北边界局地有对流性降雨,其他地方无明显对流性降雨。

22 日 23 时(图 5-6-8c),随着 MCS 南边缘移入桂西北,在桂西北产生了 E—W 向弧形强降雨带 R1—R2,雨带 R1—R2 上有强对流雨团排列分布,雨带后面是低强度降雨区。这些降雨分布特征反映出 MCS 的活跃对流单体主要分布在其移动前方的南边缘,这与雷达回波线相对应,强降雨带 R1—R2 后成片弱降雨区是 MCS 扩展层状云产生的连续性降雨。

23 日 02—08 时(图 5-6-8d 至图 5-6-8f),强降雨带 R1—R2 继续东南移,雨带上对流性雨团强度逐渐减弱,后部的大片层状云连续性降雨区的降雨强度也呈现减弱趋势,这些特征展示了 MCS 从成熟期过渡到衰减期特征。

图 5-6-8 中,雨带 R1—R2 上达大暴雨量级对流雨团数量相对较少,以暴雨量级雨团居多,雨带 R1—R2 东南移过程的前、中期弧形弯曲明显,这些特征表明弱冷空气是以扩散方式南下,虽然 MCS 外观规模较大,但对流运动强度并不是很激烈。

(4)MCS 准三视图结构特征和负熵流

以上对 MCS 发展过程中的非常规观测特征进行了分析,为了多视角的整体性,以下从图 5-6-6 至图 5-6-8 中摘要简化成图 5-6-9,讨论 MCS 准三视图结构特征。

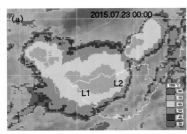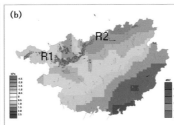

图 5-6-9 2015 年 7 月 23 日 00 时卫星云图(a,IR1)和中尺度变压场(b)

以及 22 日 23 时—23 日 00 时逐 1 小时降雨量分布(c)

根据观测平台的观测视角和方式,近似地以卫星云图为顶视图,雷达回波为平视图,地面降雨量分布为底视图,综合分析 MCS 准三视图结构特征。比较图 5-6-9a 中 MCS 的 −70 ℃ TBB 面积南边缘 L1—L2 位置和形状,与图 5-6-9b 中雷达回波带 R1—R2 及图 5-6-9c 中雨带 R1—R2,可以看到图 5-6-9a 南边缘 L1—L2 是 MCS 云顶 TBB 梯度最大地方,正是图 5-6-9b 中强对流雷达回波 R1—R2,也是图 5-6-9c 中较强的对流性雨团 R1—R2 所在部位。这些 MCS 新生对流单体、雷达回波和对流性强降雨分布对应重合地方正是 MCS 结构最为有序区域,也是外部负熵流向 MCS 流入的最强部位。这些对应性充分显示了负熵流与对流性降雨的相关关系。

(5)非常规观测特征的对应性

综合图 5-6-6 至图 5-6-9 分析,发现如下几个中尺度范围的特征。

①图 5-6-6 中云带 L1—L2 反映出低槽底部是慢速东移南压的,当云带 L1—L2 西南端所指示出的槽底移近桂西北后,图 5-6-7 中桂北和桂中的负变压区进一步加强,两者在时间上有明显的对应关系,这验证了图 1-16 中尺度变压场概念模型的正确性。

②云带上 MCS 初始发生在桂西北境外,移到桂西北负变压区上空时才充分发展成熟,负变压区的加强对 MCS 发展成熟具有超前性。

③对流雷达回波线主要出现在正负变压交界处,证实了这是一种弱冷空气密度流抬升触发机制,在 MCS 发展过程中,对流回波主要出现在负变压区内,与云图上 MCS 云体主要在负变压区内发展相一致。

④主要由对流雨团排列组成的强降雨带出现在雨区南边缘,与雷达回波带和云顶 TBB 梯度极大值区相对应,显示出 MCS 具有明显的有序结构特征。这些对应性表明,MCS 中新生对流单体、雷达回波和对流性强降雨分布重合地方,是 MCS 结构最为明显有序的地方,这也是负熵流流入最强部位,这些特征佐证了远离平衡态的 MCS 发生发展与负熵流依存关系,也进

一步验证了图 1-27 的 MCS 发生发展概念模型的正确性。

5.6.4　信息量

5.6.4.1　相对基准信息量

从第 2 章关于相对基准信息量的计算方法讨论中得知,广西 24 小时晴雨相对基准信息量:$H_r=1$ bit;把表 2-5 中简化,得 4NW 型落区、强度和落时相对基准信息量(表 5-6-1)。

表 5-6-1　4NW 型落区、强度和落时相对基准信息量

	落区	暴雨以上	大暴雨以上	12 h 落时	2 h 落时
信息量(bit)	4.49	1.89	4.20	1.00	2.59

5.6.4.2　预测信息量

预测信息量计算公式(式 2-9、式 2-10)指出,在相对基准信息量已知条件下,预测信息量计算的关键就是求预测概率 P_{rel}。

(1)广西 24 小时晴雨预测信息量

22 日 08 时(图 5-6-2a),高空深槽移到贵州北部,槽底位于滇北和黔西一带,低空切变线几近与高空槽重合,地面 NE—SW 向准静止锋移到贵州南部。根据先验概率,这种 3D 配置天气系统未来 24 小时在广西境内产生降雨概率 $P_{rel1}>0.9$,这里取 $P_{rel1}=0.9$。

与图 5-6-2a 的高空槽相对应,卫星云图(图略)高空低槽前有发展旺盛的带状云系,槽底前有 MCS 发展,表明槽前有强盛的上升气流,孟加拉湾、南海北部和中南半岛等水汽源地和水汽通道云层发展浓密,水汽充沛和输送条件良好,为降雨产生创造了良好的环境条件。根据云系分析先验概率,当这种低槽云系移到广西并产生影响时,其降雨概率 $P_{rel2}>0.9$,这里取 $P_{rel2}=0.9$。

综合天气图和卫星云图分析,得广西 24 小时晴雨预测概率

$$P_{rel}=1-(1-P_{rel1})\times(1-P_{rel2})=1-(1-0.9)\times(1-0.9)=0.99$$

则,预测信息量

$$H_F=P_{rel}\times H_r=0.99\times1\approx1(\text{bit})$$

这是 22 日 08 时大尺度天气系统分析所获得的广西 24 小时晴雨预测信息量。

(2)落区预测信息量

①大尺度天气系统的 MCS 降雨落区预测信息量

天气分析实践表明,用大尺度天气系统分析获得的 MCS 降雨落区预测概率一般不高于气候概率。22 日 08 时,虽然高空槽、低空切变线和地面准静止锋等 3D 配置完整,低槽前云系发展旺盛,整个低值系统已移到影响广西的关键区,但广西境内尚无明显对流性降雨出现。使用 22 日 08 时大尺度分析做 4NW 落区预测,可取的预测概率也只是气候概率,即 $P_{rel1}=2/45\approx0.04$。预测信息量

$$H_{F1}=P_{rel1}\times H_s=0.04\times4.49\approx0.18(\text{bit})$$

可见,仅用大尺度天气系统分析做分区后的落区预测,预测信息量是明显不足。

②中尺度天气系统的 MCS 降雨落区预测信息量

22 日 20 时,中尺度变压场与雷达回波合成分析图(图 5-6-7b),以及逐 1 小时降雨量分布

图(图 5-6-8b)上,有 3 个比较明显的中尺度特征:桂北、桂西负变压区加强,在桂西北形成强负变压中心区域 N,构成强场势的中尺度变压场,正在发展南移的对流雷达回波线 R1—R2 已移到桂北边界附近;对流雷达回波线 R1—R2 排列紧密,但呈弧形前凸,表明槽后冷空气较弱,主要以扩散方式从桂西北侵入;广西境内仅在桂西北边界局地有对流性降雨,其他地方无明显对流性降雨。中尺度变压场、雷达回波和降雨量分布特征指示出,MCS 产生强降雨的落区主要分布在桂西北强负变压区域 N 范围,其先验概率 $P_{rel2}=71/73=0.97$,落区预测信息量

$$H_{F2}=P_{rel2}\times H_s=0.97\times4.49\approx4.36(bit)$$

可见,使用中尺度天气系统分析做分区后的落区预测,预测信息量大幅度增加。

③综合落区预测信息量

把大、中尺度天气系统分析综合后,落区预测概率为

$$P_{rel}=1-(1-P_{rel1})\times(1-P_{rel2})=1-(1-0.04)\times(1-0.97)=0.97$$

落区预测信息量

$$H_{Fs}=P_{rel}\times H_s=0.97\times4.49\approx4.36(bit)$$

综合后落区预测信息量无明显增加。由此进一步看出,对流性强雨落区预测信息量,主要从中尺度天气系统分析所获得。

(3)落时预测信息量

①12 小时落时预测信息量

22 日 08 时,虽然高空槽、低空切变线和地面准静止锋等组成的低值系统已移到影响广西的关键区,但根据先验概率,广西未来 12 小时是否会出现降雨还是等概率事件,即 22 日 08—20 时降雨落时预测概率 $P_{rel}=0.5$,因此

$$H_F=P_{rel}\times H_t=0.5\times1=0.5(bit)$$

这是 22 日 08 时大尺度天气分析所获得的 12 小时降雨落时预测信息量。

②2 小时落时预测信息量

22 日 20 时,槽底附近 MCS 已进入成熟期,MCS 主体前边缘已移入桂西北(图 5-6-6b),对流雷达回波线 R1—R2 出现在桂西北边界(图 5-6-7b)附近;桂西北边界局地出现了 MCS 对流性降雨,表明低槽已开始影响广西。根据先验概率,落时预测概率 $P_{rel}=71/73=0.97$,落时预测信息量

$$H_{Ft}=P_{rel}\times H_t=0.97\times2.59\approx2.51(bit)$$

可见,使用非常规观测资料和中尺度分析方法,所获得的落时预测信息量接近 2 h 落时相对基准信息量,基本满足落时预测需求。

(4)强度预测信息量

22 日 17—20 时,强降雨开始前,低槽前云系发展旺盛且稳定(强度指数 117~133),表明槽前上升气流较强和水汽充沛;槽后干冷下沉气流控制区边界清晰,低槽云系结构特征完整;水汽源地和水汽通道以及广西上空云层浓密,覆盖率达 80% 以上,水汽供应条件良好。地面中尺度变压场形成结构清晰和完整的强负变压区域 N,为强势场。

低槽云系结构和地面中尺度变压场为"强+强"组合,根据表 3-1 中降雨强度等级为强的先验概率,得强度预测概率:$P_{rel}=15/16=0.94$,强度预测信息量

$$H_{Fr}=P_{rel}\times H_r=0.94\times1.86\approx1.75(bit)$$

(5)综合预测信息量和预测可靠性

根据以上落区、落时和强度预测信息量计算,得综合预测信息量

$$H_F = H_{Fs} + H_{Ft} + H_{Fr} = 4.36 + 2.51 + 1.75 = 8.62(\text{bit})$$

这就是 4NW 型落区、22 日 20 时为落时和暴雨站数达 100 站以上的预测信息量,预测可靠性为

$$\mu = H_F/H_r = 8.62/8.94 \times 100\% \approx 96\%$$

计算表明,基于中尺度分析方法所做出的强降雨预测具有较高可靠性。

5.6.4.3　MCS 生命期马尔可夫环状态转移概率和方向

在图 2-18 马尔可夫环模型中,每个节点状态转移方向均由 3 个转移概率决定,因此通过对这 3 个转移概率大小进行排序,以大概率为优先转移方向是一种合理的选择。依此方法,对 MCS 生命期不同阶段的马尔可夫环转移概率排序,以大概率为转移方向对 MCS 发展趋势做滚动预测。

22 日 17 时,卫星云图(图 5-6-6a)上低槽前带状云系发展旺盛,云带西边干冷下沉气流控制的晴空区暗度较高,低槽云系结构完整,槽底附近黔南有云顶光亮、轮廓光洁、体积中等椭圆形正处于发展期的 MCS,中南半岛和南海北部为浓密云层覆盖,水汽源地的水汽供应充沛,有利于广西境内对流发生发展;中尺度变压场和雷达回波图合成分析图(图 5-6-7a),桂北、桂西大部为中等强度负变压区所占据,较强负变压区出现在桂西北,有利弱冷空气入侵时触发对流发展。在有利的大、中尺度环境场条件下,MCS 继续发展可能性很大,判断转移概率排序结果为 $P_{gg} > P_{gk} > P_{gw}$,马尔可夫环状态转移如图 5-6-10 所示,即 MCS 继续保持发展趋势,并随云带向 SE 方向移动。

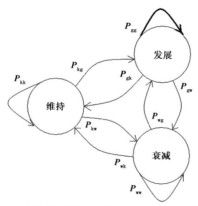

图 5-6-10　从发展到发展的马尔可夫环状态转移示意图
(粗黑矢线表示优先转移方向)

22 日 20 时,卫星云图(图 5-6-6b)上低槽云系强度少变缓慢东移,大尺度天气系统处于稳定维持阶段,MCS 已进入成熟期特征;中尺度变压场和雷达回波合成分析图(图 5-6-7b),在桂西北形成强负变压中心区域 N,弧形前凸的对流雷达回波线 R1—R2 已移到桂北边界附近;逐 1 小时雨量分布图(图 5-6-8b),桂西北边界局地有对流性降雨。综合分析 MCS 处于成熟期初阶段,因发展环境条件优良,MCS 仍继续发展,但发展速度减缓,由此判断转移概率排序结果为 $P_{gg} > P_{gk} > P_{gw}$,马尔可夫环状态转移如图 5-6-10 所示,即 MCS 继续保持发展趋势,并随云带向 SE 方向移动。

22 日 23 时,卫星云图(图 5-6-6c)上 MCS 已进入成熟期,MCS 主体已移入桂西北;中尺度变压场和雷达回波合成分析图(图 5-6-7c),中尺度变压场基本维持,雷达回波线 R1—R2 呈弧形且连续性不好,后部正变压区整体扩展特征不强,弱冷空气以扩散方式入侵为主;逐 1 小时雨量分布图(图 5-6-8c),桂西北产生了弧形强降雨带 R1—R2,雨带 R1—R2 上有强对流雨团排列分布,雨带后面是成片的层状云连续性降雨分布。综合分析 MCS 以维持状态为主,判断转移概率排序结果为 $P_{gk} > P_{gg} > P_{gw}$,马尔可夫环状态转移如图 5-6-11 所示,即 MCS 以维持成熟期特征为主,并随云带向 SE 方向慢速移动。

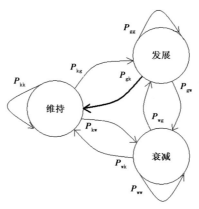

图 5-6-11 由发展转向维持的马尔可夫环状态转移示意图
(粗黑矢线表示优先转移方向)

23 日 02 时,卫星云图(图 5-6-6d)槽前云系稳定少变,MCS 保持成熟期基本特征;中尺度变压场和雷达回波合成分析图(图 5-6-7d),雷达回波 R1—R2 长度达弱冷空气入侵后最长段,密度分布也最为紧密,后部正变压区中残留更早对流雷达回波,显示出 MCS 成熟期特征;逐 1 小时雨量分布图(图 5-6-8d),强降雨带 R1—R2 对流性雨团强度稍有减弱,后部的大片层状云连续性降雨区的降雨强度基本保持,显示出 MCS 成熟期降雨特征。综合判断 MCS 继续保持现状,转移概率排序结果为 $P_{kk} > P_{kw} > P_{kg}$,马尔可夫环状态转移如图 5-6-12 所示,即 MCS 维持成熟期特征为主,并随云带向 SE 方向慢速移动。

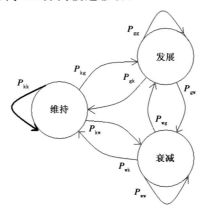

图 5-6-12 继续维持的马尔可夫环状态转移示意图
(粗黑矢线表示优先转移方向)

23 日 05 时,卫星云图(图 5-6-6e)低槽云系强度维持少变,MCS 云顶亮度降低,云顶轮廓边缘显得模糊,表明 MCS 由成熟期向衰减期演变;中尺度变压场和雷达回波合成分析图(图 5-6-7e),雷达回波 R1—R2 长度虽然保持,但已出现断裂,后部正变压区出现分裂停止南扩迹象;逐 1 小时雨量分布图(图 5-6-8e),强降雨带 R1—R2 对流性雨团强度开始减弱,后部的大片层状云连续性降雨区的降雨强度也呈现减弱趋势,显示出 MCS 从成熟期过渡到衰减期特征。所有这些现象表明 MCS 开始进入衰减期,转移概率排序结果为 $P_{kw} > P_{kk} > P_{kg}$,马尔可夫环状态转移如图 5-6-13 所示,即 MCS 进入衰减期,强度逐渐减弱直至消亡。

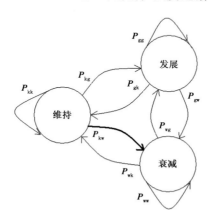

图 5-6-13　由维持转向衰减的马尔可夫环状态转移示意图

(粗黑矢线表示优先转移方向)

5.6.4.4　MCS 生命期中 TBB 面积和降雨强度时间分布特征

从 22 日 14 时对流云细胞生成,到 23 日 10 时 MCS 基本消亡的各级别 TBB 面积变化,以及降雨强度变化曲线如图 5-6-14 所示。

MCS 生命期分为发展期、成熟期和衰减期,图 5-6-14 中的 TBB 曲线变化特征从形态上反映了 MCS 发展变化特征。

(1)MCS 发展期

从 22 日 14—17 时为 MCS 快速发展时期,各级别 TBB 面积曲线快速增长,明显特征是代表 MCS 主体顶部的－70 ℃与其他 TBB 温度级别的曲线同步上升。

(2)MCS 成熟期

22 日 18 时至 23 日 04 时是 MCS 发展最为强盛阶段,这一阶段－70 ℃ TBB 面积曲线展示出明显的顶部特征。22 日 22 时－70 ℃ TBB 面积曲线开始下降后,其他温度级别 TBB 面积曲线仍基本保持顶部特征,这是由于 MCS 顶部降低或坍塌后,主体中下部云层连续扩展所致。

(3)MCS 衰减期

23 日 05 时后 MCS 进入了衰减期,各级别的 TBB 面积曲线均呈下降趋势,23 日 10 时－70 ℃ TBB 面积曲线最先到达零值,其他级别的 TBB 面积曲线仍保持相当幅值。

(4)降雨强度曲线变化特征

图 5-6-14 中的 TBB 曲线变化与暴雨站数或降雨总站数的对应关系没有其他实例明显,主要原因是 MCS 先是在广西境外发展起来,而后移入广西境内继续发展的,前期 MCS 的

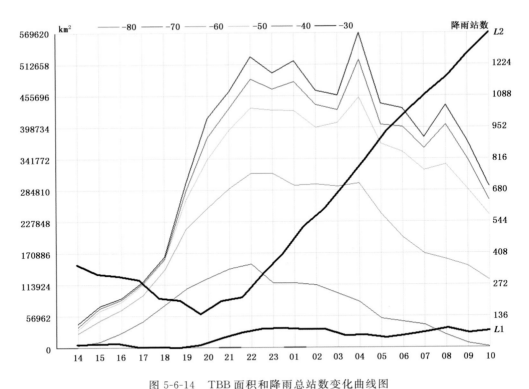

图 5-6-14 TBB 面积和降雨总站数变化曲线图

（横坐标为时间；纵坐标为 TBB 面积（km²）和降雨站数；粗黑实线 L1，暴雨及以上级别降雨总站数；粗黑实线 L2，大雨及以下级别降雨总站数）

TBB 面积曲线是反映广西境外 MCS 发展情况，暴雨和降雨总站数都仅统计广西境内的降雨站，所以这种对应关系显得不密切。

从以上分析可知，TBB 曲线变化特征佐证了 MCS 生命期马尔可夫环状态转移概率和方向的合理性。

5.7 TTNSNS-4SES-20150723-0724

5.7.1 概况

2015 年 7 月 22—23 日，受高空槽、低空切变线和地面准静止锋的共同影响，在桂西北产生了如图 5-7-1d 中 R 区域强降雨（另文分析）后，随着低值系统东南移影响，23—24 日在桂东南又出现了区域性的强降雨（图 5-7-1d 中 S），24 小时降雨量达暴雨以上量级的达 518 站，占 4SE 分型区域自动站总数的 77%，约占全广西区域自动站总数的 19%。这次强降雨过程的天气系统配置、卫星云图特征、地面中尺度变压场和雷达回波叠加、地面降雨分布如图 5-7-1所示。

造成这次桂东南强降雨过程的天气系统配置特点，是高空槽、低空切变线和地面准静止锋缓慢东南移过桂东南（图 5-7-1a），在槽底附近又有新的 MCS 强烈发展（图 5-7-1b），MCS 强对

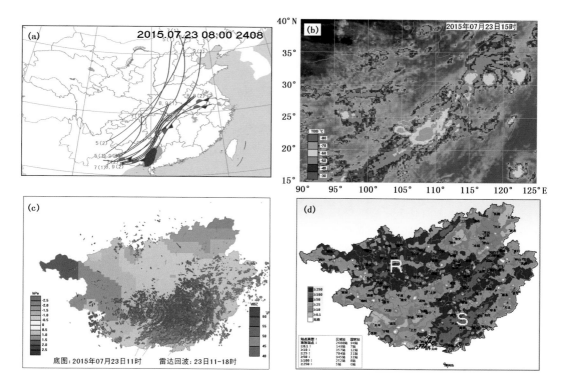

图 5-7-1　2015 年 7 月 23—24 日桂东南强降雨过程天气系统配置(a)、卫星云图(b,IR1)、中尺度变压场和雷达回波叠加(c)、22 日 08 时—24 日 08 时降雨分布(d)(a:棕实线为槽轴,双线为切变线,齿线为准静止锋;5 表示 500 hPa,余类推;时间表示:(1)代表 23 日 08 时;(2)代表 24 日 08 时)

流雷达回波基本覆盖了桂东南负变压区(图 5-7-1c),并在桂东南产生了区域性强降雨。

5.7.2　负熵源和负熵汇机制

5.7.2.1　大尺度天气系统负熵源结构和演变特征

7 月 23—24 日桂东南强降雨过程的大尺度天气系统负熵源结构和演变过程如图 5-7-2 所示。

23 日 08 时(图 5-7-2a),500、700 hPa 各有 1 条近 NE—SW 向的深槽位于越南北部到内蒙古东部一带,跨度＞20 个纬距,低槽南段槽前有大范围带状云系,槽底附近云带上有对流云发展;紧靠高空槽前,850、925 hPa 有 NE—SW 向的切变线近于重合,从越南北部延伸到湖北之间;地面准静止锋走向和位置与切变线近似重合;东南沿海 850、925 hPa 有急流。

23 日 20 时(图 5-7-2b),大尺度天气形势稳定少变,高空槽、低空切变线和地面准静止锋构成的低值系统横亘于桂西南到桂东北之间,槽前云带发展良好,槽底前暖输送带起始段对流较为活跃,东南沿海低空急流维持。

24 日 08 时(图 5-7-2c),天气图上整个低值系统强度无明显变化,低空切变线和地面准静止锋缓慢东移,但卫星云图上槽前云带已减弱,尤其是云带中段的中高层云系减弱更明显。槽前中段云带的减弱消散表明,暖输送带的最强上升运动减弱,预示暖输送带减弱。

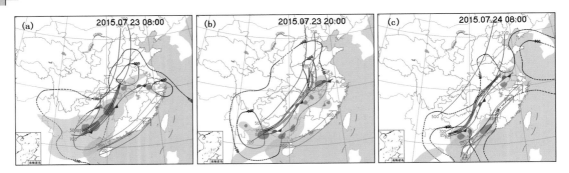

图 5-7-2　大尺度天气系统负熵源结构和演变过程特征

（粗实线为槽轴线；双实线为切变线；齿线为准静止锋；等值线为等垂直上升速度线；

蓝双线箭头为 700 hPa 急流轴；红双线箭头为 850 hPa 急流轴；

浅阴影区为厚云系，深阴影区为对流云区；红色区域为地面中尺度负变压区）

桂东南强降雨 MCS 于 23 日 11 时后在重新加强的负变压区内生成和发展（见后文），MCS 发生发展期间正是大尺度的低值系统缓慢移过桂东南时段，MCS 是在大尺度低值系统活跃背景下发生发展的。

23 日 08 时—24 日 08 时，这个由高空槽、低空切变线和地面准静止锋组成的天气系统，槽后有干冷偏北下沉气流，槽前有暖湿偏南上升气流，是明显偏离平衡态的有序低熵值天气系统结构，构成了暴雨 MCS 发生发展所必需的负熵源。

5.7.2.2　边界层辐合增强形成负熵汇

从图 5-7-2 分析可知，低熵值环境场条件下使 MCS 得到发生发展，图 5-7-1c 又显示 MCS 主要在中尺度负变压区内发生发展。由此可以推知，地面中尺度负变压区的形成与低熵值环境场密切相关，尤其是槽底前暖输送带起始段与下垫面摩擦辐合效应，对中尺度负变压区的形成有重要作用，这种摩擦辐合效应由图 5-7-3 分析而证实。

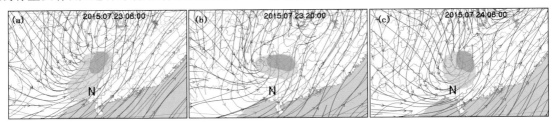

图 5-7-3　中低空三层流线分析图

（红矢线：700 hPa；蓝矢线：850 hPa；黑矢线：925 hPa）

图 5-7-3 中标注为 N 区域是桂东南，正是槽底前暖输送带起始段位置。从图 5-7-3a 到图 5-7-3b，N 区域 700 hPa 流线基本维持 SW—NE 向，而 925、850 hPa 流线与 700 hPa 流线交角是增大趋势。图 5-7-3a 中 925、850 hPa 流线与 700 hPa 流线交角在 20°～40°，图 5-7-3b 中已增大到 40°～60°。由 1.4.2 节分析可知，这种现象表明低层的摩擦辐合作用相当明显。

从图 5-7-3b 到图 5-7-3c，N 区域 700 hPa 流线仍维持 SW—NE 向，而 925、850 hPa 流线与 700 hPa 流线交角是减小趋势，图 5-7-3b 中流线交角在 40°～60°，图 5-7-3c 中流线交角＜20°。

由以上分析可知,23 日 08 时—24 日 08 时,925、850 hPa 流线与 700h Pa 流线交角先后经历了"小—大—小"变化过程。在流线交角由"小—大"期间的 23 日 11 时前后,因暖湿空气摩擦辐合作用加强,致使图 5-7-3 中 N 区域弱负变压加强形成中等强度的负变压带(见后文),随后 MCS 在负变压带中发生发展并产生了强降雨。23 日 20 时后,925、850 hPa 流线与 700h Pa 流线交角转为由"大—小",负变压带被入侵弱冷空气和雷暴高压填塞,至 24 日 08 时 N 区域演变为正变压。

通过以上分析可以推断,由于槽底前暖输送带起始段与下垫面的摩擦辐合效应,导致暖湿空气辐合堆积增强使地面弱负变压区得到加强。地面负变压区加强是有序性加强,表明地面中尺度变压场的熵值减小,是地面中尺度变压场从准平衡态弱场势向非平衡强场势有序态转变的结果。但中尺度变压场熵值减小是不能自发进行的,要靠系统外负熵流的输入,这种负熵流来自于低熵值的大尺度环境场。暖湿空气摩擦辐合作用,导致地面辐合中心气压下降,与辐合区外的气压梯度增大,使得暖湿空气从正变压区向负变压区流动,形成质量流和热量流,然后向高层低温环境输送,使负变压区上空气柱获得负熵,这过程相当于把低熵值环境场的负熵向辐合区输送,起到负熵汇效应。

5.7.2.3　中尺度变压场演变特征

上小节分析指出,槽底前暖输送带起始段与下垫面的摩擦辐合效应是地面中尺度弱负变压区得到加强的主要原因,这种摩擦辐合是一个连续性过程,与此对应的地面中尺度弱负变压区的加强也会有一个渐变过程,图 5-7-4 显示了这个过程的中尺度变压场演变特征。

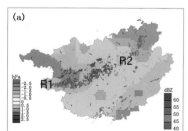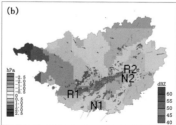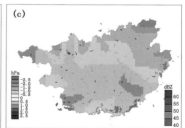

图 5-7-4　中尺度变压场演变特征

(a:23 日 08 时;b:23 日 12 时;c:23 日 20 时)

23 日 08 时(图 5-7-4a),随着桂西北强降雨过程趋于结束,广西整个中尺度变压场分布呈现西北、东南正变压,桂西南—桂东北连片负变压态势。其中,桂西北为入侵弱冷空气填塞形成的较强正变压区,正变压区边缘还残留有对流雷达回波 R1—R2;桂东南—桂东为弱正变压区;桂东北负变压区较强,桂西南负变压区很弱。

23 日 12 时(图 5-7-4b),正如上小节分析所指出,由于槽底前暖输送带起始段与下垫面的摩擦辐合效应,暖湿空气辐合堆积增加,在桂南、桂中的负变压区得到加强形成了中等强度的负变压带 N1—N2。桂东北负变压区强度无大变化,桂东南正变压区强度减弱、范围缩小,整个中尺度变压场场势加强。

23 日 20 时(图 5-7-4c),随着弱冷空气的入侵和 MCS 的消亡,负变压带 N1—N2 已演变为弱正变压区,中尺度变压场场势明显减弱,桂东北负变压区强度仍无明显变化。

23 日 08—20 时,由于低熵值环境场变化的影响,从桂西北到桂东南的变压场经历了一个

"弱—强—弱"的变化过程,负变压带 N1—N2 形成后,MCS 在负变压带 N1—N2 中发生发展,造成了桂东南的强降雨过程,但这期间桂东北的负变压区强度和范围无大的变化。

5.7.3 MCS 发生发展过程

5.7.3.1 对流触发和传播发展

23 日 11 时后,当弱冷空气入侵到负变压 N1—N2 中时,弱冷空气把负变压 N1—N2 中的暖湿空气抬升到自由对流高度从而触发对流运动。这次过程较为明显的对流触发和传播发展如图 5-7-5 所示。

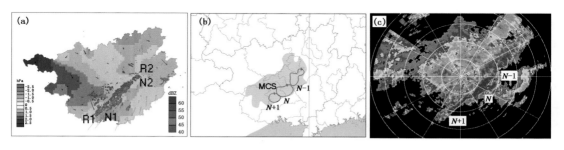

图 5-7-5 对流触发(a)和传播发展(b,c)
(a:23 日 11 时中尺度变压场;b:23 日 13 时卫星云图素描,闭合线表示对流云体,阴影区为 MCS 云体范围;
c:23 日 12 时南宁雷达站组合反射率回波;N+1 为新生对流单体,N 为成熟期对流单体,
N−1 为衰减期对流单体)

图 5-7-5a 中,雷达回波线 R1—R2 位于正、负变压区交界处,显示出这是由于弱冷空气的入侵抬升负变压区中的暖湿空气而触发对流运动,是一种密度流抬升触发机制。图 5-7-5b 中是卫星云图上分析出的 MCS 和对流单体排列,图 5-7-5c 中是雷达回波分析出的对流单体排列,两图中新生对流单体都是排在旧单体西边,对流单体沿云带轴线东北移,而 MCS 整体向南移,对流发展是后向传播发展机制。

5.7.3.2 MCS 发生发展过程中的非常规观测特征

卫星云图清晰显示了强降雨 MCS 发生发展过程,结合地面中尺度变压场、雷达回波和逐 1 小时降雨量分布,较为完整地表现了 MCS 发生发展过程中非常规观测特征。

(1)卫星云图演变特征

这次强降雨过程中,在降雨前后卫星云图上云系发生了明显变化,以下通过分析卫星云图云系的演变特征(图 5-7-6),更深入了解强降雨 MCS 发生发展过程大、中尺度环境场的演变过程。

23 日 08 时(图 5-7-6a),从越南北部—山东半岛有低槽前带状云系 L1—L2,云带 L1—L2 西边有干冷下沉气流控制的薄云区,槽底前云带中有前期生成现已进入衰减期的 M1。云带 L1—L2 西边界较为破碎零乱,表明有气流不断进出云带,预示云带东移趋势较弱、移速较慢。在我国东南沿海有云系 L3—L4,这云系与天气图上的低空急流有对应关系,由此可知这是伴随低空急流活动而形成的云系。

23 日 11—12 时(图 5-7-6b 至图 5-7-6c),云带 L1—L2 位置和强度变化不明显,槽底前 M1 体积缩小、轮廓线变得不规则,M1 已进入消亡期,但在 M1 南边缘有对流云细胞重新生成(图

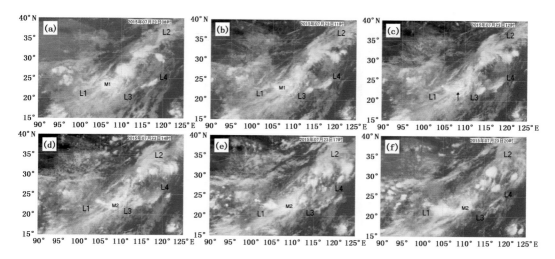

图 5-7-6　MCS 发生发展过程中卫星云图（IR1）

（a:23 日 08 时;b:23 日 11 时;c:23 日 12 时;d:23 日 14 时;e:23 日 17 时;

f:23 日 20 时;M1 为前期 MCS;M2 为后期 MCS）

5-7-6c 中箭头所指）。低空急流云系 L3—L4 维持。

23 日 14—20 时(图 5-7-6d 至图 5-7-6f),云带 L1—L2 位置和强度变化仍不明显。23 日 12 时后,由于弱冷空气入侵到负变压带 N1—N2 触发对流运动,在槽底前云带中形成了新生的 M2,M2 慢速东南移;随后 M2 快速发展,到 23 日 17 时 M2 已发展成体积庞大、云顶光亮、轮廓光洁,表明 M2 已进入成熟期;23 日 17 时后 M2 东移减弱,到 23 日 20 时 M2 已移到桂东南边界,体积明显缩小,云顶亮度下降,轮廓线变得不规则,M2 已进入衰减期。

（2）中尺度变压场和雷达回波演变特征

系列化的中尺度变压场和雷达回波合成分析(图 5-7-7),以更多的事实展示了中尺度负变压区形成加强,以及对流触发过程中的细节特征,有助于更深刻认识 MCS 发生发展与中尺度环境场关系。

23 日 08 时(图 5-7-7a),随着桂西北强降雨过程趋于结束,广西整个中尺度变压场分布呈现西北、东南正变压,桂西南—桂东北连片负变压态势。其中,桂西北为入侵弱冷空气填塞形成的较强正变压区,正变压区边缘还残留有对流雷达回波 R1—R2;桂东南—桂东为弱正变压区;桂东北负变压区较强,桂西南负变压区很弱。

23 日 11 时(图 5-7-7b),随着高空低槽缓慢东移和槽底前暖湿空气辐合加强,从桂南沿海到桂东南内陆原弱负变压区强度加强,逐渐形成了负变压带 N1—N2。桂西北强对流过程残留对流雷达回波线 R1—R2 变得更稀疏,强度继续减弱。

23 日 12 时(图 5-7-7c),负变压带 N1—N2 强度加强,负变压带 N1—N2 西北正负变压交界处对流重新活跃发展,对流雷达回波线 R1—R2 密度加大、强度增加,这是弱冷空气入侵负变压带 N1—N2 触发新对流运动的明显特征。

23 日 14—17 时(图 5-7-7d 至图 5-7-7e),随着弱冷空气持续入侵负变压带 N1—N2 触发对流,对流雷达回波线 R1—R2 长和密度增加,MCS 在负变压带 N1—N2 强烈发展。与此同

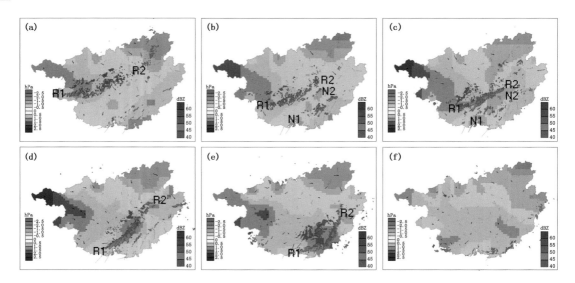

图 5-7-7　MCS 发生发展过程中地面中尺度变压和雷达回波叠加分析图

(a:23 日 08 时;b:23 日 11 时;c:23 日 12 时;d:23 日 14 时;e:23 日 17 时;f:23 日 20 时)

时,弱冷空气入侵和对流产生的雷暴高压对负变压带 N1—N2 也产生了填塞作用。

23 日 20 时(图 5-7-7f),对流运动基本结束,负变压带 N1—N2 也演变成弱正变压区。

23 日 08—20 时,虽然从桂西北到桂东南的变压场经历了一个"弱—强—弱"的变化过程,负变压带 N1—N2 形成后,MCS 在负变压带 N1—N2 中发生发展,造成了桂东南的强降雨过程。但这期间桂东北的负变压区强度和范围无大的变化,这些现象说明这次强降雨过程主要是中尺度环境场变化为主,大尺度环境场相对稳定少变。

(3)逐 1 小时降雨量分布演变特征

第 1 章中已指出,对流性降雨强度与负熵流具有等价关系。因此,通过分析逐 1 小时降雨分布特征,既可以反演 MCS 发展变化过程(图 5-7-8),实质也是分析负熵流强度变化特征。

23 日 08 时(图 5-7-8a),从桂西延伸到桂东北的降雨线 R1—R2 上强对流雨团特征已不明显,后部为大片相对均匀连续性降雨区,显示出 MCS 生命期后阶段以扩散层状云连续性低强度降雨为主,桂西北的强降雨过程已减弱。

23 日 11 时(图 5-7-8b),降雨线 R1—R2 上对流性降雨强度继续减弱,降雨线 R1—R2 向东南方向移动,虽然雨线后部大片层状云连续性降雨区仍维持,但成片雨区已开始出现分裂减弱,这种现象表明降雨过程趋于结束。在桂东南出现了 1 条强度不大的降雨线 R3—R4,这是低空急流云系降雨所形成。

23 日 12 时(图 5-7-8c),桂西北降雨区继续减弱缩小,但对应于图 5-7-7c 中负变压带 N1—N2 北边缘,由于弱冷空气入侵触发新对流,雨线 R1—R2 西南段对流性雨团重新加强。

23 日 14 时(图 5-7-8d),随着弱冷空气入侵到负变压带 N1—N2 轴线附近,MCS 也发展到成熟期,对应地,雨线 R1—R2 也发展到最强盛阶段,雨线 R1—R2 西南段对流性雨团排列整齐有序,降雨强度较大,充分显示了 MCS 对流性强降雨特征。低空急流雨线 R3—R4 接近减弱消失。

23 日 17 时(图 5-7-8e),雨线 R1—R2 已移到桂东南边界附近,雨线上对流性雨团强度减

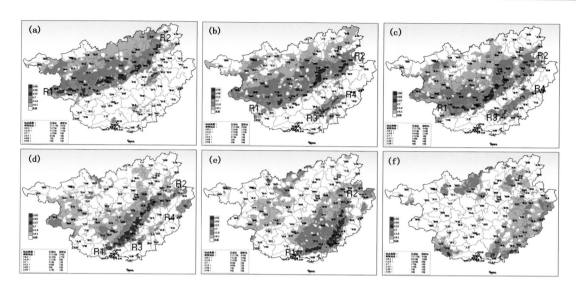

图 5-7-8　MCS 发生发展过程中逐 1 小时降雨量分布图

(a:23 日 07—08 时;b:23 日 10—11 时;c:23 日 11—12 时;d:23 日 13—14 时;

e:23 日 16—17 时;f:23 日 19—20 时)

弱,雨线后部成片的连续性降雨区面积扩大,分布较为均匀,显示出 MCS 进入衰减期的降雨特征。

23 日 20 时(图 5-7-8f),桂东南降雨区的降雨强度和面积大为减小,MCS 在桂东南的降雨过程基本结束。

(4)MCS 准三视图结构特征和负熵流

以上对 MCS 发展过程中的非常规观测特征进行了分析,为了多视角的整体性,以下从图 5-7-6 至图 5-7-8 中摘要简化成图 5-7-9,讨论 MCS 准三视图结构特征。

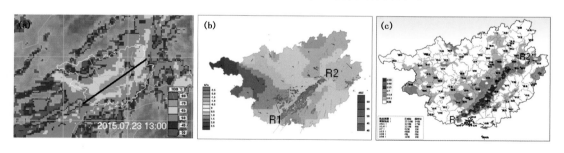

图 5-7-9　2015 年 7 月 23 日 13 时卫星云图(a,IR1)和中尺度变压场(b)

以及 23 日 13—14 时逐 1 小时降雨量分布(c)

根据观测平台的观测视角和方式,近似地以卫星云图为顶视图,雷达回波为平视图,地面降雨量分布为底视图,综合分析 MCS 准三视图结构特征。比较图 5-7-9a 中 MCS 长轴线 L1—L2、图 5-7-9b 对流雷达回波线 R1—R2 和图 5-7-9c 中雨线 R1—R2 的位置,可以看到对流雷达回波线 R1—R2、雨线 R1—R2 都位于 MCS 长轴线 L1—L2 的东南侧,这正是 MCS 云顶 TBB 梯度最大地方。这些 MCS 新生对流单体、雷达回波和对流性强降雨分布对应重合地方正是 MCS 结构最为有序区域,也是外部负熵流向 MCS 流入的最强部位。这些对应性充分显示了负熵流与对流性降雨的相关关系。

(5)非常规观测特征的对应性

综合图 5-7-6 至图 5-7-9 分析,发现有如下几个中尺度范围的特征。

①图 5-7-6 中云带 L1—L2 反映出低槽整体呈准静止状,但槽底是慢速东移南压的,当云带 L1—L2 西南端所指示出的槽底移近桂东南后,图 5-7-7 中桂南—桂中的弱负变压区加强形成负变压带 N1—N2,两者在时间上有明显的对应关系,这验证了图 1-16 中尺度变压场概念模型的正确性。

②初始对流发生在负变压带 N1—N2 北边缘,移入负变压带 N1—N2 轴线附近时才充分发展成熟,负变压带 N1—N2 的形成对 MCS 发展成熟具有超前性。

③对流雷达回波线主要出现在负变压带 N1—N2 北边缘正、负变压交界处,证实了这是一种弱冷空气密度流抬升触发机制。在 MCS 发展过程中,对流回波主要出现在负变压带 N1—N2 内,与云图上 MCS 云体主要在负变压带 N1—N2 内发展相一致。

④对流雨团分布在雨区南边缘,与新生对流单体雷达回波和云顶 TBB 梯度极大值区相对应,显示出 MCS 具有明显的有序结构特征。这些对应性表明,MCS 中新生对流单体、雷达回波和对流性强降雨分布重合地方,是 MCS 结构最为明显有序的地方,这也是负熵流流入最强部位,这些特征佐证了远离平衡态的 MCS 发生发展与负熵流依存关系,也进一步验证了图 1-27 的 MCS 发生发展概念模型的正确性。

5.7.4 信息量

5.7.4.1 相对基准信息量

从第 2 章关于相对基准信息量的计算方法讨论中得知,广西 24 小时晴雨相对基准信息量:$H_r=1$ bit;把表 2-5 中简化,得 4SE 型落区、强度和落时相对基准信息量(表 5-7-1)。

表 5-7-1　4SE 型落区、强度和落时相对基准信息量

	落区	暴雨以上	大暴雨以上	12 h 落时	2 h 落时
信息量(bit)	3.49	1.15	3.47	1.00	2.59

5.7.4.2 预测信息量

预测信息量计算公式(式 2-9、式 2-10)指出,在相对基准信息量已知条件下,预测信息量计算的关键就是求预测概率 P_{rel}。

(1)广西 24 小时晴雨预测信息量

23 日 08 时桂西北和桂北正在降雨(图 5-7-8a),也就是降雨事件正在发生过程中,所以广西 24 小时晴雨预测信息量不再计算。

(2)落区预测信息量

①大尺度天气系统的 MCS 降雨落区预测信息量

天气分析实践表明,用大尺度天气系统分析获得的 MCS 降雨落区预测概率一般不高于气候概率。23 日 08 时,虽然高空槽、低空切变线和地面准静止锋等(图 5-7-2a)已移到桂西至桂东北一带,桂西和桂东北都已产生了对流性降雨,但造成桂西强降雨的 MCS 已进入衰减期,降雨强度也明显趋于减弱,此时桂东南尚无明显对流性降雨出现(图 5-7-8a)。使用 23 日 08 时大尺度分析做 4SE 落区预测,可取的预测概率也只是气候概率,即 $P_{rel1}=4/45≈0.09$。预测信息量

$$H_{F1}=P_{rel1}×H_s=0.09×3.49≈0.31(bit)$$

可见,仅用大尺度天气系统分析做分区后的落区预测,预测信息量明显不足。

②中尺度天气系统的 MCS 降雨落区预测信息量

23 日 12 时,中尺度变压场与雷达回波合成分析图(图 5-7-7c),以及逐 1 小时降雨量分布图(图 5-7-8c)上,有 2 个比较明显的中尺度特征:桂东南负变压带 N1—N2 强度加强,负变压带 N1—N2 西北正、负变压交界处对流重新活跃发展,雷达回波线 R1—R2 密度加大、强度增加,这是弱冷空气入侵负变压带 N1—N2 触发新对流运动的明显特征;桂西北降雨区继续减弱缩小,但负变压带 N1—N2 北边缘,由于弱冷空气入侵触发新对流,雨线 R1—R2 西南段对流性雨团重新加强。中尺度变压场、雷达回波和降雨量分布特征指示出,MCS 产生强降雨的落区主要分布在桂东南负变压带 N1—N2 范围,其先验概率 $P_{rel2}=71/73=0.97$,落区预测信息量

$$H_{F2}=P_{rel2}×H_s=0.97×3.49≈3.39(bit)$$

可见,使用中尺度天气系统分析做分区后的落区预测,预测信息量大幅度增加。

③综合落区预测信息量

把大、中尺度天气系统分析综合后,落区预测概率为

$$P_{rel}=1-(1-P_{rel1})×(1-P_{rel2})=1-(1-0.09)×(1-0.97)=0.97$$

落区预测信息量

$$H_{Fs}=P_{rel}×H_s=0.97×3.49≈3.39(bit)$$

综合后落区预测信息量无明显增加。由此进一步看出,对流性强降雨落区预测信息量,主要从中尺度天气系统分析所获得。

(3)落时预测信息量

①12 小时落时预测信息量

23 日 08 时桂西北和桂北正在降雨(图 5-7-8a),也就是降雨事件正在发生过程中,所以 12 小时落时预测信息量不再计算。

②2 小时落时预测信息量

23 日 12 时,桂东南负变压带 N1—N2 强度加强,负变压带 N1—N2 西北正、负变压交界处对流重新活跃发展,雷达回波线 R1—R2 密度加大、强度增加,弱冷空气入侵负变压带 N1—N2 触发新对流运动(图 5-7-7c)。与对流雷达回波线 R1—R2 加强相对应,雨线 R1—R2 西南段对流性雨团重新加强(图 5-7-8c)。表明新生 MCS 产生的降雨已开始,根据先验概率,落时预测概率 $P_{rel}=71/73=0.97$,落时预测信息量

$$H_{Ft}=P_{rel}×H_t=0.97×2.59≈2.51(bit)$$

可见,使用非常规观测资料和中尺度分析方法,所获得的落时预测信息量接近 2 h 落时相对基准信息量,基本满足落时预测需求。

(4)强度预测信息量

23 日 08—11 时,桂东南强降雨开始前,低槽前云系发展旺盛且稳定(强度指数 96～102),表明槽前上升气流较强且水汽充沛;槽后干冷下沉气流控制区边界清晰,低槽云系结构特征完

整;水汽源地和水汽通道和广西上空云层浓密,覆盖率达80%以上,水汽供应条件良好。桂东南形成结构清晰和完整的强负变压带 N1—N2,中尺度变压场为强势场。

低槽云系结构和地面中尺度变压场为"强+强"组合,根据表 3-1 中降雨强度等级为强的先验概率,得强度预测概率:$P_{rel}=15/16=0.94$,强度预测信息量

$$H_{Fr}=P_{rel}\times H_r=0.94\times1.15\approx1.08(\text{bit})$$

(5)综合预测信息量和预测可靠性

根据以上落区、落时和强度预测信息量计算,得综合预测信息量

$$H_F=H_{Fs}+H_{Fr}+H_{Fr}=3.39+2.51+1.08=6.98(\text{bit})$$

这就是 4SE 型落区、23 日 12 时为落时和暴雨站数达 100 站以上的预测信息量,预测可靠性为

$$\mu=H_F/H_r=6.98/7.23\times100\%\approx96\%$$

计算表明,基于中尺度分析方法所做出的强降雨预测具有较高可靠性。

5.7.4.3 MCS 生命期马尔可夫环状态转移概率和方向

在图 2-18 马尔可夫环模型中,每个节点状态转移方向均由 3 个转移概率决定,因此通过对这 3 个转移概率大小进行排序,以大概率为优先转移方向是一种合理的选择。依此方法,对 MCS 生命期不同阶段的马尔可夫环转移概率排序,以大概率为转移方向对 MCS 发展趋势做滚动预测。

23 日 12 时,卫星云图(图 5-7-6c)的低槽前云带强度维持,槽底前 M1 体积缩小、轮廓线变得不规则,M1 已进入消亡期,但在 M1 南边缘有对流云细胞重新生成(图 5-7-6c 中箭头所指);中尺度变压场和雷达回波图合成分析图(图 5-7-7c),负变压带 N1—N2 强度加强,正、负变压区交界处对流重新活跃发展,对流雷达回波线 R1—R2 密度加大、强度增加;逐 1 小时雨量分布图(图 5-7-8c),由于弱冷空气入侵触发新对流,雨线 R1—R2 西南段对流性雨团重新加强。在有利的大、中尺度环境场条件下,对流云细胞继续发展成新 MCS 可能性很大,判断转移概率排序结果为 $P_{gg}>P_{gk}>P_{gw}$,马尔可夫环状态转移如图 5-7-10 所示,即对流云细胞继续保持发展趋势,并随云带向 SE 方向移动。

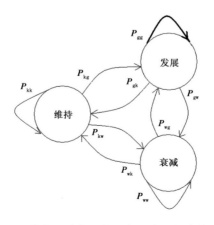

图 5-7-10 从发展到发展的马尔可夫环状态转移示意图

(粗黑矢线表示优先转移方向)

　　23 日 14 时,卫星云图(图 5-7-6d)对流云细胞已发展成云顶较为光亮、体积较大、已显出轮廓线结构的椭圆形 MCS,但从体积、云顶亮度和边缘结构特征等判断 MCS 仍处于发展期特征;中尺度变压场和雷达回波合成分析图(图 5-7-7d),对流雷达回波线 R1—R2 长度和密度增加,MCS 在负变压带 N1—N2 强烈发展,但弱冷空气入侵和对流产生的雷暴高压对负变压带 N1—N2 也产生了填塞作用;逐 1 小时雨量分布图(图 5-7-8d),雨线 R1—R2 西南段对流性雨团排列整齐有序,降雨强度较大。因发展环境条件优良,MCS 仍继续发展,但发展速度减缓,由此判断转移概率排序结果为 $P_{gg} > P_{gk} > P_{gw}$,马尔可夫环状态转移如图 5-7-10 所示,即 MCS 继续保持发展趋势,并随云带向东南方向移动。

　　23 日 17 时,卫星云图(图 5-7-6e)上 MCS 体积庞大、云顶光亮、轮廓光洁,已进入成熟期;中尺度变压场和雷达回波合成分析图(图 5-7-7e),弱冷空气入侵和对流产生的雷暴高压对负变压带 N1—N2 产生了填塞作用,影响到对流的触发和 MCS 持续发展;逐 1 小时雨量分布图(图 5-7-8e),雨线 R1—R2 对流性雨团强度减弱,雨线后部成片的连续性降雨区面积扩大,分布较为均匀,显示出 MCS 成熟期后阶段的降雨特征。这些现象表明 MCS 即将进入衰减期,转移概率排序结果为 $P_{gw} > P_{gk} > P_{gg}$,马尔可夫环状态转移如图 5-7-11 所示,即 MCS 进入衰减期,强度逐渐减弱直至消亡。

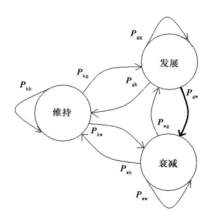

图 5-7-11　由发展转向衰减的马尔可夫环状态转移示意图
(粗黑矢线表示优先转移方向)

5.7.4.4　MCS 生命期中 TBB 面积和降雨强度时间分布特征

　　从 23 日 14 时对流云细胞生成,到 23 日 23 时 MCS 主体坍塌的各级别 TBB 面积变化,以及降雨强度变化曲线如图 5-7-12 所示。

　　MCS 生命期分为发展期、成熟期和衰减期,图 5-7-12 中的 TBB 曲线变化特征从形态上反映了 MCS 发展变化特征。

　　(1)MCS 发展期

　　从 23 日 12—14 时为新生对流细胞到 MCS 快速发展时期,主要特征是代表 MCS 主体顶部的 −70 ℃ TBB 面积曲线快速超过前上升。

　　(2)MCS 成熟期

　　23 日 14—17 时 MCS 发展最为强盛阶段,这一阶段 −70、−60 ℃ TBB 面积曲线展示出明

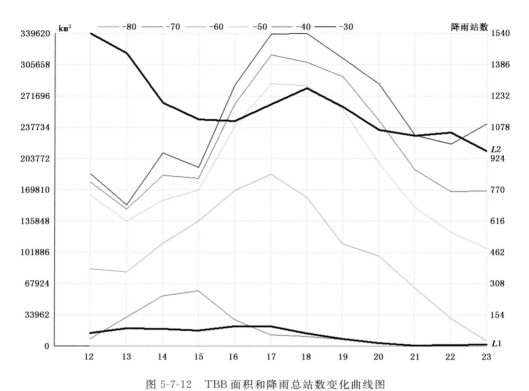

图 5-7-12　TBB 面积和降雨总站数变化曲线图

（横坐标为时间；纵坐标为 TBB 面积（km²）和降雨站数；粗黑实线 L1，暴雨及以上级别降雨总站数；
粗黑实线 L2，大雨及以下级别降雨总站数）

显的尖峰顶部特征，但－70 ℃ TBB 面积曲线峰值较其他级别 TBB 面积曲线峰值超前，表明 MCS 主体发展速度较快，MCS 中下部云层扩散相对滞后。

（3）MCS 衰减期

23 日 17 时后 MCS 进入衰减期，各级别的 TBB 面积曲线均呈下降趋势，尤其是－70、－60 ℃ TBB 面积曲线下降更快，这是因为 MCS 主体对流减弱云顶降低后，中下部云层仍继续扩散缘故。

（4）降雨强度曲线变化特征

由于 MCS 发展较快，成熟期偏短，所以 MCS 的－70 ℃ TBB 面积曲线与暴雨及以上级别降雨总站数 L1 仅表现出峰值阶段基本对应关系。降雨总站数曲线 L2 因受 MCS 衰减后扩展层状云降雨影响，再现 MCS 发展期表现出 L2 从峰值阶段下降特征，影响到－30、－40 ℃ TBB 面积曲线与降雨总站数曲线 L2 的对应关系。

从以上分析可知，TBB 曲线变化特征佐证了 MCS 生命期马尔可夫环状态转移概率和方向的合理性。

5.8 TTNSNS-3aMS-20140818-0819

5.8.1 概况

2014 年 8 月 18—19 日受高空槽、低空切变线和准静止锋的共同影响,广西境内出现了一条从桂西延伸到桂东北的强降雨带,24 小时降雨量达暴雨以上量级的达 570 站,占 3aM 分型区域自动站总数的 63%,约占全广西区域自动站总数的 21%。这次强降雨过程的天气系统配置、卫星云图特征、地面中尺度变压场和雷达回波叠加、地面降雨分布如图 5-8-1 所示。

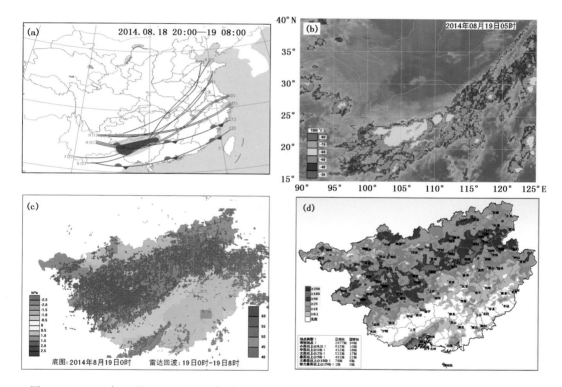

图 5-8-1　2014 年 8 月 18—19 日强降雨过程天气系统配置(a)、卫星云图(b,IR1)、中尺度变压场和雷达回波叠加(c)、18 日 08 时—19 日 08 时降雨分布(d)(a:棕实线为槽轴,双线为切变线,齿线为准静止锋;5 表示 500 hPa,余类推;时间表示:(1)代表 18 日 08 时;(2)代表 19 日 08 时)

这是一次典型的带状强降雨过程,造成这次强降雨过程的天气系统配置特点是高空槽、低空切变线和地面准静止锋强度较强、移动缓慢、配合较好(图 5-8-1a),在槽底前云带中 MCS 强烈发展(图 5-8-1b),从桂西延伸到桂东北的地面中尺度负变压区上空 MCS 强雷达回波成带状分布(图 5-8-1c),与地面中尺度负变压区及雷达回波带相对应,从桂西到桂东北有强降雨带分布(图 5-8-1d)。

总的来说,8 月 18—19 日的带状强降雨过程,大尺度的高低空天气系统配合较好,中尺度天气系统特征表现较为明显,多尺度天气系统的有利配置造就了强降雨过程的产生。

5.8.2 负熵源和负熵汇机制

5.8.2.1 大尺度天气系统负熵源结构和演变特征

8月18—19日强降雨过程的大尺度天气系统负熵源结构和演变过程特征如图5-8-2所示。

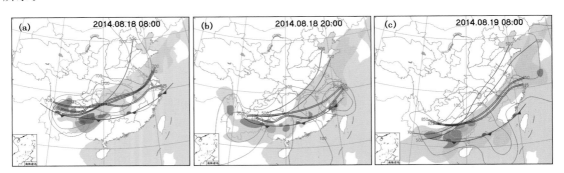

图5-8-2 大尺度天气系统负熵源结构和演变过程特征

(粗实线为槽轴线;双实线为切变线;齿线为准静止锋;等值线为等垂直上升速度线;浅阴影区为云系,
深阴影区为对流云区;红色区域为地面中尺度负变压区)

18日08时(图5-8-2a),500 hPa高空1条跨度超过15个纬距、槽底达滇东的EN—WS向低槽已移到贵州中部,槽底附近和槽前有大片的上升气流区和长带状云系,700、850、925 hPa近于重合、西段为东西向的切变线已移到贵州中南部,地面准静止锋到达桂北边界附近。

18日20时(图5-8-2b),高空槽继续东移,700 hPa由切变线演变为低槽,槽轴位于500 hPa槽轴前方,走向基本一致,低空切变线已南压到桂北,地面准静止锋移到桂中,低槽前云系加强,对流主要在槽底附近发生发展。

19日08时(图5-8-2c),天气系统整体结构维持、强度少变、继续缓慢东移,500、700 hPa槽轴移到桂中,槽底加深达越南北部,低空切变线也移到桂中,地面准静止锋移到我国沿海。

18日08时到19日08时,这个由高空槽、低空切变线和地面准静止锋组成的天气系统,槽后为干冷偏北下沉气流,槽前为暖湿偏南上升气流,是明显偏离平衡态的有序低熵值天气系统结构,构成了暴雨MCS发生发展所必需的负熵源。

5.8.2.2 边界层辐合增强形成负熵汇

从图5-8-2分析可知,因为低熵值环境场的调整导致了MCS发生发展,图5-8-1c又显示MCS主要在中尺度负变压区内发生发展。由此可以推知,地面中尺度负变压区的形成与低熵值环境场调整密切相关,尤其是槽底前暖输送带起始段与下垫面摩擦辐合效应,对中尺度负变压区的形成有重要作用,这种摩擦辐合效应由图5-8-3分析而证实。

18日08时(图5-8-3a),广西处于高空低槽前、低空切变线南侧,地面准静止锋位于桂北边界线上,700 hPa流线基本为SW—NE流向,而850 hPa流线与700 hPa流线交角一般<45°,925 hPa流线与700 hPa流线交角为45°～60°,桂北形成了中等强度的负变压区。由1.4.2节分析可知,低层空气运动方式产生了摩擦辐合效应。

18日20时(图5-8-3b),850 hPa流线与700h Pa流线交角增大到一般>60°,925 hPa流

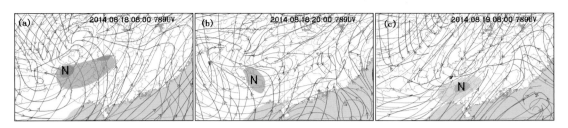

图 5-8-3　中低空三层流线分析图

（红矢线：700 hPa；蓝矢线：850 hPa；黑矢线：925 hPa）

线与 700h Pa 流线交角增大到近于正交，表明边界层摩擦辐合作用已得到进一步加强，于是在 19 日 00 时后，原主要分布在桂西负变压区，演变成"桂西—桂东北"带状负变压区（见后文）。从图 5-8-1c 可知，中尺度负变压区主要在 19 日 00 时前形成，MCS 于 19 日 00 时前后在桂西北形成，19 日 00—08 时移入带状负变压区内强烈发展。

19 日 08 时（图 5-8-3c），虽然高空槽、低空切变线仍在桂中活动，地面准静止锋移到沿海（图 5-8-2c），但 925、850 hPa 流线与 700 hPa 流线交角一般减小到＜30°，原"桂西—桂东北"带状负变压区被入侵弱冷空气填塞变成正变压，而桂南则演变为弱负变压区（见后文）。

通过以上分析可以推断，由于槽底前暖输送带起始段与下垫面的摩擦辐合效应，导致暖湿空气辐合堆积增强而在地面形成中尺度负变压区。地面中尺度负变压区是一种有序结构形态，表明地面中尺度变压场的熵值减小，是地面中尺度变压场从准平衡态弱场势向非平衡强场势有序态转变的结果。但中尺度变压场熵值减小是不能自发进行的，要靠系统外负熵流的输入，这种负熵流来自于低熵值的大尺度环境场。槽底前低层暖湿空气通过与下垫面摩擦辐合作用，导致地面辐合中心暖湿空气堆积气压下降，与辐合区外的气压梯度增大，使得暖湿空气从正变压区向负变压区流动，形成质量流和热量流，然后向高层低温环境输送，使负变压区上空气柱获得负熵，这过程相当于把低熵值环境场的负熵向辐合区输送，起到负熵汇效应。

5.8.2.3　中尺度变压场演变特征

上小节分析指出，槽底前暖输送带起始段与下垫面的摩擦辐合效应是地面中尺度负变压区形成的主要原因，这种摩擦辐合是一个连续性过程，与此对应的地面中尺度负变压区的形成也会有一个渐变过程，图 5-8-4 显示了这个过程的中尺度变压场演变特征。

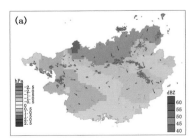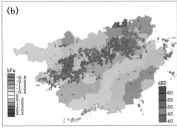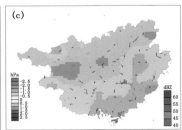

图 5-8-4　中尺度变压场演变特征

（a：18 日 20 时；b：19 日 04 时；c：19 日 20 时）

18 日 20 时(图 5-8-4a),由于受西南低压边缘影响,桂西为负变压区,此后随着高空槽对广西影响加强,槽底前暖输送带起始段摩擦辐合作用加强,中尺度变压场逐渐发生变化,桂西负变压区减弱,从桂西南到桂东北带状负变压区逐渐形成和加强,到 19 日 04 时前后达最强(图 5-8-4b)。随着弱冷空气的入侵和对流性降雨产生雷暴高压填塞作用,带状负变压区先是变得不规则,以后随着弱空气加强南下,带状负变压区演变为弱正变压区,到 19 日 20 时(图 5-8-4c),仅在桂南沿海残留弱负变压区,但这个负变压区已不具有能产生带状强降雨的负变压区的结构特征。

18 日 20 时到 19 日 20 时,由于高空槽、低空切变线和准静止锋构成的低熵值环境场变化的影响,从桂西南到桂北形成一条带状负变压区,当这条带状负变压区形成后,MCS 在负变压区中发生发展产生强降雨,造成了桂西—桂东北的一条强降雨带。

5.8.3　MCS 发生发展过程

5.8.3.1　对流触发和传播发展

18 日 20 时后,当弱冷空气入侵到中尺度负变压区中时,弱冷空气把中尺度负变压区的暖湿空气抬升到自由对流高度从而触发对流运动,这次过程较为明显的对流触发和传播发展如图 5-8-5 所示。

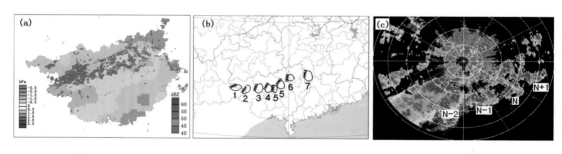

图 5-8-5　19 日 02 时中尺度变压场(a)、卫星云图分析素描(b,IR1)和雷达回波(c)
(b:闭合线表示对流云体:1,18 日 20 时;2,18 日 21 时;3,18 日 23 时;4,19 日 00 时;5,19 日 02 时;
6,19 日 03 时;7,19 日 04 时;c:18 日 20 时河池雷达站组合反射率回波,N+1 为新生对流单体,
N 为成熟期对流单体,N−1 为较早发展对流单体,N−2 为衰减期对流单体)

图 5-8-5a 中,带状负变压区北边缘有一条强雷达回波带,这条带状雷达回波位于正、负变压交界处,系列分析图动画显示,随着正变压区的南扩,雷达回波一直分布在正、负变压交界处,显示出弱冷空气入侵抬升负变压区中的暖湿空气,触发对流运动而形成的对流回波带过程,这是一种密度流抬升触发机制。与逐 1 小时雨量图对比分析更清楚显示出,新生对流雷达回波位于回波带南边缘,回波带北边的是较早对流回波残留。

图 5-8-5b 和图 5-8-5c 显示出对流的传播发展特征。图 5-8-5b 是从 18 日 20 时—19 日 04 时卫星云图上分析出的对流云体分布状态,新生对流云体出现在旧对流云体 ENE 处。图 5-8-5c 中新生对流单体也是出现在早先发展单体 ENE 处,而 MCS 整体是向 ENE 扩展、移动,可见这是一种前向传播发展机制。

5.8.3.2　MCS 发生发展过程中的非常规观测特征

卫星云图清晰显示了强降雨 MCS 发生发展过程,结合地面中尺度变压场、雷达回波和逐

1 小时降雨量分布,较为完整地表现了 MCS 发生发展过程中非常规观测特征。

(1)卫星云图演变特征

这次强降雨过程中,在降雨前后卫星云图上云系发生了明显变化,以下通过分析卫星云图云系的演变特征(图 5-8-6),更深入了解强降雨 MCS 发生发展过程大、中尺度环境场的演变过程。

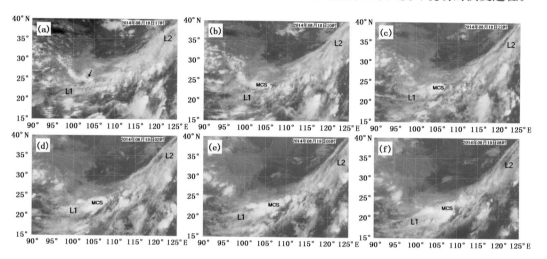

图 5-8-6　MCS 发生发展过程中卫星云图(IR1)

(a:18 日 17 时;b:18 日 20 时;c:18 日 23 时;d:19 日 02 时;e:19 日 05 时;f:19 日 08 时)

18 日 17 时(图 5-8-6a),卫星云图的云系结构特征相当明显。自中南半岛到日本海,在高空低槽前有 1 条长达数千千米的带状云系 L1—L2,这是高空低槽前暖输送带的暖湿气流在向 NE 方向爬升过程中水汽凝结或凝华所形成;带状云系 L1—L2 西北边为大片的无云或少云区,这是槽后干冷下沉气流控制区域。黔西南近桂西北处有对流云细胞生成(箭头所指处),显示出槽底附近具有 MCS 发生发展的中尺度环境条件。

18 日 20—23 时(图 5-8-6b、c),原在桂西北边界附近的对流云团已发展成 MCS,这个 MCS 一边以前向传播发展方式沿云带轴线向 ENE 移动发展,一边整体随云带慢速南移,在 18 日 23 时前后移入桂西北。

19 日 02 时(图 5-8-6d),MCS 云顶明亮光洁,外观呈椭圆形,面积从桂西延伸到桂东北,但云顶面积增长速度减慢,表明 MCS 已进入成熟期阶段。

19 日 05 时(图 5-8-6e),MCS 发展达最强盛阶段,虽然云团整体仍保持椭圆形,但中低层云向西南扩散明显,在桂东北又有新生的对流云体发展起来,随后这个新生的对流云体并入云团主体。

19 日 08 时(图 5-8-6f),对流云团外观上主体已开始分裂,原来呈椭圆形较为光洁整齐的云团轮廓开始变得较为不规则,高亮的云顶面积缩小,MCS 开始进入衰减期。

图 5-8-6 中,从强降雨开始前到强降雨结束,卫星云图上大范围云系变化不大,云的变化主要表现在槽底附近云带上 MCS 发生发展,表明大尺度天气系统结构较为稳定,主要是在低熵值环境场条件下,槽底附近形成了有利于对流发生发展的中尺度环境,并使 MCS 得到充分发展机会。

(2)中尺度变压场和雷达回波演变特征

系列化的中尺度变压场和雷达回波合成分析(图 5-8-7),以更多的事实展示了中尺度负变压区形成加强,以及对流触发过程中的细节特征,有助于更深刻认识 MCS 发生发展与中尺度环境场关系。

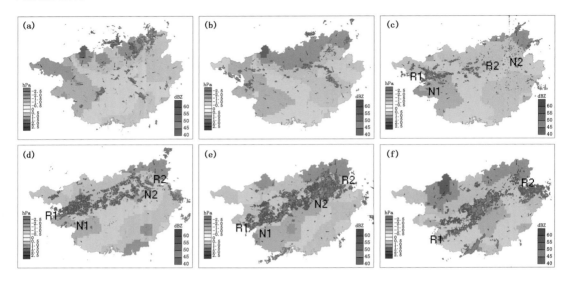

图 5-8-7　MCS 发生发展过程中地面中尺度变压和雷达回波叠加分析图
(a:18 日 17 时;b:18 日 20 时;c:18 日 23 时;d:19 日 02 时;e:19 日 05 时;f:19 日 08 时)

18 日 17—20 时(图 5-8-7a、b),原受西南低压影响在桂西形成的弱负变压区,由于西南低压减弱负变压区也趋于减弱,此时期槽后南移的弱冷空气还在广西境外,虽然桂西和桂北有零星的对流发生,但还没有系统性的强对流出现。

18 日 23 时(图 5-8-7c),随着低槽加深东移和弱冷空气南侵,桂西到桂东北一带开始受低槽前气流影响,槽底前暖输送带起始段与下垫面摩擦辐合效应加强,在桂西到桂东北形成了带状负变压区 N1—N2,并在 N1—N2 北边缘出现了稀疏的雷达回波带 R1—R2。桂西北已由负变压演变为正变压,表明弱冷空气从桂西北开始入侵。

19 日 02—05 时(图 5-8-7d、e),由于低槽系统已移到桂西—桂东北一带活动,带状负变压区 N1—N2 进一步加强,在带状负变压区 N1—N2 北边缘正负变压区交界处,对流雷达回波带 R1—R2 的长度、宽度和密度都明显加强,此时期正是 MCS 发展成熟期阶段。

19 日 08 时(图 5-8-7f),随着低槽东移和弱冷空气南侵,带状负变压区 N1—N2 受到侵蚀和填塞,带状分布特征不复存在,只在桂中局地残留块状负变压区,雷达回波线 R1—R2 虽然仍然存在,但强度也明显减弱,这些现象表明 MCS 开始进入衰减期。

图 5-8-7c 至图 5-8-7f 中,桂北正变压区是呈 WSW—ENE 向自北向南逐渐扩展的,正变压强度中等偏弱,表明弱冷空气强度偏弱,以整体慢速推进方式南侵,新抬升触发对流雷达回波仍呈线性,但由于弱冷空气推进速度偏慢,新触发与旧残留对流雷达回波组成有一定宽度的雷达回波带。

(3)逐 1 小时降雨量分布演变特征

第 1 章中已指出,对流性降雨强度与负熵流具有等价关系。因此,通过分析逐 1 小时降雨分布特征,既可以反演 MCS 发展变化过程(图 5-8-8),实质也是分析负熵流强度变化特征。

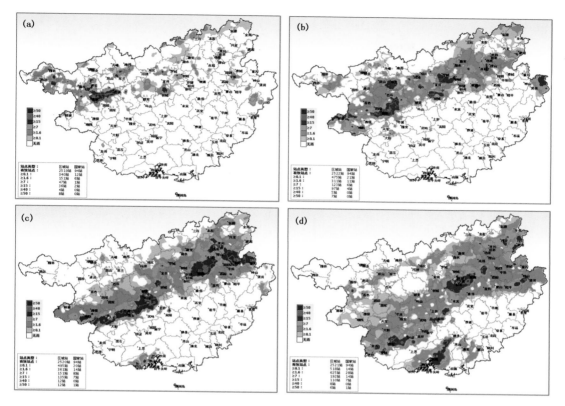

图 5-8-8　MCS 发生发展过程中逐 1 小时降雨量分布图

（a：18 日 23 时—19 日 00 时；b：19 日 02—03 时；c：19 日 05—06 时；d：19 日 08—09 时）

从卫星云图、中尺度变压场和雷达回波特征分析知道，弱冷空气是在 18 日 20 时后以整体慢速推进方式南侵入广西境内的，随着弱冷空气持续南扩触发对流，最终形成一条从桂西延伸到桂东北的强降雨带。

18 日 23 时—19 日 00 时（图 5-8-8a），局地强降雨在百色附近出现，这时虽然从桂西北到桂东北普遍出现了降雨，但降雨落区分散，雨强不大，显现的是一条稀疏的雨带。这一时段低槽影响开始，MCS 处于发展期阶段，所以降雨密度和强度多呈弱降雨特征。

19 日 02—06 时（图 5-8-8b、c），雨带慢速向南移，并发展成有一定宽度的密集雨带，对流性雨团分布在雨带南边缘，雨团分布连续性不强。这些特征进一步表明，弱冷空气是整体慢速推进方式，是一种密度流抬升触发对流机制，但由于弱冷空气强度偏弱、移速偏慢，受对流云体沿云带轴线方向移动方式影响，所以雨带南边缘雨团纵向分布离散性明显。

19 日 08—09 时（图 5-8-8d），雨带层状云低强度连续性降雨范围扩大、雨带变宽，但对流性雨团明显减少变弱，这是由于 MCS 的层状云继续扩展，而对流正在减弱的缘故，这种现象表明 MCS 对流性明显减弱，对流性强降雨过程趋于结束，MCS 已进入衰减期。

（4）MCS 准三视图结构特征和负熵流

以上对 MCS 发展过程中的非常规观测特征进行了分析，为了多视角的整体性，以下从图 5-8-6 至图 5-8-8 中摘要简化成图 5-8-9，讨论 MCS 准三视图结构特征。

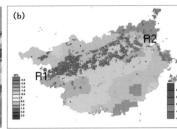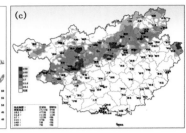

图 5-8-9　2014 年 4 月 19 日 02 时卫星云图(a,IR1)和中尺度变压场(b)
以及 19 日 02—03 时逐 1 小时降雨量分布(c)

根据观测平台的观测视角和方式,近似地以卫星云图为顶视图,雷达回波为平视图,地面降雨量分布为底视图,综合分析 MCS 准三视图结构特征。比较图 5-8-9a 中 MCS 的 −70 ℃ TBB 面积分布,图 5-8-9b 中雷达回波带 R1—R2,图 5-8-9c 中雨带 R1—R2,可以看出三者有较好的对应性。图 5-8-9a 云顶 TBB 梯度是轴线 L1—L2 南侧梯度大于北侧梯度,图 5-8-9b 中新触发对流雷达回波是分布在对流带 R1—R2 南边缘,图 5-8-9c 中新生的对流性雨团也是分布在雨带 R1—R2 南边缘,新生对流云体和对流性雨团一般与 MCS 云顶 TBB 梯度大值区相对应。这些 MCS 新生对流单体、雷达回波和对流性强降雨分布对应重合地方正是 MCS 结构最为有序区域,也是外部负熵流向 MCS 流入的最强部位。正是外部负熵流流入导致对流发生发展,若干个对流单体组成 MCS。

(5)非常规观测特征的对应性

综合图 5-8-6 到图 5-8-9 分析,发现有如下几个中尺度范围的特征。

①图 5-8-6 中云带 L1—L2 反映出低槽是慢速东移南压的,当云带 L1—L2 移入桂西桂中一带后,图 5-8-7 中的带状负变压区 N1—N2 才逐渐形成,两者在时间和位置上有明显的对应关系,这验证了图 1-16 中尺度变压场概念模型的正确性。

②云带上 MCS 发生在桂西北境外,移到带状负变压区 N1—N2 上空时才充分发展成熟,且带状负变压区 N1—N2 的形成对 MCS 发展成熟具有超前性。

③对流雷达回波主要出现在负变压区 N1—N2 北边缘的正负变压交界处,证实了这是一种弱冷空气密度流抬升触发机制,在 MCS 发展过程中,对流回波主要出现在负变压区内,与云图上 MCS 云体主要在负变压区内发展相一致。

④对流雨团分布在雨带南边缘,与新生对流单体雷达回波和云顶 TBB 梯度极大值区域相对应,显示出 MCS 具有明显的有序结构特征。这些对应性表明,MCS 中新生对流单体、雷达回波和对流性强降雨分布重合地方,是 MCS 结构最为明显有序的地方,这也是负熵流流入最强部位,这些特征佐证了远离平衡态的 MCS 发生发展与负熵流依存关系,也进一步验证了图 1-27 的 MCS 发生发展概念模型的正确性。

5.8.4　信息量

5.8.4.1　相对基准信息量

从第 2 章关于相对基准信息量的计算方法讨论中得知,广西 24 小时晴雨相对基准信息量:$H_r = 1$ bit;把表 2-5 简化,得 3aM 型落区、强度和落时相对基准信息量(表 5-8-1)。

表 5-8-1　3aM 型落区、强度和落时相对基准信息量

	落区	暴雨以上	大暴雨以上	12 h 落时	2 h 落时
信息量(bit)	2.03	1.47	4.06	1.00	2.59

5.8.4.2　预测信息量

预测信息量计算公式(式 2-9、式 2-10)指出,在相对基准信息量已知条件下,预测信息量计算的关键就是求预测概率 P_{rel}。

(1)广西 24 小时晴雨预测信息量

18 日 08 时(图 5-8-2a),500 hPa 高空有 1 条跨度超过 15 个纬距、槽底达滇东的 NE—SW 向低槽已移到贵州中部,700、850、925 hPa 近于重合、西段为 E—W 向的切变线已移到贵州中南部,地面准静止锋到达桂北边界附近。根据先验概率,这种 3D 配置天气系统未来 24 小时在广西境内产生降雨概率 $P_{rel1} > 0.9$,这里取 $P_{rel1} = 0.9$。

与图 5-8-2a 的高空槽相对应,卫星云图(图 5-8-6b)从中南半岛到日本海有 1 条长达数千千米的带状云系 L1—L2,表明槽前有强盛的上升气流和充沛的水汽条件,为降雨产生创造了良好的环境条件;如此同时,桂西北边界附近有 1 个 MCS 正在发展,这个 MCS 一方面以前向传播发展方式沿云带轴线向 ENE 移动发展,一方面整体随云带慢速南移,预计 MCS 将移入广西境内并产生强降雨。根据云系分析先验概率,当这种低槽云系移到广西并产生影响时,其降雨概率 $P_{rel2} > 0.9$,这里取 $P_{rel2} = 0.9$。

综合天气图和卫星云图分析,得广西 24 小时晴雨预测概率

$$P_{rel} = 1 - (1 - P_{rel1}) \times (1 - P_{rel2}) = 1 - (1 - 0.9) \times (1 - 0.9) = 0.99$$

则,预测信息量

$$H_F = P_{rel} \times H_r = 0.99 \times 1 \approx 1 (bit)$$

这就是从 18 日 08 时大尺度天气系统分析所获得的广西 24 小时晴雨预测信息量。

(2)落区预测信息量

①大尺度天气系统的 MCS 降雨落区预测信息量

天气分析实践表明,用大尺度天气系统分析获得的 MCS 降雨落区预测概率一般不高于气候概率。18 日 20 时,虽然高空槽、低空切变线已移近桂北,地面准静止锋甚至已移到桂中,但广西境内尚无明显对流性降雨出现。由此可见,使用 18 日 20 时天气图分析做 3aM 落区预测,可取的预测概率也只是气候概率,即 $P_{rel1} = 11/45 = 0.24$。预测信息量

$$H_{F1} = P_{rel1} \times H_s = 0.24 \times 2.03 \approx 0.49 (bit)$$

由此可见,仅用大尺度天气系统分析做分区后的落区预测,预测信息量明显不足。

②中尺度天气系统的 MCS 降雨落区预测信息量

18 日 23 时,中尺度变压场与雷达回波合成分析图(图 5-8-7c),以及逐 1 小时降雨量分布图(图 5-8-8a)上,有 3 个比较明显的中尺度特征:形成 SW—NE 带状负变压区 N1—N2,构成强场势的中尺度变压场;弱冷空气开始从桂西北侵入,桂西北负变压被填塞转变为正变压并向 SE 方向扩展,但正变压区强度一般,表明槽后冷空气较弱;带状负变压区 N1—N2 南、北两边正变压强度相当,表现出中尺度变压场形成相对稳定的结构;雷达回波带和雨带宽度较宽,虽然从桂西北到桂东北普遍出现了降雨,但降雨落区分散,雨强不大,仅在百色附近局地因 MCS 移入有对流性强降雨出现,整体显现的是一条稀疏的雨带;雷达回波带南边缘没有出现强回波

线,雨带南边缘也没有强对流雨团等 MCS 移动方向前沿特征,MCS 主要表现为沿云带轴线向 NE 方向传播发展趋势,向 SE 方向传播发展趋势不明显,表现出的是高空槽、低空切变线停滞摆动特征。中尺度变压场、雷达回波和降雨量分布特征指示出,MCS 产生强降雨的落区主要分布在负变压区 N1—N2 范围,其先验概率 $P_{rel2}=71/73=0.97$,落区预测信息量

$$H_{F2}=P_{rel2}\times H_s=0.97\times 2.03\approx 1.97(\text{bit})$$

计算结果显示,使用中尺度天气系统分析做分区后的落区预测,预测信息量大幅度增加。

③综合落区预测信息量

把大、中尺度天气系统分析综合后,落区预测概率为

$$P_{rel}=1-(1-P_{rel1})\times(1-P_{rel2})=1-(1-0.24)\times(1-0.97)=0.98$$

落区预测信息量

$$H_{Fs}=P_{rel}\times H_s=0.98\times 2.03\approx 1.99(\text{bit})$$

综合后预测信息量略有增加。由此进一步看出,对流性强降雨落区预测信息量,主要从中尺度天气系统分析所获得。

(3)落时预测信息量

①12 小时落时预测信息量

18 日 20 时(图 5-8-2b),高空槽已经移到贵州南部与桂北边界之间,低空切变线已南压到桂北,地面准静止锋移到桂中,低槽前云系加强,对流主要在槽底附近发生发展。此前广西境内还没有明显降雨,但未来 12 小时受高空槽、低空切变线和地面准静止锋共同影响,广西将会出现降雨几乎是确定性的,18 日 20 时—19 日 08 时降雨落时预测概率 $P_{rel}\approx 1$,因此

$$H_F=P_{rel}\times H_t=1\times 1\approx 1(\text{bit})$$

这就是从 18 日 20 时大尺度天气分析所获得的 12 小时降雨落时预测信息量。

②2 小时落时预测信息量

18 日 20 时,虽然高空槽、低空切变线和地面准静止锋组成的大尺度天气系统移近广西,未来 12 小时广西境内会出现降雨几乎是肯定的,但大尺度天气系统对 MCS 发生时间的预测概率是近似等概率分布,对 2 小时分辨率的落时预测概率仅为 $P_{rel}=0.17$,落时预测信息量

$$H_F=P_{rel}\times H_t=0.17\times 2.59\approx 0.44(\text{bit})$$

可见,大尺度分析方法所获得的落时预测信息量太少,需要利用卫星、自动站、雷达等中尺度信息量丰富观测资料,使用中尺度分析获得更多的落时信息量。

18 日 23 时,MCS 处于发展期阶段,主体已移入桂西北(图 5-8-6c);桂西北负变压转变为正变压,负变压区 N1—N2 北边缘出现稀疏的但已初具带状特征的对流雷达回波 R1—R2(图 5-8-7c);局地强降雨在百色附近出现(图 5-8-8a),从桂西北到桂东北普遍出现了降雨,形成一条稀疏的雨带 R1—R2,表明低槽影响开始;MCS 降雨密度和强度虽然较弱,但出现了对流性降雨开始的明显特征。根据先验概率,落时预测概率 $P_{rel}=71/73=0.97$,落时预测信息量

$$H_{Ft}=P_{rel}\times H_t=0.97\times 2.59\approx 2.51(\text{bit})$$

由此可见,使用非常规观测资料和中尺度分析方法,所获得的落时预测信息量接近 2 h 落时相对基准信息量,基本满足落时预测需求。

(4)强度预测信息量

18 日 17—23 时(图 5-8-6a 至图 5-8-6c),强降雨开始前,低槽前云系 W—W 发展旺盛且稳定(强度指数 66～108),表明槽前上升气流较强和水汽充沛;槽后干冷下沉气流控制区云型特

征 L—L 清晰,云带西边缘光滑整洁,低槽云系结构特征完整;水汽源地和水汽通道 V1、V2、V3 和广西上空云层浓密,覆盖率达 80% 以上,水汽供应条件良好。地面中尺度变压场形成结构清晰和完整的负变压带 N1—N2,为强势场。

低槽云系结构和地面中尺度变压场为"强+强"组合,根据表 3-1 中降雨强度等级为强的先验概率,得强度预测概率:$P_{rel} = 15/16 = 0.94$,强度预测信息量

$$H_{Fr} = P_{rel} \times H_r = 0.94 \times 1.47 \approx 1.38 \text{(bit)}$$

(5)综合预测信息量和预测可靠性

根据以上落区、落时和强度预测信息量计算,得综合预测信息量

$$H_F = H_{Fs} + H_{Ft} + H_{Fr} = 1.97 + 2.51 + 1.38 = 5.86 \text{(bit)}$$

这就是 3aM 型落区、2h 落时分辨率和暴雨站数达 400 站以上的预测信息量,预测可靠性为

$$\mu = H_F / H_r = 5.88/6.09 \times 100\% = 96\%$$

计算表明,基于中尺度分析方法所做出的强降雨预测具有较高可靠性。

5.8.4.3　MCS 生命期马尔可夫环状态转移概率和方向

在图 2-18 马尔可夫环模型中,每个节点状态转移方向均由 3 个转移概率决定,因此通过对这 3 个转移概率大小进行排序,以大概率为优先转移方向是一种合理的选择。依此方法,对 MCS 生命期不同阶段的马尔可夫环转移概率排序,以大概率为转移方向对 MCS 发展趋势做滚动预测。

18 日 17 时卫星云图(图 5-8-6a),低槽云系结构完整,云系发展强盛,黔西南近桂西北处的对流云细胞具有优良的发展环境条件,对流云细胞继续发展成为 MCS 的可能性很大,由此可得转移概率排序结果为 $P_{gg} > P_{gk} > P_{gw}$,马尔可夫环状态转移如图 5-8-10 所示,即对流云细胞继续保持快速发展趋势,并随云带向 SE 方向移动。

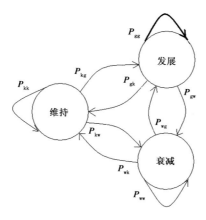

图 5-8-10　从发展到发展的马尔可夫环状态转移示意图
(粗黑矢线表示优先转移方向)

18 日 20 时卫星云图(图 5-8-6b),对流云细胞已发展成 MCS,并移近桂西北,但 MCS 仍处于发展期,因 MCS 发展环境条件优良,仍将保持快速发展趋势,由此判断转移概率排序结果为 $P_{gg} > P_{gk} > P_{gw}$,马尔可夫环状态转移如图 5-8-10 所示,即 MCS 继续保持快速发展趋势,并

随云带向 SE 方向移动。

18 日 23 时卫星云图(图 5-8-6c),MCS 主体已移入桂西北,MCS 体积较大,云顶光亮,轮廓整洁,MCS 处于发展期后阶段;中尺度变压场和雷达回波图(图 5-8-7c),桂西—桂东北的带状负变压区 N1—N2 增强了中尺度变压场的结构特征,在 N1—N2 北边缘出现了稀疏的雷达回波带 R1—R2,桂西北已由负变压演变为正变压,表明弱冷空气从桂西北开始入侵;逐 1 小时雨量分布图(图 5-8-8a),在百色附近出现局地对流性强降雨,从桂西北—桂东北普遍出现了降雨,形成一条稀疏的雨带 R1—R2,预示 MCS 对流性强降雨已经开始。有利于 MCS 发展的大、中尺度环境场条件继续保持,由此判断转移概率排序结果为 $P_{gg} > P_{gk} > P_{gw}$,马尔可夫环状态转移如图 5-8-10 所示,即 MCS 继续保持发展趋势,随云带向 SE 方向移动。

19 日 02 时卫星云图(图 5-8-6d),MCS 已进入成熟期前阶段,发展速度减缓;中尺度变压场和雷达回波图(图 5-8-7d),带状负变压区 N1—N2 进一步加强,对流雷达回波带 R1—R2 的长度、宽度和密度都明显加强;逐 1 小时雨量分布图(图 5-8-8b),雨带 R1—R2 分布密集且整体性强,表现出 MCS 成熟期前阶段以对流云主体降雨的分布特征,由此判断转移概率排序结果为 $P_{gk} > P_{gg} > P_{gw}$,马尔可夫环状态转移如图 5-8-11 所示,即 MCS 以维持成熟期特征为主,MCS 随云带向 SE 方向慢速移动。

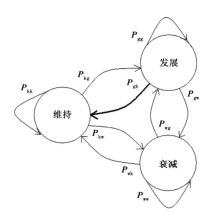

图 5-8-11　由发展转向维持的马尔可夫环状态转移示意图
(粗黑矢线表示优先转移方向)

19 日 05 时卫星云图(图 5-8-6e)显示,MCS 正处于成熟期,在桂东北有新对流单体并入,MCS 以前向传播发展方式活动;中尺度变压场和雷达回波图(图 5-8-7e),带状负变压区 N1—N2 进一步加强,对流雷达回波带 R1—R2 的长度、宽度和密度都明显加强;逐 1 小时雨量图(图 5-8-8c),雨带 R1—R2 宽度略为扩展,在雨带南边缘形成对流降雨线,这是预示 MCS 将慢速向 SE 方向移动。综合判断 MCS 继续保持现状,转移概率排序结果为 $P_{kk} > P_{kw} > P_{kg}$,马尔可夫环状态转移如图 5-8-12 所示,即 MCS 维持成熟期特征为主,MCS 随云带向 SE 方向慢速移动。

19 日 08 时卫星云图 (图 5-8-6f)显示 MCS 开始进入衰减期;中尺度变压场和雷达回波图(图 5-8-7f),负变压区带状分布特征不复存在,雷达回波线 R1—R2 强度也明显减弱;逐 1 小时雨量图(图 5-8-8d),雨带 R1—R2 低强度连续性降雨范围扩大、雨带变宽,对流性雨团明显减少变弱,对流性强降雨过程趋于结束。所有这些现象表明 MCS 开始进入衰减期,转移概率排

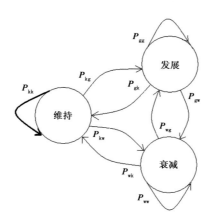

图 5-8-12　继续维持的马尔可夫环状态转移示意图
（粗黑矢线表示优先转移方向）

序结果为 $P_{kw} > P_{kk} > P_{kg}$，马尔可夫环状态转移如图 5-8-13 所示，即 MCS 进入衰减期，强度逐渐减弱直至消亡。

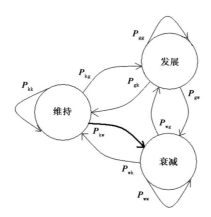

图 5-8-13　由维持转向衰减的马尔可夫环状态转移示意图
（粗黑矢线表示优先转移方向）

5.8.4.4　MCS 生命期中 TBB 面积和降雨强度时间分布特征

从 18 日 17 时对流云细胞在卫星云图上出现为起始，到 19 日 12 时 MCS 基本消亡的各级别 TBB 面积变化，以及降雨强度变化曲线如图 5-8-14 所示。

MCS 生命期分为发展期、成熟期和衰减期，图 5-8-14 中的 TBB 曲线变化特征从形态上反映了 MCS 发展变化特征。

（1）MCS 发展期

从 18 日 17 时对流云细胞开始出现到 19 日 02 时为 MCS 快速发展时期，其中又可细分为发展期前阶段（18 日 17—20 时）和发展期后阶段（18 日 20 时—19 日 02 时）。发展期前阶段，TBB 面积曲线以慢速稳定增长为主。发展期后阶段，TBB 面积曲线快速上升，其中代表 MCS 主体的 −60 ℃ TBB 面积曲线上升也较快，表明对流发展较为旺盛。

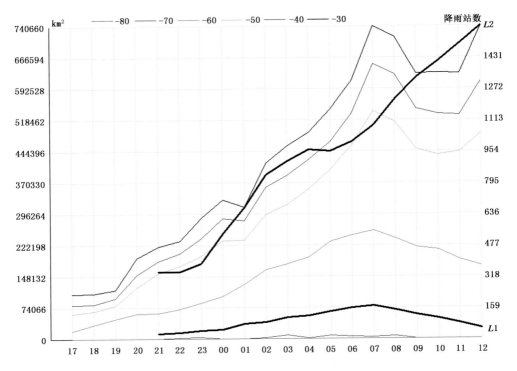

图 5-8-14　TBB 面积和降雨总站数变化曲线图

（横坐标为时间；纵坐标为 TBB 面积（km²）和降雨站数；粗黑实线 L1，暴雨及以上级别降雨总站数；
粗黑实线 L2，大雨及以下级别降雨总站数）

（2）MCS 成熟期

19 日 02—08 时是 MCS 发展最为强盛阶段，这一阶段－60 ℃ TBB 面积曲线展示出明显的顶部特征，增长趋势是先减弱后趋于停止，而－30、－40、－50 ℃ TBB 面积曲线仍呈快速上升且峰值阶段相对保持较长，这是由于 MCS 主体中下部云层连续扩展所致。

（3）MCS 衰减期

19 日 08 时后 MCS 进入衰减期，各级别的 TBB 曲线均呈下降趋势，尤其是反映 MCS 顶部特征的－60 ℃ TBB 面积曲线下降趋势更快，这是因为 MCS 对流减弱后，首先是 MCS 顶部降低或坍塌等，而中下部的云层扩散仍继续。

（4）降雨强度曲线变化特征

暴雨及以上级别降雨总站数曲线 L1 与－60 ℃ TBB 面积曲线升、降趋势基本一致，表明对流性强降雨主要是 MCS 主体强烈发展过程中产生的，这也反映了负熵流强度与对流性降雨强度的密切关系。大雨及以下级别降雨总站数曲线 L2 与－30、－40 ℃ TBB 面积曲线走势基本一致，但峰值落后，表明降雨范围与 MCS 扩展范围相对应，但由于 MCS 主体坍塌后其低层云还继续扩展，所以低强度的连续性降雨一般仍延续一段时间。

从以上分析可知，TBB 曲线变化特征佐证了 MCS 生命期马尔可夫环状态转移概率和方向的合理性。

5.9 TTNSNS-3aMM-20160603-0604

5.9.1 概况

2016 年 6 月 3—4 日受高空槽、低空切变线和地面准静止锋的共同影响,从桂西南到桂东出现了带状的强降雨,24 小时降雨量达暴雨以上量级的达 404 站,占 3aM 分型区域自动站总数的 45%,约占全广西区域自动站总数的 15%。这次强降雨过程的天气系统配置、卫星云图特征、地面中尺度变压场和雷达回波叠加、地面降雨分布如图 5-9-1 所示。

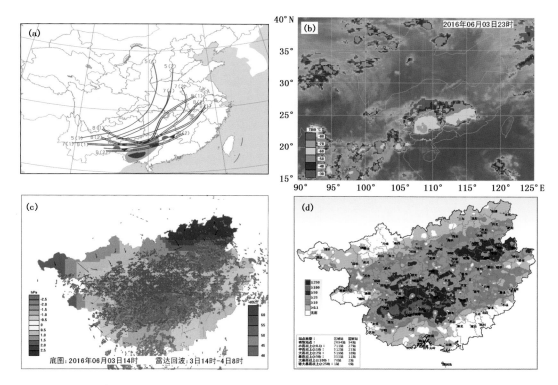

图 5-9-1 2016 年 6 月 3—4 日带状强降雨过程天气系统配置(a)、卫星云图(b,IR1)、中尺度变压场和雷达回波叠加(c)、3 日 08 时—4 日 08 时降雨分布(d)(a:棕实线为槽轴,双线为切变线,齿线为准静止锋;5 表示 500 hPa,余类推;时间表示:(1)代表 3 日 08 时;(2)代表 4 日 08 时)

这次强降雨过程的天气系统配置特点是高空槽较深,500 hPa 槽轴长度>10 个纬距,槽底抵达云南省中东部,低空切变线和地面准静止锋近似同步南移到桂中、桂南一带(图 5-9-1a),在槽底前有 MCS 强烈发展并向南移动到桂西南(图 5-9-1b),强雷达回波主要分布在桂中和西南强负变压区中(图 5-9-1c),MCS 强降雨造成了从桂西南延伸到桂东带状强降雨分布(图 5-9-1d)。

5.9.2 负熵源和负熵汇机制

5.9.2.1 大尺度天气系统负熵源结构和演变特征

造成 6 月 3—4 日桂西南到桂东北带状强降雨过程的大尺度天气系统负熵源结构和演变过程如图 5-9-2 所示。

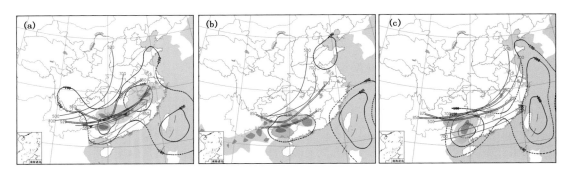

图 5-9-2　大尺度天气系统负熵源结构和演变过程特征

（a:3 日 08 时;b:3 日 20 时;c:4 日 08 时;粗实线为槽轴线;双实线为切变线;齿线为准静止锋线;等值线为等垂直上升速度线;蓝双线箭头为 700 hPa 急流轴;红双线箭头为 850 hPa 急流轴;浅阴影区为云系,深阴影区为对流云区;红色区域为地面中尺度负变压区）

3 日 08 时（图 5-9-2a）,500、700 hPa 各有 1 条近 NE—SW 向,槽轴长度>10 个纬距的深槽东移,槽底抵达云南中部,槽前有较大范围云系,850、925 hPa 切变线和地面准静止锋已移入桂北和桂中。

3 日 20 时（图 5-9-2b）,500、700 hPa 低槽继续东移,槽底已抵达桂西北边界附近,原低槽前 NE 段云系减弱,而从孟加拉湾到桂东北的云系加强发展,850、925 hPa 切变线在桂中一带活动,地面准静止锋处于锋消状态。

4 日 08 时（图 5-9-2c）,500、700 hPa 低槽 NE 段东移较快,西段停滞于桂北边界附近,槽轴长度少变,槽前云系呈减弱趋势,850、925 hPa 切变线北退到桂北边界附近,地面准静止锋已锋消。

造成桂西南—桂东带状强降雨的 MCS 于 3 日 13 时前后在桂中生成,然后南移发展（见后文）。MCS 强烈发展阶段正是低空切变线和地面准静止锋在桂中一带活动时期,随着低空切变线北抬,地面准静止锋锋消,MCS 也随之减弱消亡。

3 日 08 时到 4 日 08 时,这个由高空槽、低空切变线和地面准静止锋组成的天气系统,槽后有干冷偏北下沉气流,槽前有暖湿偏南上升气流,是明显偏离平衡态的有序低熵值天气系统结构,构成了暴雨 MCS 发生发展所必需的负熵源。

5.9.2.2 边界层辐合增强形成负熵汇

从图 5-9-2 分析可知,因为低熵值环境场的调整导致了 MCS 发生发展,图 5-9-1c 又显示 MCS 主要在中尺度负变压区内发生发展。由此可以推知,地面中尺度负变压区的形成与低熵值环境场调整密切相关,尤其是低槽前低层大气运动与下垫面摩擦辐合效应,对中尺度负变压区的形成有重要作用,这种摩擦辐合效应由图 5-9-3 分析而证实。

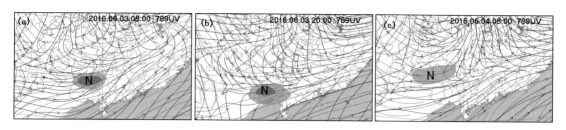

图 5-9-3　中低空三层流线分析图

（红矢线：700 hPa；蓝矢线：850 hPa；黑矢线：925 hPa）

3 日 08 时（图 5-9-3a），处于高空低槽前、低空切变线和地面准静止锋南侧的桂中，700 hPa 流线基本为 W—E 流向，而 925、850 hPa 流线与 700 hPa 流线交角一般＞30°，在流线交角较大的 N 处形成负变压中心，由 1.4.2 节分析可知，低层的摩擦辐合作用较为明显。

3 日 20 时（图 5-9-3b），随着高空槽东移，低空切变线和地面准静止锋南压到桂中一带，负变压区中心 N 移到桂西南，在负变压区域 700 hPa 与 850、925 hPa 流线仍有较大交角，负变压区北边低层流线为偏北气流流向。桂中负变压区 3 日 08 时已经形成，图 5-9-1c 显示强对流雷达回波主要出现在 3 日 14 时—4 日 08 时，卫星云图显示对流云细胞约在 3 日 17 时在桂中出现，3 日 23 时前后在桂中负变压区内强烈发展。

4 日 08 时（图 5-9-3c），随着低空切变线北收和准静止锋锋消，广西境内 925、850 hPa 流线与 700 hPa 流线交角一般减小到＜15°，原桂中、桂西南强的中尺度负变压区消失，仅桂西北残余弱负变压区。

通过以上分析可以推断，由于槽底前低层大气与下垫面的摩擦辐合效应，暖湿空气辐合堆积增强而在地面形成中尺度负变压区。地面中尺度负变压区是一种有序结构形态，表明地面中尺度变压场的熵值减小，是地面中尺度变压场从准平衡态弱场势向非平衡强场势有序态转变的结果。但中尺度变压场熵值减小是不能自发进行的，要靠系统外负熵流的输入，这种负熵流来自于低熵值的大尺度环境场。槽底前低层暖湿空气通过与下垫面摩擦辐合作用，导致地面辐合中心暖湿空气堆积气压下降，与辐合区外的气压梯度增大，使得暖湿空气从正变压区向负变压区流动，形成质量流和热量流，然后向高层低温环境输送，使负变压区上空气柱获得负熵，这过程相当于把低熵值环境场的负熵向辐合区输送，起到负熵汇效应。

5.9.2.3　中尺度变压场演变特征

上小节分析指出，槽底前低层空气与下垫面的摩擦辐合效应是地面中尺度负变压区形成的主要原因，这种摩擦辐合是一个连续性过程，与此对应的地面中尺度负变压区的形成也会有一个渐变过程，图 5-9-4 显示了这个过程的中尺度变压场演变特征。

2 日 21 时（图 5-9-4a），广西整个中尺度变压场分布态势，桂东南为强正变压区，桂中、桂北为大片的弱负变压区，负变压区内为偏南气流控制，无明显对流云雷达回波出现。

3 日 14 时（图 5-9-4b），由于弱冷空气南侵，原桂北弱负变压区转变为正变压区，由于低槽东移，槽底前暖输送带起始段暖湿空气与地面的摩擦辐合效应，暖湿空气在桂中辐合堆积增强，形成了近似椭圆形的较强的负变压区域中心 N，桂南正变压区转变为弱负变压区，整个中尺度变压场场势由原"北负、南正"转变为"北正、南负"态势，在负变压中心 N 北边缘出现了对流雷达回波。

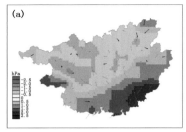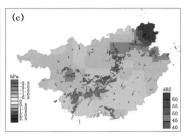

图 5-9-4　中尺度变压场演变特征

（a:2 日 21 时;b:3 日 14 时;c:4 日 05 时）

4 日 05 时(图 5-9-4c)，随着弱冷空气的南侵减弱和停止，低空切变线北抬到桂北边界附近，准静止锋在桂中锋消，桂中强负变压区已被填塞，整个广西中尺度变压场转为弱势场。

从 2 日 21 时到 4 日 05 时，由于低熵值环境场变化的影响，广西地面中尺度变压场经历了一个"北负、南正"变为"北正、南负"，再到整体变为弱势场的过程，在桂中强负变压区形成后，MCS 在负变压区中发生发展，造成了从桂西南延伸到桂东的带状强降雨过程。

5.9.3　MCS 发生发展过程

5.9.3.1　对流触发和传播发展

3 日 14 时后，当弱冷空气入侵到中尺度负变压区中时，弱冷空气把中尺度负变压区的暖湿空气抬升到自由对流高度从而触发对流运动，这次过程较为明显的对流触发和传播发展如图 5-9-5 所示。

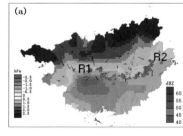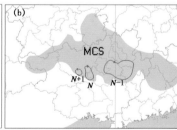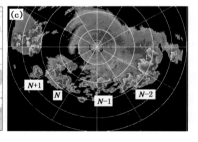

图 5-9-5　对流触发(a)和传播发展(b,c)

（a:3 日 18 时中尺度变压场;b:3 日 18 时卫星云图素描，闭合线表示对流云体，阴影区为 MCS 云体范围;
c:3 日 18 时柳州雷达站组合反射率回波;N+1 为新生对流单体，N 为成熟期对流单体，
N-1 为早先发展对流单体，N-2 为衰减期对流单体）

图 5-9-5a 中，雷达回波线 R1—R2 位于正、负变压区交界处，表明这是由于弱冷空气的入侵抬升负变压区中的暖湿空气而触发对流运动，是一种密度流抬升触发机制。图 5-9-5b 中是卫星云图上分析出的 MCS 和对流单体排列，图 5-9-5c 中是雷达回波分析出的对流单体排列，两图中新生对流单体都是排在旧单体西边，对流单体沿云带轴线东北移，而 MCS 整体向南移，对流发展是后向传播发展机制。

5.9.3.2　MCS 发生发展过程中的非常规观测特征

卫星云图清晰显示了强降雨 MCS 发生发展过程,结合地面中尺度变压场、雷达回波和逐 1 小时降雨量分布,较为完整地表现了 MCS 发生发展过程中非常规观测特征。

(1)卫星云图演变特征

这次强降雨过程中,在降雨前后卫星云图上云系发生了明显变化,以下通过分析卫星云图云系的演变特征(图 5-9-6),更深入了解强降雨 MCS 发生发展过程大、中尺度环境场的演变过程。

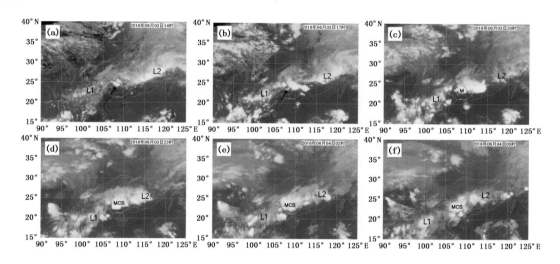

图 5-9-6　MCS 发生发展过程中卫星云图(IR1)

(a:3 日 14 时;b:3 日 17 时;c:3 日 20 时;d:3 日 23 时;e:4 日 02 时;f:4 日 05 时)

3 日 14 时(图 5-9-6a),从中南半岛—福建沿海有低槽前带状云系 L1—L2,四川盆地到滇黔交界一带为槽后少云区,槽底位于少云区西南端的滇北黔西一带。云带 L1—L2 北边缘纤维状卷云特征明显,表明槽后干冷下沉气流不是很强;云带 L1—L2 南边缘较为光洁整齐,且从华南到南海大部为副高控制的晴空区,表明副高下沉气流较强,不利于高空槽后弱冷空气南下。

3 日 17 时(图 5-9-6b),由于弱冷空气入侵,地面负变压区抬升暖湿空气触发对流,在桂中上空云带上出现了如图中箭头所指的对流云细胞。云带 L1—L2 西段的中南半岛和孟加拉湾云层发展加强,这表明来自孟加拉湾充沛的水汽,被槽前上升气流携带向 NE 方向输送所形成的云层,水汽条件有利于云带上对流云的发生发展。

3 日 20 时(图 5-9-6c),云带 L1—L2 是 NE 段东移较快,SW 段位置少变继续发展,桂中上空的对流云细胞已发展成对流云团 M。

3 日 23 时(图 5-9-6d),云带 L1—L2 是 NE 段东移减弱,SW 段位置少变、强度保持,桂中上空的对流云团已发展成 MCS。MCS 体积较大,主体呈椭圆形,云顶光亮,轮廓线光洁整齐,显示出 MCS 已进入成熟期。

4 日 02 时(图 5-9-6e),云带 L1—L2 的 SW 段位置继续少变、强度保持。MCS 云顶亮度略为减弱,南边缘仍光洁整齐,但云顶北部出现扩散现象,原光洁整齐的轮廓线变得模糊,显示出 MCS 已进入成熟后期。

4 日 05 时(图 5-9-6f),云带 L1—L2 的 SW 段仍是位置少变、强度保持,但 NE 段已明显东移减弱。MCS 主体已明显变形,原来呈椭圆形的云团轮廓开始变得较为不规则,云顶面积扩散纤维状更明显,表明 MCS 已进入衰减期。

(2)中尺度变压场和雷达回波演变特征

以上 2.3 节讨论了摩擦辐合作用在地面中尺度负变压区形成过程中的作用机理,3.1 节讨论了对流触发机制。系列化的中尺度变压场和雷达回波合成分析(图 5-9-7),以更多的事实展示了中尺度负变压区形成加强,以及对流触发过程中的细节特征,有助于更深刻认识 MCS 发生发展与中尺度环境场关系。

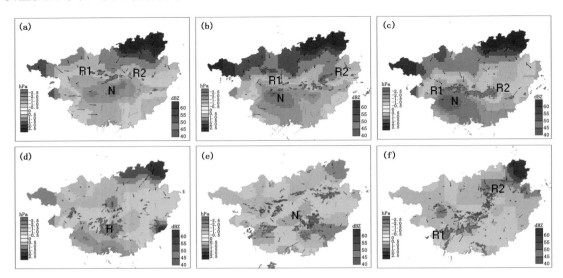

图 5-9-7　MCS 发生发展过程中地面中尺度变压和雷达回波叠加分析图

(a:3 日 14 时;b:3 日 17 时;c:3 日 20 时;d:3 日 23 时;e:4 日 02 时;f:4 日 05 时)

3 日 14 时(图 5-9-7a),因槽底前低层暖湿气流堆积降压作用,在桂中形成较强的椭圆形负变压区 N,槽后弱冷空气入侵形成的正变压区占据了桂北大部,强对流雷达回波 R1—R2 开始出现在正、负变压区交界处。

3 日 17 时(图 5-9-7b),随着低空切变线和地面准静止锋的南压,正变压区南边缘也南压到桂中一带,在正、负变压区交界处 W—E 向对流雷达回波 R1—R2 的长度延伸、线状特征趋于明显,负变压中心区域 N 的强度保持。

3 日 20 时(图 5-9-7c),桂北正变压区范围略向北收,强度呈现开始减弱趋势,桂中负变压区略向桂北扩展,负变压中心区域 N 强度仍维持,正、负变压区交界附近的对流雷达回波 R1—R2 线状特征已经明显。

3 日 23 时—4 日 05 时(图 5-9-7d 至图 5-9-7f),随着高空槽继续东移,低空切变线北抬,地面准静止锋锋消,桂北正变压区和桂中负变压区都明显减弱,整个中尺度变压场由原来的强势场转为弱势场,虽然仍有些残留的对流雷达回波出现,但强度已明显减弱,MCS 的生命史过程基本结束。

(3)逐 1 小时降雨量分布演变特征

　　第 1 章中已指出,对流性降雨强度与负熵流具有等价关系。因此,通过分析逐 1 小时降雨分布特征,既可以反演 MCS 发展变化过程(图 5-9-8),实质也是分析负熵流强度变化特征。

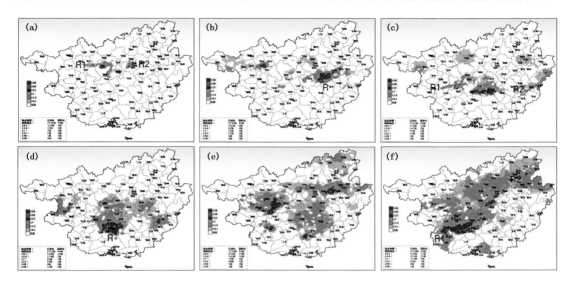

图 5-9-8　MCS 发生发展过程中逐 1 小时降雨量分布图

(a:3 日 13—14 时;b:3 日 16—17 时;c:3 日 19—20 时;d:3 日 22—23 时;e:4 日 01—02 时;f:4 日 04—05 时)

　　3 日 14 时(图 5-9-8a),对流云细胞开始在桂中负变压区北边缘上空出现,同时在对流云发展阶段开始出现低强度的对流性降雨,形成了断续明显的大致线状降雨 R1—R2 分布。

　　3 日 17 时(图 5-9-8b),对流云继续发展和东移,但 MCS 仍处于发展阶段,MCS 常见的线状降雨分布还没有形成,仅在桂中局地产生较强的对流性降雨 R。

　　3 日 20 时(图 5-9-8c),随着 MCS 逐渐发展趋于成熟,MCS 常见的对流性雨线 R1—R2 已趋成形,但此时低空切变线北抬摆动,地面准静止锋处于锋消阶段,由于冷空气很弱,仅能以局地扩散方式南侵,MCS 发展也较弱,只形成断续较为明显的对流性雨线 R1—R2。

　　3 日 23 时(图 5-9-8d),地面准静止锋处于锋消阶段,扩散南下弱冷空气已成强弩之末,MCS 虽进入成熟期,但仅在 MCS 南边缘 R 处出现局部对流性强降雨,其他大部以 MCS 扩散层状云产生的连续性弱降雨为主。

　　4 日 02 时(图 5-9-8e),MCS 已进入成熟后期,MCS 云体的中上部扩展明显,主要以 MCS 扩展层状云所产生的连续性降雨为主,但由于低空切变线仍在桂中—桂北间摆动,切变线摆动产生的扰动在局地产生了小范围的对流性降雨。

　　4 日 05 时(图 5-9-8f),仍以 MCS 扩展层状云所产生的连续性降雨为主,并形成了一条桂西南—桂东北的雨带 R1—R2,但低空切变线摆动产生的扰动有所加强,在雨带 R1—R2 的西南端还产生了对流性强降雨。

　　(4)MCS 准三视图结构特征和负熵流

　　以上对 MCS 发展过程中的非常规观测特征进行了分析,为了多视角的整体性,以下从图 5-9-8 中摘要简化成图 5-9-9,讨论 MCS 准三视图结构特征。

　　根据观测平台的观测视角和方式,近似地以卫星云图为顶视图,雷达回波为平视图,地面降雨量分布为底视图,综合分析 MCS 准三视图结构特征。比较图 5-9-9a 中 MCS 的 −70 ℃

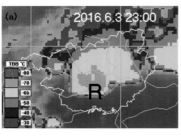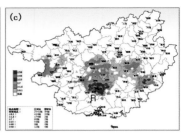

图 5-9-9　2016 年 6 月 3 日 23 时卫星云图(a,IR1)和中尺度变压场(b)
以及 3 日 22—23 时逐 1 小时降雨量分布(c)

TBB 面积南边缘 R 部位、图 5-9-9b 中雷达回波块 R 和图 5-9-9c 中对流性雨团 R,可以看出三者有较好的对应性。这些 MCS 新生对流单体、雷达回波和对流性强降雨分布对应重合地方正是 MCS 结构最为有序区域,也是外部负熵流向 MCS 流入的最强部位。这些对应性充分显示了负熵流与对流性降雨的相关关系。

(5)非常规观测特征的对应性

综合图 5-9-6 至图 5-9-9 分析,发现有如下几个中尺度范围的特征。

①图 5-9-6 中云带 L1—L2 反映出低槽底部是慢速东移南压的,当云带 L1—L2 西南端所指示出的槽底移近桂西北后,图 5-9-7 中桂中的负变压区进一步加强,两者在时间上有明显的对应关系,这验证了图 1-16 中尺度变压场概念模型的正确性。

②先是在桂中负变压区北边缘上空云带上形成对流云细胞,随后继续发展形成 MCS,自始至终 MCS 主体都是在桂中负变压区范围内发生发展,而桂中负变压区的加强超前于 MCS 发生发展。

③对流雷达回波线 R1—R2 主要出现在负变压区北边缘正负变压交界处,证实了这是一种弱冷空气密度流抬升触发机制,在 MCS 发展过程中,对流回波主要出现在负变压区内,与云图上 MCS 云体主要在负变压区内发展相一致。

④对流雨团分布在雨带南边缘,与新生对流单体雷达回波和云顶 TBB 梯度极大值区相对应,显示出 MCS 具有明显的有序结构特征。这些对应性表明,MCS 中新生对流单体、雷达回波和对流性强降雨分布重合地方,是 MCS 结构最为明显有序的地方,这也是负熵流流入最强部位,这些特征佐证了远离平衡态的 MCS 发生发展与负熵流依存关系,也进一步验证了图 1-27 的 MCS 发生发展概念模型的正确性。

5.9.4　信息量

5.9.4.1　相对基准信息量

从第 2 章关于相对基准信息量的计算方法讨论中得知,广西 24 小时晴雨相对基准信息量:$H_r = 1$ bit;把表 2-5 中简化,得 3aM 型落区、强度和落时相对基准信息量(表 5-9-1)。

表 5-9-1　3aM 型落区、强度和落时相对基准信息量

	落区	暴雨以上	大暴雨以上	12 h 落时	2 h 落时
信息量(bit)	2.03	1.47	4.06	1.00	2.59

5.9.4.2　预测信息量

预测信息量计算公式(式 2-9、式 2-10)指出,在相对基准信息量已知条件下,预测信息量计算的关键就是求预测概率 P_{rel}。

(1)广西 24 小时晴雨预测信息量

3 日 08 时(图 5-9-2a),500、700 hPa 深槽东移,槽底抵达云南中部,850、925 hPa 切变线已移入桂北,地面准静止锋移到桂中。根据先验概率,这种 3D 配置天气系统未来 24 小时在桂北和桂中产生降雨概率 $P_{rel}>0.9$,这里取 $P_{rel}=0.9$。

3 日 08 时卫星云图(图略)MCS 西南端云系掠过桂东北,此前桂东北已产生了对流性降雨,但此时 MCS 已进入成熟后期,在桂东北的降雨处于减弱过程中,处于低槽前的桂西北和桂中等云系发展较弱,难以确定降雨预测概率。因此,晴雨预测概率主要使用天气图分析的晴雨预测概率,预测信息量

$$H_F=P_{rel}\times H_r=0.9\times 1=0.9(\text{bit})$$

这就是从 3 日 08 时大尺度天气系统分析所获得的晴雨预测信息量,基本满足一般的晴雨预测需求。

(2)落区预测信息量

①大尺度天气系统的 MCS 降雨落区预测信息量

天气分析实践表明,用大尺度天气系统分析获得的 MCS 降雨落区预测概率一般不高于气候概率。3 日 08 时,虽然高空槽逼近广西,低空切变线已移入桂北,地面准静止锋已移到桂中,除桂东北原先发展现已处于减弱东移的 MCS 产生降雨外,广西其他地方尚无明显对流性降雨出现。由此可见,使用 3 日 08 时天气图分析做 3aM 落区预测,可取的预测概率也只是气候概率,即 $P_{rel1}=11/45=0.24$。预测信息量

$$H_{F1}=P_{rel1}\times H_s=0.24\times 2.03\approx 0.49(\text{bit})$$

由此可见,仅用大尺度天气系统分析做分区后的落区预测,预测信息量明显不足。

②中尺度天气系统的 MCS 降雨落区预测信息量

3 日 14 时,中尺度变压场与雷达回波合成分析图(图 5-9-7a),以及逐 1 小时降雨量分布图(图 5-9-8a)上,有 2 个比较明显的中尺度特征:原先在桂中长轴为 W—E 向的椭圆形负变压区 N 继续加强,弱冷空气以整体推进方式自北向南侵入,桂北正变压区向南扩展,正变压梯度较大,表明槽后冷空气较强,正、负变压区构成强场势中尺度变压场;桂中负变压区 N 北边缘有线状雷达回波 R1—R2 出现,图 5-9-8a 中也有对应的对流降雨线 R1—R2;虽然雷达回波线和对流降雨线的连续性不很好,但已具 MCS 对流性降雨的基本特征。

中尺度变压场、雷达回波和降雨量分布特征指示出,MCS 产生强降雨的落区主要分布在负变压区 N 范围,其先验概率 $P_{rel2}=71/73=0.97$,落区预测信息量

$$H_{F2}=P_{rel2}\times H_s=0.97\times 2.03\approx 1.97(\text{bit})$$

可见,使用中尺度天气系统分析做分区后的落区预测,预测信息量大幅度增加。

③综合落区预测信息量

把大、中尺度天气系统分析综合后,预测概率为

$$P_{rel}=1-(1-P_{rel1})\times(1-P_{rel2})=1-(1-0.24)\times(1-0.97)=0.98$$

预测信息量

$$H_{Fs} = P_{rel} \times H_s = 0.98 \times 2.03 \approx 1.99 \text{(bit)}$$

综合后预测信息量略有增加。由此进一步看出,对流性强降雨落区预测信息量,主要从中尺度天气系统分析所获得。

(3)落时预测信息量

①12小时落时预测信息量

3日08时,虽然在桂东北还残留有早先发展MCS产生的降雨,但在桂中、桂南还没有明显的降雨。此时,低空切变线已移入桂北,地面准静止锋已移到桂中,而卫星云图上仅在桂西有低云,桂中、桂南大部仍为少云区。如果仅考虑低值系统在3日20时前在桂中、桂南产生降雨的可能性,根据先验概率,落时预测概率 $P_{rel} \approx 1$,因此

$$H_F = P_{rel} \times H_t = 1 \times 1 \approx 1 \text{(bit)}$$

这就是从3日08时大尺度天气分析所获得的12小时降雨落时预测信息量。

②2小时落时预测信息量

3日08时,从大尺度天气系统配置和演变特征判断,未来12小时桂中、桂南会出现降雨几乎是肯定的。但大尺度天气系统对MCS发生时间的预测概率是近似等概率分布,对2小时分辨率的落时预测概率仅为 $P_{rel} = 0.17$,落时预测信息量

$$H_F = P_{rel} \times H_t = 0.17 \times 2.59 \approx 0.44 \text{(bit)}$$

大尺度分析方法所获得的落时预测信息量太少,需要利用卫星、自动站、雷达等中尺度信息量丰富观测资料,使用中尺度分析获得更多的落时信息量。

3日14时,随着槽后弱冷空气南侵,桂北正变压区向南扩展,桂北正变压区南边缘有对流云细胞发展成的小对流云团(图5-9-6a箭头所指),桂中负变压区N北边缘出现了线状对流雷达回波(图5-9-7c),地面出现了对流降雨线(图5-9-8a),也就是降雨落时已开始。根据先验概率,落时预测概率 $P_{rel} = 71/73 = 0.97$,落时预测信息量

$$H_{Ft} = P_{rel} \times H_t = 0.97 \times 2.59 \approx 2.51 \text{(bit)}$$

使用非常规观测资料和中尺度分析方法,所获得的落时预测信息量接近2h落时相对基准信息量,基本满足落时预测需求。

(4)强度预测信息量

3日14时卫星云图(图5-9-6a),从中南半岛到福建沿海低槽前带状云系L1—L2发展程度偏弱,表明槽前上升气流和水汽充沛条件一般;云带L1—L2北边缘纤维状卷云特征明显,表明槽后干冷下沉气流不是很强;云带L1—L2南边缘较为光洁整齐,且从华南到南海大部为副高控制的晴空区,表明副高下沉气流较强,不利于高空槽后弱冷空气南下;孟加拉湾、南海水汽源地(V1、V3)和广西上空云量很少,水汽通道V2低云较多,表明水汽供应条件一般;低槽云系结构特征基本完整,云系强度指数40,为"弱"级;地面中尺度变压场形成结构清晰和完整的椭圆形负变压区N,为强势场。

低槽云系结构和地面中尺度变压场为"弱+强"组合,根据表3-1中降雨强度等级为"弱"级的先验概率,得强度预测概率: $P_{rel} = 13/14 = 0.93$,强度预测信息量

$$H_{Fr} = P_{rel} \times H_r = 0.93 \times 1.47 \approx 1.37 \text{(bit)}$$

(5)综合预测信息量和预测可靠性

根据以上落区、落时和强度预测信息量计算,得综合预测信息量

$$H_F = H_{Fs} + H_{Ft} + H_{Fr} = 1.99 + 2.51 + 1.37 = 5.87 \text{(bit)}$$

这就是 3aM 型落区、3 日 14 时为落时和暴雨站数为 400 站以下的预测信息量,预测可靠性为

$$\mu = H_F/H_r = 5.87/6.09 \times 100\% = 96\%$$

计算表明,基于中尺度分析方法所做出的强降雨预测具有较高可靠性。

5.9.4.3 MCS 生命期马尔可夫环状态转移概率和方向

在图 2-18 马尔可夫环模型中,每个节点状态转移方向均由 3 个转移概率决定,因此通过对这 3 个转移概率大小进行排序,以大概率为优先转移方向是一种合理的选择。依此方法,对 MCS 生命期不同阶段的马尔可夫环转移概率排序,以大概率为转移方向对 MCS 发展趋势做滚动预测。

3 日 14 时卫星云图(图 5-9-6a),低槽云系结构完整,云系发展程度偏弱,桂中上空云带有对流云团生成,此对流云团位于桂中负变压区 N 北边缘,并出现了线状雷达回波(图 5-9-7a),地面出现了对流降雨线(图 5-9-8a),对流云团继续发展成为 MCS 的可能性很大,由此可得转移概率排序结果为 $P_{gg} > P_{gk} > P_{gw}$,马尔可夫环状态转移如图 5-9-10 所示,即对流云团继续保持发展趋势,并随云带向东移动。

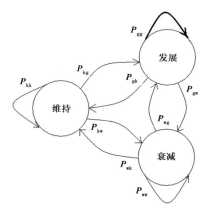

图 5-9-10 从发展到发展的马尔可夫环状态转移示意图

(粗黑矢线表示优先转移方向)

3 日 17 时卫星云图(图 5-9-6b),原在桂中的对流云团东移,而在对流云团西边又有对流云细胞生成,孟加拉湾和中南半岛上云层发展加强,表明水汽条件向好发展;地面上桂北正变压区继续缓慢南扩,与对流云细胞发生位置对应,在桂中负变压区 N 北边缘对流雷达回波线 R1—R2 稍南移(图 5-9-7b);负变压区 N 东北部位产生较强的对流性降雨 R(图 5-9-8b)。由此判断,大尺度环境条件能基本满足,而中尺度环境场条件较为有利对流云细胞继续发展,转移概率排序结果为 $P_{gg} > P_{gk} > P_{gw}$,马尔可夫环状态转移如图 5-9-10 所示,即对流云细胞发展成 MCS 可能性很大。

3 日 20 时卫星云图(图 5-9-6c),桂中对流云细胞已发展成对流云团 M,孟加拉湾和中南半岛上云层继续发展加强,表明水汽条件继续向好发展;对流雷达回波线 R1—R2 加强南移,但桂北正变压区呈减弱趋势(图 5-9-7c),表明南下弱冷空气势力减弱,地面准静止锋处于锋消状态;逐 1 小时雨量分布图(图 5-9-8c)形成断续较为明显的对流性雨线 R1—R2,这是由于冷空气减弱,仅能以局地扩散方式南侵,对流云团发展动力不足。对流发展的大尺度环境条件向好转化,而中尺度环境场条件则向不利方向转化,综合判断转移概率排序结果为 $P_{gg} > P_{gk} >$

P_{gw}，马尔可夫环状态转移如图 5-9-10 所示，即对流云团依惯性继续发展成 MCS 可能性较大，并向 SE 方向移动。

3 日 23 时卫星云图(图 5-9-6d)，MCS 体积较大，主体呈椭圆形，云顶光亮，轮廓线光洁整齐，显示出 MCS 已进入成熟期；桂北正变压区进一步减弱(图 5-9-7d)，桂中负变压区大部被 MCS 产生的雷暴高压填塞，整个中尺度变压场正负变压分布显得较为零乱，由原来的强势场转为弱势场，在桂南局部有些残留的对流雷达回波出现，但强度已明显减弱；逐 1 小时雨量分布(图 5-9-8d)，仅在 MCS 南边缘 R 处出现局部对流性强降雨，其他大部以 MCS 扩散层状云产生的连续性弱降雨为主。由此判断转移概率排序结果为 $P_{gk} > P_{gg} > P_{gw}$，马尔可夫环状态转移如图 5-9-11 所示，即 MCS 以维持成熟期特征为主。

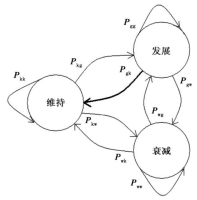

图 5-9-11　由发展转向维持的马尔可夫环状态转移示意图
(粗黑矢线表示优先转移方向)

4 日 02 时卫星云图(图 5-9-6e)，MCS 云顶亮度略为减弱，南边缘仍光洁整齐，但云顶北部出现扩散现象，原光洁整齐的轮廓线变得模糊，显示出 MCS 已进入成熟后期；中尺度变压场正负变压分布显得较为零乱(图 5-9-7e)，显现的是弱势场中尺度变压场；逐 1 小时雨量分布(图 5-9-8e)，主要以 MCS 扩展层状云所产生的连续性降雨为主，局地有小范围的对流性降雨。由此判断转移概率排序结果为 $P_{kw} > P_{kk} > P_{kg}$，马尔可夫环状态转移如图 5-9-12 所示，即 MCS 由成熟进入衰减期，强度逐渐减弱。

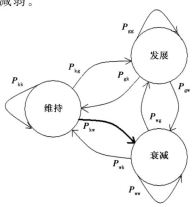

图 5-9-12　由维持转向衰减的马尔可夫环状态转移示意图
(粗黑矢线表示优先转移方向)

4 日 05 时卫星云图(图 5-9-6f),MCS 主体已明显变形,原来呈椭圆形的云团轮廓开始变得较为不规则,云顶面积扩散纤维状更明显,表明 MCS 已进入衰减期;中尺度变压场正负变压分布显得较为零乱(图 5-9-7f),显现的是弱势场中尺度变压场特征;逐 1 小时雨量分布(图 5-9-8f),仍以 MCS 扩展层状云所产生的连续性降雨为主,虽然形成了一条桂西南—桂东北的雨带 R1—R2,在雨带 R1—R2 的西南端还产生了对流性强降雨,但这低空切变线摆动产生的扰动,MCS 衰减趋势没有改变。由此判断转移概率排序结果为 $P_{ww} > P_{kk} > P_{kg}$,马尔可夫环状态转移如图 5-9-13 所示,即 MCS 继续衰减期,强度逐渐减弱直至消亡。

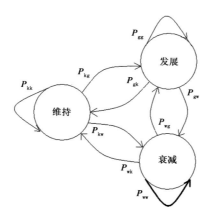

图 5-9-13　从衰减到衰减的马尔可夫环状态转移示意图
(粗黑矢线表示优先转移方向)

5.9.4.4　MCS 生命期中 TBB 面积和降雨强度时间分布特征

3 日 17 时—4 日 08 时 MCS 东移发展过程中,TBB 曲线从另一方面反映了 MCS 生命期中的阶段性特征(图 5-9-14)。

对流单体以后向传播发展方式并入 MCS 主体,由于 MCS 主体相对较弱,变化幅度相对较大,致使 MCS 的 TBB 曲线起伏变化较大,但图 5-9-14 中的 TBB 曲线变化仍能较为完整地表现 MCS 生命期的发展期、成熟期和衰减期特征。

(1)MCS 发展期

从 3 日 17 时发展成小对流云团开始,到 3 日 21 时发展成 MCS 这段时间,TBB 面积曲线以稳定增长为主,尤其−60 ℃ TBB 面积曲线上升较快且相对稳定,反映出这时段 MCS 主体中对流较为旺盛,以对流主体增长为主,主体中下部向外扩展的层状云相对较弱。

(2)MCS 成熟期

3 日 22 时—4 日 03 时是 MCS 发展最为强盛阶段,这一阶段−60 ℃ TBB 面积曲线展示出明显的顶部特征,此后−60 ℃ TBB 面积曲线虽有波动性增长,但波峰较窄,总体仍是下降趋势。−30、−40、−50 ℃ TBB 面积曲线呈快速上升趋势,这是由于 MCS 主体中下部云层连续扩展所致。

(3)MCS 衰减期

4 日 05 时后 MCS 进入衰减期,虽然−30、−40、−50 ℃ TBB 面积曲线仍是上升趋势,−60 ℃ TBB 面积曲线顶部特征发生变化,整体呈下降趋势,这是因为 MCS 对流减弱后首先

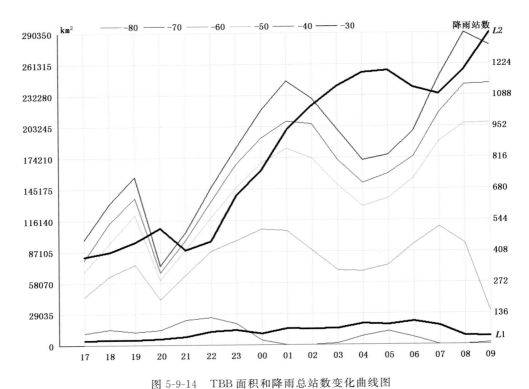

图 5-9-14　TBB 面积和降雨总站数变化曲线图

（横坐标为时间；纵坐标为 TBB 面积（km²）和降雨站数；粗黑实线 L1，暴雨及以上级别降雨总站数；
粗黑实线 L2，大雨及以下级别降雨总站数）

是 MCS 顶部降低或坍塌等，而中下部的云层扩散仍继续。

（4）降雨强度曲线变化特征

暴雨及以上级别降雨总站数曲线 L1 与 −70 ℃ TBB 面积曲线走势近似一致，表明对流性强降雨主要是 MCS 主体强烈发展过程中产生的，这也反映了负熵流强度与对流性降雨强度的密切关系。大雨及以下级别降雨总站数曲线 L2 与 −30，−40 ℃ TBB 面积曲线走势近似一致，表明降雨范围与 MCS 扩展范围相对应。

从以上分析可知，TBB 曲线变化特征佐证了 MCS 生命期马尔可夫环状态转移概率和方向的合理性。

5.10　TTNSNS-3aMW-20150715-0716

5.10.1　概况

2015 年 7 月 15—16 日受高空槽、低空切变线和地面准静止锋的共同影响，出现了桂西南—桂东北带状降雨，24 小时降雨量达暴雨以上量级的达 81 站，占 3aM 分型区域自动站总数的 9%，约占全广西区域自动站总数的 3%。这次降雨过程的天气系统配置、卫星云图特征、地面中尺度变压场和雷达回波叠加、地面降雨分布如图 5-10-1 所示。

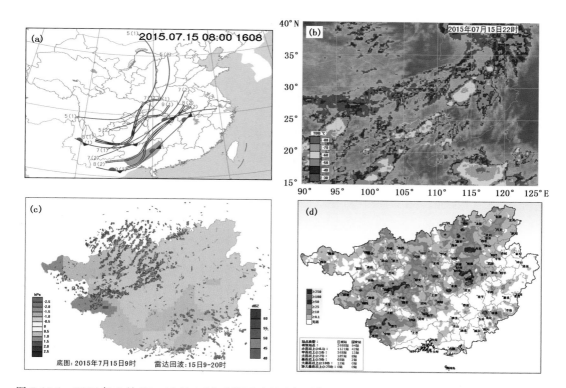

图 5-10-1　2015 年 7 月 15—16 日 3aM 型降雨过程天气系统配置(a)、卫星云图(b,IR1)、中尺度变压场和
雷达回波叠加(c)、15 日 08 时—16 日 08 时降雨分布(d)(a:棕实线为槽轴,双线为切变线,齿线为准静止锋;
5 表示 500hPa,余类推;时间表示:(1)代表 15 日 08 时;(2)代表 16 日 08 时)

　　造成这次桂西南—桂东北带状降雨过程的天气系统演变特点是高空槽东移,向低空切变
线和地面准静止锋东南移到桂中一带(图 5-10-1a);在低槽前云系中有弱 MCS 发展并向东南
方向移动,影响到桂西南—桂东北一带(图 5-10-1b);槽后冷空气从桂西北入侵弱负变压区触
发对流,形成 SW—NE 向的线状对流雷达回波,并向东南方向移动(图 5-10-1c),最终形成了
桂西南—桂东北带状降雨(图 5-10-1d)。

5.10.2　负熵源和负熵汇机制

5.10.2.1　大尺度天气系统负熵源结构和演变特征

　　造成 7 月 15—16 日桂西南—桂东北带状降雨过程的大尺度天气系统负熵源结构和演变
过程如图 5-10-2 所示。

　　15 日 08 时(图 5-10-2a),500 hPa 深槽已移到四川盆地东边,槽底抵达贵州北部,NNE—
SWS 向 700 hPa 低槽槽底抵达滇黔桂交界区域,低槽前有发展旺盛的带状云系;NE—SW 向
低空切变线、地面准静止锋西段与 700 hPa 低槽槽底部分近为重叠形态,已移到桂西北边界附
近,并正向 SE 方向移动。

　　15 日 20 时(图 5-10-2b),500 hPa 低槽东移北收;700 hPa 低槽北段继续东移,南段呈停滞
状态,槽底仍位于桂西北边界附近;低空切变线和地面准静止锋西南段已移入桂西和桂北一

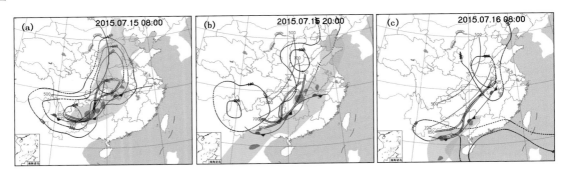

图 5-10-2　大尺度天气系统负熵源结构和演变过程特征

（粗实线为槽轴线；双实线为切变线；齿线为准静止锋；等值线为等垂直上升速度线；

蓝双线箭头为 700 hPa 急流轴；红双线箭头为 850 hPa 急流轴；

浅阴影区为云系，深阴影区为对流云区；红色区域为地面中尺度负变压区）

带；高空槽前和低空切变线、地面准静止锋上，从中南半岛到渤海湾有完整的带状云系。

16 日 08 时（图 5-10-2c），500、700 hPa 低槽呈缓慢移动状态；低空切变线和地面准静止锋西北段呈摆动状态，西南段移到桂西南到桂东北一带；低槽前原发展旺盛带状云系北段已减弱，从越南北部到桂东这段云带强度基本保持。

造成桂西南—桂东北带状降雨的 MCS 约在 15 日 09 时从贵州移近桂西北，然后向 SE 方向移动并影响桂西南到桂东北一带，虽然这期间 MCS 发展强度很弱（见后文），但从 15 日 08 时—16 日 08 时，这个由高空槽、低空切变线和地面准静止锋组成的天气系统，槽后有干冷偏北下沉气流，槽前有暖湿偏南上升气流，是明显偏离平衡态的有序低熵值天气系统结构，构成了 MCS 发生发展所必需的负熵源。

5.10.2.2　边界层辐合增强形成负熵汇

从图 5-10-2 分析可知，因为低熵值环境场的调整导致了 MCS 发生发展，图 5-10-1c 显示虽然中尺度负变压区很弱，但 MCS 仍主要在中尺度负变压区内发生发展。由此可以推知，地面中尺度负变压区的形成与低熵值环境场调整密切相关，尤其是低槽前低层大气运动与下垫面摩擦辐合效应，对中尺度负变压区的形成有重要作用，这种摩擦辐合效应由图 5-10-3 分析而证实。

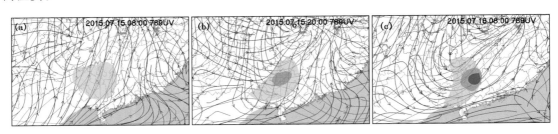

图 5-10-3　中低空三层流线分析图

（红矢线：700 hPa；蓝矢线：850 hPa；黑矢线：925 hPa）

15 日 08 时（图 5-10-3a），广西处于高空低槽前、低空切变线和地面准静止锋南侧，700 hPa 流线基本为 SW—NE 流向，850、925 hPa 流线与 700 hPa 流线交角一般＜15°，由于 850、

925 hPa 流线与 700 hPa 流线交角较小,由此可知,低层的摩擦辐合作用不强,所以在地面只形成弱负变压区。

15 日 20 时(图 5-10-3b),随着低槽东移,广西境内 700 hPa 流线转为近 W—E 向,在仍处于槽前的桂东北,925、850 hPa 流线与 700 hPa 流线交角增大到>60°,表明边界层摩擦辐合作用已得到进一步加强,于是在桂东北形成了较为明显的负变压中心区域 N,但由于槽后冷空气强度较弱,强弩之末的弱冷空气已难以继续推进到桂东北负变压中心区域。

16 日 08 时(图 5-10-3c),随着低槽东移速度减慢,切变线和准静止锋西南段移到桂西南—桂东北一带近于停滞,槽前辐合区移到桂东,负变压中心区域东移至桂东的梧州附近。

通过以上分析可以看到,虽然这次 3aM 型降雨 MCS 主要在弱中尺度负变压区发生发展,相应的降雨强度也较弱,但仍表现出高空槽前低层辐合作用对产生形成负变压区的作用,尤其是 15 日 20 时桂东强负变压中心的形成,较为充分显示出槽底前低层大气与下垫面的摩擦辐合效应,导致暖湿空气辐合堆积增强而在地面形成中尺度负变压区。地面中尺度负变压区是一种有序结构形态,表明地面中尺度变压场的熵值减小,是地面中尺度变压场从准平衡态弱场势向非平衡强场势有序态转变的结果。但中尺度变压场熵值减小是不能自发进行的,要靠系统外负熵流的输入,这种负熵流来自于低熵值的大尺度环境场。槽底前低层暖湿空气通过与下垫面摩擦辐合作用,导致地面辐合中心暖湿空气堆积气压下降,与辐合区外的气压梯度增大,使得暖湿空气从正变压区向负变压区流动,形成质量流和热量流,然后向高层低温环境输送,使负变压区上空气柱获得负熵,这过程相当于把低熵值环境场的负熵向辐合区输送,起到负熵汇效应。

5.10.2.3　中尺度变压场演变特征

上小节分析指出,槽底前低层空气与下垫面的摩擦辐合效应是地面中尺度负变压区形成的主要原因,这种摩擦辐合是一个连续性过程,与此对应的地面中尺度负变压区的形成也会有一个渐变过程,图 5-10-4 显示了这个过程的中尺度变压场演变特征。

14 日 20 时(图 5-10-4a),广西中尺度变压场弱正、负变压块交错分布,变压梯度很小,为弱场势态势。

15 日 08 时(图 5-10-4b),虽然广西整个中尺度变压场仍为弱场势态势,但桂北、桂东北原零星分布的正变压块消失,负变压区逐渐演变成连片分布,正、负变压区分布显得较此前更为有序,负变压区内基本为弱偏南气流控制。贵州境内的对流弱雷达回波线 R1—R2 正移向桂西北,广西境内还没有对流云雷达回波出现。

15 日 20 时(图 5-10-4c),随着低槽东移和切变线、准静止锋东南移,槽后弱冷空气从桂西北入侵,在桂西北正变压区前边缘形成了弱对流雷达回波线 R1—R2;在低槽东移过程中,由于低槽前低层大气与下垫面的摩擦辐合效应,暖湿空气辐合堆积增加,在桂东北形成了较明显的负变压中心区域 N,但整个负变压区仍为弱负变压态势。

16 日 08 时(图 5-10-4d),随着弱冷空气入侵到桂西南,广西形成了西部为正变压、东部为负变压分布态势,但西边负变压梯度已明显减弱,而随着低槽东移,处于槽前辐合区的桂东负变压强度有所加强。此时期槽后弱冷空气已无力向负变压区推进,所以仅在桂南有零星对流雷达回波,广西境内已无系统性的对流雷达回波出现。

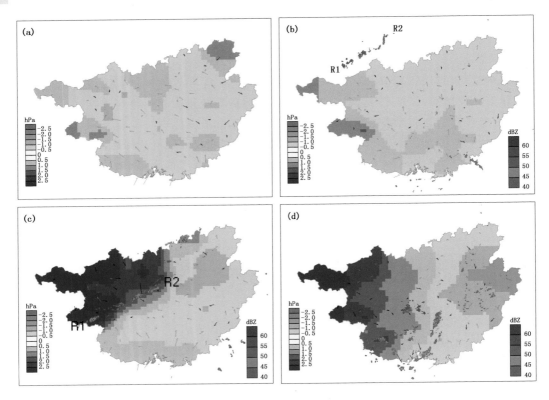

图 5-10-4 中尺度变压场演变特征

(a:14 日 20 时;b:15 日 08 时;c:15 日 20 时;d:16 日 08 时)

5.10.3 MCS 发生发展过程

5.10.3.1 对流触发和传播发展

15 日 09 时后,当弱冷空气入侵到中尺度负变压区中时,弱冷空气把中尺度负变压区的暖湿空气抬升到自由对流高度从而触发对流运动,这次过程较为明显的对流触发和传播发展如图 5-10-5 所示。

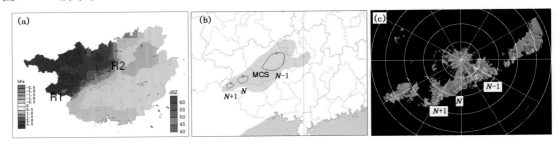

图 5-10-5 对流触发(a)和传播发展(b,c)

(a:15 日 20 时中尺度变压场;b:15 日 20 时卫星云图素描,闭合线表示对流云体,阴影区为 MCS 云体范围;

c:15 日 20 时百色雷达站组合反射率回波;N+1 为新生对流单体,N 为成熟期对流单体,

N-1 为衰减期对流单体)

图 5-10-5a 中,雷达回波线 R1—R2 位于正变压区扩展方向前边缘,显示出这是由于弱冷空气的入侵抬升负变压区中的暖湿空气而触发对流运动,是一种密度流抬升触发机制。图 5-10-5b 中是卫星云图上分析出的 MCS 和对流单体排列,图 5-10-5c 中是雷达回波分析出的对流单体排列,两图中新生对流单体都是排在旧单体西边,对流单体沿云带轴线向 ENE 方向移动,而 MCS 整体向 SE 方向移动。由此可见,对流发展是后向传播发展机制。

5.10.3.2　MCS 发生发展过程中的非常规观测特征

卫星云图清晰显示了降雨 MCS 发生发展过程,结合地面中尺度变压场、雷达回波和逐 1 小时降雨量分布,较为完整地表现了 MCS 发生发展过程中非常规观测特征。

(1)卫星云图演变特征

这次降雨过程中,在降雨前后卫星云图上云系也发生了相应变化,以下通过分析卫星云图云系的演变特征(图 5-10-6),更深入了解降雨过程中大、中尺度环境场的演变过程。

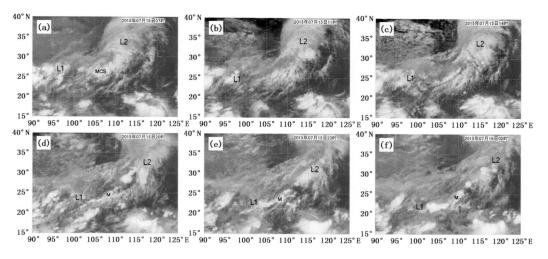

图 5-10-6　MCS 发生发展过程中的卫星云图(IR1)

(a:15 日 07 时;b:15 日 11 时;c:15 日 14 时;d:15 日 20 时;e:15 日 23 时;f:16 日 02 时)

15 日 07 时(图 5-10-6a),低槽前云带 L1—L2 发展旺盛,云带 L1—L2 北段近 N—W 向,西边缘光滑整洁,槽后有大片干冷下沉气流控制的暗色少云区,槽底附近的黔南有处于成熟后期的 MCS,广西处于高空槽前、低空切变线南侧的云量稀疏区,华南和南海中北部有较多云量分布,表明副热带高压脊还没有西伸到华南中西部上空。

15 日 11—14 时(图 5-10-6b 至图 5-10-6c),低槽前云带 L1—L2 北段东移较快,西边干冷下沉气流控制的暗色少云区更加明显,云带 L1—L2 南段略为南压,原贵州境内的 MCS 已衰减,槽底前云带轴线移近桂北,云带 L1—L2 轴线上新发展成 SW—NE 向线状弱 MCS 移入桂西北,广西上空云量明显增多,桂北已为浓密云区覆盖。

15 日 20 时—16 日 02 时(图 5-10-6d 至图 5-10-6f),低槽前云带 L1—L2 仍是北段东移较快,西南段东南移较慢。15 日 20 时,桂西—桂东北上空的云带轴线上 SW—NE 向线状弱 MCS(M)有所增强。此后,线状弱 MCS(M)随云带 L1—L2 向 SE 方向慢速移动。16 日 02 时后线状弱 MCS(M)减弱并逐渐消失。

（2）中尺度变压场和雷达回波演变特征

系列化的中尺度变压场和雷达回波合成分析（图 5-10-7），以更多的事实展示了中尺度负变压区形成加强，以及对流触发过程中的细节特征，有助于更深刻认识 MCS 发生发展与中尺度环境场关系。

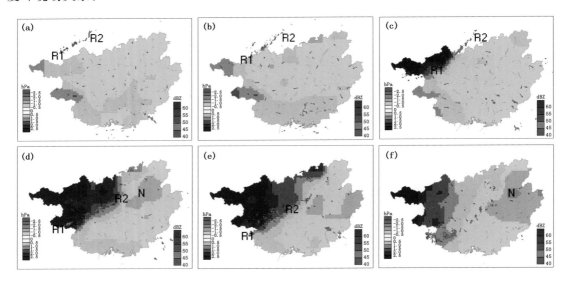

图 5-10-7　MCS 发生发展过程中地面中尺度变压和雷达回波叠加分析图

（a:15 日 09 时；b:15 日 11 时；c:15 日 14 时；d:15 日 20 时；e:15 日 23 时；f:16 日 02 时）

15 日 09—14 时（图 5-10-7a 至图 5-10-7c），虽然广西处于高空低槽前，但低槽前下垫面暖湿空气辐合堆积作用并不强，广西大部都是场势很弱的负变压区，负变压梯度很小，也没有形成负变压中心区域，负变压区内主要是弱偏南气流占据。随着高空低槽东移，低空切变线和地面准静止锋向 SE 方向推进，发生于黔南的弱对流雷达回波线 R1—R2 逐渐向桂西北边界移动，到 15 日 14 时移入桂西北，雷达回波线 R1—R2 是成片的强正变压区。正变压区从桂西北开始向 SE 方向推进，与低空切变线、地面准静止锋西南段的移向一致。

15 日 20—23 时（图 5-10-7d 至图 5-10-7e），桂西北大部已为强正变压区占据，弱对流雷达回波线 R1—R2 随正变压区前边缘向 SE 方向推进，桂东北形成弱负变压中心区域 N。但到15 日 23 时，正变压区向 SE 方向推进趋于停止，弱对流雷达回波线 R1—R2 变得非常稀疏，表明槽后弱冷空气已无势力再继续向 SE 推进。

16 日 02 时（图 5-10-7f），桂西北正变压区梯度明显减小，弱对流雷达回波线 R1—R2 也已消失，仅在桂西南正变压区边缘残留一些零星的对流雷达回波，表明槽后南下入侵弱冷空气已变性减弱，正变压区正处于减弱过程中，但从桂东北到桂南的弱负变压区基本保持。

（3）逐 1 小时降雨量分布演变特征

第 1 章中已指出，对流性降雨强度与负熵流具有等价关系。因此，通过分析逐 1 小时降雨分布特征，既可以反演 MCS 发展变化过程（图 5-10-8），实质也是分析负熵流强度变化特征。

15 日 11 时（图 5-10-8a），除桂西北边界局地出现零星降雨外，广西境内无降雨。

15 日 14 时（图 5-10-8b），随着槽轴上线状弱 MCS 移入桂西北，桂西北出现弱雨线 R1—R2，雨线上的降雨主要以对流性降雨为主。

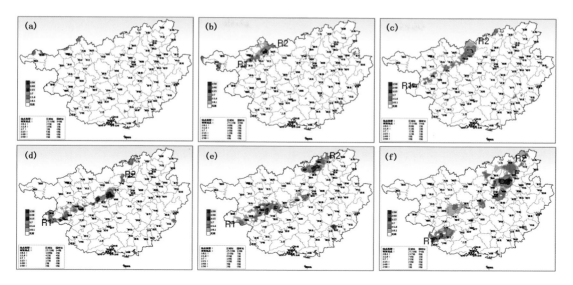

图 5-10-8 MCS 发生发展过程中逐 1 小时降雨量分布图
（a:15 日 10—11 时；b:15 日 13—14 时；c:15 日 16—17 时；d:15 日 19—20 时；
e:15 日 22—23 时；f:16 日 01—02 时）

15 日 16—20 时（图 5-10-8c 至图 5-10-8d），弱雨线 R1—R2 继续向 SE 方向在桂西北范围内移动，由于产生降雨的线状弱 MCS 强度较弱，没有一般强 MCS 上部扩散层状云产生的连续性降雨，在对流性降雨线后边产生大片连续性降雨的特征，所以仅形成一条弱雨线 R1—R2。

15 日 23 时—16 日 02 时（图 5-10-8e 至图 5-10-8f），弱雨线 R1—R2 继续向 SE 方向缓慢移动，虽然雨线长度已从桂东北延伸到桂西南，但中部出现了明显的断裂，相对完整的线状特征已破坏，表明产生弱雨线 R1—R2 的线状弱 MCS 已进入成熟后期，明显降雨过程趋于结束。

（4）MCS 准三视图结构特征和负熵流

以上对 MCS 发展过程中的非常规观测特征进行了分析，为了多视角的整体性，以下从图 5-10-6 至图 5-10-8 中摘要简化成图 5-10-9，讨论 MCS 准三视图结构特征。

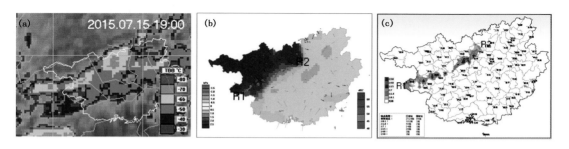

图 5-10-9 2015 年 7 月 15 日 19 时卫星云图（a，IR1）和中尺度变压场（b）
以及 15 日 18—19 时逐 1 小时降雨量分布（c）

根据观测平台的观测视角和方式，近似地以卫星云图为顶视图，雷达回波为平视图，地面降雨量分布为底视图，综合分析 MCS 准三视图结构特征。比较图 5-10-9a 中线条状弱 MCS

轴线 L1—L2、图 5-10-9b 中雷达回波线 R1—R2、图 5-10-9c 中对流性降雨线 R1—R2,可以看出三者有明显的对应性。这些 MCS 对流单体分布、雷达回波和对流性强降雨分布对应重合地方正是 MCS 结构最为有序区域,也是外部负熵流向 MCS 流入的最强部位。这些对应性充分显示了负熵流与对流性降雨的相关关系。

(5)非常规观测特征的对应性

综合图 5-10-6 至图 5-10-9 分析,发现如下几个中尺度范围的特征。

①图 5-10-6 中云带 L1—L2 反映出低槽底部是慢速东移南压的,当云带 L1—L2 西南端所指示出的槽底移近桂西北后,原正、负变压块交错分布逐渐演变成如图 5-10-7 中的相对有序分布,虽然负变压区较弱,但仍表现出与低槽东移在时间上有对应关系,这验证了图 1-16 中尺度变压场概念模型的正确性。

②云带轴线上线条状 MCS 主要发生在地面负变压区上空,地面负变压区分布有序性增强超前于 MCS 发生发展。

③对流雷达回波线 R1—R2 主要出现在正变压区 SE 边缘,也就是正变压区前进边缘,证实了这是一种弱冷空气密度流抬升触发机制。在 MCS 发展过程中,对流回波 R1—R2 主要出现在负变压区内,与云图上 MCS 云体主要在负变压区内发展相一致。

④对流雨线 R1—R2 与雷达回波线 R1—R2、MCS 轴线 L1—L2 相对应,显示出 MCS 具有明显的有序结构特征。这些对应性表明,MCS 中对流单体、雷达回波和对流性强降雨分布重合地方,是 MCS 结构最为明显有序的地方,这也是负熵流流入最强部位,这些特征佐证了远离平衡态的 MCS 发生发展与负熵流依存关系,也进一步验证了图 1-27 的 MCS 发生发展概念模型的正确性。

5.10.4 信息量

5.10.4.1 相对基准信息量

从第 2 章关于相对基准信息量的计算方法讨论中得知,广西 24 小时晴雨相对基准信息量:$H_r = 1$ bit;把表 2-5 简化,得 3aM 型落区、强度和落时相对基准信息量(表 5-10-1)。

表 5-10-1　3aM 型落区、强度和落时相对基准信息量

	落区	暴雨以上	大暴雨以上	12 h 落时	2 h 落时
信息量(bit)	2.03	1.47	4.06	1.00	2.59

5.10.4.2 预测信息量

预测信息量计算公式(式 2-9、式 2-10)指出,在相对基准信息量已知条件下,预测信息量计算的关键就是求预测概率 P_{rel}。

(1)广西 24 小时晴雨预测信息量

15 日 08 时(图 5-10-2a),高空深槽的槽底抵达滇黔桂交界区域,低空切变线和地面准静止锋已移到桂西北边界附近,并正向 SE 方向移动。根据先验概率,这种 3D 配置天气系统未来 24 小时在广西境内产生降雨概率 $P_{rel1} > 0.9$,这里取 $P_{rel1} = 0.9$。

与图 5-10-2a 的高空槽相对应,卫星云图(图 5-10-6a),低槽前云带发展旺盛,表明槽前有强盛的上升气流和充沛的水汽条件,槽后有大片干冷下沉气流控制的暗色少云区,低槽云系结

构特征明显和完整;广西处于高空槽前、低空切变线南侧的云量稀疏区,华南和南海中北部有较多云量分布,表明副热带高压脊还没有西伸到华南中西部上空。这种云系结构特征和发展程度对产生降雨具备良好条件。根据云系分析先验概率,当这种低槽云系移到广西并产生影响时,其降雨概率 $P_{rel2}>0.9$,这里取 $P_{rel2}=0.9$。

综合天气图和卫星云图分析,得广西 24 小时晴雨预测概率

$$P_{rel}=1-(1-P_{rel1})\times(1-P_{rel2})=1-(1-0.9)\times(1-0.9)=0.99$$

则,预测信息量

$$H_F=P_{rel}\times H_r=0.99\times1\approx1(bit)$$

这就是从 15 日 08 时大尺度天气系统分析所获得的广西 24 小时晴雨预测信息量。

(2)落区预测信息量

①大尺度天气系统的 MCS 降雨落区预测信息量

天气分析实践表明,用大尺度天气系统分析获得的 MCS 降雨落区预测概率一般不高于气候概率。15 日 08 时,虽然高空槽、低空切变线和地面准静止锋已移近桂西北,但广西境内尚无明显对流性降雨出现。由此可见,使用 15 日 08 时天气图分析做 3aM 落区预测,可取的预测概率也只是气候概率,即 $P_{rel1}=11/45=0.24$。预测信息量

$$H_{F1}=P_{rel1}\times H_s=0.24\times2.03\approx0.49(bit)$$

由此可见,仅用大尺度天气系统分析做分区后的落区预测,预测信息量明显不足。

②中尺度天气系统的 MCS 降雨落区预测信息量

15 日 11 时(图 5-10-7b),随着高空低槽东移,低空切变线和地面准静止锋向 SE 方向推进,发生于黔南的弱对流雷达回波线 R1—R2 逐渐向桂西北边界移动,但广西大部都是场势很弱的负变压区,负变压梯度很小,也没有形成负变压中心区域,在桂西北边界局地出现与弱对流雷达回波线 R1—R2 对应的对流性弱降雨。根据中尺度变压场、雷达回波配置特点,预测 MCS 产生对流性降雨落区主要分布在弱对流雷达回波线 R1—R2 移向前方的负变压区范围内(图 5-10-10)。

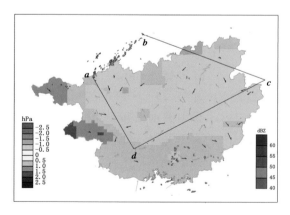

图 5-10-10　MCS 降雨落区预测示意图
(多边形 abcd 为降雨落区预测范围)

落区先验概率 $P_{rel2}=71/73=0.97$,落区预测信息量

$$H_{F2}=P_{rel2}\times H_s=0.97\times2.03\approx1.97(bit)$$

可见,使用中尺度天气系统分析做分区后的落区预测,预测信息量大幅度增加。

(3)落时预测信息量

①12小时落时预测信息量

15日08时(图5-10-2a),500 hPa槽底抵达贵州北部,700 hPa低槽槽底抵达滇黔桂交界区域,低槽前有发展旺盛的带状云系;低空切变线、地面准静止锋已移到桂西北边界附近。卫星云图(图5-10-6a),低槽前云带L1—L2发展旺盛,表明槽前上升气流较强、水汽充沛;槽后有大片干冷下沉气流控制的暗色少云区,显出槽后南下冷空气相对较强;低槽云系结构完整,强度偏强,具有产生降雨的有利大尺度环境场条件。此前广西境内还没有明显降雨,但未来12小时受高空槽、低空切变线和地面准静止锋共同影响,广西将会出现降雨几乎是确定性的。也就是说,15日08—20时降雨落时预测概率 $P_{rel} \approx 1$,因此

$$H_F = P_{rel} \times H_t = 1 \times 1 \approx 1 (\text{bit})$$

这就是从15日08时大尺度天气分析所获得的12小时降雨落时预测信息量。

②2小时落时预测信息量

15日08时,虽然高空槽、低空切变线和地面准静止锋组成的大尺度天气系统移近广西,未来12小时广西境内会出现降雨几乎是肯定的,但大尺度天气系统对MCS发生时间的预测概率是近似等概率分布,对2小时分辨率的落时预测概率仅为 $P_{rel} = 0.17$,落时预测信息量

$$H_F = P_{rel} \times H_t = 0.17 \times 2.59 \approx 0.44 (\text{bit})$$

可见,大尺度分析方法所获得的落时预测信息量太少,需要利用卫星、自动站、雷达等中尺度信息量丰富观测资料,使用中尺度分析获得更多的落时信息量。

15日11时(图5-10-6b),低槽前云带L1—L2继续东移,广西上空云量明显增多,降雨前兆特征明显;对流雷达回波线已移到桂西北边界线附近(图5-10-7b),并有继续SE方向移动趋势;桂西北边界局地出现对流性降雨(图5-10-8a)。这些都是对流性降雨落时开始特征,根据先验概率,落时预测概率 $P_{rel} = 71/73 = 0.97$,落时预测信息量

$$H_{Ft} = P_{rel} \times H_t = 0.97 \times 2.59 \approx 2.51 (\text{bit})$$

由此可见,使用非常规观测资料和中尺度分析方法,所获得的落时预测信息量接近2 h落时相对基准信息量,基本满足落时预测需求。

(4)强度预测信息量

降雨开始前的卫星云图(图5-10-6a至图5-10-6b),低槽前云系发展旺盛且稳定(强度指数>70),表明槽前上升气流较强且水汽充沛,槽后干冷下沉气流控制区近似晴空,云带西边缘光滑整洁,低槽云系结构特征完整;水汽源地和水汽通道V1、V2、V3以及广西上空云层浓密,覆盖率>80%,水汽供应条件良好;但地面负变压区变压梯度很小,没有形成明显的负变压中心区域,中尺度变压场为弱势场结构。

低槽云系结构和地面中尺度变压场为"强+弱"组合,根据表3-1中降雨强度等级为"弱"级的先验概率,得强度预测概率:$P_{rel} = 13/14 = 0.93$,强度预测信息量

$$H_{Fr} = P_{rel} \times H_r = 0.93 \times 1.47 \approx 1.37 (\text{bit})$$

(5)综合预测信息量和预测可靠性

根据以上落区、落时和强度预测信息量计算,得综合预测信息量

$$H_F = H_{Fs} + H_{Ft} + H_{Fr} = 1.97 + 2.51 + 1.37 = 5.86 (\text{bit})$$

这就是3aM型落区、15日11时为降雨落时开始、暴雨站数<400站的预测信息量,预测

可靠性为

$$\mu = H_F/H_r = 5.86/6.09 \times 100\% = 96\%$$

计算表明,基于中尺度分析方法所做出的强降雨预测具有较高可靠性。

5.10.4.3　MCS 生命期马尔可夫环状态转移概率和方向

在图 2-18 马尔可夫环模型中,每个节点状态转移方向均由 3 个转移概率决定,因此通过对这 3 个转移概率大小进行排序,以大概率为优先转移方向是一种合理的选择。依此方法,对 MCS 生命期不同阶段的马尔可夫环转移概率排序,以大概率为转移方向对 MCS 发展趋势做滚动预测。

15 日 11 时,卫星云图(图 5-10-6b)上低槽云系结构完整,云系发展强盛,但对流发展很弱,仅在桂北边界上形成弱对流线状 MCS;中尺度变压场和雷达回波合成分析图(图 5-10-7b)上相应的有弱对流回波线 R1—R2;逐 1 小时雨量分布图(图 5-10-8a),桂西北边界局地出现了对流性降雨。虽然中尺度环境场较弱,不利于大规模对流活动发展,但大尺度环境场条件还是适合对流活动发展的。在此种大、中尺度环境场条件下,对小规模的对流活动的持续性还是有较稳定的环境场条件,综合判断转移概率排序结果为 $P_{kk} > P_{kw} > P_{kg}$,马尔可夫环状态转移如图 5-10-11 所示,即大、中尺度环境场条件以维持小规模对流活动为主,弱对流线状 MCS 得以继续存在并向 SE 方向移动。

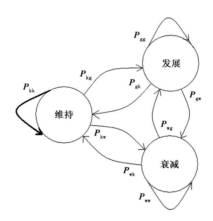

图 5-10-11　继续维持的马尔可夫环状态转移示意图

(粗黑矢线表示优先转移方向)

15 日 14—23 时卫星云图(图 5-10-6c 至图 5-10-6e),低槽云系继续东移、强度维持,广西上空云带对流虽略有加强,但仍以小规模对流活动为主;中尺度变压场和雷达回波合成分析图(图 5-10-7c 至图 5-10-7e),较强正变压区从桂西北向 SE 方向整体推进扩展,正变压梯度较大,正变压区前沿的弱对流雷达回波线 R1—R2 维持且随正变压区推进而移动;逐 1 小时雨量分布图(图 5-10-8c 至图 5-10-8e)的弱对流降雨线 R1—R2 与雷达回波线相对应,准同步向 SE 方向移动,没有形成强 MCS 云状云扩散过程中产生的大片连续性雨区。此阶段大、中尺度环境场条件无明显大的变化,综合判断转移概率排序结果为 $P_{kk} > P_{kw} > P_{kg}$,马尔可夫环状态转移如图 5-10-11 所示,即大、中尺度环境场条件仍是以维持小规模对流活动为主,弱对流线状 MCS 继续存在并向 SE 方向移动。

16 日 02 时,卫星云图(图 5-10-6f)上线状弱 MCS(M)亮度降低、边缘变得模糊,呈现减弱趋势;中尺度变压场和雷达回波合成分析图(图 5-10-7f),桂西北正变压区停止向前推进,正变压梯度明显减小,弱对流雷达回波线 R1—R2 不复存在,仅局地残留些弱对流雷达回波;逐 1 小时雨量分布图(图 5-10-8f)的弱对流降雨线 R1—R2 断续性更加明显。这些现象表明弱对流线状 MCS 开始进入衰减期,转移概率排序结果为 $P_{kw} > P_{kk} > P_{kg}$,马尔可夫环状态转移如图 5-10-12 所示,即弱对流线状 MCS 进入衰减期,强度逐渐减弱直至消亡。

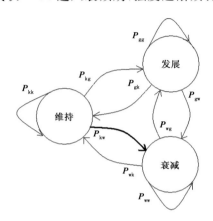

图 5-10-12 由维持转向衰减的马尔可夫环状态转移示意图
(粗黑矢线表示优先转移方向)

5.10.4.4 MCS 生命期中 TBB 面积和降雨强度时间分布特征

15 日 12 时新对流云发展开始,到 16 日 01 时 MCS 进入衰减期的各级别 TBB 面积变化,以及降雨强度变化曲线如图 5-10-13 所示。

MCS 生命期分为发展期、成熟期和衰减期,图 5-10-13 中的 TBB 曲线变化从形态上反映了 MCS 发展变化特征。

(1)MCS 发展期

15 日 12—17 时为新 MCS 发展期,代表对流主体发展的 -60 ℃ TBB 面积曲线稳定上升,而 -30、-40 ℃ TBB 面积曲线受前 MCS 残留云层影响,上升趋势不明显。

(2)MCS 成熟期

15 日 18—22 时为 MCS 成熟期,这一阶段 -70、-60 ℃ TBB 面积曲线都显示出明显的顶部特征,其他级别 TBB 面积曲线仍呈上升趋势,这是由于 MCS 中下部云层连续扩展所致。

(3)MCS 衰减期

15 日 23 时后 MCS 进入衰减期。因为 MCS 体积偏小,MCS 低层云扩展不明显,表现在各级别 TBB 面积曲线几近同步下降趋势。

(4)降雨强度曲线变化特征

由于 MCS 对流降雨较弱,曲线 $L1$ 显得比较平缓。MCS 进入成熟期后,曲线 $L1$ 与 -70 ℃ TBB 面积曲线走势相似,仍显出峰值特征,表明对流性强降雨主要是 MCS 主体强烈发展过程中产生的,这也反映了负熵流强度与对流性降雨强度的密切关系。曲线 $L2$ 与 -30、-40 ℃ TBB 面积曲线走势基本一致,但峰值落后,表明降雨范围与 MCS 扩展范围相对应。

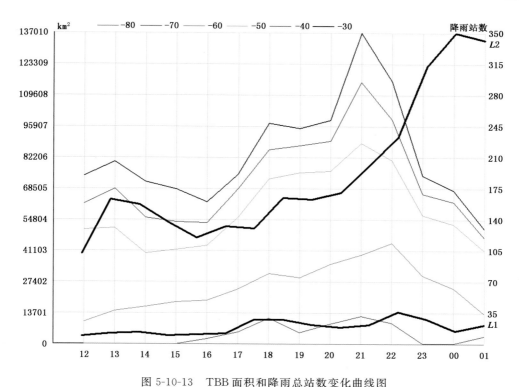

图 5-10-13　TBB 面积和降雨总站数变化曲线图

（横坐标为时间；纵坐标为 TBB 面积（km²）和降雨站数；粗黑实线 L1，暴雨及以上级别降雨总站数；
粗黑实线 L2，大雨及以下级别降雨总站数）

从以上分析可知，TBB 曲线变化特征佐证了 MCS 生命期马尔可夫环状态转移概率和方向的合理性。

5.11　TTNSVS-4NES-20160409-0410

5.11.1　概况

2016 年 4 月 9—10 日受高空槽、低空切变线和地面准静止锋的共同影响，桂东北出现了区域性的强降雨，24 小时降雨量达暴雨以上量级的达 172 站，占 4NE 分型区域自动站总数的 26%，约占全广西区域自动站总数的 6%。这次强降雨过程的天气系统配置、卫星云图特征、地面中尺度变压场和雷达回波叠加、地面降雨分布如图 5-11-1 所示。

这是典型的桂东北强降雨过程，造成这次强降雨过程的天气系统配置特点是高空槽由竖槽转为近于横槽、低空切变线和地面准静止锋近似同步南移到桂南沿海（图 5-11-1a），在低槽前有 MCS 强烈发展并向东南方向移动掠过桂东北（图 5-11-1b），桂北强负变压区中，NE—SW 向的线状对流雷达回波在靠桂东北一侧发展，并向东南方向移动（图 5-11-1c），最终造成了桂东北区域性强降雨（图 5-11-1d）。

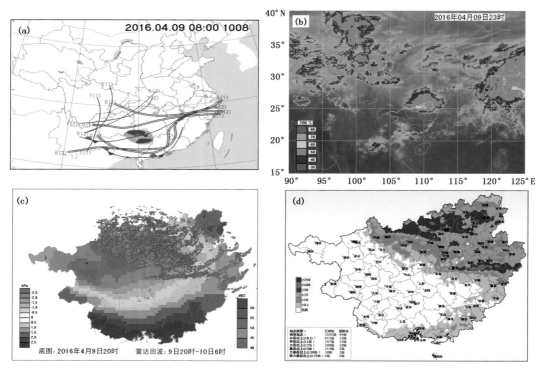

图 5-11-1　2016 年 4 月 9—10 日桂东北强降雨过程天气系统配置(a)、卫星云图(b,IR1)、中尺度变压场和
雷达回波叠加(c)、9 日 08 时—10 日 08 时降雨分布(d)(a:棕实线为槽轴,双线为切变线,齿线为准静止锋;
5 表示 500hPa,余类推;时间表示:(1)代表 9 日 08 时;(2)代表 10 日 08 时)

5.11.2　负熵源和负熵汇机制

5.11.2.1　大尺度天气系统负熵源结构和演变特征

造成 4 月 9—10 日桂东北强降雨过程的大尺度天气系统负熵源结构和演变过程如图 5-
11-2 所示。

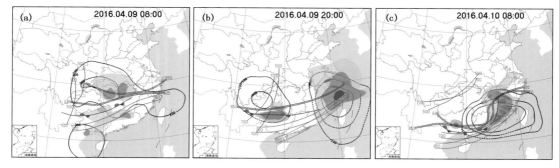

图 5-11-2　大尺度天气系统负熵源结构和演变过程特征
(粗实线为槽轴线;双实线为切变线;齿线为准静止锋;等值线为等垂直上升速度线;
蓝双线箭头为 700 hPa 急流轴;红双线箭头为 850 hPa 急流轴;
阴影区为云系,深阴影区为对流云区;红色区域为地面中尺度负变压区)

9 日 08 时(图 5-11-2a),500、700 hPa 各有 1 条近 N—S 向的竖槽位于黔西和滇东一带,槽底位于 25°N 附近,跨度为 8~10 个纬距,槽前并没有常见的大范围云系,850、925 hPa 近 E—W 向的切变线位于贵州中北部,地面准静止锋在桂北边界附近活动。

9 日 20 时(图 5-11-2b),500、700 hPa 低槽东移到贵州中部,且已由 N—S 向转为 EN—WS 向,500 hPa 槽轴略前倾于 700 hPa 槽轴,槽底加深达越南北部,槽前仍无明显云系发展,850 hPa 切变线和地面准静止锋维持、位置少变。

10 日 08 时(图 5-11-2c),500、700 hPa 低槽北段东移,槽底北抬到滇北一带,演变成近于横槽,槽轴长度少变,槽前无明显云系发展,850、925 hPa 切变线和地面准静止锋移到桂南沿海。

造成桂东北强降雨的 MCS 于 9 日 18 时前后在贵州境内生成,然后东移发展(见后文)。MCS 发生发展期间正是 500、700 hPa 低槽由竖槽转向为横槽期间,虽然低槽只是转向并没有明显南移,但低空切变线和地面准静止锋是在低槽转向期间南移,MCS 发生发展东南移与低空切变线、地面准静止锋南移几近同步,MCS 是在大尺度天气系统发生变化调整背景下发生发展的。

9 日 08 时到 10 日 08 时,这个由高空槽、低空切变线和地面准静止锋组成的天气系统,槽后有干冷偏北下沉气流,槽前有暖湿偏南上升气流,是明显偏离平衡态的有序低熵值天气系统结构,构成了暴雨 MCS 发生发展所必需的负熵源。

5.11.2.2　边界层辐合增强形成负熵汇

从图 5-11-2 分析可知,因为低熵值环境场的调整导致了 MCS 发生发展,图 5-11-1c 又显示 MCS 主要在中尺度负变压区内发生发展。由此可以推知,地面中尺度负变压区的形成与低熵值环境场调整密切相关,尤其是低槽前低层大气运动与下垫面摩擦辐合效应,对中尺度负变压区的形成有重要作用,这种摩擦辐合效应由图 5-11-3 分析而证实。

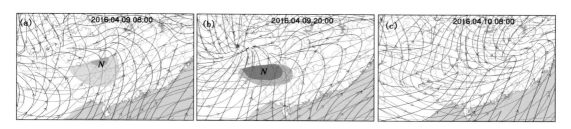

图 5-11-3　中低空三层流线分析图
(红矢线:700 hPa;蓝矢线:850 hPa;黑矢线:925 hPa)

9 日 08 时(图 5-11-3a),广西处于高空低槽前、低空切变线和地面准静止锋南侧,700 hPa 流线基本为 SW—NE 流向,而 850 hPa 流线与 700 hPa 流线交角一般都大于 60°,925 hPa 流线与 700 hPa 流线近似垂直相交,由 1.4.2 节分析可知,低层的摩擦辐合作用相当明显。

9 日 20 时(图 5-11-3b),925、850 hPa 流线与 700 hPa 流线交角继续增大,表明边界层摩擦辐合作用已得到进一步加强,于是在 9 日 08—20 时广西境内形成了强的负变压区(见后文)。从图 5-11-1c 可知,中尺度负变压区主要在 9 日 20 时前形成,对流云细胞约在 9 日 17 时在贵州境内出现,9 日 20 时—10 日 03 时移过桂东北负变压区期间强烈发展。

10 日 08 时(图 5-11-3c),随着低熵值环境场整体东移和北收(图 5-11-2c),925、850 hPa 流线与 700 hPa 流线交角明显减小,其中 850 hPa 流线与 700 hPa 流线交角减小到＜30°,强的中尺度负变压区也演变为不规则的弱势场(见后文)。

通过以上分析可以推断,由于槽底前低层大气与下垫面的摩擦辐合效应,暖湿空气辐合堆积增强而在地面形成中尺度负变压区。地面中尺度负变压区是一种有序结构形态,表明地面中尺度变压场的熵值减小,是地面中尺度变压场从准平衡态弱场势向非平衡强场势有序态转变的结果。但中尺度变压场熵值减小是不能自发进行的,要靠系统外负熵的输入,这种负熵来自于低熵值的大尺度环境场。槽底前低层暖湿空气通过与下垫面摩擦辐合作用,导致地面辐合中心暖湿空气堆积气压下降,与辐合区外的气压梯度增大,使得暖湿空气从正变压区向负变压区流动,形成质量流和热量流,然后向高层低温环境输送,使负变压区上空气柱获得负熵,这过程相当于把低熵值环境场的负熵向辐合区输送,起到负熵汇效应。

5.11.2.3 中尺度变压场演变特征

上小节分析指出,槽底前低层空气与下垫面的摩擦辐合效应是地面中尺度负变压区形成的主要原因,这种摩擦辐合是一个连续性过程,与此对应的地面中尺度负变压区的形成也会有一个渐变过程,图 5-11-4 显示了这个过程的中尺度变压场演变特征。

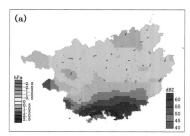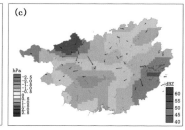

图 5-11-4　中尺度变压场演变特征

(a:9 日 08 时;b:9 日 20 时;c:10 日 08 时)

9 日 08 时(图 5-11-4a),广西整个中尺度变压场分布态势,除桂南沿海有雷暴高压残留小范围强正变压区外,桂中、桂北为大片的弱负变压区,负变压区内为偏南气流控制,无明显对流云雷达回波出现。

9 日 20 时(图 5-11-4b),正如上小节分析所指出,由于低熵值环境场低层大气与下垫面的摩擦辐合效应,暖湿空气辐合堆积增加,在桂西北和桂中形成了较强的中尺度负变压区,负变压中的偏南暖湿气流进一步加强。桂东北由原来弱负变压区转变为正变压区,桂南正变压区范围加大、强度增强,整个中尺度变压场场势明显加强。

10 日 08 时(图 5-11-4c),随着弱冷空气的入侵,原桂西北负变压区已演变为正变压区,正变压区内主要吹偏北风,桂西南和桂东北为弱负变压区,中尺度变压场场势明显减弱,这是 MCS 消亡后期的残留中尺度变压场特征。

从 9 日 08 时到 10 日 08 时,由于低熵值环境场变化的影响,广西地面中尺度变压场经历了一个"弱—强—弱"的变化过程,在强中尺度负变压区形成后,MCS 在负变压区中发生发展,造成了桂东北的强降雨过程。

5.11.3　MCS 发生发展过程

5.11.3.1　对流触发和传播发展

9 日 20 时后,当弱冷空气入侵到中尺度负变压区中时,弱冷空气把中尺度负变压区的暖湿空气抬升到自由对流高度从而触发对流运动,这次过程较为明显的对流触发和传播发展如图 5-11-5 所示。

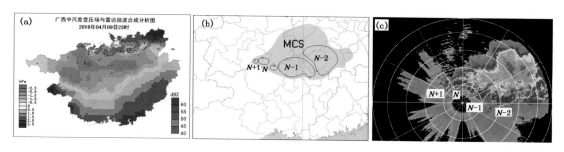

图 5-11-5　对流触发(a)和传播发展(b,c)

(a:9 日 23 时中尺度变压场;b:9 日 23 时卫星云图素描,闭合线表示对流云体,阴影区为 MCS 云体范围;
c:9 日 23 时河池雷达站组合反射率回波;$N+1$ 为新生对流单体,N 为成熟期对流单体,
$N-1$ 为早先发展对流单体,$N-2$ 为衰减期对流单体)

图 5-11-5a 中,雷达回波线位于正、负变压区交界处,显示出这是由于弱冷空气的入侵抬升负变压区中的暖湿空气而触发对流运动,是一种密度流抬升触发机制。图 5-11-5b 中是卫星云图上分析出的 MCS 和对流单体排列,图 5-11-5c 中是雷达回波分析出的对流单体排列,两图中新生对流单体都是排在旧单体西边,对流单体沿云带轴线东移,而 MCS 整体向南移,对流发展是后向传播发展机制。

5.11.3.2　MCS 发生发展过程中的非常规观测特征

卫星云图清晰显示了强降雨 MCS 发生发展过程,结合地面中尺度变压场、雷达回波和逐 1 小时降雨量分布,较为完整地表现了 MCS 发生发展过程中非常规观测特征。

(1)卫星云图演变特征

这次强降雨过程中,在降雨前后卫星云图上云系发生了明显变化,以下通过分析卫星云图云系的演变特征(图 5-11-6),更深入了解强降雨 MCS 发生发展过程大、中尺度环境场的演变过程。

9 日 17 时(图 5-11-6a),从黔西南—四川有短槽前云系 L1—L2,槽底附近有对流云细胞生成(箭头所指),但在广西及西边中南半岛上空云量很少,表明大尺度范围内的水汽不足或上升运动很弱,这是不利于大范围强对流发生发展的。在我国东南沿海有云系 L3—L4,这云系与天气图上的低空急流有对应关系,由此可知这是伴随低空急流活动而形成的云系。

9 日 20 时(图 5-11-6b),短槽前云系 L1—L2 北段东移较快,南段东移很慢。槽底附近对流云细胞已发展成 MCS 并移近桂东北,但此时 MCS 体积不大,主体呈椭圆形、轮廓线光洁整齐,MCS 还处于发展期。低空急流云系 L3—L4 显现出减弱东移。

9 日 23 时(图 5-11-6c),短槽前云系 L1—L2 仍是北段东移较快,南段东移很慢。MCS 体积较大,主体呈椭圆形,云顶更加光亮,轮廓线光洁整齐,显示出 MCS 已进入成熟期,MCS 南

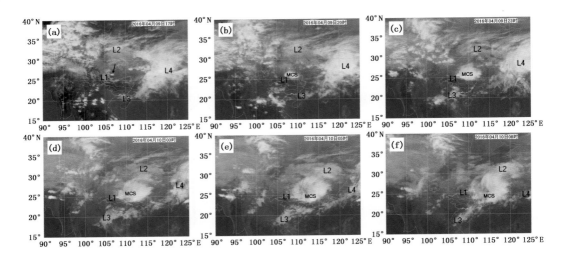

图 5-11-6　MCS 发生发展过程中卫星云图（IR1）

（a：9 日 17 时；b：9 日 20 时；c：9 日 23 时；d：10 日 03 时；e：10 日 05 时；f：10 日 08 时）

边缘已移入桂东北。低空急流云系 L3—L4 继续减弱东移。

10 日 03 时（图 5-11-6d），短槽前云系 L1—L2 仍是北段东移较快，南段东移很慢。MCS 主体已移入桂东北，MCS 西南部位云层出现减薄，云顶北部出现纤维状扩散明显现象，光洁整齐的轮廓线变得曲折不规则，显示出 MCS 已进入成熟后期。低空急流云系 L3—L4 仍存在。

10 日 05—08 时（图 5-11-6e 至图 5-11-6f），短槽前云系 L1—L2 仍是北段东移较快，南段东移很慢。MCS 主体已开始分裂，原来呈椭圆形的云团轮廓开始变得较为不规则，云顶面积扩散纤维状更明显，表明 MCS 已进入衰减期。

（2）中尺度变压场和雷达回波演变特征

系列化的中尺度变压场和雷达回波合成分析（图 5-11-7），以更多的事实展示了中尺度负变压区形成加强，以及对流触发过程中的细节特征，有助于更深刻认识 MCS 发生发展与中尺度环境场关系。

9 日 17 时（图 5-11-7a），因槽底前低层暖湿气流堆积降压作用，除桂东北外，桂北、桂中大部为中等强度椭圆形负变压区 N 所占据，黔东南已有弱对流雷达回波出现，但广西境内还没有明显对流雷达回波。

9 日 20 时（图 5-11-7b），随着槽底缓慢东移，桂北、桂中椭圆形负变压区 N 加强，正在发展南移，W—E 向长度超过 100 km 的对流雷达回波线 R1—R2 已移到桂北边界附近，MCS 发展加强并移近桂北。

9 日 23 时（图 5-11-7c），椭圆形中尺度负变压区 N 的总体结构完整，并向桂东北伸展，桂西北负变压强度略有减弱，W—E 向长度超过 200 km 的强对流雷达回波线 R1—R2 已移入桂北—桂东北，具有明显的 MCS 前边缘线状对流雷达回波特征，这是 MCS 成熟期标志。

10 日 03 时（图 5-11-7d），由于弱冷空气南下入侵，桂北、桂中的负变压区已被填塞变为正变压区，但桂西仍为负变压区占据，强度变化不明显，雷达回波已由 W—E 向强长线状演变为多条弱短线状，以 NW—SE 向间隔排列分布，这些特征显示出 MCS 已进入衰减期。

10 日 05—08 时（图 5-11-7e 至图 5-11-7f），随着 MCS 减弱东移，弱冷空气对桂中的影响

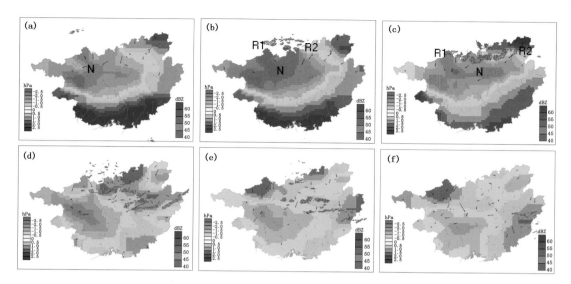

图 5-11-7　MCS 发生发展过程中地面中尺度变压和雷达回波叠加分析图

(a:9 日 17 时;b:9 日 20 时;c:9 日 23 时;d:10 日 03 时;e:10 日 05 时;f:10 日 08 时)

明显减弱,桂中大部转变为弱负变压区,仅在桂中局地有弱对流雷达回波出现,MCS 趋于减弱消亡。

(3)逐 1 小时降雨量分布演变特征

第 1 章中已指出,对流性降雨强度与负熵流具有等价关系。因此,通过分析逐 1 小时降雨分布特征,既可以反演 MCS 发展变化过程(图 5-11-8),实质也是分析负熵流强度变化特征。

9 日 21 时(图 5-11-8a),MCS 移近桂北,在桂北边界上局地出现降雨,广西境内无降雨。

10 日 00 时(图 5-11-8b),随着 MCS 南边缘移入桂东北,在桂东北产生了 E—W 向强降雨带 R1—R2,雨带 R1—R2 后面是成片的弱降雨分布。这些降雨分布特征反映出 MCS 的活跃对流单体主要分布在其移动前方的南边缘,这与雷达回波线相对应,强降雨带 R1—R2 后成片的弱降雨分布是 MCS 扩展云状云产生的连续性降雨。

10 日 04—06 时(图 5-11-8c 至图 5-11-8d),强降雨线 R1—R2 已移到桂中—桂东一带,显现出减弱、断裂和缩短趋势,后部的大片层状云连续性降雨区的降雨强度也呈现减弱、分裂和缩小趋势,这些特征表明 MCS 已进入衰减期,强降雨过程基本结束。

(4)MCS 准三视图结构特征和负熵流

以上对 MCS 发展过程中的非常规观测特征作了分析,为了多视角的整体性,以下从图 5-11-6 至图 5-11-8 中摘要简化成图 5-11-9,讨论 MCS 准三视图结构特征。

根据观测平台的观测视角和方式,近似地以卫星云图为顶视图,雷达回波为平视图,地面降雨量分布为底视图,综合分析 MCS 准三视图结构特征。比较图 5-11-9a 中 MCS 南边缘 L1—L2 位置和形状,与图 5-11-9b 中雷达回波带 R1—R2 及图 5-11-9c 中雨带 R1—R2,可以看到图 5-11-9a 南边缘 L1—L2 是 MCS 云顶 TBB 梯度最大地方,正是图 5-11-9b 中强对流雷达回波 R1—R2,也是图 5-11-9c 中较强的对流性雨团 R1—R2 所在部位。这些 MCS 新生对流单体、雷达回波和对流性强降雨分布对应重合地方正是 MCS 结构最为有序区域,也是外部负熵流向 MCS 流入的最强部位。这些对应性充分显示了负熵流与对流性降雨的相关关系。

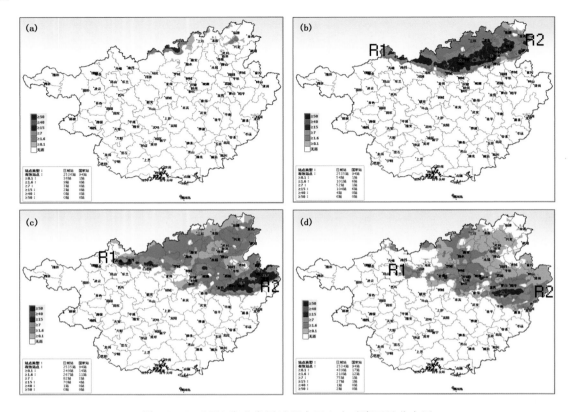

图 5-11-8　MCS 发生发展过程中逐 1 小时降雨量分布图
（a:9 日 20—21 时;b:9 日 23 时—10 日 00 时;c:10 日 03—04 时;d:10 日 05—06 时）

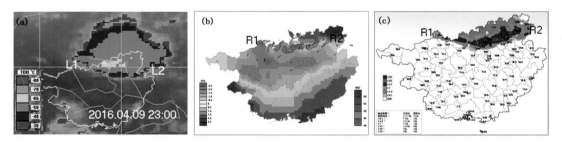

图 5-11-9　2016 年 4 月 9 日 23 时卫星云图(a,IR1)和中尺度变压场(b)
以及 9 日 23 时—10 日 00 时逐 1 小时降雨量分布(c)

（5）非常规观测特征的对应性

综合图 5-11-6 至图 5-11-9 分析,发现如下几个中尺度范围的特征。

①图 5-11-6 中云带 L1—L2 反映出低槽底部是慢速东移南压的,当云带 L1—L2 西南端所指示出的槽底移近桂西北后,图 5-11-7 中桂北和桂中的负变压区进一步加强,两者在时间上有明显的对应关系,这验证了图 1-16 中尺度变压场概念模型的正确性。

②云带上 MCS 起始发生在桂西北境外,移到桂北负变压区上空时才充分发展成熟,且负变压区的加强对 MCS 发展成熟具有超前性。

③对流雷达回波线主要出现在负变压区北边缘正负变压交界处,证实了这是一种弱冷空气密度流抬升触发机制,在 MCS 发展过程中,对流回波主要出现在负变压区内,与云图上 MCS 云体主要在负变压区内发展相一致。

④对流雨团分布在雨带南边缘,与新生对流单体雷达回波和云顶 TBB 梯度极大值区相对应,显示出 MCS 具有明显的有序结构特征。这些对应性表明,MCS 中新生对流单体、雷达回波和对流性强降雨分布重合地方,是 MCS 结构最为明显有序的地方,这也是负熵流流入最强部位,这些特征佐证了远离平衡态的 MCS 发生发展与负熵流依存关系,验证了图 1-27 的 MCS 发生发展概念模型的正确性。

5.11.4　信息量

5.11.4.1　相对基准信息量

从第 2 章关于相对基准信息量的计算方法讨论中得知,广西 24 小时晴雨相对基准信息量:$H_r = 1$ bit;把表 2-5 中简化,得 4NE 型落区、强度和落时相对基准信息量(表 5-11-1)。

表 5-11-1　4NE 型落区、强度和落时相对基准信息量

	落区	暴雨以上	大暴雨以上	12 h 落时	2 h 落时
信息量(bit)	2.03	2.64	5.06	1.00	2.59

5.11.4.2　预测信息量

预测信息量计算公式(式 2-9、式 2-10)指出,在相对基准信息量已知条件下,预测信息量计算的关键就是求预测概率 P_{rel}。

(1)广西 24 小时晴雨预测信息量

9 日 08 时(图 5-11-2a),近 N—S 向的高空槽槽底位于 25°N 附近,跨度为 8～10 个纬距,近 E—W 向的低空切变线位于贵州中北部,地面准静止锋在桂北边界附近活动。根据先验概率,这种 3D 配置天气系统未来 24 小时在广西境内产生降雨概率 $P_{rel1} > 0.9$,这里取 $P_{rel1} = 0.9$。

与图 5-11-2a 的高空槽相对应,卫星云图(图略)高空低槽前云系发展较弱,孟加拉湾、南海北部、中南半岛等水汽源地和水汽通道云量较少,水汽输送条件偏差,有低空急流云系过桂南和桂东一带。根据云系分析先验概率,当这种低槽云系移到广西并产生影响时,其降雨概率 $P_{rel2} > 0.9$,这里取 $P_{rel2} = 0.9$。

综合天气图和卫星云图分析,得广西 24 小时晴雨预测概率

$$P_{rel} = 1 - (1 - P_{rel1}) \times (1 - P_{rel2}) = 1 - (1 - 0.9) \times (1 - 0.9) = 0.99$$

则,预测信息量

$$H_F = P_{rel} \times H_r = 0.99 \times 1 \approx 1 (\text{bit})$$

这是 9 日 08 时大尺度天气系统分析所获得的广西 24 小时晴雨预测信息量。

(2)落区预测信息量

①大尺度天气系统的 MCS 降雨落区预测信息量

天气分析实践表明,用大尺度天气系统分析获得的 MCS 降雨落区预测概率一般不高于气候概率。9 日 08 时,虽然高空槽、低空切变线和地面准静止锋等 3D 配置完整,整个低值系统已移到影响广西的关键区,但广西境内尚无明显对流性降雨出现。使用 9 日 08 时大尺度分

析做 4NE 落区预测，可取的预测概率也只是气候概率，即 $P_{rel1} = 11/45 \approx 0.24$。预测信息量

$$H_{F1} = P_{rel1} \times H_s = 0.24 \times 2.03 \approx 0.49 (\text{bit})$$

可见，仅用大尺度天气系统分析做分区后的落区预测，预测信息量明显不足。

②中尺度天气系统的 MCS 降雨落区预测信息量

9 日 20 时，中尺度变压场与雷达回波合成分析图（图 5-11-7b），桂北、桂中椭圆形负变压区 N 加强，对流雷达回波线 R1—R2 已移到桂北边界附近；以及逐 1 小时降雨量分布图（图 5-11-8a），与对流雷达回波线 R1—R2 相对应，桂北边界上局地出现对流性降雨。中尺度变压场、雷达回波和降雨量分布特征指示出，MCS 产生强降雨的落区主要分布在桂北强负变压区 N 范围，其先验概率 $P_{rel2} = 71/73 = 0.97$，落区预测信息量

$$H_{F2} = P_{rel2} \times H_s = 0.97 \times 2.03 \approx 1.97 (\text{bit})$$

可见，使用中尺度天气系统分析做分区后的落区预测，预测信息量大幅度增加。

③综合落区预测信息量

把大、中尺度天气系统分析综合后，落区预测概率为

$$P_{rel} = 1 - (1 - P_{rel1}) \times (1 - P_{rel2}) = 1 - (1 - 0.24) \times (1 - 0.97) = 0.98$$

落区预测信息量

$$H_{Fs} = P_{rel} \times H_s = 0.98 \times 2.03 \approx 1.99 (\text{bit})$$

综合后落区预测信息量略为增加。由此看出，对流性强降雨落区预测信息量，主要从中尺度天气系统分析所获得。

（3）落时预测信息量

①12 小时落时预测信息量

9 日 20 时，高空槽、低空切变线移近广西，地面准静止锋已移到桂北边界附近，根据先验概率，广西未来 12 小时会出现降雨的可能性很大，即 9 日 20 时至 10 日 08 时降雨落时预测概率 $P_{rel} > 0.9$，取 $P_{rel} = 0.9$，因此

$$H_F = P_{rel} \times H_t = 0.9 \times 1 = 0.9 (\text{bit})$$

这是 9 日 20 时大尺度天气分析所获得的 12 小时降雨落时预测信息量。

②2 小时落时预测信息量

9 日 20 时，槽底附近 MCS 已进入发展期并移近桂东北，MCS 主体前边缘已移近桂北（图 5-11-6b），对流雷达回波线 R1—R2 出现在桂北边界（图 5-11-7b）附近；桂北边界局地出现了 MCS 对流性降雨（图 5-11-8a），表明低槽已开始影响广西。根据先验概率，落时预测概率 $P_{rel} = 71/73 = 0.97$，落时预测信息量

$$H_{Ft} = P_{rel} \times H_t = 0.97 \times 2.59 \approx 2.51 (\text{bit})$$

可见，使用非常规观测资料和中尺度分析方法，所获得的落时预测信息量接近 2 h 落时相对基准信息量，基本满足落时预测需求。

（4）强度预测信息量

正如上述分析指出，9 日 21 时已进入 MCS 的发展期后阶段，从 MCS 的发展和移动趋势，以及与地面中尺度强负变压区配置关系推断，MCS 移入桂东北后强烈发展，$-60 ℃$ 的 TBB 面积 $> 20000 \text{ km}^2$ 的概率很大，因此将 MCS 等级定为"强"级。地面中尺度变压场形成结构清晰和完整的强负变压区域 N，为强势场。

MCS 发展强度和地面中尺度变压场为"强＋强"组合，根据表 3-1 中降雨强度等级为强的

先验概率,得强度预测概率:$P_{rel}=15/16=0.94$,强度预测信息量

$$H_{Fr}=P_{rel}\times H_r=0.94\times 2.64\approx 2.48(\text{bit})$$

（5）综合预测信息量和预测可靠性

根据以上落区、落时和强度预测信息量计算,得综合预测信息量

$$H_F=H_{Fs}+H_{Ft}+H_{Fr}=1.99+2.51+2.48\approx 6.98(\text{bit})$$

这就是 4NE 型落区、9 日 20 时为落时和暴雨站数达 100 站以上的预测信息量,预测可靠性为

$$\mu=H_F/H_r=6.98/7.26\times 100\%\approx 96\%$$

计算表明,基于中尺度分析方法所做出的强降雨预测具有较高可靠性。

5.11.4.3　MCS 生命期马尔可夫环状态转移概率和方向

在图 2-18 马尔可夫环模型中,每个节点状态转移方向均由 3 个转移概率决定,因此通过对这 3 个转移概率大小进行排序,以大概率为优先转移方向是一种合理的选择。依此方法,对 MCS 生命期不同阶段的马尔可夫环转移概率排序,以大概率为转移方向对 MCS 发展趋势做滚动预测。

9 日 17 时,卫星云图（图 5-11-6a）槽底附近有对流云细胞生成（箭头所指）,但大尺度范围内的水汽不足或上升运动很弱,不利于大范围强对流发生发展;中尺度变压场和雷达回波图合成分析图（图 5-11-7a）,桂北、桂中大部为中等强度椭圆形负变压区 N 所占据,中尺度变压场对 MCS 的发展较为有利。综合分析大、中尺度环境场条件,对流云细胞继续发展成 MCS 可能性很大,判断转移概率排序结果为 $P_{gg}>P_{gk}>P_{gw}$,马尔可夫环状态转移如图 5-11-10 所示,即对流云细胞继续保持发展趋势,并向 SE 方向移动。

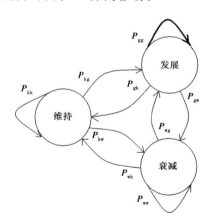

图 5-11-10　从发展到发展的马尔可夫环状态转移示意图

（粗黑矢线表示优先转移方向）

9 日 20 时,卫星云图（图 5-11-6b）上,槽底附近对流云细胞已发展成 MCS 并移近桂东北,但此时 MCS 还处于发展期;中尺度变压场和雷达回波合成分析图（图 5-11-7b）,桂北、桂中椭圆形负变压区 N 加强,对流雷达回波线 R1—R2 已移到桂北边界附近,中尺度变压场有利于 MCS 发展加强;逐 1 小时雨量分布图（图 5-11-8a）,桂北边界上局地出现对流性降雨。综合分析 MCS 仍继续发展,判断转移概率排序结果为 $P_{gg}>P_{gk}>P_{gw}$,马尔可夫环状态转移如图

5-11-10 所示,即 MCS 继续保持发展趋势,并随云带向 SE 方向移动。

9 日 23 时,卫星云图(图 5-11-6c)上,MCS 体积较大,主体呈椭圆形,云顶更加光亮,轮廓线光洁整齐,显示出 MCS 已进入成熟期;中尺度变压场和雷达回波合成分析图(图 5-11-7c),椭圆形中尺度负变压区 N 的总体结构完整,并向桂东北伸展,桂西北负变压强度略有减弱,强对流雷达回波线 R1—R2 已移入桂北—桂东北,MCS 发展进入成熟期。逐 1 小时雨量分布图(图 5-11-8b),桂东北产生了 E—W 向强降雨带 R1—R2,雨带 R1—R2 后面是成片的弱降雨分布,这是 MCS 成熟期降雨特征。综合分析 MCS 将会惯性地保持当前状态,判断转移概率排序结果为 $P_{gk} > P_{gg} > P_{gw}$,马尔可夫环状态转移如图 5-11-11 所示,即 MCS 以维持成熟期特征为主,MCS 继续向 SE 方向移动。

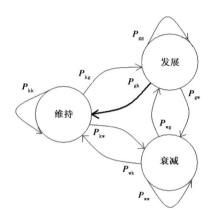

图 5-11-11　由发展转向维持的马尔可夫环状态转移示意图

(粗黑矢线表示优先转移方向)

10 日 03 时,卫星云图(图 5-11-6d)上,MCS 西南部位减薄,云顶北部出现纤维状扩散明显现象,光洁整齐的轮廓线变得曲折不规则,显示出 MCS 已进入成熟后期;中尺度变压场和雷达回波合成分析图(图 5-11-7d),由于弱冷空气南下入侵,桂北、桂中的负变压区已被填塞变为正变压区,但桂西仍为负变压区占据,强度变化不明显,雷达回波已由 W—E 向强长线状演变为多条弱短线状,以 NW—SE 向间隔排列分布,这些特征显示出 MCS 已进入衰减期;逐 1 小时雨量分布图(图 5-11-8c),强降雨线 R1—R2 显现出减弱、断裂和缩短趋势,后部的大片层状云连续性降雨区的降雨强度也呈现减弱、分裂和缩小趋势,这 MCS 已进入衰减期降雨特征。综合分析 MCS 开始进入衰减期,转移概率排序结果为 $P_{kw} > P_{kk} > P_{kg}$,马尔可夫环状态转移如图 5-11-12 所示,即 MCS 进入衰减期,强度逐渐减弱直至消亡。

5.11.4.4　MCS 生命期中 TBB 面积和降雨强度时间分布特征

从 9 日 18 时对流云细胞生成,到 10 日 06 时 MCS 主体基本消亡的各级别 TBB 面积变化,以及降雨强度变化曲线如图 5-11-13 所示。

MCS 生命期分为发展期、成熟期和衰减期,图 5-11-13 中的 TBB 面积曲线变化特征从形态上反映了 MCS 发展变化特征。

(1)MCS 发展期

9 日 18—23 时为 MCS 发展期,各级别 TBB 面积曲线近似线性增长,但代表 MCS 云体顶

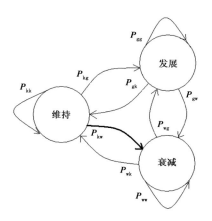

图 5-11-12　由维持转向衰减的马尔可夫环状态转移示意图
（粗黑矢线表示优先转移方向）

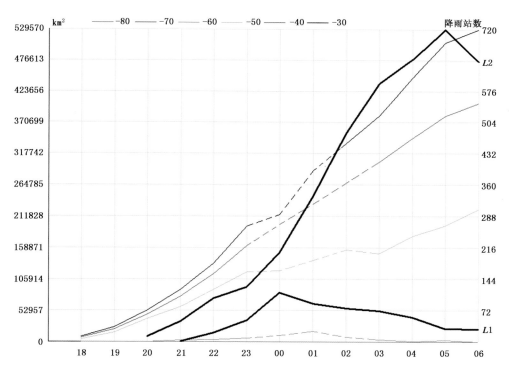

图 5-11-13　TBB 面积和降雨总站数变化曲线图

（横坐标为时间；纵坐标为 TBB 面积（km²）和降雨站数；粗黑实线 L1，暴雨及以上级别降雨总站数；
粗黑实线 L2，大雨及以下级别降雨总站数；虚线为内插值线）

部的－60 ℃ TBB 面积曲线上升相对较慢，显示出环境场条件较弱，不利于对流强烈发展。

（2）MCS 成熟期

9 日 23 时至 10 日 02 时为 MCS 成熟期。这一阶段－60 ℃ TBB 面积曲线展示出明显的顶部特征。10 日 02 时－60 ℃ TBB 面积曲线开始下降后，其他温度级别 TBB 面积曲线仍线性上升,这是由于 MCS 顶部降低或坍塌后,主体中下部云层连续扩展所致。

（3）MCS 衰减期

10 日 03 时后 MCS 进入衰减期,－60 ℃ TBB 面积曲线下降到达零值,其他级别的 TBB 面积曲线仍保持线性上升,显示出 MCS 顶部降低或坍塌后,主体中下部云层仍连续扩展一段时间。

（4）降雨强度曲线变化特征

暴雨及以上级别降雨总站数曲线 L1 与－60 ℃ TBB 面积曲线走势大致相似,显出曲线顶部特征,表明对流性强降雨主要是 MCS 主体强烈发展过程中产生的,这也反映了负熵流强度与对流性降雨强度的密切关系。大雨及以下级别降雨总站数曲线 L2 与－30、－40 ℃ TBB 面积曲线走势基本一致,表明降雨范围与 MCS 扩展范围相对应。

以上分析可知,TBB 曲线变化特征佐证了 MCS 生命期马尔可夫环状态转移概率和方向的合理性。

5.12　TTNSVS-4NEM-20150501-0502

5.12.1　概况

2015 年 5 月 1—2 日受高空槽、低空切变线和地面准静止锋的共同影响,桂东北出现了区域性的中等强度降雨,24 小时降雨量达暴雨以上量级的达 97 站,占 4NE 分型区域自动站总数的 14%,约占全广西区域自动站总数的 4%。这次降雨过程的天气系统配置、卫星云图特征、地面中尺度变压场和雷达回波叠加、地面降雨分布如图 5-12-1 所示。

这是典型的桂东北降雨过程,造成这次降雨过程的天气系统配置特点是在高空槽东移略北收过程中,850 hPa 切变线移到桂北,925 hPa 切变线移到桂南,地面准静止锋南移到桂南沿海（图 5-12-1a）,槽前逗点云系西南段有 MCS 发生发展并向 SE 方向移动掠过桂东北（图 5-12-1b）,桂东北负变压区中,NE—SW 向的对流雷达回波线向 SE 方向快速移动并覆盖整个负变压区（图 5-12-1c）,造成了桂东北区域性中等强度降雨（图 5-12-1d）。

5.12.2　负熵源和负熵汇机制

5.12.2.1　大尺度天气系统负熵源结构和演变特征

造成 5 月 1—2 日桂东北降雨过程的大尺度天气系统负熵源结构和演变过程如图 5-12-2 所示。

1 日 08 时（图 5-12-2a）,500、700 hPa 各有 1 条近 NNE—SSW 向的低槽从河套地区伸展到黔西和滇东一带,跨度＞10 个纬距,低槽中北段槽前有带状云系,850、925 hPa 有近 NE—SW 向的切变线,切变线西南段位于槽底附近,地面准静止锋与 925 hPa 切变线近于重合。从桂西南到湖南有低空急流。

1 日 20 时（图 5-12-2b）,500、700 hPa 槽轴近似重合且整体东移,槽底移到黔东南,槽前云系主要分布于槽轴前的中北段;850 hPa 切变线走向与高空槽近似平行略超前,切变线西南段移到桂北边界附近,地面准静止锋移到桂北边界附近。低空急流东移到桂东到江西一带。

2 日 08 时（图 5-12-2c）,500、700 hPa 低槽继续东移北收,槽底移到湖南境内;850 hPa 切

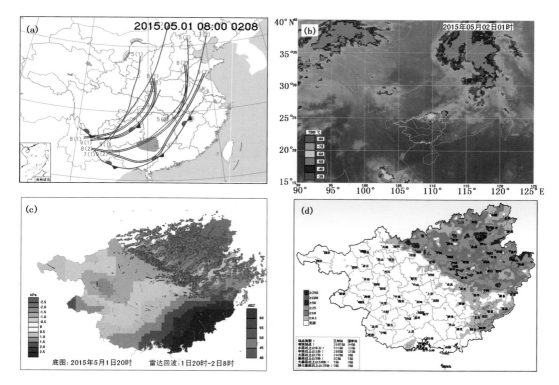

图 5-12-1　2015 年 5 月 1—2 日桂东北强降雨过程天气系统配置(a)、卫星云图(b,IR1)、中尺度变压场和
雷达回波叠加(c)、1 日 08 时—2 日 08 时降雨分布(d)(a:棕实线为槽轴;双线为切变线;齿线为准静止锋;
5 表示 500 hPa,余类推;时间表示:(1)代表 1 日 08 时;(2)代表 2 日 08 时)

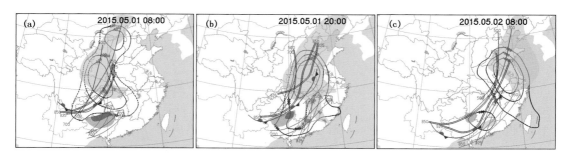

图 5-12-2　大尺度天气系统负熵源结构和演变过程特征
(粗实线为槽轴线;双实线为切变线;齿线为准静止锋;等值线为等垂直上升速度线;浅阴影区为云系,
深阴影区为对流云区;红色区域为地面中尺度负变压区)

变线仍停留在桂北边界附近,925 hPa 切变线和地面准静止锋移到桂南。低空急流东移到广
东到福建一带。大尺度低值系统对广西影响已结束。

1 日 08 时到 2 日 08 时,这个由高空槽、低空切变线和地面准静止锋组成的天气系统,槽
后有干冷偏北下沉气流,槽前有暖湿偏南上升气流,是明显偏离平衡态的有序低熵值天气系统
结构,构成了桂东北强降雨 MCS 发生发展所必需的负熵源。

5.12.2.2　边界层辐合增强形成负熵汇

从图 5-12-2 分析可知,由于受大尺度低值天气系统东移和弱冷空气南侵影响,MCS 在桂东北发生发展,图 5-12-1c 又显示 MCS 主要在桂东北负变压区内发生发展。由此可以推知,桂东北负变压区的形成与低熵值环境场调整密切相关,尤其是低槽前低层大气运动与下垫面摩擦辐合效应,对中尺度负变压区的形成有重要作用,这种摩擦辐合效应由图 5-12-3 分析而证实。

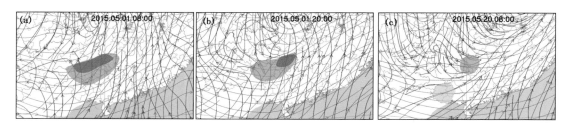

图 5-12-3　中低空三层流线分析图

(红矢线:700 hPa;蓝矢线:850 hPa;黑矢线:925 hPa)

1 日 08 时(图 5-12-3a),广西处于高空低槽前、低空切变线和地面准静止锋南侧,在桂北 700 hPa 流线基本为 WS—EN 流向,850 hPa 流线与 700 hPa 流线交角一般>40°,925 hPa 流线与 700 hPa 流线交角一般>70°,由 1.4.2 节分析可知,低层的摩擦辐合作用相当明显,槽前暖湿空气辐合堆积形成了桂北强负变压区。

1 日 20 时(图 5-12-3b),925、850 hPa 流线与 700 hPa 流线继续保持大交角状态,随着低槽东移和地面准静止锋移向桂北边界附近,桂北负变压区向桂东北压缩,形成了桂东北强负变压区。

2 日 08 时(图 5-12-3c),随着低槽东移和北收,准静止锋南移到桂南,广西低层大部为弱冷空气占据,925、850 hPa 流线与 700 hPa 流线交角明显减小,其中 850 hPa 流线与 700 hPa 流线交角减小到<30°,强的中尺度负变压区也演变为不规则的弱势场(见后文)。

通过以上分析可以推断,由于槽底前低层大气与下垫面的摩擦辐合效应,暖湿空气辐合堆积增强而在地面形成中尺度负变压区。地面中尺度负变压区是一种有序结构形态,表明地面中尺度变压场的熵值减小,是地面中尺度变压场从准平衡态弱场势向非平衡强场势有序态转变的结果。但中尺度变压场熵值减小是不能自发进行的,要靠系统外负熵流的输入,这种负熵流来自于低熵值的大尺度环境场。槽底前低层暖湿空气通过与下垫面摩擦辐合作用,导致地面辐合中心暖湿空气堆积气压下降,与辐合区外的气压梯度增大,使得暖湿空气从正变压区向负变压区流动,形成质量流和热量流,然后向高层低温环境输送,使负变压区上空气柱获得负熵,这过程相当于把低熵值环境场的负熵向辐合区输送,起到负熵汇效应。

5.12.2.3　中尺度变压场演变特征

上小节分析指出,槽底前低层空气与下垫面的摩擦辐合效应是地面中尺度负变压区形成的主要原因,这种摩擦辐合是一个连续性过程,与此对应的地面中尺度负变压区的形成也会有一个渐变过程,图 5-12-4 显示了这个过程的中尺度变压场演变特征。

4 月 30 日 08 时(图 5-12-4a),大尺度低值系统对广西尚无影响,中尺度变压场是弱场势态

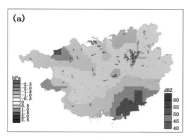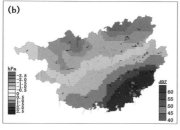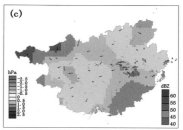

图 5-12-4　中尺度变压场演变特征

(a:30 日 08 时;b:1 日 08 时;c:2 日 08 时)

势,仅在桂中局地有零星的弱对流雷达回波。

5 月 1 日 08 时(图 5-12-4b),由于受大尺度低值系统的影响,形成了桂北、桂中的强负变压区,但此时负变压区中还没有出现明显的对流雷达回波。

5 月 2 日 08 时(图 5-12-4c),随着大尺度低值系统的东移离去,桂北、桂中强负变压区消失,中尺度变压场又转变为弱场态势。

从 4 月 30 日 08 时到 5 月 2 日 08 时,桂北、桂中变压场经历"弱—强—弱"变化过程,这与图 5-12-3 中负熵汇效应分析结果相一致,证实了图 5-12-3 中负熵汇效应分析结果。

5.12.3　MCS 发生发展过程

5.12.3.1　对流触发和传播发展

5 月 1 日 20 时后,当弱冷空气入侵到中尺度负变压区中时,弱冷空气把中尺度负变压区的暖湿空气抬升到自由对流高度从而触发对流运动,这次过程较为明显的对流触发和传播发展如图 5-12-5 所示。

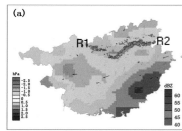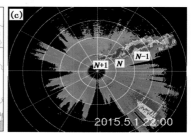

图 5-12-5　对流触发(a)和传播发展(b,c)

(a:5 月 2 日 02 时中尺度变压场;b:5 月 1 日 23 时卫星云图素描,闭合线表示对流云体,阴影区为 MCS云体范围;c:5 月 1 日 22 时河池雷达站组合反射率回波;N+1 为新生对流单体,N 为成熟期对流单体,N-1 为衰减期对流单体)

图 5-12-5a 中,雷达回波线位于正、负变压区交界处,显示出这是由于弱冷空气的入侵抬升负变压区中的暖湿空气而触发对流运动,是一种密度流抬升触发机制。图 5-12-5b 是从卫星云图上分析出的 MCS 和对流单体排列,图 5-12-5c 是从雷达回波图分析出的对流单体排列,两图中新生对流单体都是排在旧单体西边,对流单体是向东北移,而 MCS 整体向南移。

由此可见,对流发展是后向传播发展机制。

5.12.3.2 MCS发生发展过程中的非常规观测特征

卫星云图清晰显示了强降雨MCS发生发展过程,结合地面中尺度变压场、雷达回波和逐1小时降雨量分布,较为完整地表现了MCS发生发展过程中非常规观测特征。

(1)卫星云图演变特征

这次强降雨过程中,在降雨前后卫星云图上云系发生了明显变化,以下通过分析卫星云图云系的演变特征(图5-12-6),更深入了解强降雨MCS发生发展过程大、中尺度环境场的演变过程。

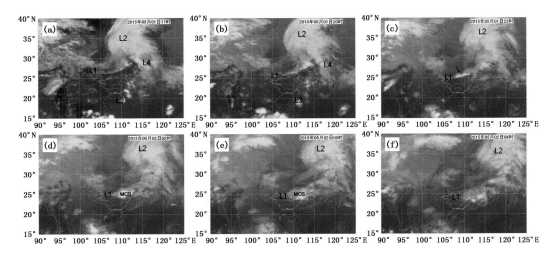

图5-12-6 MCS发生发展过程中卫星云图(IR1)

(a:1日17时;b:1日20时;c:1日23时;d:2日02时;e:2日05时;f:2日08时)

1日17—20时(图5-12-6a至图5-12-6b),云系L1—L2是1个已移过青藏高原并正向东移的逗点云系,逗点云系尖尾位于贵州中南部并向SE方向移动。广西上空和西边、南边云量很少,表明广西水汽通道上水汽含量较少,水汽供应不够充沛。在雷州半岛到江西一带有云系L3—L4,这云系与天气图上的低空急流有对应关系,由此可知这是伴随低空急流活动而形成的云系。

1日23时(图5-12-6c),逗点云系L1—L2的尾部已移到桂北边界附近,在尖尾末段有对流云发展(图中箭头所指处)。低空急流云系L3—L4已消失。

2日02时(图5-12-6d),逗点云系L1—L2对流云已发展成MCS并移入桂东北,MCS体积占据桂东北大部,主体呈椭圆形、轮廓线光洁整齐,显示出MCS已进入成熟期。逗点云系L1—L2头部东移速度较快,尾部相对较慢,MCS向SE方向移动。

2日05—08时(图5-12-6e至图5-12-6f),逗点云系L1—L2仍是头部东移较快,尾部东移很慢。MCS在东南移过程中主体已开始分裂,原来呈椭圆形的云团轮廓开始变得较为不规则,云顶面积扩散纤维状更明显,表明MCS已进入衰减期。至08时,MCS已减弱消亡,逗点云系L1—L2尾部基本移出桂东北。

(2)中尺度变压场和雷达回波演变特征

　　系列化的中尺度变压场和雷达回波合成分析(图 5-12-7),以更多的事实展示了中尺度负变压区形成加强,以及对流触发过程中的细节特征,有助于更深刻认识 MCS 发生发展与中尺度环境场关系。

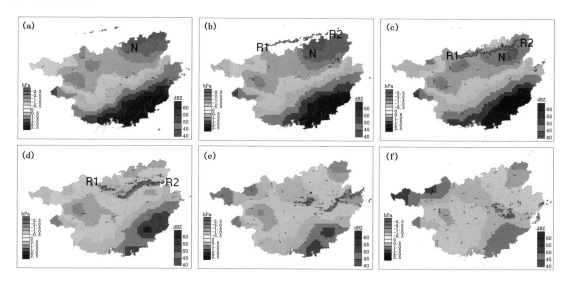

图 5-12-7　MCS 发生发展过程中地面中尺度变压和雷达回波叠加分析图

(a:1 日 17 时;b:1 日 20 时;c:1 日 23 时;d:2 日 02 时;e:2 日 05 时;f:2 日 08 时)

　　1 日 17—20 时(图 5-12-7a 至图 5-12-7b),随着低槽槽底部位的抵近,桂北形成了较强的负变压区,强负变压中心位于桂东北,中尺度变压场形成了强场势状态。至 20 时,槽底前逗点云系尾端发展起来的对流云雷达回波线 R1—R2 已移到桂东北边界附近。

　　1 日 23 时—2 日 02 时(图 5-12-7c 至图 5-12-7d),随着低槽系统的继续东移,槽后弱冷空气入侵桂东北,逗点云系尾部的对流已发展为成熟的 MCS,对流雷达回波线 R1—R2 移过整个桂东北负变压区(图 5-12-1c),并在桂东北产生了强降雨(见后文)。

　　2 日 05—08 时(图 5-12-7e 至图 5-12-7f),随着低槽系统的继续东移远去,MCS 随之减弱消失,弱冷空气对桂北负变压区产生了填塞作用,桂北负变压区消失,广西整个中尺度变压场转变为弱势场。

　　(3)逐 1 小时降雨量分布演变特征

　　第 1 章中已指出,对流性降雨强度与负熵流具有等价关系。因此,通过分析逐 1 小时降雨分布特征,既可以反演 MCS 发展变化过程(图 5-12-8),实质也是分析负熵流强度变化特征。

　　从 1 日 23 时到 2 日 05 时逐 1 小时雨量分布图(图 5-12-8a 至图 5-12-8f)可以看到,随着 MCS 移进桂东北负变压区后以较快速度发展,对流性强降雨线 R1—R2 先是在桂东北边界开始,以较快速度向 SE 方向移动,至 2 日 05 时雨线 R1—R2 已移过桂东北主要的强负变压区。1 日 23 时到 2 日 02 时 MCS 发展到成熟期阶段,雨线 R1—R2 雨团增多排列趋密,降雨强度呈增强趋势。2 日 05 时后,随着 MCS 进入衰减期直至消失,对流性强降雨线 R1—R2 也随之减弱直至消失。图 5-12-8 中降雨特征与其他 MCS 常见降雨特征明显不同点表现在,雨线 R1—R2 后部没有成片的连续性弱降雨区出现,这是由于 MCS 生消发展速度较快和移动迅速,主要以对流性降雨为主,MCS 体积不足够大,MCS 上部层状云扩展不明显,所以没有出现大片

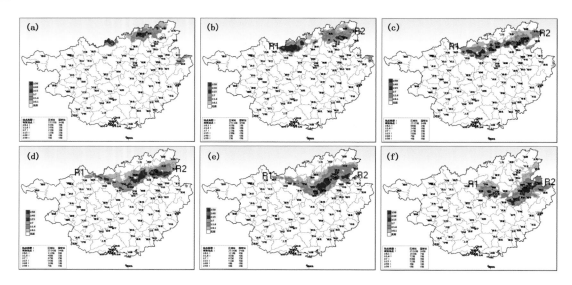

图 5-12-8　MCS 发生发展过程中逐 1 小时降雨量分布图

(a:1 日 22—23 时;b:1 日 23 时—2 日 00 时;c:2 日 00—01 时;d:2 日 02—03 时;

e:2 日 03—04 时;f:2 日 04—05 时)

层状云产生的连续性降雨区。

（4）MCS 准三视图结构特征和负熵流

以上对 MCS 发展过程中的非常规观测特征进行了分析,为了多视角的整体性,以下从图 5-12-6 至图 5-12-8 中摘要简化成图 5-12-9,讨论 MCS 准三视图结构特征。

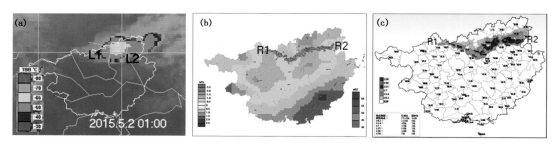

图 5-12-9　2015 年 5 月 2 日 01 时卫星云图(a,IR1)和中尺度变压场(b)

以及 2 日 01—02 时逐 1 小时降雨量分布(c)

根据观测平台的观测视角和方式,近似地以卫星云图为顶视图,雷达回波为平视图,地面降雨量分布为底视图,综合分析 MCS 准三视图结构特征。比较图 5-12-9a 中 MCS 南边缘 L1—L2 位置和形状,与图 5-12-9b 中雷达回波带 R1—R2 及图 5-12-9c 中雨带 R1—R2,可以看到图 5-12-9a 南边缘 L1—L2 是 MCS 云顶 TBB 梯度最大地方,正是图 5-12-9b 中强对流雷达回波 R1—R2,也是图 5-12-9c 中较强的对流性雨线 R1—R2 所在部位。这些 MCS 新生对流单体、雷达回波和对流性强降雨分布对应重合地方正是 MCS 结构最为有序区域,也是外部负熵流向 MCS 流入的最强部位。这些对应性充分显示了负熵流与对流性降雨的相关关系。

（5）非常规观测特征的对应性

综合图 5-12-6 至图 5-12-9 分析,发现如下几个中尺度范围的特征。

①图 5-12-6 中逗点云系 L1—L2 反映出低槽底部是慢速东移南压的,当逗点云系 L1—L2 尾端所指示出的槽底抵近桂东北后,形成了图 5-12-7 中以桂东北为核心区的桂北负变压区,两者在时间上有明显的对应关系,这验证了图 1-16 中尺度变压场概念模型的正确性。

②逗点云系 L1—L2 尾部的 MCS 起始发生在桂北境外,移到桂东北强负变压区上空时得以充分发展成熟,桂东北强负变压区的加强对 MCS 发展成熟具有超前性。

③对流雷达回波线 R1—R2 主要出现在负变压区北边缘正负变压交界处,证实了这是一种弱冷空气密度流抬升触发机制。在 MCS 发展过程中,对流回波主要出现在负变压区内,与云图上 MCS 云体主要在负变压区内发展相一致。

④强对流雨线 R1—R2,与对流雷达回波线 R1—R2 以及云顶 TBB 梯度极大值区 L1—L2 相对应。这些对应性表明,MCS 中新生对流单体、雷达回波和对流性强降雨分布重合地方,是 MCS 结构最为明显有序的地方,这也是负熵流流入最强部位,这些特征佐证了远离平衡态的 MCS 发生发展与负熵流依存关系,也进一步验证了图 1-27 的 MCS 发生发展概念模型的正确性。

5.12.4 信息量

5.12.4.1 相对基准信息量

从第 2 章关于相对基准信息量的计算方法讨论中得知,广西 24 小时晴雨相对基准信息量:$H_r = 1$ bit;把表 2-5 中简化,得 4NE 型落区、强度和落时相对基准信息量(表 5-12-1)。

表 5-12-1　4NE 型落区、强度和落时相对基准信息量

	落区	暴雨以上	大暴雨以上	12 h 落时	2 h 落时
信息量(bit)	2.03	2.64	5.06	1.00	2.59

5.12.4.2 预测信息量

预测信息量计算公式(式 2-9、式 2-10)指出,在相对基准信息量已知条件下,预测信息量计算的关键就是求预测概率 P_{rel}。

(1)广西 24 小时晴雨预测信息量

1 日 08 时(图 5-12-2a),1 条近 NNE—SSW 向的深槽从河套地区伸展到黔西和滇东一带,低空有近 NE—SW 向的切变线,切变线西南端位于槽底附近,地面准静止锋与低空切变线近于重合,这个 3D 结构完整的低值系统已移到影响广西的关键区。根据先验概率,这种 3D 配置天气系统未来 24 小时在广西境内产生降雨概率 $P_{rel1} > 0.9$,这里取 $P_{rel1} = 0.9$。

与图 5-12-2a 的高空槽相对应,卫星云图(图略)高空低槽前云系发展较弱,尤其是槽底附近云量很少。孟加拉湾、南海北部、中南半岛等水汽源地和水汽通道云量很少,水汽输送条件偏差,广西上空处于少云状态。根据云系分析先验概率,当这种低槽云系移到广西并产生影响时,其降雨概率 $P_{rel2} > 0.9$,这里取 $P_{rel2} = 0.9$。

综合天气图和卫星云图分析,得广西 24 小时晴雨预测概率

$$P_{rel} = 1 - (1 - P_{rel1}) \times (1 - P_{rel2}) = 1 - (1 - 0.9) \times (1 - 0.9) = 0.99$$

则,预测信息量

$$H_F = P_{rel} \times H_r = 0.99 \times 1 \approx 1 (\text{bit})$$

这是 1 日 08 时大尺度天气系统分析所获得的广西 24 小时晴雨预测信息量。

(2)落区预测信息量

①大尺度天气系统的 MCS 降雨落区预测信息量

天气分析实践表明,用大尺度天气系统分析获得的 MCS 降雨落区预测概率一般不高于气候概率。1 日 20 时(图 5-12-2b),高空槽槽底移到黔东南,槽前云系主要分布于槽轴前的中北段,切变线西南段移到桂北边界附近,地面准静止锋移到桂北边界附近。虽然高空槽、低空切变线和地面准静止锋等 3D 配置完整,地面准静止锋移近,但广西境内尚无明显对流性降雨出现。使用 1 日 20 时大尺度分析做 4NE 落区预测,可取的预测概率也只是气候概率,即 $P_{rel1} = 11/45 \approx 0.24$。预测信息量

$$H_{F1} = P_{rel1} \times H_s = 0.24 \times 2.03 \approx 0.49 (\text{bit})$$

可见,仅用大尺度天气系统分析做分区后的落区预测,预测信息量明显不足。

②中尺度天气系统的 MCS 降雨落区预测信息量

1 日 20 时,中尺度变压场与雷达回波合成分析图(图 5-12-7b),桂北形成了较强的负变压区,强负变压中心区域 N 位于桂东北,中尺度变压场为强势场,槽底附近发展起来的对流云雷达回波线 R1—R2 已移到桂东北边界附近。中尺度变压场和雷达回波分布特征指示出,MCS 对流性降雨落区主要分布在桂北强负变压区域 N 范围,其先验概率 $P_{rel2} = 71/73 = 0.97$,落区预测信息量

$$H_{F2} = P_{rel2} \times H_s = 0.97 \times 2.03 \approx 1.97 (\text{bit})$$

可见,使用中尺度天气系统分析做分区后的落区预测,预测信息量大幅度增加。

③综合落区预测信息量

把大、中尺度天气系统分析综合后,落区预测概率为

$$P_{rel} = 1 - (1 - P_{rel1}) \times (1 - P_{rel2}) = 1 - (1 - 0.24) \times (1 - 0.97) = 0.98$$

落区预测信息量

$$H_{Fs} = P_{rel} \times H_s = 0.98 \times 2.03 \approx 1.99 (\text{bit})$$

综合后落区预测信息量略为增加。由此看出,对流性强降雨落区预测信息量,主要从中尺度天气系统分析所获得。

(3)落时预测信息量

①12 小时落时预测信息量

1 日 20 时,高空槽、低空切变线移近广西,地面准静止锋已移到桂北边界附近,根据先验概率,广西未来 12 小时会出现降雨的可能性很大,即 1 日 20 时至 2 日 08 时降雨落时预测概率 $P_{rel} > 0.9$,取 $P_{rel} = 0.9$,因此

$$H_F = P_{rel} \times H_t = 0.9 \times 1 = 0.9 (\text{bit})$$

这是 1 日 20 时大尺度天气分析所获得的 12 小时降雨落时预测信息量。

②2 小时落时预测信息量

1 日 20 时,槽底前逗点云系尾端发展起来的对流云雷达回波线 R1—R2 已移到桂东北边界附近(图 5-12-7b),雷达回波线 R1—R2 线性较好,表明弱冷空气以整体推进方式南下,即将侵入桂东北强负变压区域 N,触发对流而产生降雨。根据先验概率,1 日 20 时作为对流性降雨开始时间,其落时预测概率 $P_{rel} = 71/73 = 0.97$,落时预测信息量

$$H_{Ft} = P_{rel} \times H_t = 0.97 \times 2.59 \approx 2.51 \text{（bit）}$$

可见,使用非常规观测资料和中尺度分析方法,所获得的落时预测信息量接近 2 h 落时相对基准信息量,基本满足落时预测需求。

(4)强度预测信息量

1 日 20 时,虽然桂东北边界附近出现了线性较好雷达回波线 R1—R2(图 5-12-7b),但卫星云图(图 5-12-6b)逗点云系尖尾对流云发展很弱,孟加拉湾、南海北部等水汽源地,中南半岛水汽通道,广西上空等云量很少,表明大尺度环境场水汽条件不好,不利于大规模对流发展。17—20 时逗点云系尖尾对流云 TBB 面积增长很慢,到 20 时 $-50\ ℃$ 的 TBB 面积仍为 0。云图动画显示逗点云系东移较快,其尖尾对流云东南移速也较快。在大尺度水汽条件不好的背景下,MCS 快速移过桂东北强负变压区域 N 时,MCS 发展到 $-60\ ℃$ 的 TBB 面积 $>20000\ \text{km}^2$ 的可能性很小,因此将 MCS 等级定为"弱"级。地面中尺度变压场具有结构清晰和完整的强负变压区域 N,为强势场。

MCS 发展强度和地面中尺度变压场为"弱+强"组合,根据表 3-1 中降雨强度等级为弱的先验概率,得强度预测概率:$P_{rel} = 13/14 \approx 0.93$,强度预测信息量

$$H_{Fr} = P_{rel} \times H_r = 0.93 \times 2.64 \approx 2.46 \text{（bit）}$$

(5)综合预测信息量和预测可靠性

根据以上落区、落时和强度预测信息量计算,得综合预测信息量

$$H_F = H_{Fs} + H_{Ft} + H_{Fr} = 1.99 + 2.51 + 2.46 = 6.96 \text{（bit）}$$

这就是 4NE 型落区、1 日 20 时为落时和暴雨站数 <100 站的预测信息量,预测可靠性为

$$\mu = H_F / H_r = 6.96/7.26 \times 100\% \approx 96\%$$

计算表明,基于中尺度分析方法所做出的强降雨预测具有较高可靠性。

5.12.4.3　MCS 生命期马尔可夫环状态转移概率和方向

在图 2-18 马尔可夫环模型中,每个节点状态转移方向均由 3 个转移概率决定,因此通过对这 3 个转移概率大小进行排序,以大概率为优先转移方向是一种合理的选择。依此方法,对 MCS 生命期不同阶段的马尔可夫环转移概率排序,以大概率为转移方向对 MCS 发展趋势做滚动预测。

1 日 20 时,虽然卫星云图(图 5-12-6b)逗点云系的对流云特征还不明显,广西上空和西边、南边云量很少,大尺度环境场水汽条件不利于大规模对流发展,但逗点云系结构较为典型,表明大尺度天气系统 3D 结构基本完整,中、小规模对流活动仍具有基础条件;中尺度变压场和雷达回波图合成分析图(图 5-12-7b),中尺度变压场形成了强势场态势,强负变压区域 N 位于桂东北,有利于弱冷空气入侵负变压区触发对流活动,且对流云雷达回波线 R1—R2 已移到桂东北边界附近,显示了中、小规模对流活动的基础条件。综合分析大、中尺度环境场条件,对流云继续发展可能性很大,判断转移概率排序结果为 $P_{gg} > P_{gk} > P_{gw}$,马尔可夫环状态转移如图 5-12-10 所示,即逗点云系尾端对流云继续保持发展趋势,并向 SE 方向移动。

1 日 23 时,卫星云图(图 5-12-6c)上逗点云系整体基本特征无大变化,主体以较快速度东移,槽底附近的逗点云系尾部向 SE 方向已移到桂北边界,尖尾末段对流云继续发展;中尺度变压场和雷达回波合成分析图(图 5-12-7c),中尺度变压场强场态势无大变化,对流雷达回波线 R1—R2 移入桂东北强负变压区域 N,对流雷达回波排列紧密,线性良好,显示出弱冷空气整体推进入侵触发较强对流特征;逐 1 小时雨量分布图(图 5-12-8a),与对流雷达回波线

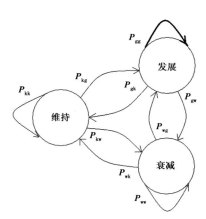

图 5-12-10　从发展到发展的马尔可夫环状态转移示意图
（粗黑矢线表示优先转移方向）

R1—R2 相对应,桂东北边界产生了对流降雨,对流雨团具有线性排列特征。综合分析逗点云系尾部对流仍继续发展,判断转移概率排序结果为 $P_{gg}>P_{gk}>P_{gw}$,马尔可夫环状态转移如图 5-12-10 所示,即逗点云系尾部继续保持发展趋势,并向 SE 方向移动。

　　2 日 02 时,卫星云图(图 5-12-6d)逗点云系尾部对流已发展到 MCS 成熟期,MCS 体积占据桂东北大部;中尺度变压场和雷达回波合成分析图(图 5-12-7d),对流雷达回波线 R1—R2 已移入桂东北腹地,对流雷达回波线 R1—R2 出现弧形弯曲,桂东北强负变压区域 N 大部被弱冷空气或雷暴高压填塞,演变为弱负变压块和正变压块不规则的分布,有序的中尺度变压场强势场已遭破坏;逐 1 小时雨量分布图(图 5-12-8d),MCS 成熟期对流雨团排列特征基本保持,但雨线 R1—R2 出现弧形弯曲,西段雨团有减弱迹象,雨线 R1—R2 北边层状云连续性降雨分布范围很窄,MCS 中下部云层扩展不明显,显示出 MCS 快生快消特征。综合分析,由于大尺度环境场不利于对流大规模发展,而中尺度环境场仍有利中、小规模对流发展,形成了MCS 快生快消发展模式,MCS 即将由成熟期直接进入衰减期,转移概率排序结果为 $P_{gw}>P_{gk}>P_{gg}$,马尔可夫环状态转移如图 5-12-11 所示,即 MCS 进入衰减期,在向 SE 方向移动过程中强度逐渐减弱直至消亡。

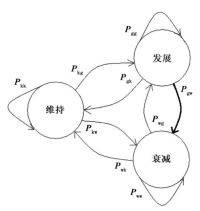

图 5-12-11　由发展转向衰减的马尔可夫环状态转移示意图
（粗黑矢线表示优先转移方向）

5.12.4.4　MCS 生命期中 TBB 面积和降雨强度时间分布特征

从 1 日 20 时逗点云系尾部对流云开始发展，到 2 日 05 时 MCS 主体基本消亡的各级别 TBB 面积变化，以及降雨强度变化曲线如图 5-12-12 所示。

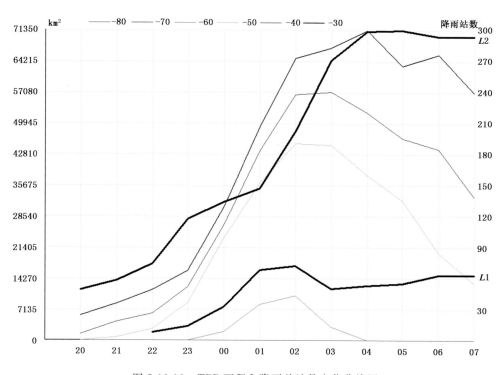

图 5-12-12　TBB 面积和降雨总站数变化曲线图

（横坐标为时间；纵坐标为 TBB 面积（km²）和降雨站数；粗黑实线 $L1$，暴雨及以上级别降雨总站数；
粗黑实线 $L2$，大雨及以下级别降雨总站数）

MCS 生命期分为发展期、成熟期和衰减期，图 5-12-12 中的 TBB 曲线变化特征从形态上反映了 MCS 发展变化特征。

（1）MCS 发展期

1 日 20 时—2 日 00 时为 MCS 发展期，各级别 TBB 面积曲线前慢后快地上升，代表 MCS 云体顶部的 $-60\ ℃$ TBB 面积曲线上升相对较慢，显示出环境场条件较弱，不利于对流强烈发展。

（2）MCS 成熟期

2 日 01—02 时为 MCS 成熟期。这一阶段 $-60\ ℃$ TBB 面积曲线显示出明显的顶部特征，曲线峰值仅达 10000 km²，是 1 个快生快消的弱 MCS。2 日 02 时 $-60\ ℃$ TBB 面积曲线开始下降后，其他温度级别 TBB 面积曲线仍维持曲线顶部特征，这是由于 MCS 顶部降低或坍塌后，主体中下部云层消散较慢致 TBB 面积曲线下降滞后。

（3）MCS 衰减期

10 日 02 时后 MCS 进入衰减期，$-60\ ℃$ TBB 面积曲线快速下降到达零值，其他级别的 TBB 面积曲线一般滞后 2～3 小时下降，但下降速度也都较快。

（4）降雨强度曲线变化特征

从 MCS 发展期到成熟期，暴雨及以上级别降雨总站数曲线 L1 与 −60 ℃ TBB 面积曲线走势基本一致，都具有明显的曲线顶部特征，表明对流性强降雨主要是 MCS 主体强烈发展过程中产生的，这也反映了负熵流强度与对流性降雨强度的密切关系。大雨及以下级别降雨总站数曲线 L2 与 −30、−40 ℃ TBB 面积曲线走势基本一致，表明降雨范围与 MCS 扩展范围相对应。

从以上分析可知，TBB 曲线变化特征佐证了 MCS 生命期马尔可夫环状态转移概率和方向的合理性。

5.13 降雨过程中蕴含的规律性和独特性

前面所分析的 12 个降雨过程，其大尺度环境场都是西风带低值系统，降雨落区有出现概率较高的 3aM 和 4NE 型，也有出现概率相对较低的 4NW 和 4SE 型等，降雨量强度级别既有"强"级，也有"弱"级。对这 12 个不同类型或降雨强度级别降雨过程的深入分析，发现并归纳出如下几个规律性和独特性问题。

（1）通过使用模板式的一致性分析，讨论如下几方面问题：大尺度天气系统负熵源结构和演变特征；边界层辐合增强形成负熵汇；中尺度变压场演变特征；对流触发和传播发展；MCS 发生发展过程中的非常规观测特征；MCS 准三视图结构特征和负熵流。这些型式各异、强度不同的降雨过程实例讨论，发现都具有中尺度变压场概念模型（图 1-16）和 MCS 概念模型（图 1-27）所描述的规律性，以事实验证了中尺度变压场概念模型，以及 MCS 概念模型"负熵源→负熵汇→负熵流"机制的合理性和普适性。

（2）虽然各型式降雨过程的相对基准信息量不同，但通过规范化和流程化的分析方法，准客观定量地提取了降雨落区、落时和强度的预测信息量，并估算了降雨预测的可靠性。这些气象信息量分析提取方法的实现，证实了气象信息概念模型（图 2-1）的合理性和有效性，基于气象信息模型提出的相对基准信息量、预测信息量和预测可靠性等算法原理和算法设计，可以广泛应用于西风带低值系统的对流性降雨过程分析和预测。

这里需要提及的是，降雨过程分析中的预测可靠性一般较高，这基于以下 3 点原因：降雨落区一般出现在中尺度负变压区中，雨区范围只做粗略估计；降雨落时一般是对流性降雨在负变压区边缘实际出现时才定为落时开始；降雨强度只分强、弱两级。这 3 点相当于式（2-13）中的协调因子系数 $k<1$ 情况，如果 $k \rightarrow 1$ 则预测可靠性随之下降，这可根据实际需求而取舍。

（3）通过对状态转移概率大小进行排序，以大概率为优先转移方向的做法，在每个实例以 TBB 面积曲线分析 MCS 生命期演变中得到检验，证实以大概率为优先转移方向是一种合理的选择，这也验证了图 2-18 马尔可夫环模型的实用性和通用性。由此，初步实现 MCS 发展演变的准客观逻辑判断，为对流性强降雨短时滚动预测提供了方法基础。

（4）2016 年 6 月 14—16 日，同是高空槽、低空切变线和地面准静止锋系统影响广西，14—15 日 1 个 MCS 产生了 3aN 型强降雨后，15—16 日又有 1 个新生的 MCS 产生了 3aM 型强降雨，造成了前、后两阶段的强降雨。降雨过程分析（5.3 和 5.4 节）发现，前、后两阶段强降雨过程既有规律性，又有各自的独特性。

规律性主要表现在：前、后两阶段强降雨都可以使用"负熵源→负熵汇→负熵流"机制解释

MCS 发生发展,MCS 发生发展机理具有相似性;都可以使用规范的分析处理流程进行预测信息量提取,以及 MCS 发展阶段识别和演变趋势判断。

独特性主要表现在:前阶段浅槽后弱冷空气较弱,仅能以扩散南下方式入侵到桂北负变压区中触发对流活动,准静止锋在桂北摆动期间激发 MCS 发生发展,造成 3aN 型强降雨过程;后阶段是高空槽加深东移,槽后弱冷空气增强推动地面准静止锋由黔南移到南海北部,当弱冷空气入侵桂中强负变压区时触发 MCS 发生发展,造成了 3aM 型强降雨过程;前阶段大尺度环境场信息量较少,降雨强度预测信息量主要从 MCS 结构特征和演变过程提取;后阶段大尺度环境场信息量较丰富,降雨强度预测信息量主要从低槽前云系发展强度提取。

(5)2015 年 7 月 22—24 日,在高空槽加深东移,低空切变线和地面准静止锋自北向南移过广西过程中,先是在 22—23 日槽底前云系中有 1 个 MCS 发生发展造成了 4NW 型强降雨,后是在 23—24 日槽底前云系中又有 1 个新生的 MCS 发生发展造成了 4SE 型强降雨。降雨过程分析(5.6 和 5.7 节)发现,前、后两阶段强降雨过程既有规律性,又有各自的独特性。

规律性主要表现在:前、后两阶段强降雨都是同 1 个大尺度天气系统影响,强度变化不明显,都可以使用"负熵源→负熵汇→负熵流"机制解释 MCS 发生发展,MCS 发生发展大尺度环境场和机理具有相似性;都可以使用规范的分析处理流程进行预测信息量提取,以及 MCS 发展阶段识别和演变趋势判断。

独特性在中尺度环境场表现较为明显:当弱冷空气从桂西北入侵时,桂西北为强负变压区域,桂东南是强正变压区域,正、负变压区的变压梯度都较大,所以前阶段 MCS 主要在桂西北负变压区中发生发展;桂西北负变压区形成时间较长、范围更大,更有利于 MCS 的发生发展,所以桂西北 MCS 发展速度、对流强度和范围等都超过后来在桂东南发展的 MCS。

(6)2014 年 8 月 18—19 日、2016 年 6 月 3—4 日和 2015 年 7 月 15—16 日有 3 个环境场背景相似、降雨落区类型相同,但强度差别很大的降雨过程,通过分析(5.8~5.10 节)发现,这 3 个降雨过程既有规律性,又有各自的独特性。

规律性主要表现在:3 次都是高空槽、低空切变线和地面准静止锋影响,槽底前云系中 MCS 发生发展的降雨过程,都可以使用"负熵源→负熵汇→负熵流"机制解释 MCS 发生发展,MCS 发生发展大尺度环境场和机理具有相似性;降雨落区都是 3aM 型,可以使用规范的分析处理流程进行预测信息量提取,以及 MCS 发展阶段识别和演变趋势判断。

独特性主要表现在低槽云系结构和地面中尺度变压场强度组合差别:2014 年 8 月 18—19 日为"强+强"组合,在十分有利大尺度环境场条件下,弱冷空气入侵强负变压区触发 MCS 强烈发展产生强降雨,暴雨及以上量级降雨站数达 570 站;2016 年 6 月 3—4 日为"弱+强"组合,在偏弱大尺度环境场条件下,弱冷空气入侵强负变压区触发 MCS 强烈发展产生强降雨,暴雨及以上量级的达 404 站;2015 年 7 月 15—16 日为"强+弱"组合,虽然大尺度环境场条件很有利于对流发展,但中尺度变压场场势很弱,负变压区负变压梯度很小,当弱冷空气入侵负变压区时仅能触发弱 MCS,形成降雨区域广而降雨强度很弱的状态,暴雨及以上量级降雨站数仅有 81 站。

(7)2016 年 4 月 9—10 日和 2015 年 5 月 1—2 日在桂东北都出现了区域性降雨,这 2 次降雨过程环境场背景相似,但降雨强度差别较大,通过分析(5.11 和 5.12 节)发现,这 2 次降雨过程既有规律性,又各有独特性。

规律性主要表现在:都是受高空槽、低空切变线和地面准静止锋影响,槽底前云系中 MCS

发生发展的降雨过程,都可以使用"负熵源→负熵汇→负熵流"机制解释 MCS 发生发展,MCS 发生发展大尺度环境场和机理具有相似性;都是高空槽的槽底位置偏北,水汽源地或水汽通道上云量稀少,水汽条件不好,桂东北形成强负变压区,MCS 从境外移入桂东北后发展到成熟期,降雨落区为 4NE 型;都可以使用规范的分析处理流程进行预测信息量提取,以及 MCS 发展阶段识别和演变趋势判断。

独特性主要表现在 MCS 发展强度和地面中尺度变压场强度组合差别:2016 年 4 月 9—10 日,MCS 成熟期 $-60\ ℃$ 的 TBB 面积 $>20000\ km^2$,属于"强"级,MCS 发展强度和地面中尺度变压场为"强+强"组合,暴雨及以上量级的达 172 站;2015 年 5 月 1—2 日,MCS 成熟期 $-60\ ℃$ 的 TBB 面积 $<20000\ km^2$,属于"弱"级,MCS 发展强度和地面中尺度变压场为"弱+强"组合,暴雨及以上量级仅有 97 站。

第6章   模拟试验

　　前面已用大样本实例和典型强降雨过程分析检验了 MCS 概念模型的合理性和可靠性，但抽象的分析结果往往具有更普遍的规律性，模拟试验则是一种抽象的分析方法。2014 年 8 月 18—19 日和 2015 年 7 月 15—16 日是大尺度环境场相似，降雨落区同为 3aM 型，但降雨强度相差很大的 2 次降雨过程（5.8 和 5.10 节）。为了更深刻剖析中尺度环境场与强降雨相互关系和机理，本章用模拟试验方法，分析和讨论这 2 次过程的降雨强度差别原因，继而深入探索对流发展过程与中尺度环境场等方面的问题。

6.1　降雨过程相似和差别

　　2014 年 8 月 18—19 日和 2015 年 7 月 15—16 日 2 次降雨过程大、中尺度环境场和强降雨时段实况对比如图 6-1 所示。

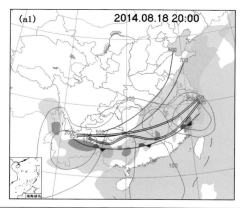
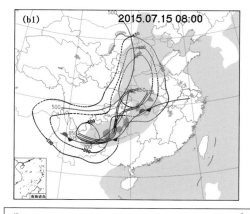
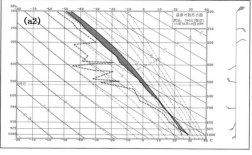
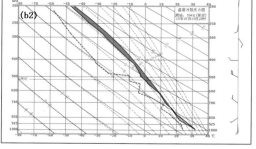

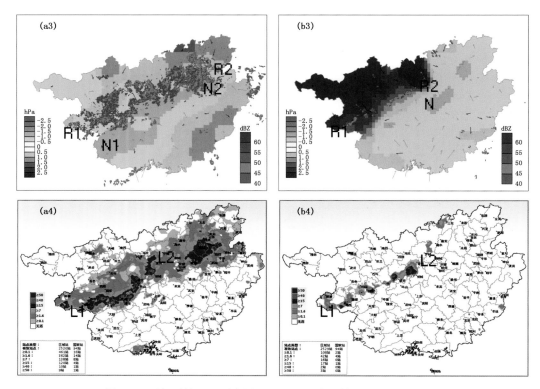

图 6-1　天气系统配置示意图(a1,b1)、温度对数压力图(a2 ,b2)、

中尺度变压场和雷达回波合成分析图(a3,b3)和 1 小时降雨分布图(a4,b4)

(a1:2014 年 8 月 18 日 20 时(粗实线为槽轴线;双实线为切变线;齿线为准静止锋线;等值线为等垂直上升
速度线;浅阴影区为云系,深阴影区为对流云区);a2:2014 年 8 月 18 日 20 时南宁探空观测;a3:2014 年 8 月
19 日 4 时(R1—R2 为雷达回波带,N1—N2 为负变压槽);a4:2014 年 8 月 19 日 04—05 时(L1—L2 为对流降
雨线);b1:2015 年 7 月 15 日 08 时(同 a1);b2:2015 年 7 月 15 日 20 时南宁探空观测;b3:2015 年 7 月 15 日 19
时(R1—R2 为雷达回波带,N 为负变压区);b4:2015 年 7 月 15 日 19—20 时(L1—L2 为对流降雨线))

　　大尺度天气系统(图 6-1a1、图 6-1b1)2 次过程都是高空槽、低空切变线和地面准静止锋配
置,槽轴长度、槽底位置、槽前云系发展程度,以及高、低空和地面天气系统 3D 结构等都有较
高的相似度;大气层结稳定性近似相同(图 6-1a2、图 6-1b2);主要差别表现在中尺度变压场结
构、对流单体分布和降雨强度等方面。

　　2014 年 8 月 19 日 04 时是 MCS 发展成熟期的强盛阶段(图 6-1a3),中尺度变压场表现出
强势场分布特征,从桂西到桂东北有 1 条梯度较大的负变压槽 N1—N2,在负变压槽 N1—N2
北边缘的正、负变压区交界处有 1 条强对流雷达回波带 R1—R2。与图 6-1a3 形成鲜明对照,
虽然 2015 年 7 月 15 日 19 时也是 MCS 发展成熟期(图 6-1b3),中尺度变压场由于正变压区梯
度很大也形成强势场,但负变压区 N 的梯度很小,没有形成明显的负变压槽或负变压中心区
域,在正、负变压区交界处的雷达回波线 R1—R2 纤细、断续,显示出非常弱的对流状态。

　　线对流雷达回波往往都有 1 条对流降雨线相对应,可以在雨线上取降雨量≥40 mm 作为
强对流雨团,通过分析强对流雨团的排列形式而描述降雨强度分布。2014 年 8 月 19 日 04—
05 时表现为 1 条强降雨带分布(图 6-1a4),雨带西南边缘有 1 条强对流雨线 L1—L2,其上有 8

个紧邻排列和 1 个孤立的对流雨团组成"8,1"(见后文)雨团排列形式;2015 年 7 月 15 日 19—20 时表现为 1 条纤细、断续的雨线分布(图 6-1b4),图 6-1b4 雨线长度虽然与图 6-1a4 雨线长度相当,但图 6-1b4 雨线 L1—L2 上仅有 4 个孤立的对流雨团分布,形成"1,1,1,1"雨团排列形式,与图 6-1a4 雨线 L1—L2 反差很大。后文将进一步通过对这些反差深入分析,以了解这 2 次降雨过程的大、中尺度环境场的差异,以及对降雨强度的影响方式和程度等。

6.2 自主对流概率模拟试验

第 1 章讨论中已指出,自主对流可以当作一个概率事件看待,为了对比分析图 6-1a4 雨线 L1—L2 与图 6-1b4 雨线 L1—L2 的形成机理,以下用概率事件试验方法讨论两者的区别和原因。

6.2.1 试验模式和方法

试验模式采用第 1 章的图 1-24b 对流单体传播 2D 概率模式,以及图 1-22b 对流单体极大上升速度廓线模式,还用等温大气压高公式作为暖空气辐合堆积降压模式。

6.2.1.1 线对流单体传播试验模式和方法

把第 1 章式(1-39)2D 模式简化后,作为线对流单体传播试验模式,即

$$P_C = P_0 \cdot \delta$$
$$\delta = \begin{cases} 1, P_m = 0 \\ 0, P_m \neq 0 \end{cases}$$
$$P_m = \sum_{i=1}^{2} P_i$$

上式主要表示,当环境条件适合某点发生对流时,自主对流能否实际发生和维持,还要看紧靠该点左、右两边是否已有对流存在,如果该点侧边已有对流存在,则因先发展对流单体次级环流产生的下沉气流抑制,该点对流很难发展起来($\delta = 0$),反之该点对流发展不受影响($\delta = 1$)。使用上式的试验模式,从 0.10~0.90 间隔 0.05 取 17 个自主对流概率,每组最多不超过 13 个对流单体进行模拟试验,试验输出界面如图 6-2 所示。

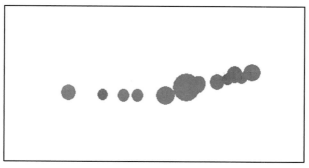

图 6-2 线对流单体传播试验模式输出界面
(图中圆形阴影表示对流单体)

在模拟试验中适当加入随机扰动因子,以模拟实际的对流单体排列形式,观察不同发展阶段模拟情况,经多次重复试验后统计输出结果。

6.2.1.2 自主对流发展试验模式和方法

第 1 章的图 1-22b 的数学表达式(1-37)

$$f(x) = \frac{1}{\sqrt{2\pi}\sigma} e^{-\frac{(x-\mu)^2}{2\sigma^2}}$$

是描述对流单体中加速上升部分的概率分布情况,以对流单体极大上升速度廓线为概率密度函数曲线,模拟暖湿空气被抬升到凝结高度后,水汽潜热释放产生的阿基米德浮力使自主对流继续发展的可能性大小,方法如图 6-3 所示。

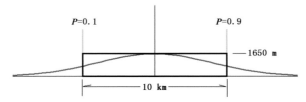

图 6-3 暖湿空气柱高度和自主对流发展概率模拟示意图

(红实线为对流单体极大上升速度模拟廓线;矩形表示暖湿空气柱轴剖面廓线,模拟圆柱直径为 10 km;
灰色竖线表示概率区间)

通过选择各模拟概率区间,调整模拟廓线使概率区间竖线与圆柱侧边线重合,调整圆柱上顶廓线与模拟概率曲线峰顶重合,则此高度为模拟暖湿空气柱高度。

6.2.1.3 空气柱增温降压试验模式

因为 MCS 通常是在中尺度负变压区内发生发展的,所以通过模拟试验,比较在相同温度增幅情况下,不同高度空气柱底部气压负变压情况,进一步理解低槽前暖湿空气辐合堆积厚度对 MCS 发生发展的重要性。为简单起见,空气柱增温降压试验模式采用等温大气模式,即式(1-32)压高公式

$$H = k(1 + \alpha T_m)\lg\frac{P_0}{P_h}$$

试验方案如图 6-4 所示。

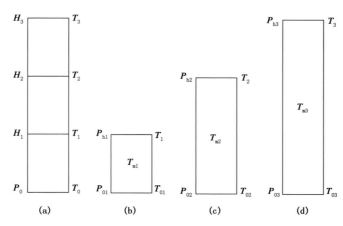

图 6-4 等温大气增温降压模拟试验方案示意图

(a:初始状态;b:1/3 气柱增温;c:2/3 气柱增温;d:气柱整体增温;P_{XX} 为气压;T_{XX} 为温度;T_{MX} 为平均温度;H_X 为高度)

设初始状态地面取正常范围的气压和温度值,气温直减率为常数(图 6-4a);1/3 气柱增温指气柱 H_1 高度以下平均气温发生增温,H_1 高度以上未受扰动(图 6-4b);2/3 气柱增温指气柱 H_2 高度以下平均气温发生增温,H_2 高度以上未受扰动(图 6-4c);气柱整体增温指 H_3 高度以下平均气温发生增温(图 6-4d)。3 种状态的气柱平均温度增幅相同,地面气压负变压幅度则不同。

6.2.2　模拟试验结果和分析

6.2.2.1　不同自主对流概率的对流单体排列形式

按图 6-2 所示模拟试验方式,每个概率组做 10 次重复试验,如果 N 个对流单体相邻标记为 N,孤立对流单体标记为 1,组合形式为"$N,\cdots,1,\cdots$",每个组合仅取前 3 位,10 组重复按大到小顺序排列,结果如表 6-1 所示。

表 6-1　不同自主对流概率的对流单体排列形式列表

序号	0.10	0.15	0.20	0.25	0.30	0.35	0.40	0.45	0.50
1	2,1,1	2,1,1	3,1,1	2,2,1	4,1	3,3,1	6,1	3,3,2	7,1,1
2	2,1	1,1,1	2,2,1	2,2,1	3,1,1	3,2,1	3,2,2	3,2,2	5,4,1
3	1,1,1	1,1,1	2,1,1	2,1,1	3,1,1	3,1,1	3,2,1	3,2,2	5,2,1
4	1,1	1,1,1	2,1,1	2,1,1	2,2,1	3,1,1	3,2,1	3,2,1	3,2,1
5	1,1	1,1,1	2,1	2,1,1	2,2,1	3,1,1	3,1,1	3,1,1	3,2,1
6	1,1	1,1,1	1,1,1	2,1,1	2,2,1	3,1,1	2,2,1	2,2,1	3,2,1
7	1,1	1,1,1	1,1,1	2,1,1	2,1,1	3,1,1	2,2,1	2,2,1	3,2,1
8	1,1	1,1	1,1,1	1,1,1	2,1,1	2,2,2	2,1,1	2,1,1	3,1,1
9	1,1	1,1	1,1,1	1,1,1	2,1,1	2,1,1	2,1,1	2,1,1	2,2,2
10	1	1	1	1,1,1	1,1,1	2,1,1	1,1,1	2,1,1	2,2,2

序号	0.55	0.60	0.65	0.70	0.75	0.80	0.85	0.90
1	8,3	8,3	8,1	7,4	12	12	9,3	12
2	7,3	6,4,1	7,5	7,3,1	11,1	11,1	8,4	12
3	5,2,1	6,2,1	6,5	6,3,2	10,1	9,2	8,4	12
4	4,3,2	5,3,2	6,2,1	6,2,2	9,2	9,2	8,3	12
5	4,3,2	4,4,3	5,3,2	5,4,2	6,3,2	7,2,1	8,1,1	12
6	4,3,1	4,3,3	5,2,1	5,3,1	5,4,2	6,4,1	7,2,2	11,1
7	4,2,1	4,2,1	5,1,1	4,4,3	5,3,1	6,4,1	7,2,1	11,1
8	4,2,1	4,1,1	4,3,2	4,3,1	5,3,3	6,3,2	6,4,1	11,1
9	4,2,1	3,3,1	3,3,2	3,3,2	5,3,2	4,3,2	6,3,2	8,3
10	3,2,1	2,2,1	3,3,2	2,2,2	4,4,2	4,2,2	6,3,2	7,3,1

表 6-1 表现出,随着概率从小到大,各行从左到右对流单体相邻数 N 有增加趋势。在相同概率组,各列对流单体相邻数 N 每组的排序也表现出从上往下的减弱趋势。但第 1 行和第 10 行从左到右的组合形式变化规律性不稳定,这是随机试验的常见现象,因此舍弃不用。第 5

行从左到右的组合形式变化规律性较为稳定,优先当作自主对流发展概率的对流单体先验排列形式。第 6 行从左到右的组合形式变化规律性相对稳定,可以作为第 5 行的辅助对流单体先验排列形式,以增加实际对流单体排列的匹配范围。因此,一般中间行(5～6 行)排序组合试验结果稳定性较好,可当作自主对流发展概率的对流单体先验排列形式。

6.2.2.2 暖湿空气柱高度与自主对流发展概率关系

使用图 6-3 所示的暖湿空气柱高度和自主对流发展概率模拟试验,自主对流发展概率从 0.1～0.9 间隔 0.05 分 17 级,模拟直径为 10 km 暖湿空气柱被抬升触发对流后,不同概率级别所对应的凝结暖湿空气柱高度,结果如图 6-5 所示。

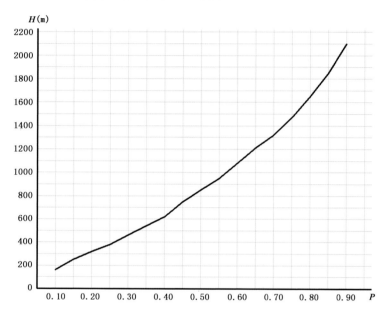

图 6-5 自主对流发展概率与凝结暖湿空气柱高度关系曲线图

模拟试验显示,自主对流发展概率与凝结暖湿空气柱高度是指数曲线关系(图 6-5)。在概率 $P<0.5$ 段,随着概率增大,凝结暖湿空气柱高度近似线性增高;概率 $P\geqslant0.5$ 后,随着概率增大,凝结暖湿空气柱高度则呈指数曲线快速增高;当概率 $P\geqslant0.8$ 时,则凝结暖湿空气柱高度> 1600 m。这些关系显示出,凝结暖湿空气层厚度对强对流发展具有基础性的重要作用。

为了研究凝结暖湿空气柱直径大小与自主对流发展概率关系,用以上试验模式和方法,模拟自主对流发展概率分别为 $P=0.2$ 和 $P=0.8$,凝结暖湿空气柱直径从 6～15 km 变化时,自主对流发展概率与凝结暖湿空气柱高度关系如图 6-6 所示。

随着凝结暖湿空气柱直径增大,无论概率值高低,在同一自主对流发展概率下,凝结暖湿空气柱高度均为由高向低的变化趋势。在低自主对流发展概率状态下,凝结暖湿空气柱高度随直径增加而降低的变率较小。相反,在高自主对流发展概率状态下,凝结暖湿空气柱高度随直径增加而降低的变率较大。图 6-6 中,当凝结暖湿空气柱直径 $L_1=15$ km,$P_{11}=0.2$ 的凝结暖湿空气柱高度 $H_{11}=200$ m,$P_{12}=0.8$ 的凝结暖湿空气柱高度 $H_{12}=1100$ m,两者高度差 $\Delta H_1=900$ m。而在凝结暖湿空气柱直径 $L_2=6$ km,$P_{21}=0.2$ 的凝结暖湿空气柱高度 $H_{21}=550$ m,$P_{22}=0.8$ 的凝结暖湿空气柱高度 $H_{22}=2750$ m,两者高度差 $\Delta H_2=2200$ m。可见,凝

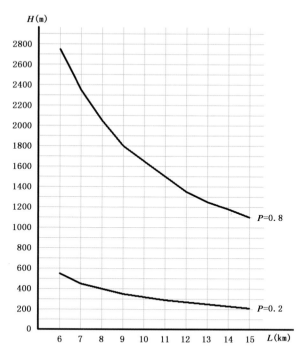

图 6-6 自主对流发展概率与凝结暖湿空气柱直径及高度变化曲线

结暖湿空气柱直径大小和高度等决定了对流发展可能性和发展强度,直径过小或高度太低的凝结暖湿空气柱发展强对流概率很小。

6.2.2.3 空气柱增温降压试验结果

使用图 6-4 所示等温大气增温降压模拟试验方案,以表 6-2 所列参数为图 6-4a 初始状态,模拟试验得图 6-4b 参数(表 6-3)、图 6-4c 参数(6-4)、图 6-4d 参数如(表 6-5)。

表 6-2 参数(单位:P_0,hPa;$H_1 - H_3$,m;$T_0 - T_{m3}$,℃;下表类同)

P_0	H_1	H_2	H_3	T_0	T_1	T_2	T_3	T_{m1}	T_{m2}	T_{m3}
1000	1000	2000	3000	30.0	24.0	18.0	12.0	27.0	24.0	21.0

表 6-3 参数

P_{01}	P_{h1}	T_{01}	T_1	T_{m1}	ΔT_1	ΔP_1
999.5	892.4	32.6	24.0	28.3	1.6	−0.5

表 6-4 参数

P_{02}	P_{h2}	T_{02}	T_2	T_{m2}	ΔT_2	ΔP_2
999.0	794.5	32.6	18.0	25.3	1.6	−1.0

表 6-5 参数

P_{03}	P_{h3}	T_{03}	T_3	T_{m3}	ΔT_3	ΔP_3
999.0	705.7	32.6	12.0	22.3	1.6	−1.5

比较表 6-2 至表 6-4 对应项数据,当地面气温从 30.0 ℃升高到 32.6 ℃情况下,高度分别

为 1000 m、2000 m、3000 m 空气柱平均温度增温值都为 1.6 ℃,但气柱底部负变压值却分别为 −0.5 hPa、−1.0 hPa 和 −1.5 hPa。表明属性相同的暖湿空气在辐合堆积时,堆积厚度越厚,地面降压越明显,亦即负变压绝对值越大。反之,地面负变压绝对值越大,则暖湿空气厚度越厚。

6.2.3 讨论

对以上的模拟试验结果,既要了解其形式特征,也要理解其本质特征,还要注意其适用范围和独特性。以下用 2014 年 8 月 18—19 日强降雨和 2015 年 7 月 15—16 日弱降雨过程,作为典型实例讨论这 2 次降雨过程差异成因,然后讨论模拟试验结果所表现出负熵汇和负熵流的本质特征,最后讨论试验结果的普遍性和应用问题。

6.2.3.1 强弱降雨过程的差异成因

5.8 节和 5.10 节对 2014 年 8 月 18—19 日强降雨和 2015 年 7 月 15—16 日弱降雨过程作比较分析时指出,这 2 次降雨过程在大尺度环境场上具有相似性,差别主要表现在中尺度环境场方面。

相似性:图 6-1a1 和图 6-1b1 的大尺度天气系统配置和强度都有较高的相似度;图6-1a2 和图 6-1b2 大气层结稳定性近似相同。

主要差别:图 6-1a3 有 1 条强度达 $\Delta P_1 = -1.5$ hPa 负变压槽 N1—N2,而图 6-1b3 仅有 $\Delta P_2 = -0.5$ hPa 负变压区 N,没有形成明显的负变压槽或负变压中心区域;图 6-1a4 强对流雨线 L1—L2 上由 8 个紧邻排列和 1 个孤立的对流雨团组成"8,1"雨团排列形式,虽然图6-1b4 雨线长度与图 6-1a4 雨线长度相近,但图 6-1b4 雨线 L1—L2 仅有 4 个孤立的对流雨团分布,形成"1,1,1,1"雨团排列形式。

图 6-1a4 对流单体组合形式"8,1",与表 6-1 中第 5 行、自主对流发展概率为 0.85 列的排列形式匹配较好,因此取图 6-1a4 中雨线 L1—L2 自主对流发展概率为

$$P_1 = 0.85$$

图 6-1b4 中对流单体组合形式"1,1,1,1",与表 6-1 中第 5 行、自主对流发展概率为 0.15 列的排列形式匹配较好,因此取图 6-1b4 中雨线 L1—L2 自主对流发展概率为

$$P_2 = 0.15$$

因为夹卷、混合削减效应影响,自主对流前、中阶段只能在暖湿气层中进行。如果取抬升凝结高度为 $LCL = 1000$ m,结合图 6-5 中各级别概率所对应的自主对流高度(LFC),可得

$$P_1 = 0.85, Ch_1 = LCL + LFC = 1000 + 1850 = 2850(m)$$
$$P_2 = 0.15, Ch_2 = LCL + LFC = 1000 + 250 = 1250(m)$$

而表 6-2 中

$$\Delta P_3 = -1.5, H_3 = 3000(m)$$
$$\Delta P_1 = -0.5, H_1 = 1000(m)$$

可见,4.2.2.1 节中 3 个模式的试验结果表明:强负变压(ΔP_3)与高自主对流高概率(P_1)和深厚暖湿气层(H_3,Ch_1)相对应;弱负变压(ΔP_1)与低自主对流概率(P_2)和浅薄暖湿气层(H_1,Ch_2)相对应。

模拟试验和实例分析结果,合理地解释了 2 次强弱降雨过程的差异成因:图 6-1a3 中 $\Delta P_1 = -1.5$ hPa,图 6-1a4 中自主对流发展概率 $P_1 = 0.85$,表明低槽前暖湿空气辐合堆积深厚,有

利于 MCS 强烈发展,这是产生强降雨的重要基础条件;图 6-1b3 中 $\Delta P_2 = -0.5$ hPa,图6-1b4 中自主对流发展概率 $P_2 = 0.15$,表明低槽前暖湿空气辐合堆积浅薄,不利于对流自主地强烈发展,主要是弱冷空气入侵抬升所产生的动力强迫对流,所以对流强度弱,降雨强度低。

2014 年 8 月 18—19 日强降雨和 2015 年 7 月 15—16 日弱降雨过程具有典型性,实况分析与抽象模拟试验结果基本一致,验证了模式的正确性。抽象模拟试验结果具有普遍性,由此可以做一般性推广:负变压绝对值大所对应的暖湿空气层厚度深厚,自主对流发展概率大;负变压绝对值小所对应的暖湿空气层厚度浅薄,自主对流发展概率小。

6.2.3.2　模拟试验结果所表现出负熵汇和负熵流的本质特征

第 1 章在构造对流单体结构模型时,提出了模拟试验所用的自主对流发展模式,在模拟试验中得到了如图 6-5 所示的试验结果。虽然自主对流发展模式是描述对流单体发展过程特征的,但图 6-5 试验结果显示了暖湿空气厚度与自主对流发展概率关系。本书在前面讨论中,暖湿空气厚度主要指高空槽槽底前,暖输送带起始段与下垫面摩擦辐合导致暖湿空气堆积,这种堆积起负熵汇效应,而负熵汇与中尺度负变压区具有等效性。因此,图 6-5 的试验结果表现了负熵汇的本质特征,即暖湿空气厚度越厚,负熵汇越强,地面中尺度负变压区也越强,当暖湿空气被抬升触发对流后,水汽潜热释放产生的阿基米德浮力维持自主对流概率也越大,更有利于强对流的发展。相反,如果暖湿空气厚度太薄,由于云外下沉气流和夹卷效应的影响,维持自主对流概率小,不利于强对流的发展和维持。

组成 MCS 的对流单体的发展密度和强度,实质上反映了负熵流的密度和强度。在前面的讨论中,用线对流单体传播模式模拟不同概率下对流单体排列形式,从而得到对流单体先验排列形式,然后从 1 小时雨量分布图上确定对流雨团排列形式,并与对流单体先验排列形式进行匹配比较,从而确定对流单体的发展概率,这个过程实质上也是间接求解负熵流的密度和强度的过程。虽然模拟试验是从概率事件试验出发,但经过与实际的对流雨团对应分析后,得到的结果却可以反映负熵流密度和强度,从这个方面来看,线对流单体传播模拟试验结果具有负熵流本质特征。

综上所述,自主对流发展模拟试验和线对流单体传播试验是从抽象模式试验出发,最后却可以得到反映负熵汇和负熵流强弱的结果。因此可以说,模拟试验结果表现了负熵汇和负熵流的本质特征。

6.2.3.3　普遍性和应用问题

一般来说,越是抽象的模式,越能反映事物的规律性。以上模拟试验是一种抽象试验,反映实际对流性降雨过程本质属性特征,从这个意义上来说,这些模式试验结果具有普遍性。另外,应用模式试验结果,能够解释 2014 年 8 月 18—19 日强降雨和 2015 年 7 月 15—16 日弱降雨典型过程的差异原因,这也说明模式试验结果具有适应性,4.1 节中大样本实例也佐证了模式试验结果的普遍性。

我们知道,一个真实的弹道与理想抛物线是有很大差别的,但描述一个真实弹道是在理想抛物线基础上,综合考虑各种复杂的影响因子作用后做出的。与此相仿,描述对流单体极大上升速度廓线的正态分布概率密度函数模型,以及对流单体发展传播概率模型都是理想模式,与实际对流性降雨过程必有一定距离,这需要实际应用中必须在理想模式基础上,通过对大样本的统计分析,综合考虑各种影响因子修正后使用,这样才能有效解决实际问题。

参考文献

巴德 M J,福布斯 G S,格兰特 J R,等,1998.卫星与雷达图像在天气预报中的应用[M].卢乃锰,等,译.北京:
　　科学出版社.

卜玉康,曹杰,2007.天气动力学[M].北京:气象出版社.

巢纪平,周晓平,1964.积云动力学[M].北京:科学出版社.

陈敏,陶祖钰,郑永光,等,2007.华南前汛期锋面垂直环流及其与中尺度对流系统的相互作用[J].气象学报,
　　65(5):785-791.

陈涛,张芳华,端义宏,2011.广西"6·12"特大暴雨中西南涡与中尺度对流系统发展的相互关系研究[J].气象
　　学报,**69**(3):472-485.

陈渭民,2003.卫星气象学[M].北京:气象出版社.

陈翔翔,丁治英,刘彩虹,等,2012.2000—2009 年 5—6 月华南暖区暴雨形成系统统计分析[J].热带气象学
　　报,**28**(5):707-718.

程守洙,江之永,2006.普通物理学上册(第六版)[M].北京:高等教育出版社.

丁一汇,2005.高等天气学(第二版)[M].北京:气象出版社.

冯端,冯少彤,2005.溯源探幽熵的世界[M].北京:科学出版社.

复旦大学,1979.概率论[M].北京:人民教育出版社.

傅慎明,赵思雄,孙建华,等,2010.一类低涡切变型华南前汛期致洪暴雨的分析研究[J].大气科学,**34**(2):
　　235-352.

傅祖芸,2007.信息论—基础理论与应用(第二版)[M].北京:电子工业出版社.

《华南前汛期暴雨》编写组,1986.华南前汛期暴雨[M].广东:广东科技出版社.

雷功炎,1999.数学模型讲义[M].北京:北京大学出版社.

李真光,梁必骐,包澄澜,1981.华南前汛期暴雨的成因与预报问题[C]//华南前汛期暴雨文集.北京:气象出
　　版社.

梁巧倩,项颂翔,林良根,等,2012.华南前汛期 MCS 的活动特征及组织发展形式[J].热带气象学报,**28**(4):
　　541-551.

刘淑媛,孙健,王洪庆,等,2007.香港特大暴雨 β 中尺度线状对流三维结构研究[J].大气科学,**31**(2):
　　353-363.

刘兴堂,梁炳成,刘力,等,2010.复杂系统建模理论、方法和技术[M].北京:科学出版社.

柳艳菊,丁一汇,2005.1998 年南海季风爆发时期中尺度对流系统的研究:Ⅱ中尺度对流系统对大尺度场的作
　　用[J].气象学报,**63**(4):442-453.

柳艳菊,丁一汇,赵南,2005.1998 年南海季风爆发时期中尺度对流系统的研究:Ⅰ中尺度对流系统发生发展的
　　大尺度条件[J].气象学报,**63**(4):431-442.

卢伟萍,李江南,梁维亮,等,2012.一次引发北部湾大暴雨过程的海风锋模拟研究[J].热带气象学报,**28**(6):
　　465-474.

陆忠汉,陆长荣,王婉馨,1984.实用气象手册[M].上海:上海辞书出版社.

吕国英,2009.算法设计与分析(第 2 版)[M].北京:清华大学出版社.

马禹,王旭,陶祖钰,1997.中国及其邻近地区中尺度对流系统的普查和时空分布特征[M].自然科学进展,**7**
　　(6):701-706.

蒙伟光,王安宇,李江南,等,2004.华南中尺度对流系统的形成及湿位涡分析[J].大气科学,**28**(3):330-341.

蒙伟光,张艳霞,戴光丰,等,2007.华南沿海一次暴雨中尺度对流系统的形成和发展过程[J].热带气象学报,**23**(6):521-530.

慕建利,王建捷,李泽椿,2008.2005年6月华南特大连续性暴雨的环境条件和中尺度扰动分析[J].气象学报,**66**(3):437-451.

尼科里斯 G,普利高津 I,2010.探索复杂性[M].罗久里,陈奎宁,译.四川:四川教育出版社.

欧阳莹之,2002.复杂系统理论基础[M].田宝国,周亚,樊英,译.上海:上海科技出版社.

普里戈金,2007.从存在到演化[M].沈少峰,等,译.北京:北京出版社.

盛杰,林永辉,2010.边界层对梅雨锋β中尺度对流系统形成发展作用的模拟分析[J].气象学报,**68**(3):339-350.

寿绍文,励申申,姚秀萍,2003.中尺度气象学[M].北京:气象出版社.

寿亦萱,许健民,2007."05·6"东北暴雨中尺度对流系统研究Ⅰ:常规资料和卫星资料分析[J].气象学报,**65**(2):160-170.

寿亦萱,许健民,2007."05·6"东北暴雨中尺度对流系统研究Ⅱ:MCS动力结构特征和雷达卫星资料分析[J].气象学报,**65**(2):171-182.

孙建华,赵思雄,2000.华南94·6特大暴雨的中尺度对流系统及其环境场研究Ⅰ:引发暴雨的β中尺度对流系统的数值模拟研究[C]//周秀骥.海峡两岸及邻近地区暴雨试验研究.北京:气象出版社.

孙建华,赵思雄,2002.华南"94·6"特大暴雨的中尺度对流系统及其环境场研究——Ⅰ.引发暴雨的β中尺度对流系统的数值模拟研究[J].大气科学,**26**(4):541-557.

孙建华,赵思雄.2002.华南"94·6"特大暴雨的中尺度对流系统及其环境场研究——Ⅱ.引发暴雨的β中尺度对流系统的数值模拟研究[J].大气科学,**26**(5):633-646.

陶诗言,1980.中国之暴雨[M].北京:科学出版社.

汪志诚,2003.热力学·统计物理[M].北京:高等教育出版社.

王东海,夏茹娣,刘英,2011.2008年华南前汛期致洪暴雨特征及其对比分析[J].气象学报,**69**(1):137-148.

王黎娟,陈璇,管兆勇,等,2009.我国南方洪涝暴雨期西太平洋副高短期位置变异的特点及成因[J].大气科学,**33**(5):1047-1057.

王立琨,郑永光,王洪庆,等,2001.华南暴雨试验过程的环境场和云团特征的初步分析[J].气象学报,**59**(1):115-119.

王婷,吴池胜,冯瑞权,2008.2005年6月广东一次暴雨过程的中尺度对流系统的数值研究[J].大气科学,**32**(1):184-196.

王晓芳,2012.长江中下游地区梅雨期线状中尺度对流系统分析Ⅱ:环境特征[J].气象学报,**70**(5):924-935.

王亦平,陆维松,潘益农,等,2008.淮河流域东北部一次异常特大暴雨的数值模拟研究Ⅱ.不稳定条件及其增强和维持机制分析[J].气象学报,**66**(2):177-189.

王亦平,陆维松,潘益农,等.2008.淮河流域东北部一次异常特大暴雨的数值模拟研究Ⅰ.结果检验和β中尺度对流系统的特征分析[J].气象学报,**66**(2):167-176.

文莉娟,程麟生,左洪超,等,2006."98·5"华南前汛期暴雨的湿位涡异常诊断:质量和热力强迫的数值分析[J].热带气象学报,**22**(5):447-453.

夏茹娣,赵思雄,2009.2005年6月广东锋前暖区暴雨β中尺度系统特征的诊断与模拟研究[J].大气科学,**33**(3):468-488.

夏茹娣,赵思雄,孙建华,2006.一类华南锋前暖区暴雨β中尺度系统环境特征的分析研究[J].大气科学,**30**(5):988-1008.

杨大升,刘余滨,刘式适,1983.动力气象学(修订本)[M].北京:气象出版社.

张培昌,杜秉玉,戴铁丕,2001.雷达气象学[M].北京:气象出版社.

张晓惠,倪允琪,2009.华南前汛期锋面对流系统与暖区对流系统的个例分析与对比研究[J].气象学报,**67**(1):108-121.

张晓美,蒙伟光,张艳霞,等,2009.华南暖区暴雨中尺度对流系统的分析[J].热带气象学报,**25**(5):551-560.

赵鸣,2006.大气边界层动力学[M].北京:高等教育出版社.

赵思雄,贝耐芳,孙健华,等,2002.亚澳中低纬度区域暴雨天气系统研究[J].气候与环境研究,**7**(4):377-385.

赵玉春,李泽椿,王叶红,等,2008.2006年6月5—8日梅雨锋上中尺度对流系统引发福建北部暴雨的诊断分析[J].大气科学,**32**(3):598-614.

赵玉春,王叶红,2009.近30年华南前汛期暴雨研究概述[J].暴雨灾害,**28**(3):193-228.

中国气象局,1984.中国云图[M].北京:科学出版社.

周炯槃,1983.信息理论基础[M].北京:人民邮电出版社.

周秀骥,薛纪善,陶祖钰,等,2003.98华南暴雨科学试验研究[M].北京:气象出版社.

朱乾根,林锦瑞,寿绍文,等,2000.天气学原理和方法(第三版)[M].北京:气象出版社.

Augustine J A, Howard K W, 1991. Mesoscale Convective Complexes over the United States during 1986 and 1987[J]. Mon Wea Rev,**119**(7):1575-1589.

Bluestein H B, Jain M H, 1985. Formation of mesoscale lines of precipitation: Severe squall lines in Oklahoma during the spring[J]. J Atmos Sci,**42**(16):1711-1732.

Colleen A Leary, Edward N Rappaport, 1987. The Life Cycle and Internal Structure of a Mesoscale Convective Complex[J]. Mon Wea Rev,**115**:1503-1527.

Cotton W R, Lin M S, McAnelly R L, et al,1989. A composite model of mesoscale convective complexes[J]. Mon Wea Rev,**117**(4):765-783.

Houze R A Jr, Rutlegdge S A, Biggerstaff M I, et al,1989. Interpretation of Doppler weather radar displays of midlatitude mesoscale convective systems[J]. Bull Amer Meteor Soc,**70**(6):608-619.

John B Fenn,2009.热的简史[M].李仍信,译.北京:东方出版社.

Laing A G, Fritsch J M, 2000. The large-scale environments of the global populations of mesoscale convective complexes[J]. Mon Wea Rev,**128**(8):2756-2776.

Maddox R A, 1980. Mesoscale convective complexes[J]. Bull Amer Meteor Soc,**61**:1374-1387.

Maddox R A, 1983. Large-scale meteorological conditions associated with midlatitude, mesoscale convective complexes[J]. Mon Wea Mon, **111**(7):1475-1493.

Nachamkin J E, Mcanelly R L, Cotton W R, 1994. An Observational Analysis of a Developing Mesoscale Convective Complex[J]. Mon Wea Rev,**122**:1168-1188.

Parker M D, Johnson R H, 2000. Organizational modes of midlatitude mesoscale convective systems[J]. Mon Wea Rev, **128**(10):3413-3436.

Peter J Wetzel, William R Cotton, Ray L, et al,1983. A Long-Lived Mesoscale Convective Complex. Part II: Evolution and Structure of the Mature Complex[J]. Mon Wea Rev,**111**:1919-1937.

Raymond D J, Jiang H, 1990. A Theory for Long-Lived Mesoscale Convective System[J]. J Atmos Sci,**47**(24):3067-3077.

Richard Johnsonbaugh, Martin Kalin,2006. ANSI C 应用程序设计[M].杨季文,吕强,译.北京:清华大学出版社.

Schumacher R S, Johnson R H, 2005. Organization and environmental properties of extreme-rain-producing mesoscale convective systems[J]. Mon Wea Rev,**133**(4):961-976.

附录 A

一个长生命期中尺度对流系统维持机制的研究[*]

林宗桂[1] 李耀先[2] 林开平[3] 陈翠敏[4] 卢伟萍[1] 林 墨[5]

LIN Zonggui[1] LI Yaoxian[2] LIN Kaiping[3] CHEN Cuimin[4] LU Weiping[1] LIN Mo[5]

1. 广西壮族自治区气象减灾研究所，南宁，530022
2. 广西气象学会，南宁，530022
3. 广西壮族自治区气象台，南宁，530022
4. 广西南宁市气象局，南宁，530022
5. 广西壮族自治区防雷中心，南宁，530022

1. *Guangxi Institute of Meteorology and Disaster-Mitigation Research, Nanning 530022, China*
2. *Guangxi Meteorological Society, Nanning 530022, China*
3. *Guangxi Meteorological Observatory, Nanning 530022, China*
4. *Nanning Meteorological Bureau, Nanning 530022, China*
5. *Institute of Lightning Protection of Guangxi, Nanning 530022, China*

2008-11-05 收稿,2009-01-14 改回.

Lin Zonggui, Li Yaoxian, Lin Kaiping, Chen Cuimin, Lu Weiping, Lin Mo. 2009. A study on maintain mechanism of a long life-cycle mesoscale convective systems. Acta Meteorologica Sinica, 67(4):640 - 651

Abstract　This paper describes the analysis of a MCS long life cycle in the south of China during April 2008. Using FY-2C geostationary satellite multi-channel cloud images, radar observations, records obtained from automatic weather stations and others irregular observations, a long life cycle mesoscale convective systems (MCS) was studied to analyze the maintainable mechanism of MCS, which occurred in the middle part of Guangxi on 12 April 2008, and then moved to the southeast of Guangxi, the western Guangdong and the South China Sea. The MCS lasted 25 hours, and hence may be classified as a long life cycle. Section lines of TBB were given in the hourly cloud images of water vapor (WV) on April 12, from 05:00 to 20:00 BST, to analyze the TBB character change over time. Images show that there is an apparent course from wet to dry state in upper troposphere before 14:00. Simultaneously in the lower troposphere, a mesoscale water conveyor belt which was sustained and stable and extended from Beibu Gulf to southeast of Guangxi could be detected from the composite cloud images of infrared(IR1) and near infrared (IR4) and visible light (VIS). In the dry area of upper air and wet area of low altitude, an instability area was formed in the southeast of Guangxi, which favored the formation and maintenance of MCS. It could be concluded from records of automatic weather stations that while the quasi-stationary front moving slowly from the north to the south, continuously lifting the wet warm air and triggering the deep convection, a MCS was formed. Characterized by the relationship between MCS forming course and the changes of atmospheric pressure, air temperature, wind velocity, precipitation, it could be regarded as a typical lifting and trigger course of the front. Results show that the main favorable factors maintaining a MCS long life cycle can be concluded in 2 points as below. Firstly, while the upper air changed from wet to dry, the water vapor and heat were carried from Beibu Gulf by a continuing mesoscale vapor conveyor belt in the lower troposphere to form the unstable atmospheric structure, providing an advantageous condition for MCS maintenance. Secondly, old convection cells of MCS gradually weakened in the way to the east, and were constantly replaced by new ones occurring in the southwest of

* 资助课题：中国气象局气象新技术推广项目(CMATG2009MS08),广西科学基金项目(桂科自 0991208),广西科技攻关项目(0592005-2B)。

作者简介:林宗桂,主要从事卫星云图在天气分析和预报中的应用研究。E-mail:lzg10802@163.com

the quasi-stationary front moving slowly southwards provided MCS with energy to survive. A concept model of MCS is presented in the essay.

Key words　Long life cycle, Mesoscale convective systems, Maintain mechanism, Mesoscale vapor conveyor belt

摘　要　利用 FY-2C 多通道卫星云图、雷达资料和自动气象站记录等非常规观测资料,研究 2008 年 4 月 12 —13 日形成于广西中部、移过广西东南部和广东西部到达南海的一个单独且生命期持续长达 25 h 的中尺度对流系统(MCS)的维持机制。水汽图(WV)分析显示 4 月 12 日 14 时前,对流层中上层存在一个明显的由湿变干过程,与此同时从红外(IR1)、中红外(IR4)和可见光(VIS)云图的合成分析中检测到低空有一条从北部湾延伸到广西东南部持续稳定的中尺度水汽输送带,在高空干区与低空湿区重合的广西东南部上空形成了强位势不稳定区,为 MCS 的形成和维持提供了有利环境条件。根据自动气象站记录分析结果,准静止锋在缓慢南移过程中连续抬升触发深对流而形成 MCS,是一个典型的锋面抬升触发过程。分析表明,MCS能维持长生命期主要有利因素是:(1)在高空气流由湿变干的条件下,来自北部湾海面持续的低空中尺度水汽输送带给广西东南部提供充足的水汽、热量并形成大气位势不稳定层结,较长时间保持的位势不稳定层结为 MCS 的维持提供了有利环境条件;(2)稳定而持续缓慢南移的准静止锋在 MCS 西南边不断触发新的对流单体,这种后向传播方式触发的新对流单体并入 MCS 后,补充已减弱东移的旧单体,使 MCS 具有持续生命力。最后,给出了 MCS 的概念模型。
关键词　长生命期,中尺度对流系统,维持机制,中尺度水汽输送带
中图法分类号　P458

1　引　言

　　中尺度对流系统(Mesoscale Convective Systems,简称 MCS)的发生发展和维持机制是中尺度气象学研究的重点对象。自 Maddox(1980)对 MCC 进行了定义后,许多学者(Wetzel,et al,1983,Leary,et al,1987,Raymond,et al,1990,Augustine,et al,1991,Nachamkin,et al,1994)利用科学试验观测资料、理论分析、气象观测资料综合分析等方法,广泛而深入地研究了 MCS 结构、环境条件和演变特征等。中国的气象学家重点对产生暴雨灾害的 MCS 进行了广泛的研究,其中主要用数值模拟方法进行研究的有:孙建华等(2002)对华南"94.6"特大暴雨的中尺度对流系统及其环境场进行了研究;蒙伟光等(2004)对华南暴雨中尺度对流系统的形成及湿位涡进行分析;陈敏等(2007)研究了华南前汛期锋面垂直环流及其与中尺度对流系统的相互作用;王亦平等(2008)研究了淮河流域东北部一次异常特大暴雨过程的 MβCS 特征和不稳定条件及其增加与维持的机制。用观测资料分析方法进行研究的有:孙健等(2004)对 1998 年 6 月 8 —9 日香港特大暴雨 MCS 进行分析。孙建华等(2004)对 2002 年 6 月 20 —24 日梅雨锋 MCS 发生发展进行了分析。夏茹娣等(2006)对一类华南锋前暖区暴雨 MCS 环境特征进行分析研究。寿亦萱等(2007)利用常规资料、雷达卫星资料等分析了"05.6"东北暴雨过程中 MCS 的环境特征、动力结

构特征等。蒙伟光等(2007)对华南沿海一次暴雨 MCS 的形成和发展过程进行了分析。赵玉春等(2008)对 2006 年 6 月 5 —8 日梅雨锋上 MCS 引发福建北部暴雨进行了诊断分析。以上这些研究多是从不同方面对 MCS 的发生发展机理进行分析研究,而对 MCS 的维持机制研究相对较少,这是一个有待深入研究的方面。

　　2008 年 4 月 12 —13 日在高空为弱斜压大气环境条件下,一个单独且持续维持的具有多单体风暴结构特征的 MCS 形成于广西中部,随后移过广西东南部和广东西部,其生命期长达 25 h。本文主要使用 FY-2C 卫星多通道云图、雷达探测和自动气象站记录等非常规观测资料,从 MCS 生命期中的环境条件特征、持续的对流触发机制以及 MCS 结构特征等方面,分析这些条件在 MCS 生命期过程中的相互关系和所起的作用,探索 MCS 得以长时间维持的机制。

2　资料和使用说明

　　MCS 主要活动区域桂平市和玉林市目前没有探空站和雷达站,桂平市位于柳州雷达站东南方向 147°距离 126 km 处;玉林市位于柳州雷达站东南方向 157°距离 206 km 处。文中主要使用 FY-2C 卫星多通道云图、柳州雷达站探测资料和自动气象站观测资料。因为南宁位于 MCS 主降雨区西面,为 MCS 主活动区上风方;北海位于 MCS 主降雨区西

南面,是水汽通道上游站;梧州位于 MCS 主降雨区东面,为 MCS 下风方;选用这 3 个探空站的实际探测数据便于与卫星云图分析结果进行比较和估算,所以选用南宁、北海和梧州探空站的探空资料配合卫星、雷达和自动气象站观测资料进行分析研究。

2.1 常规资料

文中使用 2008 年 4 月 12 日 08 时 —12 日 20 时(北京时,下同)南宁、北海和梧州的探空资料(包括 925 —250 hPa 温度、高度、风和温度露点差等)分析 MCS 的环境场特征。

2.2 非常规资料

(1) FY-2C 卫星资料:2008 年 4 月 11 日 08 时 —13 日 08 时的 Micaps 数据格式的红外(IR1:10.3 —11.3 μm)、水汽(WV:6.3 —7.6 μm)、中红外(IR4: 3.5 —4.5 μm)、可见光(VIS)等通道云图资料。

根据卫星图像识别原理(陈渭民,2003),红外通道(IR1)图像表示的是辐射面温度,主要用于分析确定对流系统位置、对流云团的范围和强度,以及分析对流层低层的水汽信息等;水汽通道(WV)表示 300 —700 hPa 辐射特征,主要用于提取对流层中、高层水汽信息;可见光通道(VIS)表示的是反照率,具有比红外通道云图更高的分辨率,在白天对低空的层状云有较好的表现能力,主要用于分析锋面云层和对流云的细节;中红外通道(IR4)既具有表示辐射面温度,又具有可见光反照率特征,主要利用其表示的辐射特征,与红外通道配合提取低层水汽信息。

(2) 雷达探测资料:柳州雷达站 CINRAD/ SB 型多普勒雷达探测的每小时 1 次的基本反射率,主要用于分析 MCS 的结构特征。

(3) 地面自动站观测资料:2008 年 4 月 11 日 20 时 —13 日 08 时,广西地面 7 要素自动气象站 1 min 取样的气压、温度、风、降雨自动观测资料。

3 MCS 概况和环流背景

卫星云图动画显示,2008 年 4 月 12 日影响广西东南部的是一个单独且连续维持的 MCS,红外云图(图 1a₁ —1a₆)显示了 MCS 生命过程的主要特征,12 日 05 —10 时为发生发展阶段,此阶段 MCS 面积不断增大,云顶温度迅速降低;12 日 10 —22 时为成熟阶段,此阶段 MCS 面积达最大,云顶白亮,云顶温度达最低;12 日 23 时后进入衰减消散阶段,MCS 面积开始减小,最冷的云顶变暖。

从 MCS 的移动路径和降雨区分布(图 1b)可见,12 日 05 时 MCS 在广西柳州市北部形成后向东南方向移动,08 时移近桂平市后转向偏南方向移动,17 时移过玉林市,23 时后移出广西进入广东西部,13 日 02 时移到广东沿海,此后继续南移进入南海,06 时后在海面上消失。MCS 的生存时间约为 25 h,移动路径总长约 450 km,平均时速约 18 km/ h,其中在广西东南部移动相对较慢,从桂平市到玉林市距离 85 km,用时为 7 h,平均时速约为 12 km/ h。MCS 在移动过程中连续产生了降雨,其中强降雨区主要出现在桂东南,雨量 ≥50.0 mm 的有 9 个市县,≥100.0 mm 的有 5 个市县;暴雨中心位于玉林市,过程降雨量为 201.0 mm,最大降雨强度达 104.5 mm/ h;暴雨区呈南北向带状分布,东西宽约 100 km,南北长度超过 200 km。

2008 年 4 月 12 日 08 时高空天气形势是华南上空环流平直(图略),700 hPa 高度以上高空盛行偏西气流,500 hPa 的高压中心位于越南南部,584 dagpm 线由西向东穿过广西中部,为南高北低形势,在 MCS 形成及维持期间高空无明显西风带斜压系统。低空 850 hPa 的切变线在南岭以北,边界层 925 hPa 广西中部有一条切变线。

地面天气形势是在 4 月 11 日 23 时准静止锋自北边移入广西后继续缓慢南移,于 13 日凌晨移过广西到达沿海,13 日 05 时后到达南海北部而锋消。从广西西北部有 1 条弧形准静止锋延伸到广西东部(图 1c),准静止锋北边为偏北风,准静止锋南边为偏南风,地面气压场较弱。

4 MCS 维持机制分析

4.1 水汽条件和位势不稳定层结

4.1.1 大气层结稳定度基本判别原理

根据大气层结稳定度判别原理(朱乾根等,2000),局地稳定度的变化是由上、下层等压面的温度和湿度的局地变化所决定,即

$$\frac{\partial I}{\partial t} = M\left\{ \left[\left(\frac{\partial T}{\partial t}\right)_H - \left(\frac{\partial T}{\partial t}\right)_L \right] + 2.5\left[\left(\frac{\partial q}{\partial t}\right)_H - \left(\frac{\partial q}{\partial t}\right)_L \right] \right\} \quad (1)$$

式(1)中,$\frac{\partial I}{\partial t}$ 表示稳定度的局地变化,如果 $\frac{\partial I}{\partial t} > 0$ 表示稳定度增加,$\frac{\partial I}{\partial t} < 0$ 表示稳定度减小;M 为系数;下标 H 表示高层大气,L 表示低层大气,通常在中高纬度地区计算时 H 取值 700 hPa,L 取值 850 hPa,由于低纬度地区夏季温度场较弱,低空湿

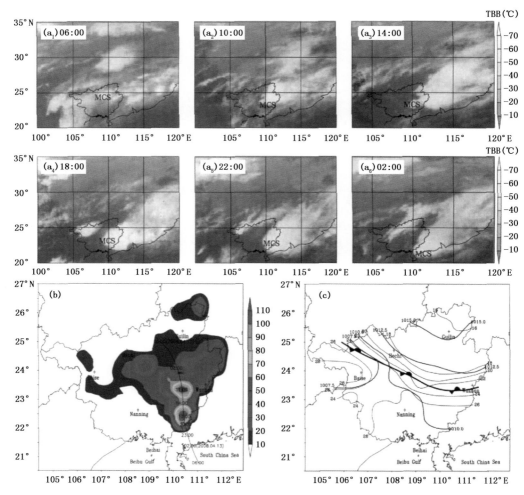

图 1　MCS 生命期内 FY-2C 红外云图(a)、MCS 移动路径与降雨分布(b)及地面天气图(c)

(a₁−a₆. 2008 年 4 月 12 日 06 时 −13 日 02 时 F Y-2C 红外卫星云图;b. 2008 年 4 月 12 日 05 时 −13 日 06 时

MCS 移动路径及广西境内降雨分布(单位:mm);c. 根据 2008 年 4 月 12 日 10 时自动气象站观测记录分析

的地面天气图,图中齿线表示准静止锋,黑色实线为等压线

(单位:hPa,间隔:2.5 hPa),红色实线为等温线(单位: ℃,间隔:2.0 ℃)

Fig. 1　F Y-2C cloud images during the life cycle of MCS ,path of MCS ,

the spatial distribution of rainfall and the surface synoptic chart

(a₁ −a₆. F Y-2C cloud images during the life cycle of MCS from 06 :00 BST 12 Apr to 02 :00 BST 13 Apr 2008 ;

b. path of MCS from 05 :00 BST 12 Apr to 06 :00 BST 13 Apr 2008 and rainfall in Guangxi (mm) ; c. surface synoptic

chart by automatc weather station at 10 :00 BST 12 Apr 2008 , line with sawtooth showed quasi-stationary front ,

black line showed isobar (for every 2.5 hPa) , red line showed isotherm (for every 2.0 ℃))

层较厚,同时水汽图(WV)主要反映的是对流层中上层的湿度分布状况,因此本文中 H 取值 700 hPa 以上,L 取值 700 hPa 以下;右边第 1 项表示大气上、下层温度局地变化;第 2 项表示大气上、下层比湿的局地变化。式(1)表明:当高层大气温度降低,低层大气温度升高时气层趋于不稳定,反之则趋于稳定;当高层大气湿度减小,低层湿度增加时气层趋于不稳定,反之则趋于稳定。

4.1.2 对流层中上层空气湿度变化特征

2008 年 4 月 11 日 14 时 —13 日 08 时的水汽图 (WV) 上,位于广西上风方的中南半岛在 4 月 11 日 17 时 —12 日 4 时有较大范围的深对流发展,对流活动把水汽从低层带到高空并随偏西气流输送到广西上空而形成高湿区。12 日 05 时后,中南半岛的对流活动减弱消失,水汽输送停止,广西对流层中上部的高湿区向东移去,在 12 日 05 —23 时各同一时次的水汽图(WV)亮度明暗变化在广西上空南北向差别较小,主要表现在东西方向上的差别上(图略),表明水汽含量南北方向变化幅度小,东西方向变化幅度大,这是由于高空气流自西向东流动,不同水汽含量的高空气流流过,造成广西对流层中上部干湿程度发生变化。为了分析广西对流层中上部东西方向的水汽含量变化,沿 500 hPa 高空气流方向,取过广西中部的剖面线 A —B (图 2a),并沿剖面线 A —B 在水汽图(WV)上作 TBB 剖面曲线(图 2b)。

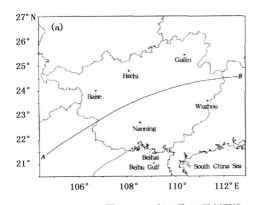
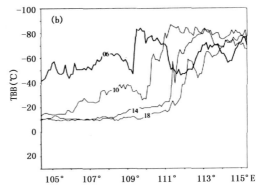

图 2　2008 年 4 月 12 日剖面线 A —B (a) 和水汽图(WV) TBB 剖面曲线(b)
(a.底图为广西地图;b.06 为 06 时,10 为 10 时,14 为 14 时,18 为 18 时)
Fig. 2　Profile line A - B (a) and Water vapor profiled along A - B (b) on 12 Apr 2008
(a, based on the map of Guangxi. b, 06 is 06:00 BST, 10 is 10:00 BST, 14 is 14:00 BST, 18 is 18:00 BST)

由图 2b 可以看出,12 日 06 时后 TBB 曲线明显向下平移,14 时剖面线向下平移距离相当于 TBB 绝对值约为 40 ℃,18 时与 14 时的剖面线基本重合。TBB 剖面线向下平移,表明广西对流层中上层的水汽含量在连续减少,气层由湿变干,由此推得式 (1) 中 $\left(\dfrac{\partial q}{\partial t}\right)_H < 0$。

分析 2008 年 4 月 12 日 08 时和 20 时的南宁、梧州,北海水汽(比湿)和温度探测数据也可证实从水汽图(WV)分析得到的结果。

表 1　2008 年 4 月 12 日探空各层比湿(g/ kg)数据
Table 1　Specific humidity (g/ kg) from 925 hPa to 200 hPa on 12 Apr 2008

等压面(hPa)	925	850	700	500	400	300
南宁 08 时	14.2	15.4	9.7	1.9	0.5	0.3
南宁 20 时	15.2	13.2	8.3	0.9	0.2	0.1
梧州 08 时	16.0	13.5	8.5	2.1	1.3	0.3
梧州 20 时	16.0	12.1	5.8	4.6	2.7	1.0
北海 08 时	17.0	14.0	9.5	1.7	0.4	0.3
北海 20 时	15.2	14.0	11.6	1.7	0.4	0.1

表 2　2008 年 4 月 12 日探空各层温度(℃)数据
Table 2　Temperature (℃) from 925 hPa to 200 hPa on 12 Apr 2008

等压面(hPa)	925	850	700	500	400	300	250	200
南宁 08 时	20	19	10	- 6	- 17	- 32	- 43	- 55
南宁 20 时	22	19	11	- 5	- 17	- 32	- 43	- 54
梧州 08 时	21	17	9	- 5	- 17	- 33	- 42	- 55
梧州 20 时	19	17	8	- 7	- 16	- 31	- 42	- 54
北海 08 时	23	20	11	- 5	- 17	- 32	- 42	- 54
北海 20 时	24	20	12	- 5	- 16	- 32	- 42	- 53

比较比湿数值(表1)可见,南宁探空站对流层中上层20时的比湿较08时明显减小,空气由湿变干;梧州探空站比湿数值明显增大,这是由于其上风方MCS中的对流运动把水汽从低层带到高空后流到下游的梧州站的结果。

从表2的温度对比可以看出,南宁、北海、梧州探空站08时与20时的温度变化较小,由此证明式(1)中温度变化项$\left[\left(\dfrac{\partial T}{\partial t}\right)_H - \left(\dfrac{\partial T}{\partial t}\right)_L\right] \approx 0$。

4.1.3 低空水汽输送过程

图3是4月12日14时广西及周边地区的红外(IR1)、中红外(IR4)和可见光云图(VIS),从取阈值 TBB$\geqslant 5$℃滤波处理后的红外云图(图3a)中可检测出从北部湾延伸到广西东南部的云带$C-C$;图3b

中也可检测出与图3a中对应的云带$C-C$,图3b中云带$C-C$的色调与周围海面色调基本接近,与陆地色调反差明显;图3c检测不到与图3a对应的云带$C-C$,北部湾海面上是无云区。这是由于低空水汽含量高的地区辐射温度低,在红外(图3a)和中红外云图(图3b)上显得较亮,水汽含量少的地区辐射温度高而显得较暗,因水汽是无反照率的,所以图3c检测不到云带$C-C$。由图3a、图3b和图3c这3个通道云图的检测结果判断得知云带$C-C$是一条中尺度水汽输送带。在每小时1幅的红外云图中,图3a中云带$C-C$从4月12日05—16时持续存在,位置只略向东移。

在4月12日08时北海探空站探测数据中,700 hPa是偏西风,850 hPa是西南风,由图3a云

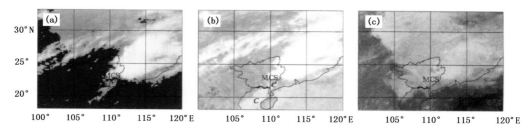

图3 2008年4月12日14时FY-2C卫星云图(a,红外(IR1),蓝色区域表示 TBB$\geqslant 5$℃; b,中红外(IR4);c,可见光(VIS))

Fig.3 FY-2C cloud images at 14:00 BST on 12 Apr 2008

(a, infrared(IR1), the blue area shows the TBB$\geqslant 5$℃; b, near infrared(IR4); c, visible light(VIS))

带$C-C$的宽度、云带走向和北海高空风向以及红外(IR1)云图 TBB 值估计,中尺度水汽输送带$C-C$高度在3 km以下,宽度为150—200 km,由表1可估计得中尺度水汽输送带$C-C$在1.5 km高度以下的比湿$\geqslant 14.0$ g/kg。

红外云图明显地表示出水汽输送带$C-C$的源地是北部湾,汇集地是广西东南部,这正是 MCS的活动区域,并由此分析推断出在广西东南部对应的式(1)水汽变化项$\left(\dfrac{\partial q}{\partial t}\right)_L > 0$。

由此可见,这条来自北部湾的中尺度水汽输送带$C-C$提供了 MCS 发生发展所必需的水汽和热量条件,其持续性和稳定性是 MCS 能够维持长生命期的关键因素之一。

4.1.4 位势不稳定层结的形成和维持

根据前述的对流层中上层空气湿度变化特征和低层水汽输送过程分析,综合得到图4所示的分析

结果。其中,图4a是根据4月12日07时—13时04时水汽图(WV)的形态特征分析和图2a分析结果综合而得,图中宽箭头表示自西向东的干空气,干空气的底部约在700 hPa,顶部达对流层顶,宽度达广西南北边界,东边达广西东部。图4b中的WS-EN向窄箭头表示自北部湾向广西东南部的水汽输送,是根据图3分析结果所得。

因为,由前述分析得
$$\left[\left(\dfrac{\partial T}{\partial t}\right)_H - \left(\dfrac{\partial T}{\partial t}\right)_L\right] \approx 0, \quad \left(\dfrac{\partial q}{\partial t}\right)_H < 0, \quad \left(\dfrac{\partial q}{\partial t}\right)_L > 0$$
所以,式(1)可表达为
$$\frac{\partial I}{\partial t} = M\left\{2.5\left[\left(\dfrac{\partial q}{\partial t}\right)_H - \left(\dfrac{\partial q}{\partial t}\right)_L\right]\right\} < 0 \quad (2)$$
式(2)中,对流层中上层的干空气与低层湿空气对稳定度的综合贡献是$\dfrac{\partial I}{\partial t} < 0$。式(2)表明,在高空干空气和低层湿空气重合的广西东南部产生了强位势不

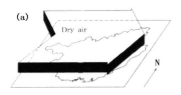

图 4   高空干空气与低空湿空气叠加构成位势不稳定层结示意

(a. 蓝色箭头表示高空干空气;b. 红色箭头表示低空湿空气;c. 红、蓝叠加区为位势不稳定区域;底图为广西地图)

Fig. 4   Sketch map of the instability area during the dry and the wet current encounter

(a. blue arrow showed dry air; b. red arrow showed wet air; c. red and blue overlap showed instability area; based on the map of Guangxi)

稳定层结(图 4c)。

在 FY-2C 水汽图(WV)上高空干空气在 4 月 12 日 07 时—13 日 04 时持续维持(图 4a),从红外云图检测到的中尺度水汽输送带 $C-C$ 在 4 月 12 日 05—16 时持续存在(图 4b),这两者在广西东南部产生并长时间维持了强位势不稳定层结,为 MCS 的发生发展和长时间维持提供了有利的环境条件。

4.2 对流触发机制和后向传播方式

4.2.1 锋面抬升对流触发机制

(1) 对流触发机制分析

从 2008 年 4 月 12 日 16 时 FY-2C 红外云图(图 5a)中过 MCS 沿 P_1-P_2 作 TBB 剖面曲线(图 5b)。由图 5b 可以看出,MCS 的 TBB 剖面线顶部相对平缓,两侧陡峭,主体结构明显。图 5c 中雷达扫描仰角为 0.5°,在玉林市上空探测到的是 4 km 高度处的回波强度。与图 5a 的 MCS 主体相对应,在图 5c 中玉林市北边有一个半径约为 10 km、强度达 45 dBz 的对流单体回波,图 5c 的 R_1-R_2 方向上

的雷达回波显示出 MCS 具有多单体的结构特征。

根据图 5b 中 TBB 剖面曲线特征、图 5c 中雷达回波以及图 3a 中尺度水汽输送带 $C-C$ 等图像特征,地面准静止锋过境前后气压、温度、风向风速和降雨的变化特征,参考 Houze 等(1989)给出的 MCC 概念模型,综合后得到 2008 年 4 月 12 日准静止锋过玉林市前后,MCS 在图 5a 中 P_1-P_2 切面的结构示意图(图 6a),把玉林市自动气象站气压、温度曲线(图 6b)、风速曲线和雨量直方图(图 6c)对应合成后,得到 MCS 发展演变与地面各气象要素变化的对应关系(图 6)。

4 月 12 日 15 时 45 分玉林市测站气压开始上升、气温下降(图 6b),风向由南风转为北风,风速由微风状态迅速增大至 5 m/s(图 6c),表明准静止锋已移到玉林市测站,此时玉林市上空对流云开始发展。4 月 12 日 16 时 10 分玉林开始出现明显的阵性降雨,从锋面过境到开始明显降雨时间间隔为 25 min,锋面已移过测站约 5 km,这是明显的锋面降雨,表明对流运动是由于暖湿的西南气流沿着锋

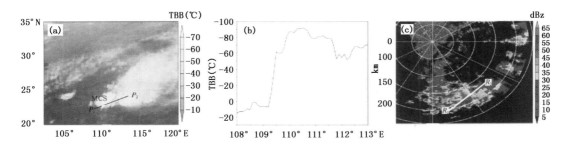

图 5   2008 年 4 月 12 日 16 时红外云图与 TBB 剖面曲线及雷达回波

(a. 红外云图;b. 沿剖面线 P_1-P_2 的 TBB 剖面曲线;c. 15 时 51 分 48 秒柳州雷达站基本反射率图,白色"十"为玉林市位置)

Fig. 5   Infrared cloud images, TBB profile and radar echo chart at 16:00 BST on 12 Apr 2008

(a. infrared cloud images; b. TBB profile along $P_1 - P_2$;

c. reflectivity at 15:51:48 BST by the radar station in Liuzhou, the white "+" showed the situation of Yulin)

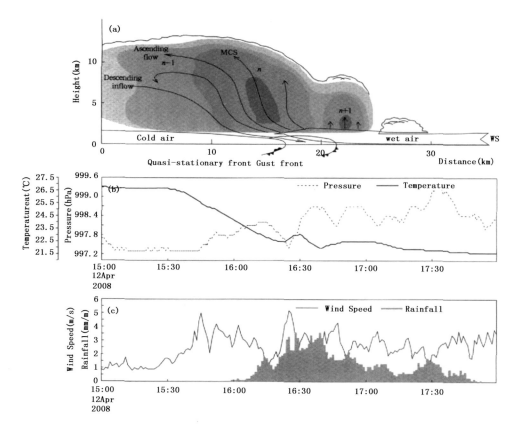

图 6 2008 年 4 月 12 日 15 —18 时 MCS 结构示意(a)和地面气象要素变化曲线(b,c)

(a. MCS 结构示意图；$n+1$ 为新生对流单体，n 成熟对流单体，$n-1$ 为衰减期对流单体；细实线表示云体中气流方向；b. 玉林自动气象站本站气压、温度；c. 风速和 1 min 降雨量自动记录曲线)

Fig. 6 Mechanism sketch map of MCS (a) and the corresponding change of
weather factors (b) on 12 Apr 2008, 15 : 00 - 18 : 00 BST

(a. MCS sketch, $n+1$ showed new convection cells, n showed mature ones, $n-1$ showed
those in attenuation stage, solid lines showed direction of flow, lines with sawtooth showed
quasi-stationary front and gust front, red arrow showed wet air; b,c. sketch showed curves
of pressure, temperature, wind speed and rainfall recorded by auto-station in Yulin)

面滑升，由锋面抬升而触发深对流的。4 月 12 日 15 时 45 分 —16 时 27 分，为锋面抬升触发对流阶段，伴随这阶段出现了一个降雨高峰。16 时 27 分锋面触发的对流单体成熟后，在其后部出现下沉气流外流形成阵风锋，又出现了 1 个风速峰值尖峰和相应的气压波，并再次抬升触发 2 次对流而产生了第 2 阶段的强降雨。

　　暴雨区北边的桂平市和南边的陆川县在锋面过境前后，自动气象站记录的各要素变化规律与玉林市相似(图略)，也都出现气压开始上升形成第 1 个气压波、气温下降，风向由南风转为北风，风速由微风状态迅速增大，阵性强降雨明显落后于锋面过境时间，阵风锋影响时出现第 2 个气压波和第 2 阶段强降雨等特征。桂平市测站锋面过境时间是 4 月 12 日 9 时 18 分，9 时 40 分开始出现明显阵性降雨，时间间隔为 22 min，阵风锋影响时段为 9 时 50 分 —10 时 08 分。陆川县测站锋面过境时间是 4 月 12 日 17 时 40 分，17 时 58 分开始明显阵性降雨，时间间隔为 18 min，阵风锋影响时段为 18 时 33 分 —10 时 53 分。

　　由以上分析可知，MCS 中的深对流主要是低层暖湿西南气流沿锋面滑升，由锋面抬升触发所致，是一种锋面触发机制。

　　(2) MCS 随锋面移动发展和维持。

4月12日05时,当准静止锋移到柳州市北部时锋面抬升作用触发对流运动形成了MCS,此后从4月12日05时到4月13日06时MCS随锋面持续向南移动。

图7中 $F—F$ 是图1c中的准静止锋在可见光云图上的叠加,准静止锋地面锋线与层状云边界一致,锋后是大片低层云区,在准静止锋南移过程中MCS随锋面一同向南移动。

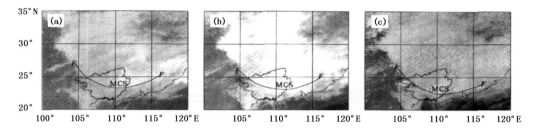

图7 准静止锋与MCS位置关系示意
($F—F$ 表示准静止锋;a. 10时, b. 13时, c. 16时)
Fig. 7 Ubiety sketch map of quasi-stationary front and MCS
($F- F$ showed quasi-stationary front; a. 10:00 BST, b. 13:00 BST, c. 16:00 BST)

在红外云图的动画显示中也清晰显示了MCS随锋面南移的情况。4月12日05—08时,MCS随锋面先向东南方向移动,这阶段由于高空湿度仍较大,低空处于湿空气输送带末端水汽输送不足,大气层结呈弱不稳定性,对流活动强度不强,柳州市北部等地只降了小到中雨。约在09时锋面移到桂平市对流强烈发展,在桂平市和平南县等地降了暴雨,此后MCS向偏南方向移动,10—13时MCS的对流活动略有减弱;16时后MCS随锋面移到玉林市,对流活动再次强烈发展,在玉林等5个市县降了暴雨和大暴雨;23时后MCS随锋面移出广西东南部。13日02时准静止锋移到广东西部沿海后,受锋面变性减弱和坡度减小等影响,MCS开始减弱,06时后MCS随锋面移到南海海面上消失。

MCS的整个生命期都与准静止锋密切相关,MCS在锋面上形成和发展,随锋面向南移动,到海面后随锋消而消失。由此可见,准静止锋的存在是MCS得以维持的一个必要条件。

4.2.2 后向传播方式和MCS移向

把图3a中的MCS和中尺度水汽输送带 $C—C$ 进行轮廓线素描后,再把如图1c所示南移后的4月12日14时的准静止锋叠加,并结合图9的实例分析结果,综合得到MCS与中尺度水汽输送带与准静止锋的配置(图8),以及对流单体传播与MCS移向的关系描述。

图8中,由于MCS随准静止锋南移,准静止锋在MCS西或西南端抬升西南暖湿空气触发对流而形成新对流单体,这些新对流单体以后向传播方式发展起来并入到MCS中。因MCS中的对流单体是随高空风的平均方向即偏东方向移动,而新单体的后向传播方式是向西南向的,这两个方向的合成方向使得MCS向南偏东方向移动。

图9是对流单体后向传播方式发展的卫星云图和雷达回波图实例。

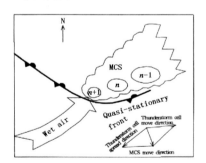

图8 MCS与中尺度水汽输送带及准静止锋配置、对流单体传播与MCS移向
($n+1$ 为新生对流单体,n 为成熟对流单体,$n-1$ 为衰减对流单体)
Fig. 8 The movement sketch map of mesoscale vapor convey belt, thunderstorm cell and MCS
($n+1$ showed new thunderstorm cells, n showed mature ones, $n-1$ showed those in attenuation stage)

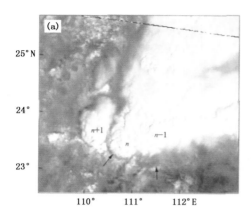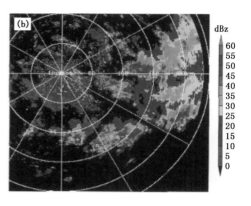

图9 2008年4月12日10时40分NOAA17可见光云图(a)和10时54分柳州雷达站回波图(b)
(n+1为新生对流单体,n为成熟对流单体,n-1为衰减对流单体)
Fig.9 NOAA17 visible light cloud image at 10:40 BST on 12 Apr 2008(a) and
the echo image of Liuzhou radar station at 10:54 BST on 12 Apr 2008(b)

图9a中箭头所指云线为成熟对流单体下沉气流外流边界线;图9a中对流单体与图9b中标号相同的回波块相对应。图9b东北部还有多块正减弱东移的回波块,这是比 $n-1$ 单体更早时候发展起来的对流单体。

4.2.3 MCS多单体分布特征

从图9还可以看到,MCS中对流单体的分布特征:新单体位于东南部位,成熟单体紧挨其西边,衰减期单体在东北部位,且分布范围更广。图9b中MCS成熟单体的回波强度最强,对流单体回波强度有从西南向东北递减趋势。新单体和成熟单体范围较小,回波强度 ≥25 dBz 的半径一般为 5～20 km,衰减单体的范围要大许多,但外形显得更不规则。数值模拟方法发现,MCS中对流单体这种分布特征主要受以下规则支配

$$V = V_E + V_R \qquad (3)$$

式(3)中,V 为对流单体移动速度;V_E 为对流单体随高空偏东平均气流移动速度;V_R 为对流单体因各种其他影响而产生的随机速度。式(3)表明,对流单体的移动速度既受高空气流影响,也还有多种复杂的因素影响,但一般 $|V_E| > |V_R|$,仍以随高空平均气流速度影响为主。

MCS这种多单体分布特征主要是由锋面抬升触发及后向传播方式所决定的,这种机制有利于MCS中对流单体的更新补充,维持MCS的生命期。

4.3 MCS概念模式

根据图3a的MCS与中尺度水汽输送带 $C—C$ 的配置关系,图1c准静止锋分析、图7中MCS随准

静止锋移动关系,图9中MCS多单体结构和后向传播等实际资料,以及图2的水汽图(WV)TBB剖面曲线变化特征,图4的位势不稳定形成等分析结果,把图6中二维的MCS的切面结构和触发机制示意图,图8中二维的中尺度水汽输送带、准静止锋与对流单体传播及MCS移向示意图等,综合成三维的MCS概念模式(图10)。

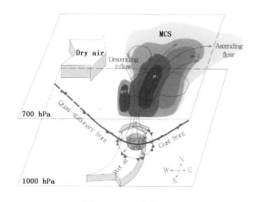

图10 MCS的概念模式
($n+1$ 为新生对流单体;n 为成熟对流单体;
$n-1$ 为衰减期对流单体;箭头向上的细实线
表示上升气流;箭头向下的细实线表示
雷暴后部的下沉气流)
Fig.10 Concept model of MCS
($n+1$ showed new convection cells , n showed mature
ones , $n-1$ showed those in attenuation stage ; lines
with upward arrow showed ascending flow , and lines
with downward arrow showed descending inflow
at the end of thunderstorm)

图 10 中,在高空干空气与低空中尺度水汽输送带重合的地方大气层结处于强位势不稳定状态,当地面准静止锋向南移动时,西南暖湿空气沿锋面滑升,锋面抬升触发对流运动而形成 MCS。MCS 新对流单体产生地点位于准静止锋与中尺度水汽输送带相交的部位,产生时间是准静止锋过境时刻。因为高空干空气、低空中尺度水汽输送带、准静止锋等长时间的持续稳定,使锋面在南移过程中连续不断地触发新的对流单体,在后向传播机制下,新的对流单体在 MCS 西边或西南边形成后加入到 MCS 中,补充和替代旧对流单体,使 MCS 得以长时间维持。

5 结论和讨论

综上所述,2008 年 4 月 12 日在弱斜压大气环境下,MCS 生命期能维持长达 25 h,主要是两方面的因素起作用。

(1) 有利的环境条件。原从中南半岛流入的湿空气消失后,广西上空对流层中上层由湿变干,来自北部湾海面的低空中尺度水汽输送带把充沛的水汽输送到广西东南部,为 MCS 的发生发展和维持提供水汽和热量条件,在广西东南部高空干空气和低空湿空气的重合地方形成了强位势不稳定,有利 MCS 的发生发展和维持。在 MCS 维持过程中,低空中尺度水汽输送带的长时间持续和稳定起了关键作用。

(2) 合适的对流触发机制。准静止锋抬升暖湿西南气流触发对流运动而形成 MCS,成熟后期的对流单体中下沉气流形成外流边界产生二次触发,加强了锋面的触发作用。移动缓慢的准静止锋在南下过程中持续的对流触发机制,用后向传播方式在 MCS 西南边缘不断触发新的对流单体并入 MCS,补充东移减弱的旧对流单体,使 MCS 具有持续的生命力。

在以上的分析中,通过利用 FY-2C 多通道卫星云图,辅以雷达探测和自动气象站观测资料等,分析出了对 MCS 能维持长生命期所起关键作用的环境条件和触发机制,加深了对 MCS 的发生发展和维持机制的认识。但由于受缺乏资料条件限制,目前所获得的 MCS 内部结构信息较少,对于此类 MCS 的内部精细结构及演变特征仍不很清楚,而 MCS 的结构特征与其所造成的对流和降雨强度等关系密切相关,如何获取更多的 MCS 结构信息,是深入研究 MCS 机理的一个亟待解决的问题。

References

Augustine J A, Howard K W. 1991. Mesoscale convective complexes over the United States during 1986 and 1987. Mon Wea Rev, 119:1575-1589

Chen Min, Tao Zuyu, Zheng Yongguang, et al. 2007. The front-related vertical circulation occurring in the pre-flooding season in South China and its interaction with MCS. Acta Meteor Sinica (in Chinese), 65(5):785-791

Chen Weimin. 2003. Satellite Meteorology (in Chinese). Beijing: China Meteorological Press, 196-222

Houze R A Jr, Rutlegdge S A, Biggerstaff M I, et al. 1989, Interpretation of Doppler weather radar displays of midlatitude mesoscale convective systems. Bull Amer Meteor Soc, 70(6):608-619

Leary C A, Rappaport E N. 1987. The life cycle and internal structure of a mesoscale convective complex. Mon Wea Rev, 115:1503-1527

Maddox R A. 1980. Mesoscale convective complexes. Bull Amer Meteor Soc, 61:1374-1387

Meng Weiguang, Wang Anyu, Li Jiangnan, et al. 2004. Moist potential vorticity analysis of the heavy rainfall and mesoscale convective system in South China. Chinese J Atmospheric Science (in Chinese), 28(3):330-341

Meng Weiguang, Zhang Yanxia, Daj Guangfeng, et al. 2007. The formation and development of a heavy rainfall mesoscale convective system along southern China coastal area. J Tropical Meteor (in Chinese), 23(6):521-530

Nachamkin J E, Mcanelly R L, Cotton W R. 1994. An observational analysis of a developing mesoscale convective complex. Mon Wea Rev, 122:1168-1188

Raymond D J, Jiang H. 1990. A theory for long-lived mesoscale convective system. J Atmos Sci, 47(24):3067-3077

Shou Yixuan, Xu Jianmin. 2007. The rainstorm and mesoscale convective system over Northeast China in June 2005 Ⅰ: A synthetic analysis of MCS by convectional observations and satellite data. Acta Meteor Sinica (in Chinese), 65(2):160-170

Shou Yixuan, Xu Jianmin. 2007. The rainstorm and mesoscale convective system over Northeast China in June 2005 Ⅱ: A synthetic analysis of MCS's dynamical structure by radar and satellite observations. Acta Meteor Sinica (in Chinese), 65(2):171-182

Sun Jian, Liu Shuyuan, Tao Zuyu, et al. 2004. An analysis of the meso-scale convective system in a heavy rain process during June 8 to 10 1998 at Hongkong. Chinese J Atmospheric Science (in Chinese), 28(5):713-721

Sun Jianhua, Zhang Xiaoling, Qi LinLin, et al. 2004. An analysis on MCSs in meiyu front during 20 - 24 June 2002. Acta Meteor Sinica (in Chinese), 62(4):423-438

Sun Jianhua. Zhao Sixiong. 2002. A study of mesoscale convetive systes and its environmental fields during the June 1994 record heavy rainfall of Sounth China Part Ⅰ: A numerical simulation study of meso-β convective system inducing heavy rainfall. Chinese J Atmos Sci (in Chinese) , 26(4) :541-556

Sun Jianhua. Zhao Sixiong. 2002. A study of mesoscale convetive systes and its environmental fields during the June 1994 record heavy rainfall of Sounth China Part Ⅱ: Effect of physical processes initial environmental fields and topography on meso-β convective system. Chinese J Atmos Sci (in Chinese) , 26(5) :633-646

Wang Yiping , La Weisong , Pan Yinong , et al. 2008. Numerical simulation of a torrential rain in the northeast of Huaibe Basin Part Ⅰ: Model veriflcation and the characteristics analysis of MβCS. Acta Meteor Sinica (in Chinese) , 66(2) :167-176

Wang Yiping , La Weisong , Pan Yinong , et al. 2008. Numerical simulation of a torrential rain in the northeast of Huaibe Basin Part Ⅱ: Instability condition and the mechanism of intensiflcation and maintenance. Acta Meteor Sinica (in Chinese) , 66(2) :177-189

Wetzel P J , Cotton W R , Mcanelly R L. 1983. A long-lived mesoscale convective complex. Part Ⅱ: Evolution and structure of the mature complex. Mon Wea Rev ,111:1919-1937

Xia Rudi , Zhao Sixing , Sun Jianhua. 2006. A study of circumstances of Meso-β-scale system of strong heavy rainfall in warm sector ahead of fronts in South China. Chinese J Atmos Sci (in Chinese) , 30(5) :988-1008

Zhao Yuchun , Li Zechun , Wang Yehong , et al. 2008. Diagnosing analysis of heavy rain in northern Fujian province triggered by mesoscale convective system along the meiyu front during 5 - 8 June 2006. Chinese J Atmos Sci (in Chinese) , 32(3) :598-614

Zhu Qiangen , Lin Jinrui , Shou Shaowen , et al. 2000. Theory and Methods of Synoptic Meteorology (Third Edition) (in Chinese). Beijing : China Meteorological Press ,423-428

附中文参考文献

陈敏,陶祖钰,郑永光等. 2007. 华南前汛期锋面垂直环流及其与中尺度对流系统的相互作用. 气象学报,65(5) :785-791

陈渭民.2003. 卫星气象学. 北京. 气象出版社, 196-222

蒙伟光,王安宇,李江南等.2004.华南暴雨中尺度对流系统的形成及湿位涡分析.大气科学,28(3) :330-341

蒙伟光,张艳霞,戴光丰等.2007. 华南沿海一次暴雨中尺度对流系统的形成和发展过程. 热带气象学报, 23(6) :521-530

寿亦萱,许健民. 2007. "05.6"东北暴雨中尺度对流系统研究 Ⅰ:常规资料和卫星资料分析.气象学报, 65(2) :160-170

寿亦萱,许健民. 2007. "05.6"东北暴雨中尺度对流系统研究 Ⅱ: MCS动力结构特征和雷达卫星资料分析. 气象学报, 65(2): 171-182

孙健,刘淑媛,陶祖钰. 2004. 1998年6月8─9日香港特大暴雨中尺度对流系统分析. 大气科学,28(5) :713-721

孙建华,张小玲,齐琳琳等. 2004. 2002年6月20—24日梅雨锋中尺度对流系统发生发展分析. 气象学报, 62(4) :423-438

孙建华,赵思雄.2002.华南"94.6"特大暴雨的中尺度对流系统及其环境场研究. Ⅰ.引发暴雨的β中尺度对流系统的数值模拟研究.大气科学,26(4) :541-557

孙建华,赵思雄.2002.华南"94.6"特大暴雨的中尺度对流系统及其环境场研究. Ⅱ.引发暴雨的β中尺度对流系统的数值模拟研究.大气科学,26(5) :633-646

王亦平,陆维松,潘益农等.2008.淮河流域东北部一次异常特大暴雨的数值模拟研究 Ⅰ.结果检验和Ⅰ中尺度对流系统的特征分析. 气象学报,66(2) :167-176

王亦平,陆维松,潘益农等.2008.淮河流域东北部一次异常特大暴雨的数值模拟研究 Ⅱ.不稳定条件及其增强和维持机制分析.气象学报,66(2) :177-189

夏茹娣,赵思雄,孙建华. 2006. 一类华南锋前暖区暴雨β中尺度系统环境特征的分析研究.大气科学, 30(5) :988-1008

赵玉春,李泽椿,王叶红等.2008. 2006年6月5─8日梅雨锋上中尺度对流系统引发福建北部暴雨进行了诊断分析.大气科学, 32(3) :598-614

朱乾根,林锦瑞,寿绍文等.2000. 天气学原理和方法(第三版). 北京:气象出版社, 423-428

附录 B

一个高空槽前中尺度对流系统
发生发展过程和机制研究[*]

林宗桂[1,2]　林开平[3]　李耀先[4]　林　墨[1,2]　陈翠敏[5]　林健玲[6]

LIN Zonggui[1,2]　LIN Kaiping[3]　LI Yaoxian[4]　LIN Mo[1,2]　CHEN Cuimin[5]　LIN Jianling[6]

1. 广西壮族自治区气象减灾研究所,南宁,530022
2. 国家卫星气象中心遥感应用试验基地,南宁,530022
3. 广西壮族自治区气象台,南宁,530022
4. 广西气象学会,南宁,530022
5. 广西南宁市气象局,南宁,530022
6. 广西壮族自治区气象局,南宁,530022
1. *Guangxi Institute of Meteorology and Disaster-Mitigation Research*, *Nanning 530022,China*
2. *Remote Sensing Application and Experiment Station of National Satellite Meteorology Centre*, *Nanning 530022,China*
3. *Guangxi Meteorological Observatory*, *Nanning 530022,China*
4. *Guangxi Meteorological Society*, *Nanning 530022,China*
5. *Nanning Meteorological Bureau*, *Nanning 530022,China*
6. *Guangxi Meteorological Bureau*, *Nanning 530022,China*
2009-12-02 收稿,2011-05-25 改回.

Lin Zonggui,Lin Kaiping,Li Yaoxian,Lin Mo,Chen Cuimin,Lin Jianling. 2011. A study of the development process of a mesoscale convective system ahead of a upper-level trough and its mechanism. *Acta Meteorologica Sinica*, 69(5):770-781

Abstract　A rainstorm belt of about 80 km and 350 km in the EW and NS direction respectively was generated by a cloud system in front of the upper-level trough from 20:00 BT 6 July to 14:00 BT 7 July 2008, covering from Nanning city to Huanjiang county, Guangxi Province, China. A mesoscale convective system (MCS) in the south of the cloud system triggered a torrential rain with precipitation of 265.0 mm in Shanglin county. The FY-2C cloud images, radar observations, records obtained from automatic weather stations and other irregular observations were used to analysis this process. Based on the cloud image and isentropic analysis charts, the dry air moved down across the Yunnan-Kweichow plateau to the west of Guangxi Province and the north of Vietnam after the upper-level trough passed the Tibet plateau, and it turned eastwards at the upper-level trough bottom to the middle of Guangxi, and then formed a mesoscale vortex and a mesoscale katallobaric center near Shanglin county. After that the MCS developped and generated heavy rain in the mesoscale vortex and katallobaric center. The severe rainfall occurred 2 hours after the mesoscale vortex and katallobaric center occurrence. The results show that the main favorable factors generating the MCS are as follows. Firstly, the sufficient water vapor was transported by the warm and wet southerly flow ahead of the upper-level trough to the middle of Guangxi to form the unstable potential, which provided an advantageous environmental condition for the MCS generation. Secondly, the MCS was generated while the warm and wet airflow was uplifted by the convergence and the ascend motion of the mesoscale vortex. Thirdly, convective cells moved forward along the low level shear line, which made the MCS maintain and develop. Furthermore, a 2D conceptual model of the MCS development mecha-

---

[*]　资助课题:国家自然科学基金项目(40965003)、2009 年度公益性行业(气象)科研专项(GYHY20090601)和广西自然科学基金项目
(2011GXNSFE018006,2011GXNSFA018005,0991023Z,0991208,0832190)。
作者简介:林宗桂,主要从事卫星与自动气象站资料在天气分析和预报中的应用研究。E-mail:lzg10802@163.com
通讯作者:林开平,主要从事天气分析、预报工作。E-mail:linkp0305@yahoo.com.cn

nism is presented.

Key words Mesoscale convective system，Mesoscale vortex，Mesoscale katallobaric，Torrential rain

摘　要　2008 年 7 月 6 日 20 时—7 日 14 时,高空低槽前云系产生了一条从广西南宁市到环江县东西宽约 80 km、南北长达 350 km 的暴雨带,槽前云系南段一个中尺度对流系统在上林县产生了降雨量达 265.0 mm 的特大暴雨。使用常规资料和 FY-2C 卫星云图、多普勒天气雷达和自动气象站等非常规观测资料进行分析。当高空槽移过青藏高原后,从卫星云图和等熵面分析图上可以检测到槽后有干空气东南下,干空气经云贵高原下沉到桂西和越南北部后,在槽底附近转折向东侵入到桂中,在上林县附近形成一个中尺度涡旋和中尺度负变压中心,中尺度对流系统在中尺度涡旋及中尺度负变压中心上空发生、发展并产生了强降雨,而中尺度涡旋和中尺度负变压中心的出现超前于强降雨约 2 h。研究表明,中尺度对流系统发生、发展的有利条件是:(1)槽前偏南暖湿气流向桂中暴雨区输送充足的水汽并形成了位势不稳定,为中尺度对流系统的发生发展提供了环境条件;(2)在上林县附近形成的中尺度涡旋辐合上升运动抬升暖湿气流触发对流而形成了中尺度对流系统;(3)对流单体沿低空切变线传播发展并入中尺度对流系统,使中尺度对流系统得以发展和维持。给出了中尺度对流系统发生发展机制的二维概念模型。

关键词　中尺度对流系统,中尺度涡旋,中尺度变压场,暴雨

中图法分类号　P458

1　引　言

　　中尺度对流系统(MCS)是华南前汛期暴雨的主要制造者。众多学者对 MCS 的研究较为广泛而深入,Maddox(1980)利用卫星云图发现并定义了中尺度对流复合体(MCC),Peter 等(1983)、Colleen 等(1987)、Raymond 等(1990)、John 等(1991)、Jason 等(1994)利用科学试验观测资料、理论分析、气象观测资料综合分析等方法,广泛研究了中高纬度的 MCS 结构、环境条件、发生规律和机制等。华南地处低纬度地区,暴雨 MCS 有其独特性,经多次华南暴雨科学试验,目前已经认识到在大尺度天气背景条件下,高度 5 km 以下低空暖湿急流和低空辐合的形成与变化是华南前汛期暴雨发生发展的决定性因子(周秀骥等,2003)。近年来,中国许多学者利用数值模拟或观测资料分析方法进一步深入研究了华南暴雨,主要利用数值模拟研究的有:孙建华等(2002a,2002b)对华南(重点是广西)"94.6"特大暴雨 MCS 及其环境场进行了研究,指出低层水汽的辐合可出现在对流发展前的 2—3 h,决定暴雨是否发生的主要因子仍是大尺度的气象环境场。蒙伟光等(2004)对华南暴雨 MCS 的形成及湿位涡进行分析,指出对称不稳定可能是暴雨和 MCS 发生发展的一种重要机制。陈敏等(2007)研究了华南前汛期锋面垂直环流及其与 MCS 的相互作用。用观测资料分析方法进行研究的有:孙健等(2004)对 1998 年 6 月 8—9 日香港特大暴雨 MCS 进行分析,主要利

用卫星和多普勒雷达资料分析 MCS 结构和演变,以及在卫星云图和雷达回波图上的表现特征。夏茹娣等(2006)对一类华南(重点是广西)锋前暖区暴雨 MCS 环境特征进行分析研究,给出了一类低空风速辐合引发华南前汛期锋前暖区暴雨有关影响因子的概略图。蒙伟光等(2007)对华南沿海一次暴雨 MCS 形成和发展过程进行了分析和数值模拟,认为对流的启动和发展与地形辐合有关,而 MCS 的组织发展过程与中层扰动的增强相联系。赵玉春等(2008)对 2006 年 6 月 5—8 日梅雨锋上 MCS 引发福建北部暴雨进行了诊断分析,探讨了梅雨锋上或锋前暖区一侧 MCS 触发和增强的动力机制,给出了梅雨锋上 MCS 产生、发展以及非绝热加热反馈的概念模型。林宗桂等(2009)对 2008 年 4 月 12—13 日一次生命期长达 25 h 的 MCS 的维持机制进行了研究,分析了 MCS 发生、发展和维持的有利因素,给出了静止锋 MCS 发生发展和维持机制概念模型。高空槽过境产生暴雨是华南常见的天气过程,虽然许多学者对华南各类 MCS 进行了广泛而深入的研究,对 MCS 的环境条件和成因有了一定程度的认识,但对高空槽前云系中 MCS 发生、发展与地面中尺度低值系统的关系认识尚不深刻,仍有许多问题需要深入研究。

　　本文以 2008 年 7 月 6 日 20 时—7 日 14 时(北京时,下同)一条高空槽过境广西(简称桂)时,一个出现在高空槽前云系中降雨量达 265.0 mm 的 MCS 发生发展过程为例,使用当前业务提供的常规和非常规观

测资料,分析槽前暖湿气流在地面中尺度涡旋和中尺度负变压中心之上 MCS 发生、发展过程和机制,建立了 MCS 发生发展机制的二维概念模型。

2 资料和方法

2.1 资料

(1)常规观测资料:2008 年 7 月 6 日 08 时—7 日 08 时广西 6 个探空站的资料,包括 925—250 hPa 温度、高度、风和温度露点差等,主要用于分析 MCS 的环境场条件。

(2)非常规观测资料:FY-2C 卫星 2008 年 7 月 6 日 08 时—7 日 14 时 MICAPS 数据格式的红外(IR1)、水汽(WV)云图资料;柳州雷达站 CINRAD/SB 型多普勒雷达探测资料,主要用于分析 MCS 的结构特征;2008 年 7 月广西境内 84 个 6 要素自动气象站 1 min 取样的气压、气温、风、降雨资料,主要用于分析地面天气系统。

2.2 自动气象站资料分析处理方法

对中尺度变压场的分析主要使用林宗桂等自主开发的"自动气象站资料分析处理系统"[注] 进行分析处理,该系统计算中尺度变压的算法模型和算法步骤为

(1)算法模型

设 t 时间的实时气压观测值 $p(t)$ 为

$$p(t) = p_g(t) + p_s(t) + p_m(t) + p_d(t) \quad (1)$$

式中,$p_g(t)$ 为地理气压项,主要与测站海拔高度有关;$p_s(t)$ 为大尺度天气系统气压项,主要受大尺度天气系统活动影响;$p_m(t)$ 为中尺度天气系统气压项,主要受中尺度天气系统活动影响;$p_d(t)$ 为气压日变化项。对长时间序列的气压数据作气候统计时,$p_s(t)$、$p_m(t)$ 近似服从正态分布,其数学期望值(平均值)近似为 0 或是较小的常数。

(2)算法步骤

计算气压日变化项

$$p_d(t) = \frac{1}{n} \sum_{k=1}^{n} p_k(t) \quad t = 1,2,3,\cdots,m \quad (2)$$

式中,n 为统计数据序列长度,通常 $n \geqslant 30$。

计算地理气压项

$$p_g = \frac{1}{n} \sum_{t=1}^{n} p_d(t) \quad (3)$$

式中,$n = 24$。

用滑动平均方法分离大尺度天气系统气压项

$$p_s(t) = \frac{1}{2n} \sum_{k=-n}^{n} p(t+k) \quad t = 1,2,3,\cdots,m \quad (4)$$

式中,取滑动平均步长为 $2n$;k 为样本点,$m \geqslant 120$ h。

计算大尺度天气系统影响所引起的变压项

$$p_s(t) = p_s(t) - p_g(t) \quad (5)$$

计算滤除大尺度天气系统影响后的气压项

$$p'(t) = p(t) - \Delta p_s(t) \quad (6)$$

计算中尺度天气系统变压项

$$p_m(t) = p'(t) - p_d(t) \quad (7)$$

3 天气概况

2008 年 7 月 7 日 02—05 时,从越南北部到桂北的槽前云系发展旺盛,在桂中的上林县等地形成一个 MCS 并产生了强降雨(图 1a、1b),6 日 20 时—7 日 14 时广西境内形成一条从南宁市到环江县东西宽约 80 km、南北长达 350 km 的暴雨带(图 1c),雨带北段以层状云产生的长时间低强度连续性降雨为主,南段以对流云产生的高强度阵性降雨为主,有 8 站降雨量大于 50 mm,暴雨中心位于雨带南部的上林县,降雨量达 265.0 mm。

4 MCS 发生发展过程和机制分析

4.1 MCS 发生发展环境条件

4.1.1 水汽条件

2008 年 7 月 7 日 02—05 时发生在上林县的 MCS,其水汽源地是北部湾,从北部湾到上林县的水汽输送通道上有北海和南宁 2 个探空站。从 2008 年 7 月 6 日 20 时南宁和北海探空站的比湿(q)数据(表 1)可知,925—700 hPa 的比湿北海均大于南宁,北海与南宁间存在着较明显的湿度梯度,6 日 20 时北海和南宁 700 hPa 以下都是偏南风,表明北部湾向上林县 MCS 发生地有充沛水汽输送。从自动气象站地面比湿数据分析也可以看出,6 日 20 时—7 日 02 时有一条从沿海伸向桂中 $q \geqslant 20$ g/kg 的湿舌。低空和地面资料分析表明,6 日 20 时后从北部湾有充沛水汽向桂中输送,为 MCS 的发生、发展提供了良好的水汽条件。

"自动气象站资料分析处理系统"已获中华人民共和国国家版权局计算机软件著作权登记证书(证书号:软著登字第 0211532 号;登记号:2010SR023259)

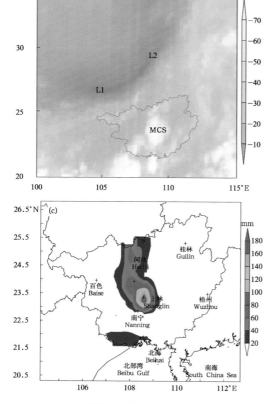

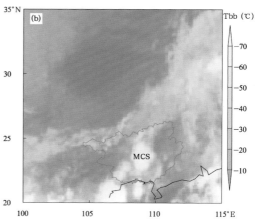

图 1　2008 年 7 月 7 日 05 时 FY-2C 卫星云图
及 6 日 20 时—7 日 14 时广西降雨量分布
（a.水汽（WV）通道，L1—L2 干空气下沉区（干缝），
b.红外（IR）通道，c.降雨量）

Fig.1　FY-2C cloud images (a. water vapor;
b. infrared) at 05:00 BT 7 July 2008;
the rainfall in Guangxi from 20:00 BT 6 to
14:00 BT 7 July 2008 (c)
(Guangxi Province is profiled therein and in (a) the
L1 - L2 area shows the dry air downdraft (dry crack))

表 1　2008 年 7 月 6 日 20 时南宁和
北海各高度层探空比湿（g/kg）
Table 1　The sounding data of the specific humidity
(g/kg) in Nanning and Beihai at 20:00 BT 6 July 2008

	925 hPa	850 hPa	700 hPa
南宁	13.0	11.8	6.8
北海	14.8	13.4	8.4

4.1.2　位势不稳定层结

根据 2008 年 7 月 6 日 20 时广西 6 个探空站资料计算的假相当位温 θ_{se}（表 2）可知，百色和南宁两站 $\theta_{se500} - \theta_{se850} > 0$，其他 4 站 $\theta_{se500} - \theta_{se850} < 0$。从稳定度判据分析，百色大气层结稳定，南宁大气层结弱稳定，其他 4 站大气层结不稳定。6 日 20 时，百色处于槽后下沉干气流影响区，大气层结稳定是确定的。南宁大气层结呈弱稳定状态，这主要是低层水汽含量偏低的缘故，但南宁处在槽前偏南气流区。从上述水汽条件分析得知，来自北部湾的水汽正向

内地输送，南宁低层水汽含量将会增加，大气层结也将向不稳定方向演变。处于槽前偏南气流区的其他 4 站都是大气层结不稳定的。由此判断处于槽前偏南气流区的上林县等地为大气层结不稳定状态，有利于 MCS 的发生、发展。

4.2　天气尺度环流背景

2008 年 7 月 6 日 20 时高空天气图（图略）上，500 hPa 有一条从桂西延伸到湖北西南的高空槽，槽底位于广西与越南交界处，在槽后的贵州西部到重庆市东北部有一带状干区（$T - T_d \geqslant 35\,℃$），在槽前的桂中和桂北有空气湿度接近饱和（$T - T_d \leqslant 2\,℃$）的高湿区；700 hPa 在桂西与越南北部间有一个低压，南海也有一个低压。与高空天气图槽后干区相对应，在水汽图上有一条明显的干缝（图 1a 中 L1—L2）。动画云图显示，随着高空槽的东移，槽后干缝 L1—L2 向东南方向移动。

表 2　2008 年 7 月 6 日 20 时广西 6 个探空站各高度层 θ_{se}（K）

Table 2　The θ_{se} data（K）in different altitudes in the 6

sounding stations in Guangxi at 20:00 BT 6 July 2008

	850 hPa	700 hPa	500 hPa	400 hPa	300 hPa	$\theta_{se500} - \theta_{se850}$
南 宁	342	335	343	346	350	1
河 池	348	343	346	346	351	−2
桂 林	347	334	343	347	350	−4
百 色	335	327	341	346	350	6
梧 州	348	343	341	349	351	−7
北 海	347	346	338	350	350	−9

为了分析槽后干空气的南下过程，参考巴德等（1998）的输送带概念模型，使用 6 日 20 时探空资料进行 325 K 等熵面分析（图 2），槽轴西边干空气下沉区无水汽凝结现象，分析的是位温的 325 K 等熵面；槽轴东边是湿空气上升区有水汽凝结现象，分析的是湿位温的 325 K 等熵面。槽轴西边 26°N 以北有一片 $q \leqslant 1.0$ g/kg 的干区，干区中的相对流线在 31°N 有一分支向南流向桂西，然后在槽底转向东北汇入槽前偏南气流中，表明槽后干空气近似沿着等熵面南下到达桂西后向东侵入到桂中腹地，桂西和越南北部处于槽后干区延伸出来的干舌范围。

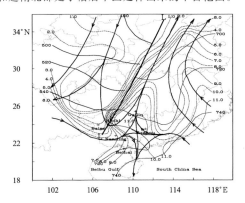

图 2　2008 年 7 月 6 日 20 时 325 K 等熵面分析

（实线 L—L 为低槽轴线，带箭头的粗实线为相对流线，
粗黑实线为 325 K 位温 θ 高度（hPa），细实线为 325 K 湿
位温 θ_W 高度（hPa），虚线为等比湿线（g/kg））

Fig. 2　325 K isentropic surface analyses

at 20:00 BT 6 July 2008

（The solid line L－L is the axis of trough；the thick

black lines with arrow are relative flow lines；the thick

black lines are the height（hPa）for the 325 K potential

temperature（θ）；the fine black lines are the height（hPa）

for the 325 K wet-bulb potential temperature（θ_W）；

and the dashed lines are specific humidity contours（g/kg））

4.3　MCS 发生、发展过程和机制

4.3.1　地面流场和中尺度变压场

利用地面自动站资料对 2008 年 7 月 6 日 23 时—7 日 04 时地面流线和比湿（q）进行分析（图 3）表明，6 日 23 时—7 日 00 时（图 3a、3b），在都安县（C1）和荔浦县（C2）各有一个弱的涡旋中心，都安县的涡旋中心（C1）与都安县此期间的对流云团发展在时间和地点上相对应。7 日 01 时（图 3c），原位于荔浦县的涡旋中心（C2）减弱消失，都安县的涡旋中心（C1）已向东南移到上林县。7 日 02 时（图 3d），在上林县的涡旋中心（C）风速加大，涡旋发展到最强阶段。7 日 03 时（图 3e、3f）后，涡旋中心逐渐减弱并东移。

根据地面自动站资料，使用"自动气象站资料分析处理系统"分析 2008 年 7 月 6 日 23 时—7 日 04 时地面中尺度变压场（图 4）可见，7 日 00 时（图 4a），在桂中的上林县出现了一个负变压中心 L，此负变压中心比图 3a 中的涡旋中心（C1）位置略偏东南；01—03 时（图 4b—4d），负变压中心 L 位置少动而强度加强，03 时中心极值达 −1.1 hPa；04 时后（图 4e），负变压中心 L 强度减弱，中心值上升到 −0.7 hPa；5 时（图 4f），位于上林县的负变压中心 L 消失。

7 日 00—04 时，中尺度涡旋中心 C（图 3b—3f）与负变压中心 L（图 4a—4e）位置基本重合、发展时间同步，负变压中心 L 的强度变化反映了中尺度涡旋的辐合上升运动强度变化。

4.3.2　MCS 发生、发展过程

图 5a 是 2008 年 7 月 6 日 20 时—7 日 20 时上林县自动气象站实时气压、标准气压日变化、降雨量曲线。其中，实时气压和降雨量为 1 min 取样的观测值，上林县 7 月标准气压日变化是用"自动气象站

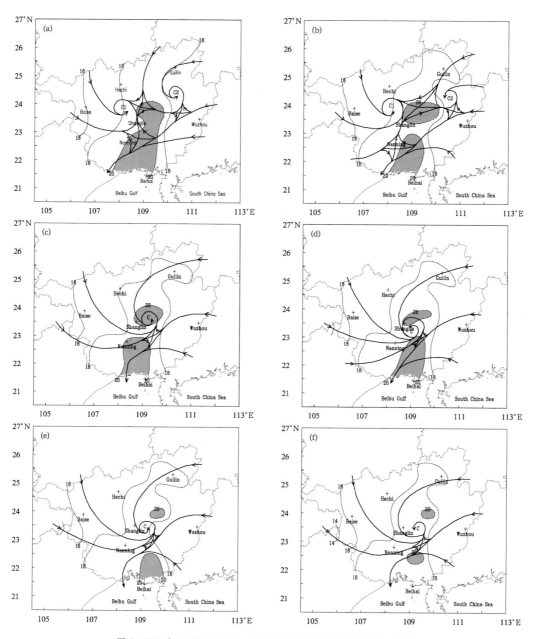

图 3　2008 年 7 月 6 日 23 时—7 日 04 时地面流线和比湿(g/kg)分布

(a.6 日 23 时,b.7 日 00 时,c.7 日 01 时,d.7 日 02 时,e.7 日 03 时,f.7 日 04 时;实线为流线,虚线为等比湿线,阴影区域 q≥20 g/kg)

Fig.3　Streamline (solid lines) and specific humidity (g/kg) analyses for the ground

from 23:00 BT 6 July to 04:00 BT 7 July 2008

(the dashed lines show the specific humidity, the shadow areas show the ones with the specific humidity≥20 g/kg;

a.23:00 BT 6 July,b.00:00 BT 7 July,c.01:00 BT 7 July,d.02:00 BT 7 July,e.03:00 BT 7 July,f.04:00 BT 7 July)

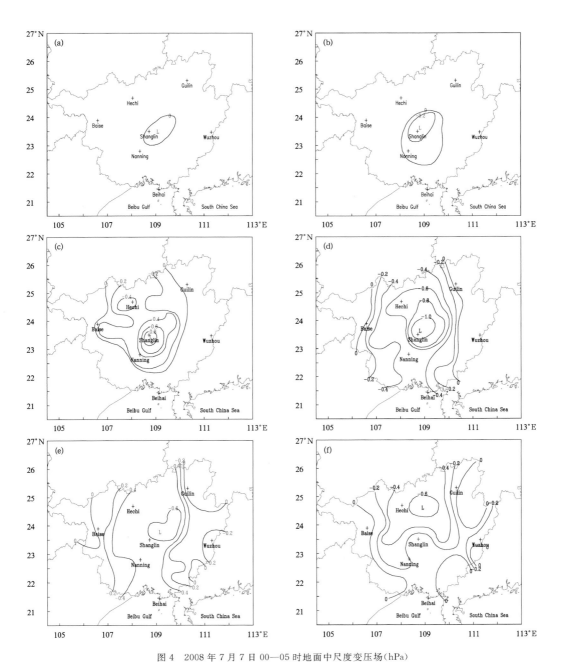

图 4 2008 年 7 月 7 日 00—05 时地面中尺度变压场(hPa)

(a. 00 时,b. 01 时,c. 02 时,d. 03 时,e. 04 时,f. 05 时;只给出了负变压等值线)

Fig. 4 As in Fig. 3 but for the mesoscale katallobaric center (hPa) from 00:00 to 05:00 BT 7 July 2008

(a. 00:00 BT, b. 01:00 BT, c. 02:00 BT, d. 03:00 BT,

e. 04:00 BT, f. 05:00 BT; The contours are negative)

资料分析处理系统"客观分析得到。为了便于比较实时气压值与标准气压的偏差特征,已将标准气压日变化曲线向下平移 2.5 hPa(相当于作天气尺度气压系统滤波)。实时气压与标准气压日变化的负偏差绝对值(以下简称偏差值)从 7 日 00 时开始持续增大,03 时偏差值达极大,以后偏差值逐渐减小,11 时后偏差值近似为 0,偏差值变化与图 4a—4d 的中尺度负变压中心 L 变化趋势一致。7 日 02 时 10 分当偏差值接近极大值时开始出现强降雨,从 02 时 10 分—03 时 10 分为第 1 个强降雨时段,对应着第 1 个气压小峰包;03 时 30 分—04 时 40 分为第 2 个强降雨时段,对应着第 2 个气压小峰包;05 时后,上

林县自动气象站实时气压偏差逐渐减小直至恢复正常,对应于图 4 中的中尺度负变压中心 L 也逐渐减弱消失。图 5b 是 2008 年 7 月 6 日 23 时—7 日 08 时在图 1b 中所示 MCS 的 TBB≤−60℃面积变化曲线。7 日 02 时后,TBB≤−60℃面积曲线快速上升,05 时进入平顶阶段,06 时后曲线迅速下降。由此可知,7 日 02—04 时为 MCS 发展期,05—06 时为成熟期,06 时后为衰减期。将图 5a 与 5b 对应分析可以看出,7 日 02 时当偏差值增至极大值后,MCS 快速发展。MCS 的发展期和成熟期都是在偏差值为极大值阶段。

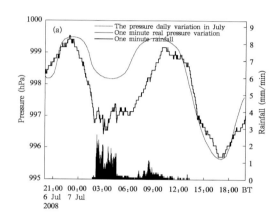
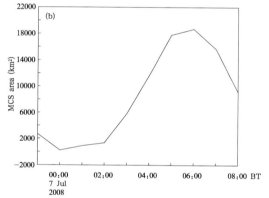

图 5　上林县 2008 年 7 月 6 日 20 时—7 日 20 时自动气象站实时气压、
标准气压日变化、降雨量(a)和 2008 年 7 月 6 日
23 时—7 日 08 时 MCS 的 TBB≤−60℃面积变化(b)

Fig. 5　Variation of real-time pressure, the daily variation of standard pressure, and
precipitation in Shanglin weather station (a) and the variation of
TBB≤−60℃ area in MCS (b)(a. from 20:00 BT 6 July to 20:00 BT 7
July 2008, b. from 23:00 BT 6 July to 08:00 BT 7 July 2008)

　　上林县距离南宁探空站约 80 km,利用 6 日 20 时南宁探空资料,使用"MICAPS3.0 系统"分析得出南宁的自由对流高度约为 1.0 km。参考巴德等(1998)计算辐合上升气流速度的方法,设辐合区为圆柱形,底部为地面,辐合气流从侧边界流入,顶部流出,大气为不可压缩状态,则有

$$2\pi Rhv = \pi R^2 w \qquad (8)$$

式中,R 为辐合圆柱半径;h 为辐合圆柱高;v 为从辐

合圆柱侧边界流入气流平均速率;w 为辐合圆柱中上升气流平均速率。式(8)表示从辐合圆柱侧边界流入的空气质量与从顶部流出的相等,可化简为

$$w = \frac{2hv}{R} \qquad (9)$$

取 7 日 01 时中尺度变压 0 等值线为辐合圆柱侧边界,$R = 75$ km;取地面到自由对流高度为辐合圆柱高度 $h = 1.0$ km;6 日 20 时广西 6 个探空站 850

hPa 风速为 2—6 m/s,取 $v=4.0$ m/s,代入式(9)计算得 $w≈0.11$ m/s,所以

$$t = \frac{h}{w} = \frac{1000}{0.11} ≈ 9090(s) ≈ 2.5(h) \quad (10)$$

式中,t 即为辐合圆柱中近地面的暖湿气层抬升到自由对流高度所需时间,与上林县从出现负变压到开始降雨间隔时间很接近,表明是中尺度涡旋 C 的辐合上升运动将低层暖湿空气抬升至自由对流高度。

综合地面流场(图 3)、中尺度变压场(图 4)、上林县自动站气压、降雨量变化、MCS 发展阶段关系(图 5)和辐合上升速度等可知,在 MCS 形成与强降雨出现前 2 h 即 7 日 00 时,在上林县附近形成了一个中尺度涡旋 C 和中尺度负变压中心 L,经 2 h 的发展到 02 时,当中尺度负变压中心 L 发展到较强阶段,上林县自动站实时气压偏差值达极大值时,中尺度涡旋 C 的辐合上升运动已经把暖湿空气抬升到自由对流高度,触发深对流而形成 MCS,随后 MCS 迅速发展并产生了强降雨,即为 MCS 的发生、发展过程。

4.3.3 对流单体的发展传播与 MCS 维持

对 2008 年 7 月 6 日 20 时和 7 日 8 时南宁、梧州探空测风分析(图 6)表明,850—700 hPa 低空,南宁为西南风,梧州为偏东风,两站风向切变明显,可知此期间两地间存在一条低空切变线。

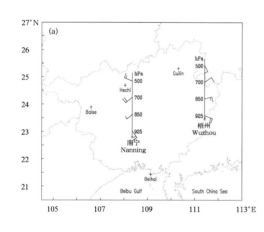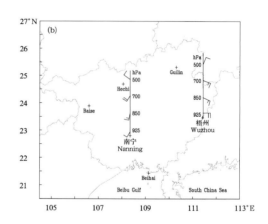

图 6　2008 年 7 月 6 日 20 时(a)和 7 日 08 时(b)南宁、梧州探空测风分析

(风速矢羽长划为 4 m/s,短划为 2 m/s,标杆旁数字为风矢相应的高度(hPa))

Fig. 6　Sounding wind observations in Nanning and

Wuzhou at 20:00 BT 6 and 08:00 BT 7 July 2008

(Wind velocity: 4 m/s for the long harb and 2 m/s for the short harb.

The numbers refer to the altitude of wind observation (hPa).

a. 20:00 BT 6 July 2008, b. 08:00 BT 7 July 2008)

2008 年 7 月 7 日 01—04 时柳州多普勒雷达基本反射率回波(图 7)表明,7 日 01 时前造成马山和都安县降雨的对流单体 n−2、n−1 正处于减弱消散过程中;在上林县西边有一新发展起来的对流单体 n,在此期间继续加强并缓慢东移,在上林县的东南方有 n+1 新对流单体发展起来,这些对流单体组成了回波带 S—S。在对流单体 n 和 n+1 缓慢东移加强的过程中,新对流单体 n+2 在 S—S 南端形成。04 时,对流单体 n 强度维持少变,n+1 继续加强缓慢东移,n+2 对流单体发展受到抑制。这些对流单体组成了 MCS。

分析图 6 可知,在南宁与梧州间存在一条低空切变线,柳州雷达探测显示除回波带 S—S 外,无其他明显带状回波,由此推断回波带 S—S 是低空切

变线所在位置。图 7a—7d 的演变过程表明,MCS 中的对流单体是沿着低空切变线向南东南方向发展传播的,新生对流单体的加入使 MCS 生命期得以维持约 6 h。

4.3.4 MCS 发生、发展机制的二维概念模型

根据图 1a、1b 云图中 MCS 形态特征,图 2 中 325 K 等熵面分析结果、图 3e 地面流场、图 4d 中尺度变压场、图 5 上林县自动气象站气压、降雨量变化与 MCS 发生、发展过程,以及图 7c 中雷达观测对流单体排列规律等分析,综合得出 MCS 的发生、发展

机制的二维概念模型(图 8)。当高空槽移到桂西时,槽前上升运动抬升暖湿偏南气流而形成一条偏南—北向的云系,因槽前大气层结不稳定,偏南暖湿气流输送充沛水汽,为 MCS 的发生、发展提供了环境条件。其后,由于在上林县附近形成了一个中尺度涡旋和一个中尺度负变压中心 L。中尺度涡旋和中尺度负变压中心 L 经 2 个多小时的发展后,中尺度涡旋把暖湿空气抬升到自由对流高度触发深对流而形成 MCS,MCS 发生地点与地面中尺度涡旋及中尺度负变压中心 L 基本重合。

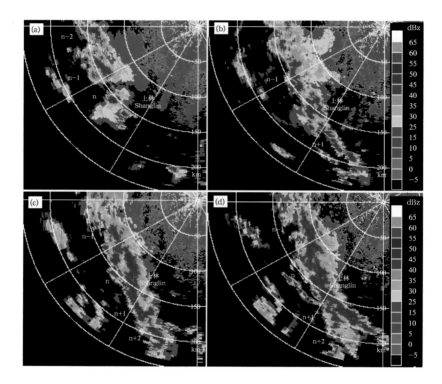

图 7   2008 年 7 月 7 日 01—04 时柳州雷达站(仰角 0.5°)基本反射率回波
(a.00:48:24,b.01:49:11,c.02:49:58,d.03:50:45;n+2 为最近新生期对流单体,
n+1 为新生期对流单体,n 为成熟期对流单体,n−1 为衰减期对流单;
n−2 为较早衰减期对流单体)
Fig. 7   Charts of radar base reflectivity echo (at the elevation 0.5°)
in Liuzhou radar station 01:00−04:00 BT 7 July 2008
(a. 00:48:24 BT, b. 01:49:11 BT, c. 02:49:58 BT, d. 03:50:45 BT;
n+2 show newer convection cell, n+1 show new convection cell, n show mature
convection cell, n−1 and n−2 show those in the attenuation stage)

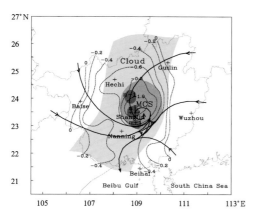

图 8　MCS 发生、发展机制的二维概念模型
（带箭头实线为流线，虚线为中尺度等变压线
（仅绘负等变压线，单位：hPa），L 为负变压中心，
浅阴影区为低槽前云系，椭圆形中阴影区为 MCS，
椭圆形深阴影为对流单体，n+1 为新生对流单体，
n 为成熟期对流单体，n-1 为衰减期对流单体）

Fig. 8　2D conceptual model for
the MCS develop mechanism
(The negative contours only are plotted in hPa；L is for the
katallobaric center，shadow shade areas show the
cloud before the trough；elliptic shade shows the MCS；
elliptic dark shadows mean the convective cell，
n+1 is for new convective cells，n is for mature ones，
n-1 is for those in the attenuation stage)

5　结论和讨论

2008 年 7 月 7 日造成上林县特大暴雨过程的高空低槽前 MCS 发生、发展过程和机制归纳如下：

（1）环境条件。当高空低槽向东南移动而槽底抵达桂西后，槽前偏南气流把来自北部湾的水汽向内陆输送，在地面形成一条从沿海伸向桂中的湿舌，为 MCS 的发生、发展准备了水汽条件。槽前是暖湿偏南气流的上升不稳定区域，$\theta_{se500}-\theta_{se850}$ 稳定度判据也证实槽前为大气层结不稳定区，为 MCS 发生、发展准备了位势不稳定条件。

（2）中尺度涡旋辐合上升运动抬升暖湿空气触发 MCS。随着地面中尺度涡旋 C 和中尺度负变压中心 L 不断增强发展，经过 2 个多小时的发展后，中尺度负变压中心 L 强度已增强到 -1.0 hPa 以下，中尺度涡旋 C 辐合上升运动把暖湿空气抬升到

自由对流高度而触发深对流，MCS 在地面中尺度涡旋 C 和中尺度负变压中心 L 上空发生发展。

（3）对流单体沿低空切变线发展传播加入MCS，使 MCS 得以维持和发展。

2008 年 7 月 6 日 20 时—7 日 14 时发生在广西的高空槽暴雨过程具有典型性和代表性，通过利用自动气象站资料进行中尺度流场和变压场的分析，分析出中尺度涡旋和中尺度负变压中心比 MCS 形成时间超前、位置重合等特征，这对 MCS 的短时临近预报有实际意义。但这仅是一个高空槽前 MCS 的个例分析，是否具有普遍性需要作更广泛的研究。

参考文献

巴德 M J，福布斯 G S，格兰特 J R 等. 卢乃锰等译. 1998. 卫星与雷达图象在天气预报中的应用. 北京：科学出版社，70-75，304-305

陈敏，陶祖钰，郑永光. 2007. 华南前汛期锋面垂直环流及其与 MCS 的相互作用. 气象学报，65(5)：785-791

陈渭民. 2003. 卫星气象学. 北京：气象出版社，196-222

林宗桂，李耀先，林开平等. 2009. 一长生命期中尺度对流系统维持机制的研究. 气象学报，67(4)：640-651

蒙伟光，王安宇，李江南等. 2004. 华南暴雨 MCS 的形成及湿位涡分析. 大气科学，28(3)：330-341

蒙伟光，张艳霞，戴光丰等. 2007. 华南沿海一次暴雨 MCS 的形成和发展过程. 热带气象学报，23(6)：521-530

寿亦萱，许健民. 2007. "05.6"东北暴雨 MCS 研究　:常规资料和卫星资料分析. 气象学报，65(2)：160-170

寿亦萱，许健民. 2007. "05.6"东北暴雨 MCS 研究　:MCS 动力结构特征和雷达卫星资料分析. 气象学报，65(2)：171-182

孙健，刘淑媛，陶祖钰等. 2004. 1998 年 6 月 8—9 日香港特大暴雨 MCS 分析. 大气科学，28(5)：713-721

孙建华，赵思雄. 2002a. 华南前汛期"94.6"特大暴雨的 MCS 及其环境场研究　:引发暴雨的 MCS 的数值模拟研究. 大气科学，26(4)：541-557

孙建华，赵思雄. 2002b. 华南前汛期"94.6"特大暴雨的 MCS 及其环境场研究　:引发暴雨的 MCS 的数值模拟研究. 大气科学，26(5)：633-646

孙建华，张小玲，齐琳琳等. 2004. 2002 年 6 月 20—24 日梅雨锋 MCS 发生发展分析. 气象学报，62(4)：423-438

王亦平，陆维松，潘益农等. 2008a. 淮河流域东北部一次异常特大暴雨的数值模拟研究　:结果检验和 MCS 的特征分析. 气象学报，66(2)：167-176

王亦平，陆维松，潘益农等. 2008b. 淮河流域东北部一次异常特大暴雨的数值模拟研究　:不稳定条件及其增强和维持机制分析. 气象学报，66(2)：177-189

夏茹娣，赵思雄，孙建华. 2006. 一类华南锋前暖区暴雨　中尺度系统

环境特征的分析研究. 大气科学, 30(5): 988-1008

赵玉春, 李泽椿, 王叶红等. 2008. 2006 年 6 月 5—8 日梅雨锋上 MCS
引发福建北部暴雨进行了诊断分析. 大气科学, 32(3): 598-614

朱乾根, 林锦瑞, 寿绍文等. 2000. 天气学原理和方法(第三版). 北京:
气象出版社, 423-428

周秀骥, 薛纪善, 陶祖钰等. 2003. '98 华南暴雨科学试验研究. 北京:
气象出版社, 5-46

Colleen A L, Edward N. R. 1987. The life cycle and internal struc-
ture of a mesoscale convective complex. Mon Wea Rev, 115:
1503-1527

Jason E N, Ray l M, William R C. 1994. An observational analysis
of a developing mesoscale convective complex. Mon Wea Rev,
122: 1168-1188

John A A, Howard K W. 1991. Mesoscale convective complexes o-
ver the United States during 1986 and 1987. Mon Wea Rev,
119: 1575-1589

Maddox R A. 1980. Mesoscale convective complexes. Bull Amer Me-
teor Soc, 61(11): 1374-1387

Peter J W, William R C, Ray L M. 1983. A long-lived mesoscale
convective complex, Part : Evolution and structure of the Ma-
ture complex. Mon Wea Rev, 111(10): 1919-1937

Raymond D J, Jiang H. 1990. A theory for long-lived mesoscale con-
vective system. J Atmos Sci, 47(24): 3067-3077

Robert A H Jr, Rutlegdge S A, Biggerstaff M I, et al. 1989. Interpre-
tation of Doppler weather radar displays of midlatitude me-
soscale convective systems. Bull Amer Meteor Soc, 70(6): 608-
619

附录 C

林宗桂，林墨，林开平、等. 一股高原南下弱冷空气触发准静止锋对流过程分析[J]. 热带气象学报, 2014, 30(1): 111-118.

文章编号：1004-4965(2014)01-0111-08

一股高原南下弱冷空气触发准静止锋对流过程分析

林宗桂[1,2]，林墨[1,2]，林开平[3]，罗红磊[4]

（1. 广西壮族自治区气象减灾研究所，广西 南宁 530022；2. 国家卫星气象中心遥感应用试验基地，广西 南宁 530022；
3. 广西壮族自治区气象台，广西 南宁 530022；4. 广西壮族自治区气候中心，广西 南宁 530022）

摘　　要： 利用卫星和自动站等非常规观测资料，通过对指示性特征云系追踪分析，进行弱冷空气活动的中、远距离检测，用地面中尺度变压场的演变特征对弱冷空气进行近距离检测，构成了弱冷空气活动的无缝检测，分析 2011 年 6 月 7 日一股弱冷空气从青藏高原南下入侵广西致使锋生加强和对流发生发展过程。研究表明：（1）青藏高原小槽后的弱冷空气移过高原后，经云贵高原南下入侵广西，使广西境内原处于锋消减弱的准静止锋锋生加强，触发锋面对流而产生强降雨；（2）暖湿空气在准静止锋前堆积形成中尺度负变压区，弱冷空气入侵后准静止锋锋生加强南移，锋面抬升中尺度负变压区中的暖湿空气触发对流运动，是一种锋面抬升触发对流机制；（3）弱冷空气无缝检测方法具有提前时效、以及中尺度负变压区形成超前于对流发生约 3 h 是这次强降雨过程的一个明显特征。

关　键　词： 中尺度气象学；中尺度变压场；中尺度对流系统；弱冷空气；冷空气检测；静止锋暴雨

中图分类号： P458　　　**文献标识码：** A　　　**Doi：** 10.3969/j.issn.1004-4965.2014.01.012

1　引　言

暴雨是华南汛期的主要气象灾害，为了研究华南暴雨过程的科学问题与预报方法，我国于 1977—1982 年、1998 年先后进行了二次华南暴雨科学试验研究，取得丰富研究成果，发现多数华南暴雨发生在暖区但又与其所在的冷空气活动有联系，冷空气活动与中尺度对流系统（MCS）的联系机理，以及暖区的 MCS 与冷空气侧的低槽、切变线相互作用的动力过程是理解华南暴雨特点最本质的问题[1-2]。近年来我国学者深入研究冷空气活动与华南暴雨 MCS 的关系，如熊文兵等[3]指出，由于冷暖气流在切变线南侧、低空急流左侧交汇，产生强烈的辐合上升运动，触发了"05.6"华南持续性暴雨；何编等[4]指出，不断南下的小股冷空气为"0806"华南持续性暴雨提供了有利的中高纬度环流背景冷空气条件；夏茹娣等[5]指出，2005 年 6 月的珠江（西江）流域致洪暴雨过程中，北方的弱冷空气与副高西北的暖湿气流之间存在明显的中低纬度系统的相互作用；张婷等[6]指出，一脊两槽有利于冷空气分裂南下与西南暖湿气流交汇，是 2008 年 5—6 月华南地区强降雨过程的有利形势；柳艳菊等[7]指出，来自东亚中高纬度地区几次冷空气活动是 1998 年 5 月 16—20 日南海季风爆发时段对流活动发生的重要触发机制；傅慎明等[8]指出，中纬度西风带短波槽沿高原东侧南下入侵广西，是 2008 年 6 月 11—13 日广西暴雨的重要影响系统；林宗桂等[9]指出，缓慢南移的准静止锋持续抬升西南暖湿气流不断触发对流运动，是 2008 年 4 月 12 日影响广西和粤西的一个生命期长达 25 h 的 MCS 的重要条件。上述研究结果阐明弱冷空气是华南暴雨发生的一个重要因素。此外，

收稿日期：2012-06-04；修订日期：2013-02-06

基金项目：国家自然科学基金项目（40965003、41065002）；广西壮族自治区自然科学基金项目（2011GXSFA018005、2011GXNSFE018006）共同资助

通讯作者：林开平，男，广西壮族自治区人，研究员级高级工程师，主要从事天气分析、预报工作。E-mail: linkp0305@yahoo.com.cn

近年对华南暴雨MCS其它方面的研究主要集中在：（1）华南暴雨过程中的中尺度系统结构和成因[1-4, 10-12]；（2）物理因子在暴雨MCS发生发展过程中的作用[13]；（3）环境场配置与相互作用[5-6, 14-16]；（4）MCS触发过程和机制[9, 16-18]。这些研究加深了对华南暴雨机理的认识。但华南暴雨过程是非常复杂的，仍有许多科学问题需要深入研究，如暴雨MCS生成、演变与地形、弱冷空气的南扩方式、路径等密切相关，它们之间的关系仍需进行不断地探索和研究。

广西地处华南西部，暴雨灾害频繁。天气分析发现，广西前汛期锋面暴雨与青藏高原南下的弱冷空气关系非常密切。由于弱冷空气南下通道上的测站稀少，常规观测资料的时空间距过大，经常漏测南下弱冷空气，因弱冷空气分析失误而造成暴雨预报失败很常见。随着我国气象观测装备现代化的快速发展，卫星、自动站和雷达等非常规观测资料在暴雨预报过程中得到广泛应用[19-22]，为暴雨分析和预报提供了更好的资料基础。如何结合使用常规与非常观测资料，提高弱冷空气活动分析水平，深入研究弱冷空气入侵与暴雨产生过程的关系，对提高暴雨预报准确率有重要意义。2011年6月7日一股从青藏高原南下的弱冷空气入侵广西，使原已趋于减弱锋消的准静止锋重新锋生加强，触发锋面对流产生强降雨。本文主要使用卫星云图和自动站资料对高原南下弱冷空气活动实现无缝检测，分析弱冷空气入侵触发锋面对流过程中的中尺度环境场特征，探索使用非常规观测资料在暴雨分析预报中的应用新方法。

2 资料和方法

2.1 资　料

文中使用的常规观测资料有：2011年6月7日08:00（北京时，下同）Micaps格式的高空和地面天气图分析资料、广西境内6个探空站资料等。非常规观测资料有：2011年6月6—7日Micaps数据格式FY-2E卫星资料，南宁雷达站（CINRAD/SA型）雷达探测资料，广西84个6

要素地面自动气象站资料等。

2.2 自动气象站资料分析处理方法

文中主要使用林宗桂等[17]提出的中尺度变压场分离算法模型：

$$P(t)=P_g(t)+P_s(t)+P_m(t)+P_d(t) \tag{1}$$

其中，$P(t)$为t时间的实时测量气压值，$P_g(t)$为地理气压分量，$P_s(t)$为大尺度天气系统气压分量，$P_m(t)$为中尺度天气系统气压分量，$P_d(t)$为气压日变化分量。

中尺度变压场的分析使用林墨等[23]开发的"卫星与自动站资料分析处理系统V1.0"（登记证书号：2011SR080081）客观分析而得。

3 准静止锋对流和降水概况

2011年6月7日19:00广西境内准静止锋对流云发展与降雨分布如图1所示(见下页)。图1a中，准静止锋横亘于桂西到桂东，锋面上有对流云发展，桂西段对流发展较为旺盛。图1b中，强降雨带从桂西延伸到桂东，主降雨区位于桂西段。图1中的强降雨范围分布与准静止锋对流云系分布对应。由此可见，强降雨主要由准静止锋上对流云所产生。

4 弱冷空气南下与准静止锋对流发生过程

4.1 环流背景

（1）天气形势。2011年6月7日08:00天气图上(图略)，500 hPa有一条槽轴呈NE-WS向的高空槽自西向东移动，槽底达桂西北；850 hPa低空有一条与高空槽走向基本一致的切变线；桂北地面有一条E-W向的弱准静止锋，副高边缘位于我国东南沿海，广西上空850～500 hPa均为西南风。天气形势是低槽位置偏北，不利强冷空气南下，但广西大部处于副高边缘不稳定区域，大气稳定性和水汽条件较适合对流运动发生发展。

（2）大气稳定度。2011年6月7日08:00广西6个探空站的大气稳定度($\theta_{se500}-\theta_{se850}$)数据如表1。可见，处于准静止锋北面的桂林和百色的($\theta_{se500}-\theta_{se850}$)>0，为稳定状态；准静止锋南面的4站($\theta_{se500}-\theta_{se850}$)<0，为不稳定状态，有利于对流运动发展。

表 1　2011 年 6 月 7 日 08:00 广西探空 θ_{se}（K）值

站名	500 hPa	850 hPa	$\theta_{se500}-\theta_{se850}$
桂林	342	325	17
河池	343	351	-8
百色	345	341	4
南宁	343	349	-5
梧州	334	347	-13
北海	336	344	-8

（3）水汽条件。2011 年 6 月 7 日 08:00 广西 6 个探空站低空湿度（比湿 q 值）数据如表 2 所示。可见，850 hPa 低空河池、南宁和梧州的湿度较大（$q \geqslant 14$ g/kg），桂林湿度较小，水汽空间分布不均匀，桂中湿度条件相对较好，有利对流发生发展。

表 2　2011 年 6 月 7 日 08:00 广西探空比湿（g/kg）

站名	850 hPa	700 hPa
桂林	6	6
河池	15	10
百色	11	10
南宁	14	9
梧州	14	9
北海	12	7

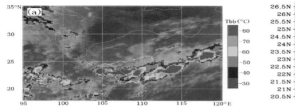

图 1　2011 年 6 月 7 日 19:00 准静止锋对流云系(a，红外(IR1)卫星云图)与 14:00—20:00 广西降雨分布(b)

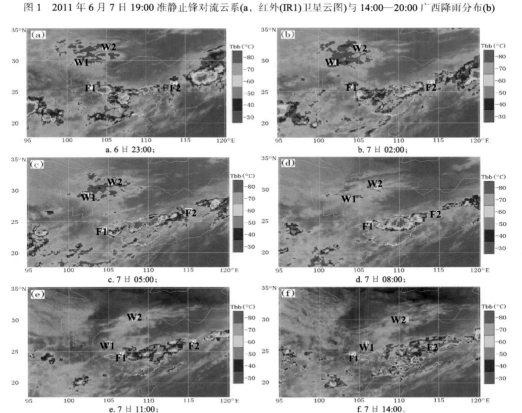

a. 6 日 23:00；　　　　b. 7 日 02:00；

c. 7 日 05:00；　　　　d. 7 日 08:00；

e. 7 日 11:00；　　　　f. 7 日 14:00。

图 2　2011 年 6 月 6 日 23:00—7 日 14:00 红外（IR1）卫星云图　W1-W2 为高原小槽前云系；F1-F2 为准静止锋云系。

4.2 弱冷空气入侵与准静止锋对流发生发展

4.2.1 高原弱冷空气南下过程

因青藏高原测站较少，仅使用常规观测资料不容易检测到小股弱冷空气活动，文中主要使用卫星云图检测高原上弱冷空气的活动。根据云系的结构特征和动画演变过程，2011年6月6—7日从红外卫星云图（图2，见上页）上检测到有一条浅槽自西向东移过青藏高原。在图2a中，在青藏高原东缘有一片具有"叶状云"[22]特征的云系W1-W2，这是高原小槽前云系。通过云图动画过程可追综到这片叶状云是自西向东移动的，表明青藏高原上有小槽东移。桂北有一条准静止锋云系F1-F2。图2b~2c中，小槽前云系W1-W2移出青藏高原后继续向东南方向移动，7日02:00到达四川盆地，准静止锋F1-F2在桂北维持少动。图2d~2f中，小槽前云系W1-W2继续向东南方向移过云贵高原，云系W1-W2西边的槽轴区域由于干冷空气下沉所形成的薄云区越来越明显，7

日14:00前后槽底抵达桂西北。

根据图2中云系W1-W2的移动和特征分析可检测到高原小槽后有弱冷空气东南下。7日08:00后，准静止锋F1-F2虽仍在桂北维持，但锋面对流云已趋于减弱，准静止锋处于锋消阶段。云系W1-W2的移动特征表明，随着小槽的继续东南移，槽后弱冷空气将会侵入准静止锋F1-F2。

4.2.2 准静止锋对流的发生发展

（1）地面中尺度变压场特征。7日09:00—14:00地面中尺度变压场演变过程如图3所示。图3a中，中尺度变压场较弱，在桂北边界附近有小块弱正变压区(+P)，桂西-桂东北为一带状负变压区L1-L2，桂南有较大面积的正变压区。图3b~3f中，桂北的正变压区面积向南扩展、梯度加大，桂南的正变压区缩小减弱，负变压区L1-L2稍向南移动，但范围变窄、梯度加大，到7日13:00形成一个向西南开口的负变压槽区。

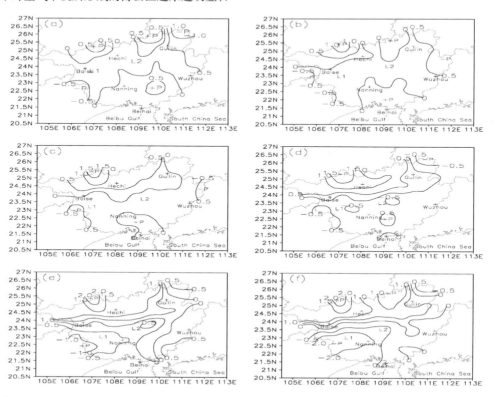

图3　2011年6月7日09:00—14:00地面中尺度变压场　a. 09:00；b. 10:00；c. 11:00；d. 12:00；e. 13:00；f. 14:00。

图 3 中的桂北正变压区扩大加强，是由于高原小槽后的南下弱冷空气侵入广西的缘故。与此同时，由于暖湿偏南气流在准静止锋前辐合堆积，致使负变压区 L1-L2 逐渐加强形成向西南开口的负变压槽。弱冷空气的入侵为触发锋面对流提供了动力条件，锋前暖湿空气的辐合堆积为对流发生发展准备了水汽条件。

（2）地面温度场、流场特征。7 日 14:00 经地形高度订正后的广西地面温度场及流场分析如图 4 所示。图 4 中，桂西中部等温线分布较密、梯度较大，具有准静止锋锋面温度分布特征。这是由于原在桂北边界附近趋于减弱的准静止锋，在弱冷空气补充入侵后，准静止锋桂西段锋生加强，形成一条中尺度的准静止锋。地面偏南与偏北气流在准静止锋锋线上辐合相遇。弱冷空气主要从桂西北入侵，与前述的卫星云图分析及中尺度变压场分析相一致。分析表明，高原小槽后的弱冷空气主要从桂西北入侵，导致原停留在桂北已处于减弱的准静止锋锋生加强并稍向南移。

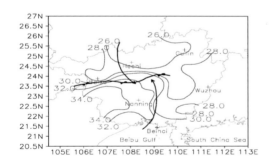

图 4　7 日 14:00 广西地面温度场(细实线，单位：℃)、静止锋(粗齿线)和地面风速≥3 m/s 流线(粗矢量线)分析

（3）弱冷空气入侵触发锋面对流过程。在图 1b 降雨带中的代表性隆安县自动气象站锋面过境前后，气压、温度、风和降雨等要素变化特征如图 5 所示，7 日 16:50 冷空气到达隆安县，风向由南风转北风，风速增大，气温下降，气压上升，17:45 强降雨开始，期间间隔约 0.9 h。从隆安县单站要素变化特征可以看出，由于弱冷空气的入侵，准静止锋锋生南移，锋面把原来负变压槽中堆积的暖湿空气抬升到自由对流高度而触

发对流活动。强降雨区中其它自动站与隆安县自动站气象要素变化特征类似（图略）。由此可知，这是一种锋面抬升触发对流机制。

（4）对流云团发展传播。

7 日 15:00—20:00 准静止锋对流过程中卫星云图演变特征如图 6 所示。7 日 15:00（图 6a），由于弱冷空气入侵，原处于减弱锋消的准静止锋锋生加强，锋面的抬升作用最先在桂西北触发对流云细胞 C1。16:00—17:00（图 6b ~ 6c），随着弱冷空气继续入侵与锋面抬升触发作用，在 C1 东边对流云自西向东沿锋面传播发展。18:00—19:00（图 6d ~ 6e），随着锋面对流加强，从桂西到桂中的对流云连成带状 C1-C2，并产生强降雨而形成了如图 1b 的降雨带。20:00（图 6f）后，随着弱冷空气减弱变性，准静止锋随之减弱锋消，锋面对流云逐渐坍塌扩散进入衰退阶段，强降雨过程结束。

7 日 16:00—19:00 锋面对流发生发展过程中的雷达回波如图 7 所示。图 7a 中，规模较小的对流云单体沿锋面稀疏地排列成带状 C1-C2，且随锋面慢速南移。图 7b 中，对流单体规模发展增大，对流云带 C1-C2 长度向西增长。图 7c 中对流单体发展成较为紧密形式的排列，对流云带 C1-C2 长度略为增长并继续南移。图 7d 中，对流单体回波减弱，对流云带 C1-C2 东段变得稀疏，锋面对流运动进入减弱消退阶段。

4.3　准静止锋对流发生发展概念模型

根据图 3、4 中弱冷空气南下入侵过程中的地面中尺度变压场、温度场、流场和准静止锋锋生过程分析，图 5 的锋面抬升触发机制分析，图 6、7 中的对流单体发展传播特征分析，归纳得锋面对流发生发展概念模型如图 8 所示。由图 8 可知，由于弱冷空气入侵，使原来处于锋消阶段的准静止锋重新锋生加强，偏南暖湿气流在准静止锋前辐合堆积而形成中尺度负变压槽，当准静止锋移入负变压槽后抬升暖湿空气而触发对流运动。随着准静止锋慢速南移，锋面持续抬升暖湿空气触发对流，使对流单体沿锋面自西向东传播发展，从而形成锋面对流云带并产生强降雨。

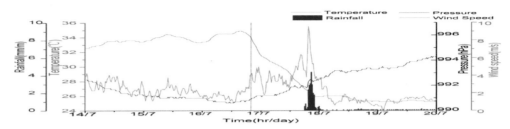

图 5 2011 年 6 月 7 日 14:00—20:00 隆安县自动站气压(黑线)、温度(红线)、风速(绿线)和
降雨量(蓝直方柱) 虚线为锋面过境时间标志线。

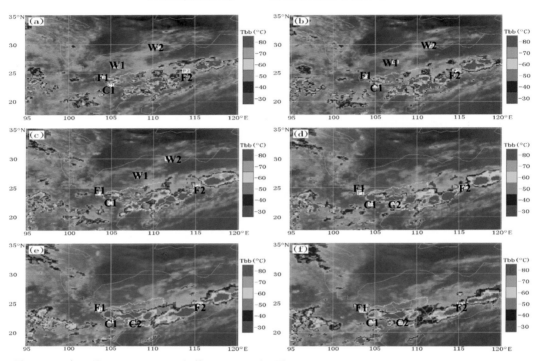

图 6 2011 年 6 月 7 日 15:00-20:00 红外（IR1）卫星云图 a. 15:00；b. 16:00；c. 17:00；d. 18:00；e. 19:00；f. 20:00。

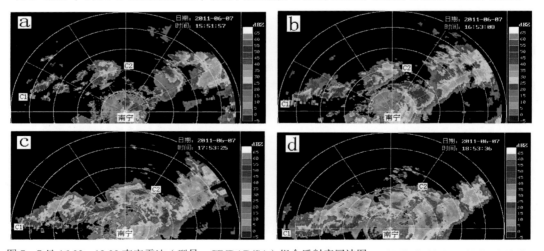

图 7 7 日 16:00—19:00 南宁雷达（型号：CINRAD/SA）组合反射率回波图 a. 15:52；b. 16:53；c. 17:53；d. 18:53。

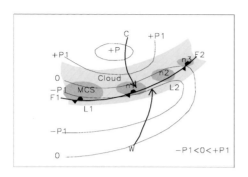

图8 准静止锋对流发展过程概念模型 粗齿线 F1-F2 为准静止锋；L1-L2 为中尺度负变压槽；粗矢量线 C 为偏北冷气流；粗矢量线 W 为偏南暖气流；+P 为中尺度正变压区域；细实线为中尺度等变压线；浅阴影区为静止锋锋面云系；椭圆形深阴影区为 MCS,n1,n2,n3 为新生对流单体。

5 结论和讨论

（1）通过利用卫星云图与自动站资料进行的弱冷空气活动无缝检测方法追踪发现，2011年6月7日14:00—20:00广西境内出现的强降雨带，是由弱冷空气入侵广西所造成的。当弱冷空气入侵使桂北原处于锋消状态的准静止锋重新锋生南移，锋面移入锋前中尺度负变压区后，锋面抬升中尺度负变压区堆积的暖湿空气触发对流运动形成 MCS 并产生强降雨。对流单体沿锋面自西向东发展传播形成锋面的对流云带，造成从桂西向桂东延伸的强降雨带。

（2）弱冷空气6日23:00从青藏高原移出，7日14:00前后到达广西历经约15 h。7日13:00中尺度负变压区形成和明显加强，16:00对流云在中尺度负变压区内发生发展。中尺度负变压区形成和加强超前于对流运动发生约3 h，且对流云主要发生在中尺度负变压区中，这是此次暴雨过程的一个明显特征。

（3）从归纳所得的准静止锋对流发展过程概念模型来看，弱冷空气主要起抬升暖湿气流触发对流作用，这与冷空气在暴雨发生过程中主要起触发对流作用相类似。

此外，文中讨论的锋面对流过程中尺度变压场的演变特征，与2010年7月6日造成广西上林县特大暴雨过程的高空槽前 MCS 发生发展中尺度变压场演变特征[17]、中尺度负变压区形成或加强超前于 MCS 发生约 2～5 h[24]、2011—2012年汛期广西 15 次强降雨过程预报应用检验统计分析结果(表略)有相似之处，表明这种特征有一定的普遍性。但中尺度变压场演变特征对不同天气背景下 MCS 的发生发展是否具有规律性的指示意义，这还需要作更广泛和深入的研究。

参 考 文 献

[1] 黄士松, 李真光, 包澄澜, 等. 华南前汛期暴雨[M]. 广州: 广东科技出版社, 1986: 55-76.

[2] 周秀骥, 薛纪善, 陶祖钰, 等. 98华南暴雨科学试验研究[M]. 北京: 气象出版社, 2003: 1-10.

[3] 熊文兵, 李江南, 姚才, 等. "05.6"华南持续性暴雨的成因分析[J]. 热带气象学报, 2007, 23(1): 90-97.

[4] 何编, 孙照渤. "0806"华南持续性暴雨诊断分析与数值模拟[J]. 气象科学, 2010, 30(2): 164-171.

[5] 夏茹娣, 赵思雄, 孙建华. 一类华南锋前暖区暴雨 β 中尺度系统环境特征的分析研究[J]. 大气科学, 2006, 30(5): 988-1 007.

[6] 张婷, 魏红英. 2008 年5—6月华南地区强降水过程的大尺度环流背景[J]. 热带气象学报, 2010, 26(4): 633-640.

[7] 柳艳菊, 丁一汇, 赵南. 1998 年南海季风爆发时期中尺度对流系统的研究: I 中尺度对流系统发生发展的大尺度条件[J]. 气象学报, 2005, 63(4): 431-442.

[8] 傅慎明, 赵思雄, 孙建华, 等. 一类低涡切变型华南前汛期致洪暴雨的分析研究[J]. 大气科学, 2010, 34(2): 235-250.

[9] 林宗桂, 李耀先, 林开平, 等. 一个长生命期中尺度对流系统维持机制的研究[J]. 气象学报, 2009, 67(4): 640-651.

[10] 闫敬华, 薛纪善. "5.24"华南中尺度暴雨系统结构的数值模拟分析[J]. 热带气象学报, 2002, 18（4）: 302-307.

[11] 张晓美, 蒙伟光, 张艳霞, 等. 华南暖区暴雨中尺度对流系统的分析[J]. 热带气象学报, 2009, 25（5）: 551-560.

[12] 陈敏, 郑永光, 王洪庆, 等. 一次强降水过程的中尺度对流系统模拟研究[J]. 气象学报, 2005, 63(3): 313-322.

[13] 蒙伟光, 李江南, 王安宇, 等. 凝结加热和地表通量对华南中尺度对流系统（MCS）发生发展的影响[J]. 热带气象学报, 2005, 21(4)：368-376.

[14] 黄明策, 李江南, 农孟松, 等. 一次华南西部低涡切变特大暴雨中的中尺度特征分析[J]. 气象学报, 2010, 68(5): 748-762.

[15] 盛杰, 林永辉. 边界层对梅雨锋 β 中尺度对流系统形成发展作用的模拟分析[J]. 气象学报, 2010, 68(3): 340-350.

[16] 张晓惠, 倪允琪. 华南前汛期锋面对流系统与暖区对流系统的个例分析与对比研究[J]. 气象学报, 2009, 67(1): 108-121.

[17] 林宗桂, 林开平, 李耀先, 等. 一个高空槽前中尺度对流系统发生发展过程和机制研究[J]. 气象学报, 2011, 69(5): 770-781.

[18] 蒙伟光, 张艳霞, 戴光丰, 等. 华南沿海一次暴雨 MCS 的形成和发展过程[J]. 热带气象学报, 2007, 23(6): 521-530.

[19] 施望芝, 熊秋芬, 陈创买. 武汉地区"98.7"连续性暴雨的卫星水汽图像分析[J]. 热带气象学报, 2002, 18（1）: 91-96.

[20] 林祥明, 林长城, 张长安, 等. 福建"98.6"中尺度强降水红外云图特征量统计分析[J]. 热带气象学报, 2002, 18（3）:253-261.

[21] 许健民, 杨军. 风云二号 C 卫星产品应用研究论文集[C]. 北京: 气象出版社, 2007: 60-68.

[22] 巴德 M J, 福布斯 G S, 格兰特 J R, 等. 卫星与雷达图象在天气预报中的应用[M]. 卢乃锰等译. 北京: 科学出版职社, 1998: 93-98.

[23] 林墨, 廖雪萍, 林宗桂, 等. 卫星与自动站资料分析处理系统设计原理和实现[J]. 气象研究和应用, 2012, 33(1): 63-66.

[24] 罗红磊. 华南西部准静止锋对流发生发展过程的中尺度特征[D]. 南京: 南京信息工程大学, 2012.

A CONVECTIVE PROCESS OF QUASI-STATIONARY FRONT TRIGGERED BY SOUTHWARD-MOVING WEAK COLD AIR FROM TIBETAN PLATEAU

LIN Zong-gui[1,2], LIN Mo[1,2], LIN Kai-ping[3], LUO Hong-lei[4]

（1. Guangxi Institute of Meteorology and Disaster-Mitigation Research, Nanning 530022, China；
2. Remote Sensing Application and Experiment Station of National Satellite Meteorology Centre, Nanning 530022, China；3. Guangxi Meteorological Observatory, Nanning 530022, China；
4. Guangxi Climate Center, Nanning 530022, China）

Abstract：Southward-moving weak cold air from Tibetan Plateau over Guangxi contributed to a heavy rain belt that went from the western to the eastern of Guangxi on June 7, 2011. Based on the non-conventional observations (such as satellite data) and automatic weather stations data, the weak cold air was detected over medium and long-distance by tracing indicative cloud systems and over short distance by using the evolution characteristics of mesoscale surface allobaric fields so as to analyze the process of frontogenesis and convection in Guangxi. The results are shown as follows. (1) After the weak cold air from a trough over the Tibetan Plateau moved eastward over the Yunnan-Guizhou Plateau and then southward over Guangxi, it strengthened a weakening quasi-stationary front and triggered frontal convection that led to a heavy rain. (2) A negatively allobaric zone was formed by the warm and moist air in front of the quasi-stationary front and with the intrusion of the weak cold air the southward-moving quasi-stationary front strengthens and the frontal surface lifts the warm and moist air in the negatively allobaric zone to trigger convection. (3) The method of detecting weak cold air can be performed in advance. One of the significant features of this severe rain is that the mesoscale, negatively allobaric process took place about three hours ahead of the convection.

Key words: mesoscale meteorology; mesoscale allobaric field; mesoscale convective system; weak cold air; cold air detection ; stationary front rainstorm